21世纪高职高专机电类规划教材

机电一体化系统设计

主编　韩　红

中国人民大学出版社
·北京·

图书在版编目（CIP）数据

机电一体化系统设计/韩红主编．—北京：中国人民大学出版社，2012.9
21世纪高职高专机电类规划教材
ISBN 978-7-300-16283-6

Ⅰ.①机… Ⅱ.①韩… Ⅲ.①机电一体化-系统设计-高等职业教育-教材 Ⅳ.①TH-39

中国版本图书馆CIP数据核字（2012）第213930号

21世纪高职高专机电类规划教材
机电一体化系统设计
主编 韩 红

出版发行 中国人民大学出版社
社　　址 北京中关村大街31号　　**邮政编码** 100080
电　　话 010－62511242（总编室）　010－62511770（质管部）
010－82501766（邮购部）　010－62514148（门市部）
010－62515195（发行公司）　010－62515275（盗版举报）
网　　址 http://www.crup.com.cn
http://www.ttrnet.com(人大教研网)
经　　销 新华书店
印　　刷 北京玺诚印务有限公司
规　　格 185 mm×260 mm　16开本　　**版　　次** 2013年3月第1版
印　　张 18.75　　**印　　次** 2019年6月第3次印刷
字　　数 447 000　　**定　　价** 38.00元

前　言

机电一体化是指从系统的观点出发，综合运用机械技术、微电子技术、自动控制技术、计算机技术、信息技术、传感检测技术、电力电子技术、信息变换技术以及软件编程技术等相关技术，根据系统功能目标和优化组织目标，合理配置与布局各功能单元，在多功能、高素质、高可靠性、低能耗的意义上实现特定功能价值，并使整个系统实现最优化的系统工程技术。

机电一体化技术不仅仅是机械技术与电子技术的简单叠加，而是二者的交叉融合。作者在多年的教学中发现目前的机电一体化一直缺乏系统论的概念，学生在学习了机械设计基础、机械制造技术、电工与电子技术、检测传感技术、液压与气动技术、计算机技术等一门门课程后，不能将机、电知识很好地融会贯通在一个个实际应用问题中，在机电一体化系统综合设计中更是感到无从下手。知识学了一大堆，但知识叠加堆砌，一旦遇到实际工程项目，仍是一盘散沙，理论性过强，实践性过差。本书就是针对这一普遍存在的问题，将作者10多年的教学经验及科研成果集成并以项目任务为载体，重点突出系统控制论，通过项目制作培养学生的动手实践能力及解决工程实际问题能力，真正做到了理实一体化。

本书主要遵循“项目化教学和任务驱动的理实一体化教学”原则，突出工作任务主线，将机电技术的主要知识点分解到难度由浅入深的18个项目任务中，以“机电系统设计”为核心，通过“做学结合”让学员轻松学习和掌握机电一体化系统设计知识和技能。每一组接近的项目都在一个学习情境中完成，而每一个项目都由几个相似的任务组成，最后在学习情境六的综合项目制作中又将前面五个学习情境中的项目串接起来完成三种机电设备的系统设计，这样知识点纵横交错，学员始终感觉是在机电系统设计这个主线串接的知识链中学习。

全书共分为6个学习情境，内容包括概述、机械系统部件选择与设计、执行装置选择与设计、控制技术及接口部分选择与设计、检测与传感装置选择与设计和综合项目。本书由韩红主编，第1、2、6学习情境由渤海船舶职业学院的韩红老师编写，第3、4、5学习情境由东莞职业技术学院的曹会元老师编写。全书由韩红统稿。

由于编者水平有限，书中难免有错误和不妥之处，恳请广大读者批评指正。

常用符号

符号	含义	符号	含义
φ^{x_i}	级比	x_i	级比指数
n_{j}	主轴计算转速	D_0	丝杠公称直径
d_1	丝杠小径	d	丝杠大径
D_1	螺母小径	D	螺母大径
d_{b}	滚珠直径	P	基本导程(或螺距)
ψ	螺旋升角	$C_{\mathrm{a}}{}'$	额定动载荷
$L_{\mathrm{h}}{}'$	使用寿命	F_{m}	平均工作载荷
L	丝杠工作长度	n	丝杠转速
K_{A}	精度系数	K_{F}	载荷系数
K_{H}	硬度系数	T_{jmax}	最大静转矩
α	步距角	f_{q}	启动频率
a_{p}	脉冲当量	f_{c}	连续运行频率
J_{eq}	折算到电机轴上的等效负载转动惯量	J_{w}	折算到电机轴上的工作台的等效转动惯量
J_{z1}	齿轮 1 的等效转动惯量	J_{z2}	齿轮 2 的等效转动惯量
J_{s}	丝杠的等效转动惯量	J_{m}	电机转子转动惯量
T_{f}	空载时的摩擦转矩	T_{eq}	工作时的负载转矩
r_{L}	线性度	K	灵敏度
r_{H}	迟滞误差	r_{R}	重复性
P_{C}	车削功率	F_{c}	主切削力
Z_{m}	校验带与小带轮的啮合齿数	P_0	基准额定功率
b_{s0}	基准带宽	b_{s}	同步带宽度

目 录

CONTENTS

概　述

内容提要：

本学习情境主要讲述了机电一体化的基础知识，通过数控机床及机器人这两个机电设备使学生认知机电产品，并将前面的基础知识点融入到对两个机电设备的解剖分析中，从实际出发，使学生形成感性认识，为下面的项目制作打下良好的基础。

知识目标：

(1) 理解机电一体化的概念。

(2) 了解机电一体化系统的设计类型、设计方法、设计流程。

(3) 通过解剖数控机床及机器人掌握机电一体化系统的基本组成要素、技术组成。

能力目标：

(1) 掌握机电设备的拆装步骤、常识及注意事项。

(2) 具备自主分析机电设备结构及组成的能力。

(3) 具备自主查阅中、外资料的能力。

项目 1.1　了解机电一体化系统设计

项目目标

(1) 理解机电一体化的概念。

(2) 掌握机电一体化系统的基本组成要素、技术组成。

(3) 了解机电一体化系统的设计类型、设计方法、设计流程。

项目要求

通过教师讲授以及学生查阅资料，使学生系统掌握机电一体化系统设计的基础知识，为今后学习及项目制作打下良好的基础。

1.1.1 引言

机电一体化技术是20世纪60年代以来，在传统的机械技术基础上，随着电子技术、计算机技术，特别是微电子技术和信息技术的迅猛发展而发展起来的一门新技术。

机电一体化技术综合应用了机械技术、微电子技术、信息处理技术、自动控制技术、检测技术、电力电子技术、接口技术及系统总体技术等群体技术，从系统的观点出发，根据系统功能目标和优化组织结构目标，以智能、动力、结构、运动和感知组成要素为基础，对各组成要素及其间的信息处理、接口耦合、运动传递、物质运动、能量变换机理进行研究，使得整个系统有机结合与综合集成，并在系统程序和微电子电路的有序信息流控制下，形成物质和能量的有规则运动，在高质量、高精度、高可靠性、低能耗意义上实现多种技术功能复合的最佳功能价值的系统工程技术，机电一体化与其他学科的关系如图1-1所示。

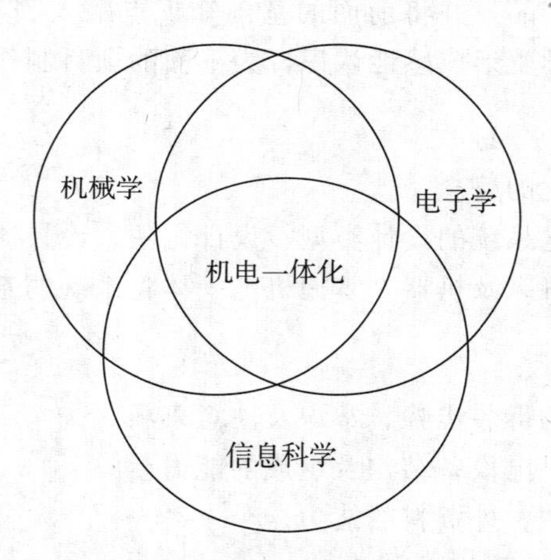

图1-1　机电一体化与其他学科的关系

机电一体化又称机械电子学，英文称为“Mechatronics”，它由英文机械学“Mechanics”的前半部分与电子学“Electronics”的后半部分组合而成。机电一体化最早出现在1971年日本《机械设计》杂志的副刊上，随着机电一体化技术的快速发展，机电一体化的概念被人们广泛接受和普遍使用。1996年出版的韦氏大词典收录了这个日本造的英文单词，这不仅意味着“Mechatronics”这个单词得到了世界各国学术界和企业界的认可，而且还意味着“机电一体化”的哲理和思想为世人所接受。

到目前为止，就机电一体化这一概念的内涵国内外学术界还没有一个完全统一的表述。日本机械振兴协会的解释是：“机电一体化是指在机构的主功能、动力功能、信息处理功能和控制功能上引入电子技术，并将机械装置和电子设备以及软件等有机结合起来构成的产品或系统。”美国机械工程师协会提出的定义是：“由计算机信息网络协调与控制的、用于完成包括机械力、运动与能量流等动力学任务和机械或机电部件相互联系的系统”。20 世纪 90 年代国际机器与机构理论联合会成立了机电一体化技术委员会，它给出这样的定义：“机电一体化是精密机械工程、电子控制和系统思想在产品设计和制造过程中以协同结合”。

现代高新技术（如：微电子技术、生物技术、新材料技术、新能源技术、空间技术、海洋开发技术、光纤通信技术及现代医学等）的发展需要具有智能化、自动化和柔性化的机械设备，机电一体化正是在这种巨大的需求推动下产生的新兴领域。微电子技术、微型计算机使信息和智能与机械装置和动力设备有机结合，使得产品结构和生产系统发生了质的飞跃。机电一体化产品，除了具有高精度、高可靠性、快速响应等特性外，还将逐步实现自适应、自控制、自组织、自管理等功能。

由于机电一体化技术对现代工业和技术发展具有巨大的推动力，因此世界各国均将其作为工业技术发展的重要战略之一。20 世纪 70 年代起，在发达国家兴起了机电一体化热，90 年代，中国把机电一体化技术列为重点发展的 10 大高新技术产业之一。

机电一体化技术在制造业的应用从一般的数控机床、加工中心和机械手发展到智能机器人、柔性制造系统（FMS）、无人生产车间和将设计、制造、销售、管理集成一体的计算机集成制造系统（CIMS）。机电一体化产品涉及工业生产、科学研究、人民生活、医疗卫生等各个领域，如：集成电路自动生产线、激光切割设备、印刷设备、家用电器、汽车、微型机械、飞机、雷达、医学仪器、环境监测等，机电一体化广泛的应用领域如图 1-2所示。

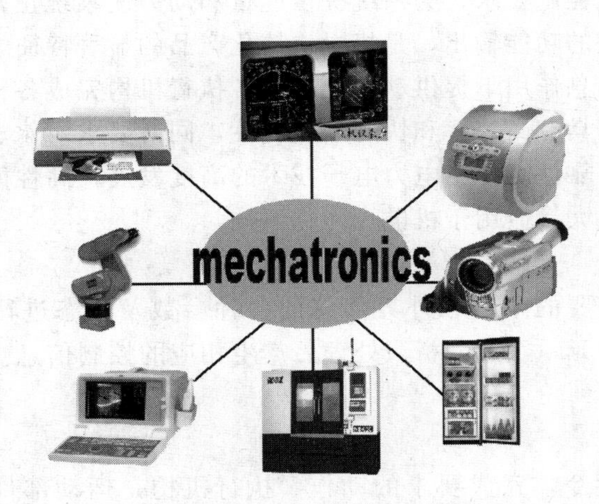

图 1-2　机电一体化的应用领域

机电一体化的发展依赖于其他相关技术的发展，随着信息技术、材料技术、生物技术等新兴学科的高速发展，在数控机床、机器人、微型机械、家用智能设备、医疗设备、现代制造系统等产品及领域，机电一体化技术将得到更加蓬勃的发展。

1.1.2　机电一体化系统的基本组成要素

一个典型的机电一体化系统，应包含以下几个基本要素：机械本体、动力与驱动部分、传感测试部分、执行机构、控制及信息处理部分，如图 1-3 所示。我们将这些部分归纳为结构组成要素、动力组成要素、运动组成要素、感知组成要素、智能组成要素。这些组成要素，通过接口耦合来实现运动传递、信息控制、能量转换等，并有机融合成一个完整系统。

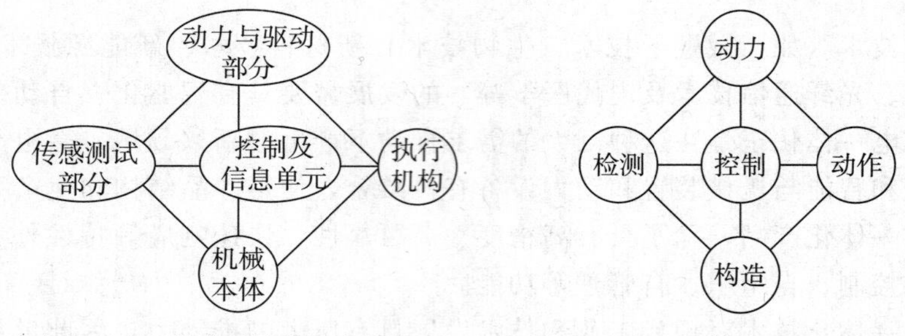

图 1-3　机电一体化系统的组成要素及功能

(1) 机械本体。

机电一体化系统的机械本体包括：机身、框架、连接等。由于机电一体化产品技术性能、水平和功能的提高，机械本体要在机械结构、材料、加工工艺性以及几何尺寸等方面适应产品高效率、多功能、高可靠性，以及节能、小型、轻量、美观等要求。

(2) 动力与驱动部分。

动力部分按照系统控制要求，为系统提供能量和动力使系统正常运行。用尽可能小的动力输入获得尽可能大的功能输出，是机电一体化产品的显著特征之一。

驱动部分在控制信息作用下提供动力，驱动各执行机构完成各种动作和功能。机电一体化系统要求驱动部分具有高效率和快速响应特性，同时要求对水、油、温度、尘埃等外部环境具有适应性和可靠性。由于电力电子技术的高度发展，高性能的步进驱动、直流伺服和交流伺服驱动方式大量应用于机电一体化系统。

(3) 传感测试部分。

对系统运行中所需要的本身和外界环境的各种参数及状态进行检测，变成可识别信号，传输到信息处理单元，经过分析、处理后产生相应的控制信息。其功能一般由专门的传感器及转换电路完成。

(4) 执行机构。

根据控制信息和指令，完成要求的动作。执行机构是运动部件，一般采用机械、电磁、电液等机构。根据机电一体化系统的匹配性要求，需要考虑改善系统的动、静态性能，如提高刚性、减小重量和适当的阻尼，应尽量考虑组件化、标准化和系列化，提高系统整体可靠性等。

(5) 控制及信息单元。

该单元将来自各传感器的检测信息和外部输入命令进行集中、储存、分析、加工，根据信息处理结果，按照一定的程序和节奏发出相应的指令，控制整个系统有目的地运行。一般由计算机、可编程控制器（PLC）、数控装置以及逻辑电路、A/D 与 D/A 转换、I/O（输入输出）接口和计算机外部设备等组成。机电一体化系统对控制和信息处理单元的基本要求是：提高信息处理速度，提高可靠性，增强抗干扰能力以及完善系统自诊断功能，实现信息处理智能化。

以上这五部分我们通常称之为机电一体化的五大组成要素。在机电一体化系统中，这些单元和它们各自内部各环节之间都遵循接口耦合、运动传递、信息控制、能量转换的原则，我们称它们为四大原则。

例如，我们日常使用的全自动照相机就是典型的机电一体化产品，其内部装有测光测距传感器，测得的信号由微处理器进行处理，根据信息处理结果控制微型电动机，由微型电动机驱动快门、变焦及卷片倒片机构，从测光、测距、调光、调焦、曝光到卷片、倒片、闪光及其他附件的控制都实现了自动化。

又如，汽车上广泛应用的发动机燃油喷射控制系统就是典型的机电一体化系统。分布在发动机上的空气流量计、水温传感器、节气门位置传感器、曲轴位置传感器、进气管绝对压力传感器、爆燃传感器、氧传感器等连续不断地检测发动机的工作状况和燃油在燃烧室的燃烧情况，并将信号传给电子控制装置 ECU，ECU 首先根据进气管绝对压力传感器或空气流量计的进气量信号及发动机转速信号，计算基本喷油时间，然后再根据发动机的水温、节气门开度等工作参数信号对其进行修正，确定当前工况下的最佳喷油持续时间，从而控制发动机的空燃比。此外，根据发动机的要求，ECU 还具有控制发动机的点火时间、转速、废气再循环率、故障自诊断等功能。

（6）接口耦合、能量转换。

变换：两个需要进行信息交换和传输的环节之间，由于信息的模式不同（数字量与模拟量、串行码与并行码、连续脉冲与序列脉冲等），无法直接实现信息或能量的交流，需要通过接口完成信息或能量的统一。

放大：在两个信号强度相差悬殊的环节间，经接口放大，达到能量的匹配。

耦合：变换和放大后的信号在环节间能可靠、快速、准确地交换，必须遵循一致的时序、信号格式和逻辑规范。接口具有保证信息的逻辑控制功能，使信息按规定模式进行传递。

能量转换：包含执行器、驱动器，涉及不同类型能量间的最优转换方法与原理。

（7）信息控制。

在系统中，所谓智能组成要素的系统控制单元，在软、硬件的保证下，完成数据采集、分析、判断、决策，以达到信息控制的目的。对于智能化程度高的系统，还包含知识获取、推理及知识自学习等以知识驱动为主的信息控制。

（8）运动传递。

运动传递是指运动各组成环节之间的不同类型运动的变换与传输，如：位移变换、速度变换、加速度变换及直线运动和旋转运动变换等。运动传递还包括以运动控制为目的的运动优化设计，目的是提高系统的伺服性能。

1.1.3 机电一体化系统的技术组成

机电一体化系统是多学科技术的综合应用，是技术密集型的系统工程。其技术组成包括：机械技术、检测技术、伺服传动技术、计算机与信息处理技术、自动控制技术和系统总体技术等。现代的机电一体化产品甚至还包含了光、声、化学、生物等技术的应用。

（1）机械技术。

机械技术是机电一体化的基础。随着高新技术引入机械行业，机械技术面临着挑战和变革。在机电一体化产品中，它不再是单一地完成系统间的连接，而是要优化设计系统结构、重量、体积、刚性和寿命等参数对机电一体化系统的综合影响。机械技术的着眼点在于如何与机电一体化的技术相适应，利用其他高新技术来更新概念，实现结构上、材料上、性能上以及功能上的变更，满足减少重量、缩小体积、提高精度、提高刚度、改善性能和增加功能的要求。

在制造过程的机电一体化系统中，经典的机械理论与工艺应借助于计算机辅助技术，同时采用人工智能与专家系统等，形成新一代的机械制造技术。这里原有的机械技术以知识和技能的形式存在。如计算机辅助工艺规程编制（CAPP）是目前CAD/CAM系统研究的瓶颈，其关键问题在于如何将各行业、企业、技术人员中的标准、习惯和经验进行表达和陈述，从而实现计算机的自动工艺设计与管理。

（2）计算机与信息处理技术。

信息处理技术包括信息的交换、存取、运算、判断和决策，实现信息处理的工具是计算机，因此计算机技术与信息处理技术是密切相关的。计算机技术包括计算机的软件技术和硬件技术、网络与通信技术、数据库技术等。

在经典机电一体化系统中，计算机与信息处理部分指挥整个系统的运行。信息处理是否正确、及时，直接影响到系统工作的质量和效率。因此计算机应用及信息处理技术已成为促进机电一体化技术发展和变革的最活跃的因素。

人工智能技术、专家系统技术、神经网络技术等都属于计算机信息处理技术。

（3）自动控制技术。

自动控制技术范围很广，主要包括：高精度定位控制、速度控制、自适应控制、自诊断、校正、补偿、再现、检索等技术。机电一体化系统设计是在基本控制理论指导下，对具体控制装置或控制系统进行设计；对设计后的系统进行仿真，现场调试；最后使研制的系统可靠地投入运行。由于控制对象种类繁多，所以控制技术的内容极其丰富，其技术难点是现代控制理论的工程化与实用化，以及优化控制模型的建立等。需研究的问题有：多功能或全功能数控技术与装置、分级控制系统、复杂控制系统的模拟仿真、智能控制技术、自诊断监控技术及容错技术等。

随着微型机的广泛应用，自动控制技术越来越多地与计算机控制技术联系在一起，成为机电一体化中十分重要的关键技术。

（4）传感与检测技术。

传感与检测装置是系统的感受器官，它与信息系统的输入端相连并将检测到的信息输送到信息处理部分。传感与检测是实现自动控制、自动调节的关键环节，它的功能越强，系统的自动化程度就越高。传感与检测的关键元件是传感器。

传感器是将被测量（包括各种物理量、化学量和生物量等）变换成系统可识别的，与被测量有确定对应关系的有用电信号的一种装置。

现代工程技术要求传感器能快速、精确地获取信息，并能经受各种严酷环境的考验。与计算机技术相比，传感器的发展显得缓慢，难以满足技术发展的要求。不少机电一体化装置不能达到满意的效果或无法实现设计的关键原因在于没有合适的传感器。因此大力开展传感器的研究对于机电一体化技术的发展具有十分重要的意义。

（5）伺服驱动技术。

伺服驱动包括电动、气动、液压等各种类型的驱动装置，由微型计算机通过接口与这些传动装置相连接，控制它们的运动，带动工作机械做回转、直线以及其他各种复杂的运动。伺服驱动技术是直接执行操作的技术，伺服系统是实现电信号到机械动作的转换装置或部件，对系统的动态性能、控制质量和功能具有决定性的影响。常见的伺服驱动有电液马达、脉冲油缸、步进电机、直流伺服电机和交流伺服电机等。由于变频技术的发展，交流伺服驱动技术取得突破性进展，为机电一体化系统提供了高质量的伺服驱动单元，极大地促进了机电一体化技术的发展。

伺服驱动技术主要研究的问题有：提高机电转换部件的精度、可靠性和快速响应性；提高直流伺服电机的性能（高分辨率、高灵敏度）；对交流调速系统的研究（包括变频调速、电子逆变、矢量变换控制等技术）；大功率晶体管的晶闸管等功率器件的研制；中小惯量伺服电机的研制；气动伺服技术的改进；微型电磁离合器的研制等。

（6）系统总体技术。

系统总体技术是一种从整体目标出发，用系统的观点和全局角度，将总体分解成相互有机联系的若干单元，找出能完成各个功能的技术方案，再把功能和技术方案组成方案组进行分析、评价和优选的综合应用技术。系统总体技术解决的是系统的性能优化问题和组成要素之间的有机联系问题。即使各个组成要素的性能和可靠性很好，如果整个系统不能很好协调，系统也很难保证正常运行。

接口技术是系统总体技术的关键环节，主要有电气接口、机械接口、人机接口。电气接口实现系统间的信号联系；机械接口则完成机械与机械部件、机械与电气装置的连接；人机接口提供人与系统间的交互界面。

系统总体技术研究的主要问题有：

• 软件开发与应用技术：包括过程参数应用软件，实时精度补偿软件，CAD/CAM 及 FMS 软件，各种专用语言，实时控制语言，人—机对话编程技术，专用数据库的建立等。

• 研究接插件技术，提高可靠性。

• 通用接口和数据总线标准化。

• 控制系统成套性和成套设备自动化。

• 软件的标准化问题。

机电一体化技术有着自身的显著特点和技术范畴，为了正确理解和恰当运用机电一体化技术，我们必须认识机电一体化技术与其他技术之间的区别。

1）机电一体化技术与传统机电技术的区别：

传统机电技术的操作控制主要以电磁学原理的各种电器来实现，如继电器、接触器等，在设计中不考虑或很少考虑彼此间的内在联系。机械本体和电气驱动界限分明，整个装置是刚性的，不涉及软件和计算机控制。机电一体化技术以计算机为控制中心，在设计过程中强调机械部件和电器部件间的相互作用和影响，整个装置在计算机控制下具有一定的智能性。

2）机电一体化技术与并行技术的区别：

机电一体化技术将机械技术、微电子技术、计算机技术、控制技术和检测技术在设计和制造阶段就有机结合在一起，十分注意机械和其他部件之间的相互作用。而并行工程是使上述各种技术尽量在各自范围内齐头并进，只在不同技术内部进行设计制造，最后通过简单叠加完成整体装置。

3）机电一体化技术与自动控制技术的区别：

自动控制技术的侧重点是讨论控制原理、控制规律、分析方法和自动系统的构造等。机电一体化技术将自动控制原理及方法作为重要支撑技术，将自控部件作为重要控制部件，它应用自控原理和方法，对机电一体化装置进行系统分析和性能测算。

4）机电一体化技术与计算机应用技术的区别：

机电一体化技术只是将计算机作为核心部件应用，目的是提高和改善系统性能。计算机在机电一体化系统中的应用仅仅是计算机应用技术中的一部分，它还可以用于办公、管理及图像处理等广泛应用中。机电一体化技术研究的是机电一体化系统，而不是计算机应用本身。

1.1.4 机电一体化系统设计

在机电一体化系统（或产品）的设计过程中，一定要坚持贯彻机电一体化技术的系统思维方法，要从系统整体的角度出发分析研究各个组成要素间的有机联系，从而确定系统各环节的设计方法，并用自动控制理论的相关手段，进行系统的静态特性和动态特性分析，实现机电一体化系统的优化设计。

1. 机电一体化系统的分类

从控制的角度机电一体化系统可分为开环控制系统和闭环控制系统。

开环控制的机电一体化系统是没有反馈的控制系统，这种系统的输入直接送给控制器，并通过控制器对受控对象产生控制作用，如图 1-4 所示。一些家用电器、简易 NC 机床和精度要求不高的机电一体化产品都采用开环控制方式。开环控制机电一体化系统的优点是结构简单、成本低、维修方便；缺点是精度较低，对输出和干扰没有诊断能力。

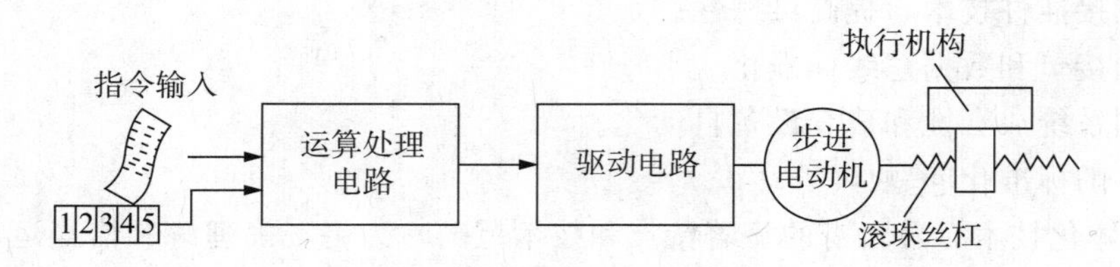

图 1-4 机电一体化开环控制系统

闭环控制的机电一体化系统的输出结果经传感器和反馈环节与系统的输入信号比较产生输出偏差，输出偏差经控制器处理再作用到受控对象，对输出进行补偿，实现更高精度的系统输出，如图 1-5 和图 1-6 所示。现在的许多制造设备和具有智能的机电一体化产品都选择闭环控制方式，如数控机床、加工中心、机器人、雷达、汽车等。闭环控制的机电一体化系统具有精度高、动态性能好、抗干扰能力强等优点。它的缺点是结构复杂、成本高、维修难度较大。

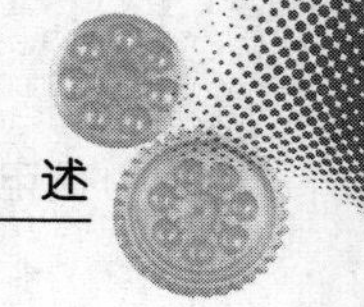

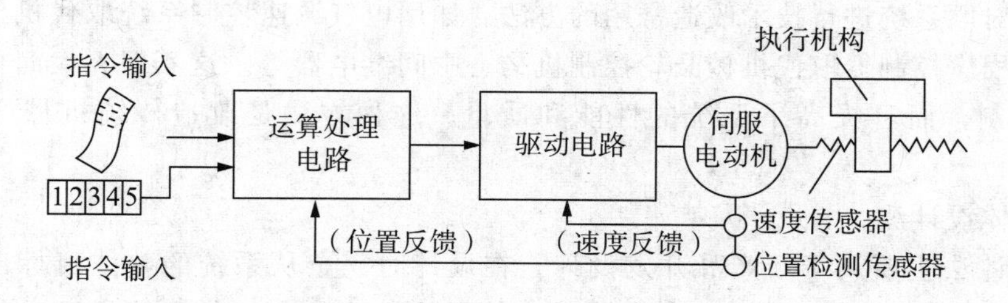

图 1-5　机电一体化半闭环控制系统

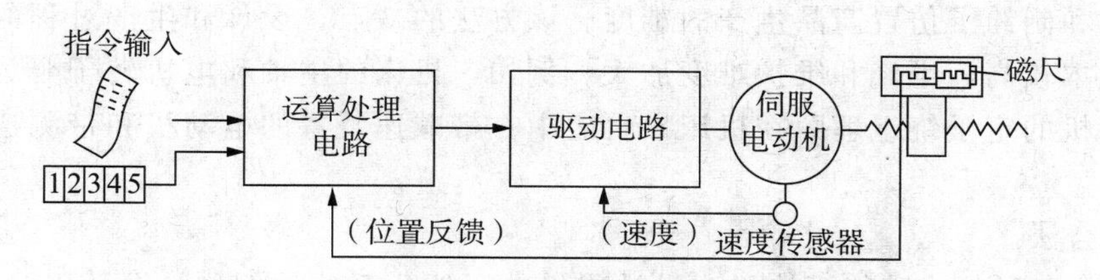

图 1-6　机电一体化闭环控制系统

从用途分类，机电一体化系统的种类繁多，如机械制造业机电一体化设备、电子器件及产品生产用自动化设备、军事武器及航空航天设备、家庭智能机电一体化产品、医学诊断及治疗机电一体化产品，以及环境、考古、探险、玩具等领域的机电一体化产品等。

2. 机电一体化系统（产品）开发的类型

机电一体化系统（产品）开发的类型依据该系统与相关产品比较的新颖程度和技术独创性，可分为开发性设计、适应性设计和变参数设计。

（1）开发性设计。

开发性设计是一种独创性的设计方式，在没有参考样板的情况下，通过抽象思维和理论分析，依据产品性能和质量要求设计出系统原理和制造工艺。开发性设计属于产品发明专利范畴。最初的电视机和录像机、中国的神舟航天飞机都属于开发性设计。

（2）适应性设计。

适应性设计是在参考同类产品的基础上，主要原理和设计方案保持不变的情况下，通过技术更新和局部结构调整使产品的性能、质量提高或成本降低的产品开发方式。这一类设计属于实用新型专利范畴。如电脑控制的洗衣机代替机械控制的半自动洗衣机；照相机的自动曝光代替手动调整等。

（3）变参数设计。

在设计方案和结构原理不变的情况下，仅改变部分结构尺寸和性能参数，使之适用范围发生变化的设计方式。例如，同一种产品不同规格型号的相同设计。

3. 机电一体化系统（产品）设计方案的常用方法

在进行机电一体化系统（产品）设计之前，要依据该系统的通用性、可靠性、经济性和防伪性等要求合理地确定系统的设计方案。拟定设计方案的方法通常有取代法、整体设计法和组合法。

（1）取代法。

这种方法就是用电气控制取代原系统中的机械控制机构。这种方法是改造旧产品、开发新产品或对原系统进行技术改造常用的方法。如用电气调速控制系统取代机械式变速机构，用可编程序控制器取代机械凸轮控制机构、中间继电器等。这不但大大简化了机械结构和电器控制，而且提高了系统的性能和质量。这种方法是改造传统机械产品的常用方法。

（2）整体设计法。

整体设计法主要用于新产品开发设计。在设计时完全从系统的整体目标出发，考虑各子系统的设计。设计过程始终围绕着系统的整体性能要求，各环节的设计都兼顾相关环节的设计特点和要求，使系统各环节间接口有机融合、衔接方便，且大大提高了系统的性能指标和制约了仿冒产品生产的难度。该方法的缺点是设计和生产过程的难度和周期增大，成本较高，维修和维护难度加大。例如，机床的主轴和电机转子合为一体；直线式伺服电机的定子绕组埋藏在机床导轨之中；带减速装置的电动机和带测速的伺服电机等。

（3）组合法。

就是选用各种标准功能模块组合设计成机电一体化系统。例如，设计一台数控机床，可以依据机床的性能要求，通过对不同厂家的计算机控制单元、伺服驱动单元、位移和速度测试单元以及主轴、导轨、刀架、传动系统等产品的评估分析，研究各单元间接口关系和各单元对整机性能的影响，通过优化设计确定机床的结构组成。此方法开发的机电一体化系统（产品）具有设计研制周期短、质量可靠、生产成本低等特点，且有利于生产管理和系统的使用维护。

1.1.5 机电一体化系统设计流程

机电一体化系统是从简单的机械产品发展而来的，其设计方法、程序与传统的机械产品类似，一般要经过市场调查、方案设计、详细设计、样机试制、小批量生产和正常生产几个阶段，见图 1-7。

1. 市场调研

在设计机电一体化系统之前，必须进行详细的市场调研。市场调研包括市场调查和市场预测。所谓市场调查就是运用科学的方法，系统地、全面地收集所设计产品市场需求和经销方面的情况和资料，分析研究产品在供需双方之间进行转移的状况和趋势，而市场预测就是在市场调查的基础上，运用科学方法和手段，根据历史资料和现状，通过定性的经验分析或定量的科学计算，对市场未来的不确定因素和条件做出预计、测算和判断，为产品的方案设计提供依据。

市场调研的对象主要为该产品潜在的用户，调研的主要内容包括市场对此类产品的需求量，该产品潜在的用户，用户对该产品的要求，即该产品有哪些功能，具有什么性能和所能承受的价格范围等；此外，目前国内外市场上销售的该类产品的情况，如技术特点、功能、性能指标、产销量及价格、在使用过程中存在的问题等都是市场调研需要调查和分析的信息。

市场调研一般采用实地走访调查、抽样调查、类比调查或专家调查等方法。所谓走访调查就是直接与潜在的经销商和用户接触，搜集查找与所设计产品有关的经营信息和技术经济信息。类比调查就是调查了解国内外其他单位开发类似产品所经历的过程、速度和背

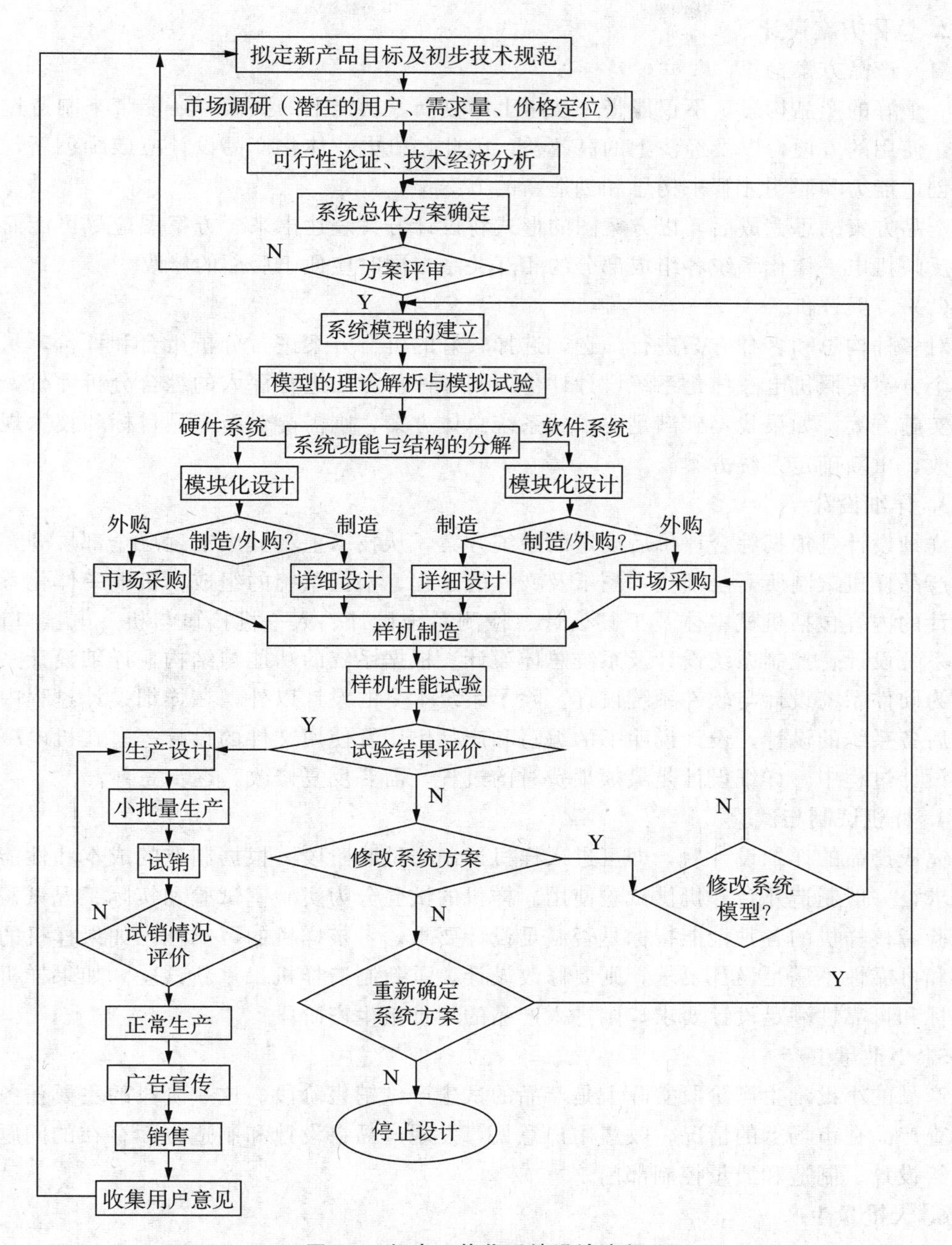

图 1-7 机电一体化系统设计流程

景等情况，并分析比较其与自身环境条件的相似性和不同点，以类推这种技术和产品开发的可能性和前景。抽样调查就是通过向有限范围调查、搜集资料和数据而推测总体的预测方法，在抽样调查时要注意问题的针对性、对象的代表性和推测的局限性。专家调查法就是通过调查表向有关专家征询对设计该产品的意见。

最后对调研的结果进行仔细的分析，撰写市场调研报告。市场调研的结果应能为产品的方案设计与细化设计提供可靠的依据。

2. 总体方案设计

(1) 产品方案构思。

一个好的产品构思，不仅能带来技术上的创新，功能上的突破，还能带来制造过程的简化，使用的方便，以及经济上的高效益。因此，机电一体化产品设计应鼓励创新，充分发挥创造能力和聪明才智来构思和创造新的方案。

产品方案构思完成后，以方案图的形式将设计方案表达出来。方案图应尽可能简洁明了，反映机电一体化系统各组成部分的相互关系，同时应便于后面的修改。

(2) 方案评价。

对多种构思和多种方案进行筛选，选择较好的可行方案进行分析组合和评价，从中再选几个方案按照机电一体化系统设计评价原则和评价方法进行深入的综合分析评价，最后确定实施方案。如果找不到满足要求的系统总体方案，则需要对新产品目标和技术规范进行修改，重新确定系统方案。

3. 详细设计

详细设计是根据综合评价后确定的系统方案，从技术上将其细节逐层全部展开，直至完成产品样机试制所需全部技术图纸及文件的过程。根据系统的组成，机电一体化系统详细设计的内容包括机械本体及工具设计、检测系统设计、人—机接口与机—电接口设计、伺服系统设计、控制系统设计及系统总体设计。根据系统的功能与结构，详细设计又可以分解为硬件系统设计与软件系统设计。除了系统本身的设计以外，在详细设计过程中还需完成后备系统的设计，设计说明书的编写和产品出厂及使用文件的设计等。在机电一体化系统设计过程中，详细设计是最烦琐费时的过程，需要反复修改，逐步完善。

4. 样机试制与试验

完成产品的详细设计后，即可进入样机试制与试验阶段。根据制造的成本和性能试验的要求，一般制造几台样机供试验使用。样机的试验分为实验室试验和实际工况试验，通过试验考核样机的各种性能指标是否满足设计要求，考核样机的可靠性。如果样机的性能指标和可靠性不满足设计要求，则要修改设计，重新制造样机，重新试验。如果样机的性能指标和可靠性满足设计要求，则进入产品的小批量生产阶段。

5. 小批量生产

产品的小批量生产阶段实际上是产品的试生产试销售阶段。这一阶段的主要任务是跟踪调查产品在市场上的情况，收集用户意见，发现产品在设计和制造方面存在的问题，并反馈给设计、制造和质量控制部门。

6. 大批量生产

经过小批量试生产和试销售的考核，排除产品设计和制造中存在的各种问题后，即可投入大批量生产。

1.1.6 机电一体化发展趋势

1. 机电一体化技术发展状况

机电一体化占据主导地位是制造产业发展的必然趋势，而制造产业是整个科学技术和国家经济发展的基础工业，因而机电一体化在当前激烈的国际政治、军事、经济竞争中具有举足轻重的作用，受到各工业国家的极大重视。机电一体化的发展大体可以分为三个阶段：

(1) 20 世纪 60 年代以前为第一阶段，也称为初级阶段。在这一阶段，人们自觉不自觉地利用电子技术的初步成果来完善机械产品的性能。特别是在第二次世界大战期间，战争刺激了机械产品与电子技术的结合，这些机电结合的军用技术，战后转为民用，对战后经济的恢复起到了积极的作用。那时的研制和开发从总体上看还处于自发状态。由于当时电子技术的发展尚未达到一定水平，机械技术与电子技术的结合还不可能广泛和深入发展，已经开发的产品也无法大量推广。

(2) 20 世纪 70—80 年代为第二阶段，也称为蓬勃发展阶段。在这一阶段，计算机技术、控制技术、通信技术的发展为机电一体化的发展奠定了技术基础。大规模、超大规模集成电路和微型计算机的出现为机电一体化的发展提供了充分的物质基础。"Mechatronics"一词首先在日本被普遍接受，大约到 20 世纪 80 年代末期在世界范围内得到比较广泛的承认。机电一体化技术和产品得到了极大发展，各国均开始对机电一体化技术和产品给予很大的关注和支持。

(3) 20 世纪 90 年代后期，开始了机电一体化技术向智能化方向迈进的新阶段，机电一体化进入深入发展时期。一方面，光学、通信技术等进入机电一体化；微细加工技术也在机电一体化中崭露头角，出现了光机电一体化和微机电一体化等新分支；另一方面，对机电一体化系统的建模设计、分析和集成方法、学科体系以及发展趋势都进行了深入研究。同时，人工智能技术、神经网络技术及光纤技术等领域取得的巨大进步，为机电一体化技术开辟了发展的广阔天地。这些研究使机电一体化技术进一步建立了坚实的基础，并且逐渐形成完整的学科体系。

1991 年 3 月，美国国家关键技术委员会在向总统提交的首份双年度报告"国家关键技术"中，列举了 22 项对于美国国家经济繁荣和国防安全至为关键的技术，并对各项入选技术的内容范围、选择依据和国际发展趋势进行了评述，着重强调了技术的有效利用。其中包括机器人、传感器、控制技术和 CIMS 及与 CIMS 相关的其他工具和技术：如仿真系统、计算机辅助设计（CAD）、计算机辅助工程（CAE）、成组技术（GT）、计算机辅助工艺规程编制（CAPP）、工厂调度工具等。报告指出：在制造业方面，目前的发展趋势是加速产品推广，缩短产品生产周期，增加柔性和实现设计、生产、质量控制一体化技术，那些未朝这一方向努力的公司将变得愈加缺乏竞争力，要实现合理的生产经营活动，制造厂家必须在整个生产经营中实施先进的制造技术及管理策略。

我国是从 20 世纪 80 年代初才开始进行这方面的研究和应用。国务院成立了机电一体化领导小组，并将该技术列入"863 计划"中，在计划中将自动化技术，重点是 CIMS 和智能机器人技术等机电一体化前沿技术确定为国家高技术重点研究发展领域。1985 年 12 月，国家科委组织完成了《我国机电一体化发展途径与对策》的软科学研究，探讨我国机电一体化发展战略，提出了数控机床、工业自动化控制仪表等 15 个机电一体化优先发展领域和 6 项共性关键技术的研究方向和课题，提出机电一体化产品产值比率（即机电一体化产品总产值占当年机械工业总产值的比值）在 2000 年达到 15%～20%的发展目标。在制定"九五"规划和 2010 年发展纲要时充分考虑了国际上关于机电一体化技术的发展动向和由此可能带来的影响。许多大专院校、研究机构及一些大中型企业对这一技术的发展及应用做了大量的工作，取得了一定成果。但与日本等先进国家相比，仍有相当差距。

日本工业技术发展部门早在1981年就明确提出复合化技术、信息技术、微细加工技术乃是今后发展的三大方向。所谓复合化技术，就是以过去已有的技术为基础，根据多种多样需求，通过综合或复合等手段来扩充和加强从未有过的功能而产生的新技术，机电一体化就是一个典型例子。所谓信息技术，就是以计算机为代表的硬件和软件技术，由于超大规模集成电路芯片和新功能元件的发展，计算机具有高度的智能化，它有可能取代人的五官功能，从而出现接近人类智慧的高度智能机器人。而微细加工技术的精致化、微小化、高密度化的进一步发展，使得市场上急需加工精度达到原子级或分子级水平的加工设备。

欧洲高技术发展规划“尤里卡”计划，提出五大关键技术领域24个重点攻关项目作为欧洲高技术发展战略目标，其中包括：研制可自由行动、决策并易于人—机对话的欧洲第三代安全民用机器人，广泛合作研究计算机辅助设计、制造、生产、管理的柔性系统，实现工厂全面自动化等机电一体化研究方向。

当前我国在机电一体化方面的主要任务为：一是广泛深入地用机电一体化技术改造传统产业，二是大张旗鼓地开发机电一体化产品，促进机电产品的更新换代。

2. 机电一体化发展趋势

随着科技的发展和社会经济的进步，对机电一体化技术提出了许多新的和更高的要求，制造业中的机电一体化应用就是典型的事例。毫无疑问，机械制造自动化中的数控技术、CNC、FMS、CIMS及机器人等技术的发展代表了机电一体化技术的发展水平。

为了提高机电产品的性能、质量，发展高新技术，现在越来越多的零件制造精度要求越来越高，形状也越来越复杂，如高精度轴承的滚动体圆度误差要求小于0.2μm；液浮陀螺球面的球度误差要求为0.1～0.5μm；激光打印机的平面反射镜和录像机磁头的平面度误差要求小于0.4μm，粗糙度小于0.2μm。所有这些，要求数控设备具有高性能、高精度和稳定加工复杂形状零件表面的能力。因而新一代机电一体化产品正朝着高性能、智能化、系统化，以及轻量、微型化方向发展。

(1) 机电一体化的高性能化发展趋势。

高性能化一般包含高速化、高精度、高效率和高可靠性。现代数控设备就是以此“四高”为满足生产急需而诞生的。它采用32位多CPU结构，以多总线连接，进行高速数据传递。因而，在相当高的分辨率（0.1μm）情况下，系统仍有高速度（100m/min），可控及联动坐标达16轴，并且有丰富的图形功能和自动程序设计功能。为获取高效率，减少辅助时间，就必须在主轴转速进给率、刀具交换、托板交换等各关键部分实现高速化；为提高速度，一般采用实时多任务操作系统，进行并行处理，使运算能力进一步加强，通过设置多重缓冲器，保证连续微小加工段的高速加工。在高性能数控系统中，除了具有直线、圆弧、螺旋线插补等一般功能外，还配置有特殊函数插补运算，如样条函数插补等。微位置段命令用样条函数来逼近，保证了位置、速度、加速度都具有良好的性能，并设置专门函数发生器、坐标运算器进行并行插补运算。超高速通信技术、全数字伺服控制技术是高速化的一个重要方面。

高速化和高精度是机电一体化的重要指标。高分辨率、高速响应的绝对位置传感器是实现高精度检测的部件。采用这种传感器并通过专用微处理器的细分处理，可达极高的分辨率。采用交流数字伺服驱动系统，其位置、速度及电流环都实现了数字化，实现了几乎不受机械载荷变动影响的高速响应伺服系统和主轴控制装置。与此同时，还出现了所谓高速响应内装式主轴电机，把电机作为一体装入主轴之中，实现了机电融合一体。这样就使得系统的高速性、高精度性极佳。如法国 IBAG 公司等的磁浮轴承的高速主轴最高转速可达 15×10^4 r/min，一般转速为 $7\times10^3\sim25\times10^3$ r/min；加工中心换刀速度高达 1.5s；切削速度方面，目前硬质合金刀具和超硬材料涂层刀具车削和铣削低碳钢的速度达 500m/min 以上，而陶瓷刀具可达 800～1000m/min，比高速钢刀具 30～40m/min 的速度提高数十倍。精车速度甚至可达 1400m/min。在给定精度要求下，可使响应速度大幅度提高。前馈控制可使位置跟踪误差消除，同时使系统位置控制达到高速响应。

至于系统可靠性，一般采用冗余、故障诊断、自动检错、系统自动恢复，以及软、硬件可靠性等技术使得机电一体化产品具有高性能。对于普及经济型以及升级换代提高型的机电一体化产品，组成它们的命令发生器、控制器、驱动器、执行器以及检测传感器等各个部分都在不断采用高速、高精度、高分辨率、高速响应、高可靠的零部件，使产品性能不断提高。

(2) 机电一体化的智能化发展趋势。

人工智能在机电一体化技术中的研究日益得到重视，机器人与数控机床的智能化就是重要应用。智能机器人通过视觉、触觉和听觉等各类传感器检测工作状态，根据实际变化过程反馈信息并做出判断与决定。数控机床的智能化主要用各类传感器对切削加工前后和加工过程中的各种参数进行监测，并通过计算机系统作出判断，自动对异常现象进行调整与补偿，以保证加工过程的顺利进行，并保证加工出合格产品。目前，国外数控加工中心多具有以下智能化功能：刀具长度、直径补偿和刀具破损的监测；切削过程的监测；工件自动检测与补偿。随着制造自动化程度的提高，信息量与柔性也同样提高，出现智能制造系统（IMS）控制器来模拟人类专家的智能制造活动，对制造中的问题进行分析、判断、推理、构思和决策，其目的在于取代或延伸制造工程中人的部分脑力劳动，并对人类专家的制造智能进行收集、存储、完善、共享、继承和发展。

• 诊断过程的智能化。诊断功能的强弱是评价一个系统性能的重要智能指标之一。通过引入人工智能的故障诊断系统，采用各种推理机制，能准确判断故障所在，并具有自动检错、纠错与系统恢复功能，从而大大提高了系统的有效度。

• 人机接口的智能化。智能化的人—机接口，可以大大简化操作过程，这里包含多媒体技术在人—机接口智能化中的有效应用。

• 自动编程的智能化。操作者只需输入加工工件素材的形状和需加工形状的数据，加工程序就可全部自动生成，这里包含：素材形状和加工形状的图形显示；自动工序的确定；使用刀具、切削条件的自动确定；刀具使用顺序的变更；任意路径的编辑；加工过程干涉校验等。

• 加工过程的智能化。通过智能工艺数据库的建立，系统根据加工条件的变更，自动设定加工参数。同时，将机床制造时的各种误差预先存入系统中，利用反馈补偿技术对静态误差进行补偿。还能对加工过程中的各种动态数据进行采集，并通过专家系统分析进行实时补偿或在线控制。

(3) 机电一体化的系统化发展趋势。

系统化的表现特征之一是系统体系结构进一步采用开放式和模式化的总线结构。系统

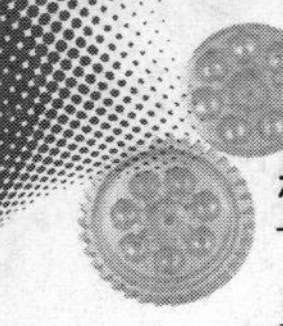

可以灵活组态，进行任意剪裁和组合，同时寻求实现多坐标多系列控制功能的 NC 系统。表现特征之二是通信功能的大大加强，正在成为标准化 LAN 的制造自动化协议（MAP）已开始进入 NC 系统，从而可实现异型机异网互联及资源共享。

（4）机电一体化的轻量化及微型化发展趋势。

一般机电一体化产品，除了机械主体部分，其他部分均涉及电子技术，随着片式元器件（SMD）的发展，表面组装技术（SMT）正在逐渐取代传统的通孔插装技术（THT）成为电子组装的重要手段，电子设备正朝着小型化、轻量化、多功能、高可靠方向发展。20 世纪 80 年代以来，SMT 发展异常迅速，1993 年电子设备平均 60%以上采用 SMT，同年世界电子元件片式化率达到 45%以上。因此，机电一体化中具有智能、动力、运动、感知特征的组成部分将逐渐向轻量化、小型化方向发展。

此外，微型机械电子学及其相应的结构、装置和系统的开发研究取得了综合成果，科学家利用集成电路的微细加工技术，实现了将机构及其驱动器、传感器、控制器及电源集成在一个很小的多晶硅上，因而获得了完备的微型电子机械系统 MEMS（Micro Electro Mechanical System）。整个尺寸缩小到几个毫米甚至几百微米。到 21 世纪初期，这种微型机电一体化系统在工业、农业、航天、军事、生物医学、航海及家庭服务等各个领域得到了广泛应用，它的发展将使现行的某些产业或领域发生深刻的技术革命。

项目 1.2　看看机电设备里都有什么

项目目标

（1）初步掌握数控机床、机器人的内部组成，为今后项目制作打下良好基础。

（2）了解数控机床、机器人的基础知识。

项目要求

利用现有的实训条件解剖数控机床及机器人，使学生初步掌握机电设备的组成，了解机电一体化技术的研究领域。

1.2.1　解剖数控机床

数字控制（Numerical Control，NC）技术，简称为数控技术。数控机床是一种装了程序控制系统的机床，是一种用数字化的代码作为指令，由数字控制系统进行处理而实现控制的机床。目前，常用的数控机床主要有数控车床、数控铣床、加工中心三种。

数控机床具有加工精度高，重复性好，对加工对象的适应性强（尤其适于单件多品种工件加工），加工形状复杂的工件比较方便（特别适合复杂轨迹的加工），加工生产率高，易于建立计算机通信网络等诸多优点，但使用、维修技术要求高，机床价格较昂贵。因此，数控机床最适合应用在单件、小批生产中。比较适合的加工对象为：用普通机床难以加工的形状复杂的曲线、曲面零件；结构复杂，要求多部位、多工序加工的零件；价格昂贵不允许报废的零件等。

1. 数控机床的分类

（1）按照工艺用途分类。

金属切削类：主要有数控车、钻、铣、镗、磨床和加工中心等。

金属成形类：主要有数控折弯机、数控弯管机等。

特种加工类：主要有数控线切割、电火花加工和激光切割机等。

其他类：例如数控火焰切割机床、三坐标测量机等。

（2）按机床的运动轨迹分类。

点位控制数控系统：只控制机床移动部件的终点位置，而不管移动所走的轨迹如何，运动中不进行任何加工。例如，数控钻床。

直线切削数控系统：控制刀具或工作台以适当的速度按平行于坐标轴的方向直线移动，并可对工件进行切削，或者控制两个坐标轴以同样的速度运行，按45°斜线进行切削加工，但不能按任意斜率进行切削。例如，简易数控车床。

连续切削数控系统：又称为轮廓控制系统，它可控制几个进给轴同时协调运动，使工件相对于刀具按程序规定的轨迹和速度运动，在运动过程中进行连续切削加工，能加工曲面、曲线、锥度等复杂形状的零件。例如，数控车床、数控铣床、加工中心等。

（3）按伺服驱动系统控制方式分类。

开环数控系统，如图1-4所示。

半闭环数控系统，如图1-5所示。

闭环数控系统，如图1-6所示。

（4）按数控系统功能水平分类。

经济型数控机床也称简易数控机床，一般采用开环控制。

全功能数控机床，一般为半闭环控制。

高档型数控机床，一般为闭环控制。

2. 解剖数控机床

下面通过一款典型的数控车床的内部结构分析，来详细了解数控机床的基本组成。

数控车床是目前使用最广泛的数控机床之一，主要用于加工轴类、盘类等回转体零件，能自动完成内/外圆柱面、圆锥面、成形表面、螺纹和端面等工序的切削加工，并能进行车槽、钻孔、扩孔、铰孔等工作。车削中心可在一次装夹中完成更多的加工工序，提高加工精度和生产效率，特别适合于复杂形状回转类零件的加工。

数控车床的外形与普通车床相似，由床身、主轴箱、刀架、进给系统、液压系统、冷却和润滑系统等部分组成。数控车床的进给系统与普通车床有本质的区别，传统普通车床有进给箱和交换齿轮架，而数控车床则是直接用伺服电机通过滚珠丝杠驱动溜板和刀架实现进给运动，因而进给系统的结构大为简化。如图1-8所示为一台模块化设计的全功能数控车床。

（1）主运动及进给伺服系统。

目前主轴驱动多采用交流主轴驱动系统即交流主轴电动机配备变频器或主轴伺服驱动器，而电动机有笼形感应电动机和永磁式电动机两种常见结构。图1-8中的主轴调速系统

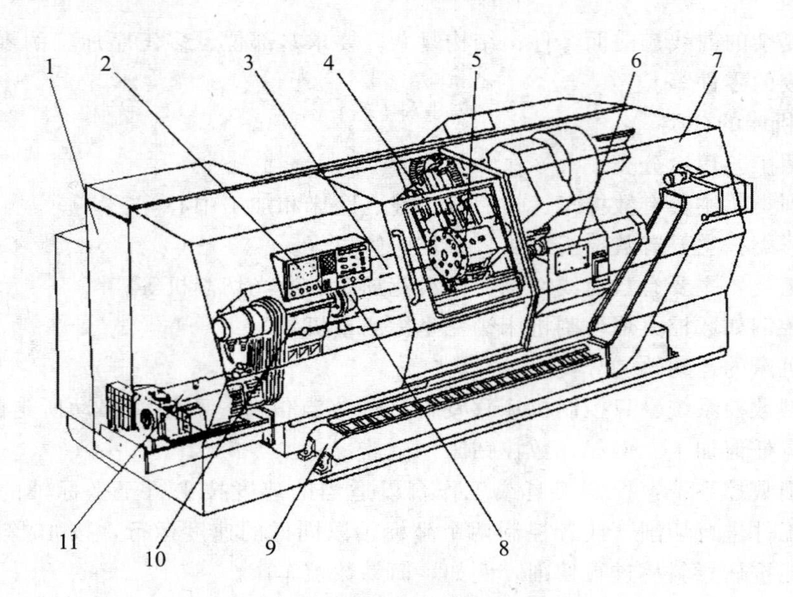

图 1-8　某数控车床组成图

1—电气控制柜；2—操作面板；3—床身；4—床鞍与床鞍拖板；5—12 工位卧式刀架；6—尾座；7—全封闭防护罩；8—液压卡盘；9—排屑器；10—主轴箱；11—主轴电动机

即是采用前一种。

进给伺服驱动系统的种类较多，有步进电动机进给驱动系统、直流电动机进给驱动系统、交流电动机进给驱动系统。其中交流电动机有交流同步电动机和异步电动机两种。由于数控机床进给驱动功率一般不大，而交流异步电动机的调速指标不如交流同步电动机，因此大多数交流进给驱动系统多采用永磁式同步电动机，图 1-8 中的数控机床即是采用这一种。

(2) 强电控制柜。

强电控制柜主要用来安装机床强电控制的各种电气元器件，除了提供数控、伺服等一类弱电控制系统的输入电源，以及各种短路、过载、欠压等电气保护外，主要在 PLC 的输出接口与机床各类辅助装置的电气执行元件之间起桥梁连接作用，控制机床辅助装置的各种交流电动机、液压系统电磁阀或电磁离合器等。此外，它也与机床操作台有关手动按钮连接。强电控制柜由各种中间继电器、接触器、变压器、电源开关、接线端子和各类电气保护元器件等构成，与一般普通机床的电气类似。但为了提高对弱电控制系统的抗干扰性，要求各类频繁启动或切换的电动机、接触器等电磁感应器件中均须并接 RC 阻容吸收器，对各种检测信号的输入均要求用屏蔽电缆连接。

(3) 数控系统。

数控系统是机床实现自动加工的核心，是整个数控机床的灵魂所在。主要由输入元件、监视器、主控制系统、可编程控制器、输入/输出接口等组成。主控制系统主要由 CPU 、存储器、控制器等组成。数控系统的主要控制对象是位置、角度、速度等机械量，以及温度、压力、流量等物理量，其控制方式可分为数据运算处理控制和时序逻辑控制两大类。其中主控制器内的插补模块就是根据所读入的零件程序，通过译码、编译等处理后，进行相应的刀具轨迹插补运算，并通过与各坐标伺服系统的位置、速度反馈信号的比较，从而控制机床各坐标轴的位移。而时序逻辑控制通常由可编程控制器 PLC 来完成，它根据机床加工过程中各个动作要求进行协调，按各检测信号进行逻辑判别，从而控制机床各个部件有条不紊地按顺序工作。

（4）机床本体。

机床本体指的是机床主体部分，包括床身、工作台、主轴箱、电动刀架、尾座、卡盘、导轨和丝杆等传动部分。数控加工是自动控制，不能像普通机床那样由人工进行调整、补偿。数控机床的主运动、进给运动都由单独的伺服电机驱动，所以传动链短、结构较简单。为保证数控机床的高精度、高效率和高自动化，机械结构应具有较高的动态刚度、抗变形性能及耐磨性。

（5）辅助装置。

辅助装置主要包括自动换刀装置 、工件夹紧放松机构、液压控制系统、润滑装置、切削液装置、排屑装置、过载和保护装置等。

综上所述，数控机床的基本组成框图如图 1-9 所示。

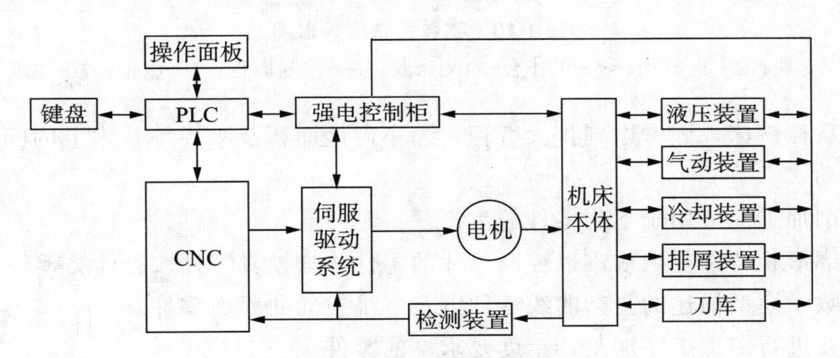

图 1-9　数控机床组成框图

3. 数控铣床及加工中心

让我们再来看看如图 1-10 所示的数控铣床的基本结构吧。

铣削与车削的原理不同，铣削时刀具回转完成主运动，工件做直线（或曲线）进给。旋转的铣刀是由多个刀刃组合而成的，因此铣削是非连续的切削过程。铣削加工是机械加工中最常用的加工方法之一，包括平面铣削、轮廓铣削、钻、扩、铰、镗、锪及螺纹加工，主要用来加工平面及各种沟槽，也可以加工齿轮、花键等成形面（或槽）。

数控铣床按构造可以分成：

（1）工作台升降式数控铣床。

这类数控铣床采用工作台移动、升降，而主轴不动的方式，常见于小型数控铣床，如图 1-10 所示即是这一类。

（2）主轴头升降式数控铣床。

这类铣床工作台纵向和横向移动，且主轴沿着垂直溜板上下移动。主轴头升降式数控铣床在精度保持、承载重量、系统构成等方面具有很多优点，已成为数控铣床的主流。

（3）龙门式数控铣床。

这类数控铣床主轴可以在龙门架的横向与垂直溜板上运动，而龙门架则沿床身做纵向

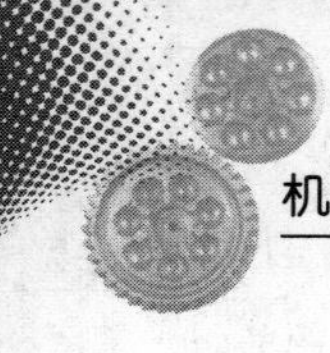

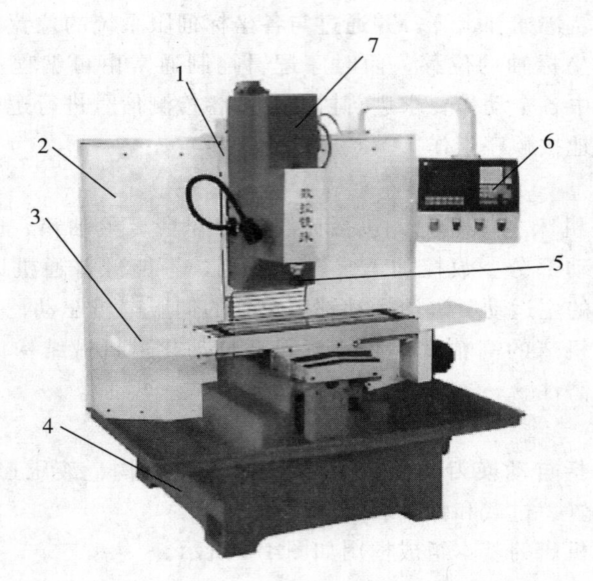

图 1-10　某数控铣床外形图

1—立柱；2—电气柜；3—工作台；4—床身；5—控制面板；6—主轴；7—主轴箱

运动。大型数控铣床，因考虑到扩大行程，缩小占地面积及刚性等技术上的问题，往往采用龙门架移动式。

数控铣削加工一般用于下列零件的生产：

（1）轮廓形状特别复杂或难以控制尺寸的零件，如模具零件、壳体类零件。

（2）用数学模型描述的复杂曲线零件以及三维空间曲面类零件。

（3）需要进行多道工序加工，精度要求高的零件。

加工中心是目前世界上产量最高、应用最广泛的数控机床之一。数控加工中心综合加工能力较强，工件一次装夹后能完成较多的加工内容，加工精度高。可以简单理解数控铣床＋刀库就是加工中心。加工中心的种类也多种多样，可以按下列方式进行分类：

（1）按换刀形式分类：

1）带刀库机械手的加工中心。换刀装置由刀库、机械手组成，换刀动作由机械手完成。

2）机械手加工中心。换刀过程通过刀库和主轴箱配合动作来完成。

3）转塔刀库式加工中心。一般应用于小型加工中心，主要以孔加工为主。

（2）按机床形态分类：

1）卧式加工中心。主轴轴线为水平状态，一般具有 3～5 个运动坐标。常见的有三个直线运动坐标和一个回转坐标。它能够使工件一次性完成除安装面和顶面以外的其余四个面的加工。适宜于复杂的箱体类零件、泵体、阀体等零件的加工，如图 1-11（a）所示。

2）立式加工中心。主轴轴线为垂直状态设置，一般具有三个直线运动坐标，工作台具有分度和旋转功能，可在工作台上安装一个水平轴的数控转台用以加工螺旋线零件。适宜于加工简单箱体、箱盖、板类零件和平面凸轮。如图 1-11（b）所示。

3）龙门加工中心。与龙门铣床类似，适宜于大型或形状复杂的零件加工。如图 1-11（c）

所示。

4）万能加工中心。也称五面体加工中心，工件装夹后能够完成除安装面外的所有面的加工，具有立式和卧式加工中心的功能。万能加工中心常有两种形式：一种是主轴可以旋转 90°，既可像立式加工中心一样，也可以像卧式加工中心一样；另一种是主轴不改变方向，而工作台旋转 90°，完成对工件五个面的加工，如图 1-11（d）所示。

（a）卧式加工中心

（b）立式加工中心

（c）龙门加工中心

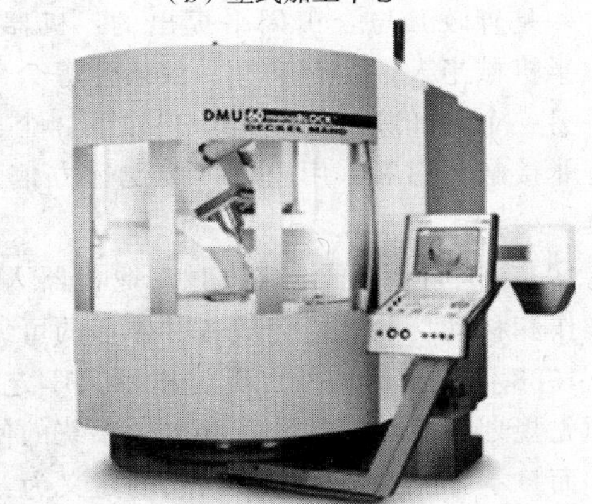

（d）万能加工中心

图 1-11　常见加工中心类型

1.2.2　解剖机器人

1. 初步了解机器人

1886 年法国作家利尔亚当在他的小说《未来夏娃》中将外表像人的机器起名为 android，它由四部分组成：

（1）生命系统（平衡、步行、发声、身体摆动、感觉、表情、调节运动等）；

（2）造型解质（关节能自由运动的金属覆盖体，一种盔甲）；

（3）人造肌肉（在上述盔甲上有肉体、静脉、性别等身体的各种形态）；

（4）人造皮肤（含有肤色、机理、轮廓、头发、视觉、牙齿、手爪等）。

这也许就是作家笔下的机器人雏形，而“机器人”一词起源于捷克语，意为强迫劳动力或奴隶。这个词是由剧作家 Karel Capek 在 1920 年引入的，他虚构创作的机器人很像怪物，是由化学和生物学方法而不是机械方法创造的生物。

为了防止机器人伤害人类，科幻作家阿西莫夫于 1940 年提出了“机器人三原则”：

(1) 机器人不应伤害人类；

(2) 机器人应遵守人类的命令，与第一条违背的命令除外；

(3) 机器人应能保护自己，与第一条相抵触者除外。

这是给机器人赋予的伦理性纲领，机器人学术界一直将这三原则作为机器人开发的准则。

1954 美国人乔治·德沃尔设计了第一台关节式示教再现型作业机械手，并于 1961 年公示了该项专利。1962 美国通用汽车公司（GM）公司使用了全球第一台机器人 Unimate，这标志着第一代工业机器人的诞生。此后，工业机器人经历了三个阶段的发展历程：第一代示教再现机器人；第二代带感觉的机器人；第三代智能机器人。

那么，我们该如何给机器人下定义呢？

美国机器协会（RIA）给出的解释为：机器人是一种用于移动各种材料、零件、工具或专用装置的，通过程序动作来执行各种任务，并具有编程能力的多功能操作机。

1967 年在日本召开的第一届机器人学术会议上，提出了两个有代表性的定义：

一是森政弘与合田周平提出的：机器人是一种具有移动性、个体性、智能性、通用性、半机械半人性、自动性、奴隶性等 7 个特征的柔性机器。

另一个是加藤一郎提出具有如下 3 个条件的机器：具有脑、手、脚等三要素的个体；具有非接触传感器（用眼、耳接受远方信息）和接触传感器；具有平衡觉和固有觉的传感器。

1987 年国际标准化组织对工业机器人进行了定义：工业机器人是一种具有自动控制的操作和移动功能，能完成各种作业的可编程操作机。

1988 年法国的埃斯皮奥将机器人学定义为：机器人学是指设计能根据传感器信息实现预先规划好的作业系统，并以此系统的使用方法作为研究对象的学科。

而日本工业机器人协会给出的定义为：工业机器人是一种装备有记忆装置和末端执行装置的、能够完成各种移动来代替人类劳动的通用机器。

我国科学家对机器人的定义是：机器人是一种自动化的机器，所不同的是这种机器具备一些与人或生物相似的智能能力，如感知能力、规划能力、动作能力和协同能力，是一种具有高度灵活性的自动化机器。

根据上述的各种定义，我们可以把具有下述性质的机械看作是机器人：

• 代替人进行工作，能像人那样使用工具和机械。因此，数控机床和汽车不是机器人。

• 具有通用性，即机器人可以简单地变换所进行的作业，又能按照工作情况的变化相应地进行工作，一般的玩具机器人不具有通用性，不属于机器人。

• 直接对外界工作，机器人要完成一定的工作，对外界产生作用。

2. 解剖机器人

如图 1-12 所示为机器人的内部组成框图，一般机器人主要有四类：工业机器人、仿人机器人、机器车及其他类。但其组成基本类似：控制系统、驱动系统、机械结构系统、感受系统、机器人—环境交互系统、人机交互系统等 6 部分。

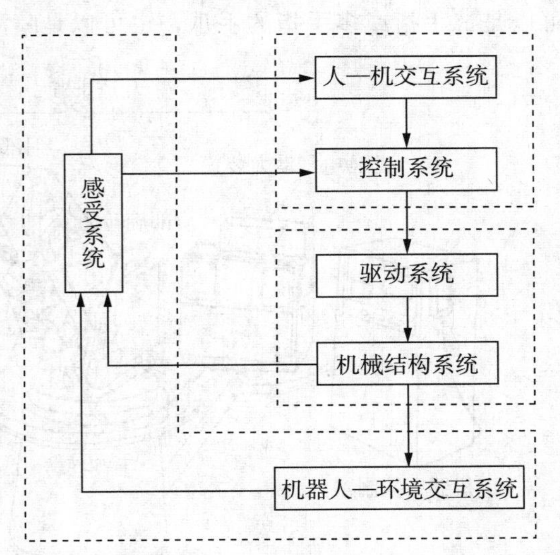

图 1-12　机器人内部组成

（1）控制系统。

控制系统的任务是根据机器人的作业指令程序以及从传感器反馈回来的信号支配机器人的执行机构去完成规定的运动和功能。假如工业机器人不具备信息反馈特征，则为开环控制系统；若具备信息反馈特征，则为闭环控制系统。根据控制原理，控制系统可分为程序控制系统、适应性控制系统和人工智能控制系统。根据控制运动的形式，控制系统可分为点位控制和轨迹控制等。

（2）驱动系统。

要使机器人运行起来，需给各个关节即每个运动自由度安置传动装置，这就是驱动系统。驱动系统可以是液压传动、气动传动、电动传动，或者把它们结合起来应用的综合系统；可以是直接驱动或者是通过同步带、链条、轮系、谐波齿轮等机械传动机构进行间接驱动。

驱动机构分为旋转驱动方式和直线驱动方式。由于旋转驱动的旋转轴强度高、摩擦小、可靠性好等优点，在结构设计中应尽量多采用。但是在行走机构关节中，完全采用旋转驱动实现关节伸缩有如下缺点：

1）旋转运动虽然也能转化成直线运动，但在高速运动时，关节伸缩的加速度不能忽视，它可能产生振动。

2）为了提高着地点选择的灵活性，还必须增加直线驱动系统。

（3）机械结构。

一般工业机器人的机械结构较为复杂一些，主要由基座、手臂、末端执行器三大部分组成，如图 1-13 所示。每一部分都有若干自由度，构成一个多自由度的机械系统。若基座具备行走机构，则构成行走机器人；若基座不具备行走及腰转机构，则构成单机器人臂。基座如同机床的床身结构一样，机器人机身构成机器人的基础支撑。手臂一般由上臂、下臂和手腕组成，完成各种动作。其中关节又分为滑动关节和转动关节，实现机身、手臂各部分、末端操作器之间的相对运动。末端执行器是直接装在手腕上的一个重要部件，它可以是二手指或多手指的手爪，也可以是喷漆枪、焊具等作业工具。

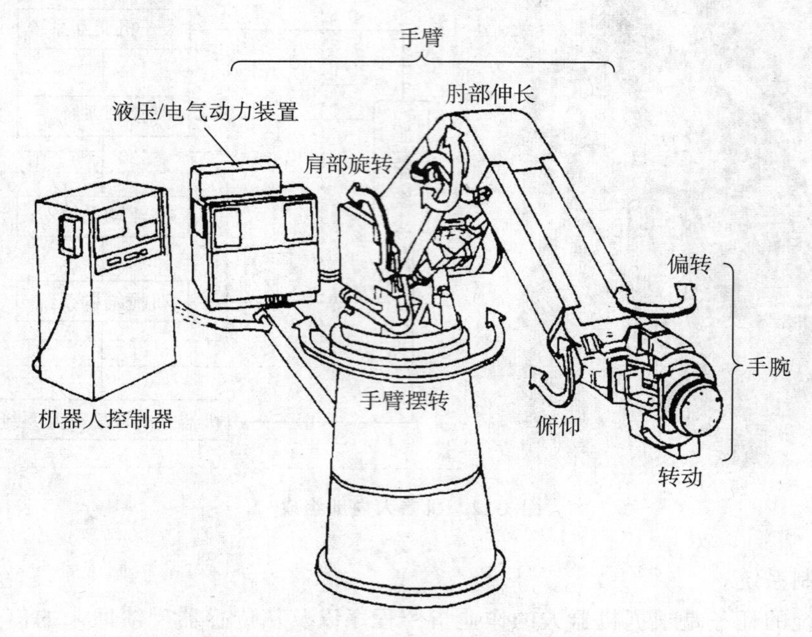

图 1-13　工业机器人基本组成

（4）感受系统。

感受系统由内部传感器模块和外部传感器模块组成，用以获取内部和外部环境状态中有意义的信息。智能传感器的使用提高了机器人的机动性、适应性和智能化的水准。人类的感受系统对感知外部世界信息是极其灵巧的，然而对于一些特殊的信息，传感器比人类的感受系统更有效。

（5）机器人—环境交互系统。

机器人—环境交互系统是实现工业机器人与外部环境中的设备相互联系和协调的系统。工业机器人与外部设备集成为一个功能单元，如加工制造单元、焊接单元、装配单元等。当然，也可以是多台机器人、多台机床或设备、多个零件存储装置等集成为一个去执行复杂任务的功能单元。

（6）人—机器人交互系统。

人—机器人交互系统是使操作人员参与机器人控制并与机器人进行联系的装置，例如，计算机的标准终端、指令控制台、信息显示板、危险信号报警器等。该系统归纳起来分为两大类：指令给定装置和信息显示装置。

机械系统部件选择与设计

内容提要：

本学习情境主要讲述机电一体化系统中机械部件选择与设计的基础知识，通过数控铣床及数控车床的主传动系统设计实例使学生掌握主传动系统的设计方法，通过数控机床滚珠丝杠副的设计实例使学生掌握数控机床进给系统机械部分的设计方法，通过导轨设计实例使学生掌握导向支承部件的设计方法，为后面的综合项目制作打下良好的基础。

知识目标：

（1）了解机床主传动系统的分类。

（2）初步认识滚珠丝杠副及数控机床导轨。

（3）掌握数控铣、车床主传动系统设计方法。

（4）掌握主传动系统设计必备的知识点：拟定转速图、确定变速规律、画出结构网及结构式、确定齿轮及齿数、确定计算转速。

（5）熟练设计无级变速传动链。

（6）掌握滚珠丝杠副组成、结构及参数。

（7）了解滚珠丝杠副间隙调整法、支承方式及安装方法。

（8）了解滚珠丝杠副的设计方法，并能自主设计简易数控机床的滚珠丝杠副。

（9）了解导轨种类、材料、特点等。

（10）掌握滑动导轨副截面形状、导轨组合方式及间隙调整方法。

（11）了解滚动导轨副的分类。

（12）了解静压导轨原理。

（13）掌握静压导轨的设计方法并能自主设计。

能力目标：

（1）具备数控机床主传动系统、滚珠丝杠副、导轨设计能力。

（2）具备基本识图能力。

（3）具备基本自主查阅中、外资料的能力。

机械系统是机电一体化系统的最基本要素，主要包括执行机构、传动机构和支承部件。机械的主要功能是完成机械运动，一部机器必须完成相互协调的若干机械运动。每个机械运动可由单独的控制电机、传动件和执行机构组成的若干个子系统来完成，若干个机械运动由计算机来协调与控制。

项目 2.1　数控机床主传动系统设计

项目目标

(1) 了解机床主传动系统的分类。

(2) 掌握数控铣、车床主传动系统的设计方法。

(3) 掌握主传动系统设计必备的知识点：拟定转速图、确定变速规律、画出结构网及结构式、确定齿轮及齿数、计算确定转速。

(4) 熟练设计无级变速传动链。

项目要求

通过教师讲授、学生查阅资料以及数控铣、车床主传动系统图纸分析，使学生系统掌握数控铣、车床主传动系统的设计方法。

任务 2.1.1　数控铣床主传动系统设计

1. 机床主传动系统设计满足的基本要求

机床主传动系统因机床的类型、性能、规格尺寸等因素的不同，应满足的要求也不一样。设计机床主传动系统时最基本的原则就是以最经济、合理的方式满足既定的要求。在设计时应结合具体机床进行具体分析，一般应满足下述基本要求：

(1) 满足机床使用性能要求。

首先应满足机床的运动特性，如机床的主轴有足够的转速范围和转速级数（对于主传动为直线运动的机床，则有足够的每分钟双行程数范围及变速级数)。传动系统设计合理，操作方便灵活、迅速、安全可靠等。

(2) 满足机床传递动力要求。

主电动机和传动机构能提供和传递足够的功率和转矩，具有较高的传动效率。

(3) 满足机床工作性能的要求。主传动中所有零部件要有足够的刚度、精度和抗振性，热变形特性稳定。

(4) 满足产品设计经济性的要求。

传动链尽可能简短，零件数目要少，以便节省材料，降低成本。

(5) 调整维修方便，结构简单、合理，便于加工和装配，防护性能好，使用寿命长。

2. 机床主传动系统分类

机床主传动系统可按不同的特征来分类：

（1）按驱动主传动的电动机类型可分为交流电动机驱动和直流电动机驱动。

交流电动机驱动中又可分为单速交流电动机驱动或调速交流电动机驱动两种。调速交流电动机驱动又有多速交流电动机驱动和无级调速交流电动机驱动。无级调速交流电动机通常采用变频调速的原理。

（2）按传动装置类型可分为机械传动装置、液压传动装置、电气传动装置以及它们的组合。

（3）按变速的连续性可分为分级变速传动和无级变速传动。

分级变速传动在一定的变速范围内只能得到某些转速，变速级数一般不超过 20～30 级。分级变速传动方式有滑移齿轮变速、交换齿轮变速和离合器（如摩擦式、牙嵌式、齿轮式离合器）变速。因它传递功率较大，变速范围广，传动比准确，工作可靠，广泛地应用于通用机床，尤其是中小型通用机床中。缺点是有速度损失，不能在运转中进行变速。

无级变速传动可以在一定的变速范围内连续改变转速，以便得到最有利的切削速度；能在运转中变速，便于实现变速自动化；能在负载下变速，便于车削大端面时保持恒定的切削速度，以提高生产效率和加工质量。无级变速传动可由机械摩擦无级变速器、液压无级变速器和电气无级变速器实现。机械摩擦无级变速器结构简单、使用可靠，常用于中小型车床、铣床等主传动中，见图 2-1。液压无级变速器传动平稳、运动换向冲击小，易于实现直线运动，常用于主运动为直线运动的机床，如磨床、拉床、刨床等机床的主传动中。电气无级变速器有直流电动机或交流调速电动机两种，由于可以大大简化机械结构，便于实现自动变速、连续变速和负载下变速，故应用越来越广泛，尤其在数控机床上目前几乎全都采用电气变速。

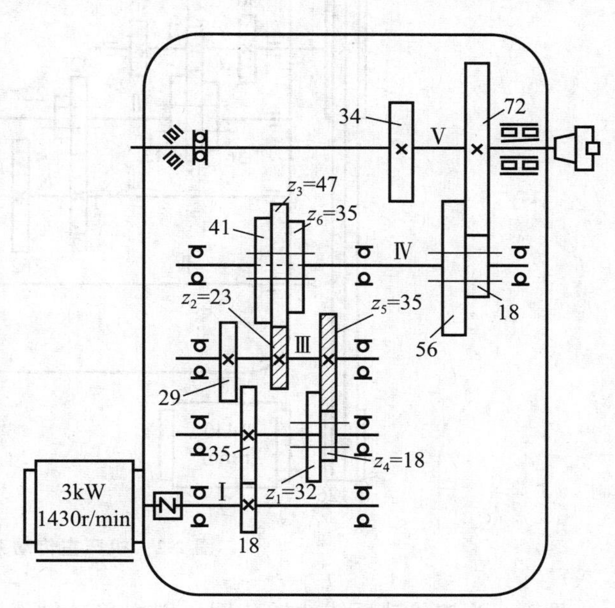

图 2-1　铣床主变速传动系统图

数控机床和大型机床中，有时为了在变速范围内满足恒功率和恒转矩的要求，或为了进一步扩大变速范围，常在无级变速器后面串接机械分级变速箱。

3. 数控铣床主传动系统设计

现在以某数控铣床主传动系统设计为例，说明数控机床主传动系统设计任务的实施过程：按照已确定的运动参数、动力参数和传动方案，设计出经济合理、性能先进的传动系统。

其主要设计内容为：拟定结构式或结构网；拟定转速图，确定各传动副的传动比；确定带轮直径、齿轮齿数；布置、排列齿轮，绘制传动系统图。如图 2-1 所示为某铣床主变速传动系统图。

（1）转速图的概念。

转速图是分析和设计机床变速系统的重要工具，转速图可表达主轴每一级转速是通过哪些传动副得到的，这些传动副之间的关系如何，各传动轴的转速等。转速图由“三线一点”组成，即传动轴线、转速线、传动线和转速点。

图 2-2 是某机床主传动系统图，其传动路线表达式是：

$$\begin{matrix}\text{主电动机}\\(1440\text{r/min})\end{matrix}-\frac{\phi 126\text{mm}}{\phi 256\text{mm}}-\text{Ⅰ}-\begin{bmatrix}36/36\\30/42\\24/48\end{bmatrix}-\text{Ⅱ}-\begin{bmatrix}42/42\\22/62\end{bmatrix}-\text{Ⅲ}-\begin{bmatrix}60/30\\18/72\end{bmatrix}-\text{Ⅳ}$$

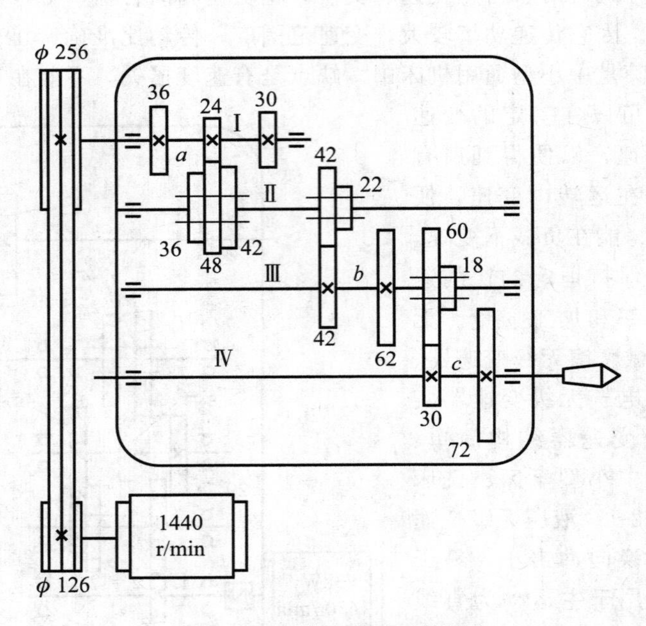

图 2-2　机床主传动系统图

图 2-3 为该传动系统的转速图。图中传动轴线是间距相同的竖直线，表示各传动轴，自左而右依次标注电、Ⅰ、Ⅱ、Ⅲ、Ⅳ；而转速线是间距相同的水平线，表示转速的对数坐标。由于主轴转速是等比数列，则相邻两转速有下列关系：

$$n_2/n_1=\varphi, n_3/n_2=\varphi, \cdots, n_z/n_{z-1}=\varphi$$

可见，任意相邻两转速的对数之差均为同一数（$\lg\varphi$），将转速坐标取为对数坐标时，则任意相邻两转速都相距一格。为了方便，转速图上不写 $\lg\varphi$ 符号，而是直接标出转速值（即对数真值）。转速线间距大小，并不代表公比 φ 数值大小。

转速点是一组水平线与竖直线相交的圆圈交点，表示该轴具有的转速。如Ⅳ轴（主轴）上的 12 个圆点，表示具有 12 级转速。

传动线是传动轴线间的转速点连线，表示相应传动副的传动比。传动线（或称传动比连线）具有三个特点：

1）传动线的高差表明传动比的数值，传动线的倾斜程度反映传动比的大小。传动线水平，表示等速传动，$i=1$；传动线向下方倾斜（按传动方向由主动转速点引向从动转速点）表示降速传动，$i<1$；反之，传动线向上方倾斜，表示升速传动，$i>1$。倾斜程度越大，表示降速比或升速比也越大。

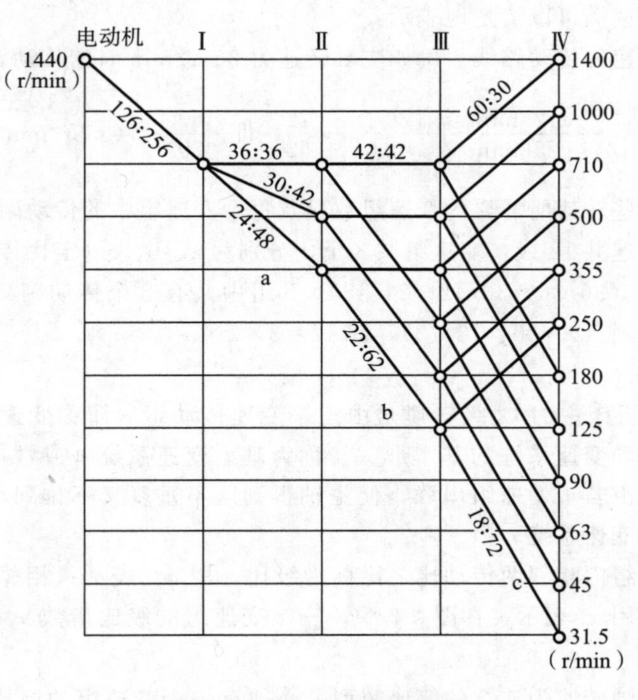

图 2-3　机床主传动转速图

例如，电机轴与轴Ⅰ之间的连线代表皮带定比传动，其传动比为：

$$i=\frac{126}{256}\approx\frac{1}{2}=\frac{1}{1.41^2}=\frac{1}{\varphi^2}$$

是降速传动，故传动线向下倾斜两格。

2）一个主转速点引出的传动线数目表示该变速组中不同传动比的传动副数。

如第一变速组 a，由Ⅰ轴的转速点向Ⅱ轴引出三条传动线，表示该变速组有三对传动副，其传动比为：

$$i_{a1}=\frac{36}{36}=\frac{1}{1}$$

$$i_{a2}=\frac{30}{42}=\frac{1}{1.41}=\frac{1}{\varphi}$$

$$i_{a3}=\frac{24}{48}=\frac{1}{2}=\frac{1}{\varphi^2}$$

三条传动线分别为水平、降一格、降两格。

3）两条传动轴线间相互平行的传动线表示同一传动副的传动比。如第三变速组

（c组），当Ⅲ轴的转速为 710r/min 时，通过升速传动副（60∶30）使主轴转速达到 1440r/min，因为Ⅲ轴共有 6 级转速，通过该传动副可使机床主轴得到 6 级转速 250、355、500、710、1000、1440r/min，所以上斜的 6 条平行传动线都表示同一个升速传动副的传动比。

综上所述，转速图可以清楚地表示：

①主轴各级转速的传动路线。例如主轴转速为 355r/min 时的传动路线为：

$$\begin{matrix}\text{主电动机}\\(1440\text{r/min})\end{matrix}-\frac{\varphi 126\text{mm}}{\varphi 256\text{mm}}-\text{I}-\frac{30}{42}-\text{II}-\frac{22}{62}-\text{III}-\frac{60}{30}-\text{IV}(355\text{r/min})$$

②主轴得到这些转速所需要的变速组数目及每个变速组中的传动副数；

例如，主轴转速共 12 级，变速组共 3 个，分别为 a、b、c（定比传动不计在内），a 组中共有 3 个传动副（36/36、30/42、24/48），b 组中共有 2 个传动副（42/42、22/62），c 组中共有 2 个传动副（60/30、18/72），即 12＝3×2×2。

（2）变速规律。

图 2-2 所示的机床主轴 12 级转速是由三个变速传动组（简称变速组或传动组）串联实现的。这是主传动变速系统的基本形式，称为基型变速系统（或常规变速系统），即以单速电动机驱动，由若干变速组串联，使主轴得到既不重复又不排列均匀（指单一公比）的等比数列转速的变速系统。

通常，将变速组内相邻两传动比之比称为级比，用 φ^{x_i} 表示；相邻两传动比相距的格数称为级比指数，用 x_i 表示，在图 2-2 中，三个变速组的级比指数 x_a、x_b、x_c 分别为 1、3、6。

设计时要使主轴转速为连续的等比数列，必须有一个变速组的级比指数为 1，这个变速组称为基本组。基本组的级比指数用 x_0 表示，如本例中的变速组 a 为基本组。

后面变速组因起变速扩大作用，所以统称为扩大组。第一扩大组的级比指数 x_1 等于基本组的传动副数 p_0，即 $x_1=p_0$。如本例中基本组的传动副 $p_0=3$，变速组 b 为第一扩大组，其级比指数为 $x_1=3$。

经扩大后，Ⅲ轴得到 3×2＝6 级转速。第二扩大组的作用是将第一扩大组的变速范围第二次扩大，其级比指数 x_2 等于基本组的传动副数 p_0 和第一扩大组传动副数 p_1 的乘积，即 $x_2=p_0\times p_1$，本例中变速组 c 为第二扩大组，级比指数 $x_2=p_0 p_1=3\times2=6$，经扩大后使Ⅳ轴得到 3×2×2＝12 级转速。如有第 j 扩大组，则以此类推，其级比指数 $x_j=p_0 p_1\cdots p_{j-1}$。

变速组按其级比指数 x_i 值，由小到大的安排顺序称为扩大顺序，即基本组、第一扩大组、第二扩大组…；而在结构上，由电动机到主轴传动的先后顺序为传动顺序，即变速组 a、b、c …。设计传动系统方案时，传动顺序和扩大顺序可能一致，可有多种设计方案。

（3）结构网及结构式。

结构网和结构式用于分析和比较不同的传动系统的设计方案，它与转速图的主要差别是结构网只表示传动比的相对关系，而不表示传动比和专属的绝对值，而且结构网上代表传动比的射线呈对称分布，如图 2-4 所示。结构网也可写成结构式，结构式能够表示变速系统最主要的三个变速参量（主轴转速级数、各变速组的传动副数、各变速组的级比指数）。

如图 2-2 所示的主传动系统对应的结构式为 $12=3_1\times2_3\times2_6$。其中，12 表示主轴的变速级数，3、2、2 分别表示按传动顺序排列的各变速组的传动副数，即第一变速组 a 的传动副数为 3，第二变速组 b 的传动副数为 2，第三变速组 c 的传动副数为 2。结构式中的下标 1、3、6 分别表示各变速组中相邻两传动比相距的格数。

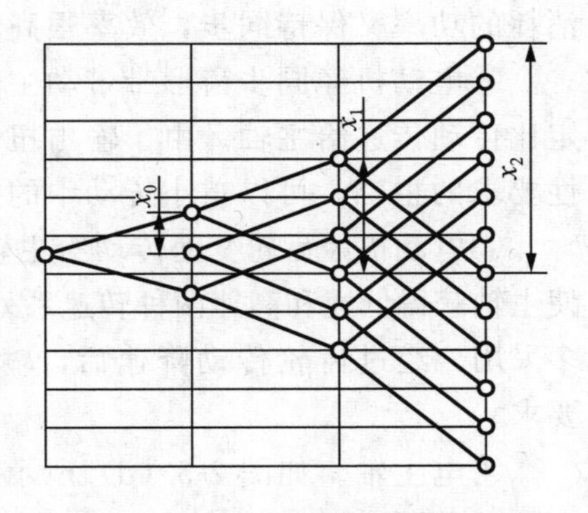

图 2-4　机床主传动系统结构网

结构网或结构式与转速图具有一致的变速特性的表达，但转速图表达得具体、完整，转速和传动比是绝对数值；而结构网和结构式表达变速特性较简单、直观，转速和传动比是相对数值。结构网比结构式更直观，结构式比结构网更简单。结构式与结构网的表达内容相同，二者是对应的。

（4）数控铣床主传动系统设计实例。

1）对数控机床主传动系统的要求。

数控机床的工艺范围更宽，工艺能力更强，其主传动系统要求有较大的调速范围和最高的转速，以便在各种切削条件下都能获得最佳的切削速度，从而满足加工精度以及生产率的要求。

现代数控机床的主传动系统广泛采用无级变速传动，用交流电机或直流电机驱动，能方便地实现无级变速，且传动链短、传动件少，提高了变速的可靠性，其制造精度要求很高。数控机床的主轴部件应具有较大的刚度和较高的精度，以进行大功率和高速切削。数控机床应具有自动换刀能力，其主轴上具有特殊功能的刀具安装和夹紧结构。对于数控机床，尤其是大型数控车床，为了保证端面加工的生产率和表面质量，主传动系统还要能实现恒切削速度控制。因此，数控机床与普通机床相比，其主传动系统主要具有以下特点：

①转速高、功率大，能使数控机床进行大功率和高速切削，实现高效率加工。

②主轴转速的变换迅速可靠，并能自动无级变速，使切削工作始终在最佳状态下运行。

③为实现刀具的快速装卸，其主轴还需设计有刀具自动装卸、主轴定向停止和主轴孔内切屑清除装置。

2）数控机床主传动常见的配置方式。

为了适应数控机床加工范围广，工艺适应性强，加工精度和自动化程度高等特点，数控机床的主传动系统主要有无级变速、分段无级变速和内置电动机变速三种方式。

目前，随着数控机床的迅猛发展，齿轮分级变速传动机构在逐渐减少，而采用交流或直流调速电动机无级变速机构在逐渐增多，后者不但大大简化了机械结构，而且很方便地实现范围很宽的无级变速，还可以按照控制指令实现连续的变速、恒线速切削等，大大提高了机床的工作性能。

如图 2-5 所示，列出了几种常见的数控机床主传动系统：

①主轴电动机直接驱动。如图 2-5（a）所示，电机轴与主轴用联轴器连接，这种方式大大简化了主轴箱和主轴结构，有效地提高了主轴部件的刚度，但主轴输出扭矩小，电动机发热对主轴影响较大。目前，多采用交流伺服电机，它的功率很大，但输出功率与实际

消耗的功率又保持同步，效率很高。

②电动机经同步齿形带带动主轴。如图 2-5（b）所示，电机将其运动经同步齿形带以定比传动传递给主轴。由于输出扭矩较小，这种传动方式主要用于小型数控机床低扭矩特性要求的主轴，可以减小传动中的振动和噪声。

③电动机经齿轮变速传动给主轴。如图 2-5（c）所示，主轴电机经二级齿轮传动变速，使主轴获得低速和高速两种转速系列，使之成为分段无级变速，这种在大中型数控机床中较多采用。经过齿轮传动降速后，输出转矩可以扩大，以满足主轴低速时输出扭矩特性的要求。

④电主轴。如图 2-5（d）所示，将调速电机与主轴合成一体（电动机转子轴即为机床主轴），其优点是主轴部件结构紧凑、刚度高、重量轻、惯量小，可提高调速电机启动、停止的响应特性。其缺点是电机发热易引起热变形。

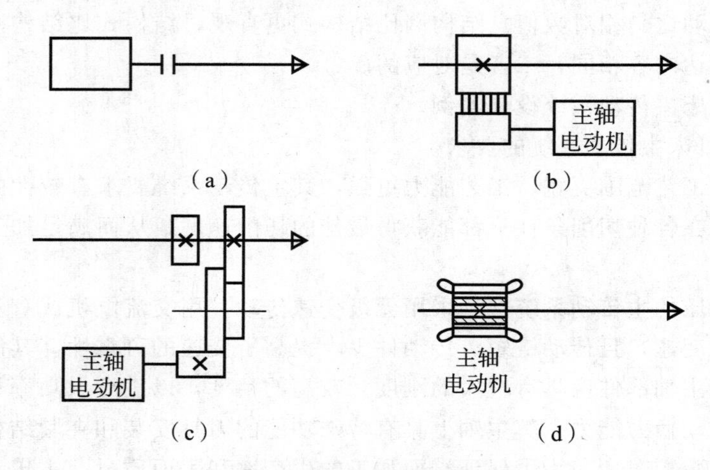

图 2-5　数控机床主传动的配置方式

【例 2-1】已知：某中型数控铣床 XK5032A 主轴的最低转速为 $n_1=10$r/min，转速级数 $Z=18$，公比 $\varphi=1.26$，电动机转速 $n_{电}=500$r/min，试拟定其主传动系统图。

解：根据前面所讲的内容可知，拟定主传动系统图之前要确定其转速图。

拟定转速图的一般步骤为：

①确定变速组数及各变速组的传动副数；

②安排变速组的传动顺序，拟定结构式（网）；

③分配传动副传动比，绘制转速图。

由已知条件 Z、φ、n_1 可知主轴的各级转速应为：

$n_1=n_{min}=10$r/min；

$n_2=n_1\times\varphi^1=10\times1.26=12.5$r/min；

$n_3=n_1\times\varphi^2=10\times1.26^2=15.8$r/min；

$n_4=n_1\times\varphi^3=10\times1.26^3=20$r/min；

$n_5=n_1\times\varphi^4=10\times1.26^4=25$r/min；

以此类推：

$n_6=31.7$r/min；$n_7=39$r/min；$n_8=50$r/min；$n_9=63$r/min；$n_{10}=78$r/min；$n_{11}=$

100r/min；n_{12} = 125r/min；n_{13} = 158r/min；n_{14} = 200r/min；n_{15} = 250r/min；n_{16} = 316.6r/min；n_{17} =393r/min；n_{18} =500r/min。

①变速组数和传动副数的确定。

变速组和传动副数可能的方案有：

$$18=2\times3\times3 \qquad 18=3\times3\times2 \qquad 18=3\times2\times3$$

上述三个方案可根据下面的原则比较：从电动机到主轴，一般为降速传动。接近电动机的零件，转速越高，转矩就越小，尺寸就越小。如使传动副较多的传动组放在接近电动机处，则可使小尺寸的零件多放些，大尺寸的零件少放些，就节省材料了。这就是“前多后少”原则，从这个角度考虑，方案 18=3×3×2 比较好。

②结构网或结构式各种方案的选择。

在方案 18=3×3×2 中又由于基本组和扩大组排列顺序的不同而有不同的方案。可能有的六种方案的结构式如下：

(a)$18=3_1\times3_3\times2_9$　(b)$18=3_3\times3_1\times2_9$　(c)$18=3_2\times3_6\times2_1$
(d)$18=3_6\times3_2\times2_1$　(e)$18=3_6\times3_1\times2_3$　(f)$18=3_1\times3_6\times2_3$

其结构网如图 2-6 所示。

在降速传动中，为防止被动齿轮的直径过大而使径向尺寸过大，常限制最小传动比

$$i_{min}\geqslant1/4$$

在升速时，为防止产生过大的噪声和振动，常限制最大传动比

$$i_{max}\leqslant2$$

如用斜齿齿轮，则 $i_{max}\leqslant2.5$。

可见，主传动链任一传动组的最大变速范围一般为

$$R_{max}=\frac{u_{max}}{u_{min}}\leqslant8\sim10$$

因此，最大的一个扩大组（其他组变速范围都比它小）的变速范围 R_n 小于最大变速范围 R_{max} 即可。

$$R_n=\varphi^{x_n(p_n-1)}\leqslant R_{max}$$

在图 2-6 中，方案（a）和（b）的最大扩大组 $x_2=9$，$p_2=2$，则

$R_2=\varphi^{x_2(p_2-1)}=1.26^9=8=R_{max}$，是可行的。

而方案（c）、（d）、（e）和（f）的最大扩大组 $x_2=6$，$p_2=3$，则

$R_2=\varphi^{x_2(p_2-1)}=1.26^{12}=16\geqslant R_{max}$，是不可行的。

那么，对于合格的方案（a）和（b）如何选出一个最佳方案呢？一般的原则是选择中间传动轴变速范围最小的方案。因为如果各方案同号传动轴的最高转速相同，则变速范围小的，最低转速高，转矩较小，传动件的尺寸也就可以小些。比较图 2-6 中的方案（a）和（b），很直观地得到方案（a）最佳。

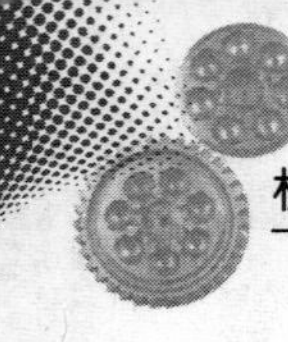

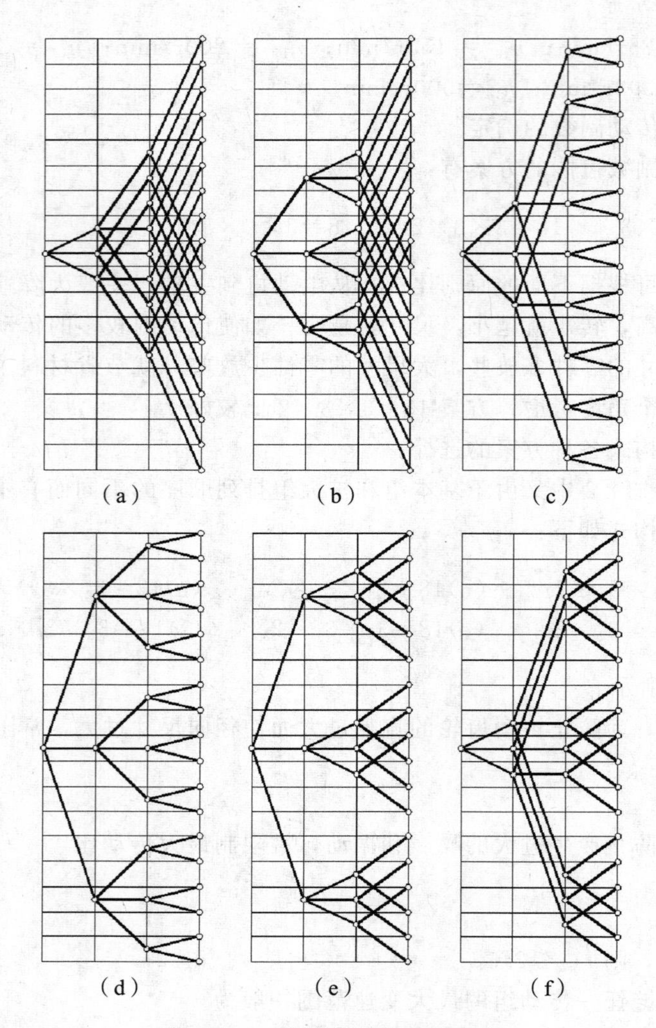

图 2-6　18 级结构网的各种方案

③分配传动副传动比，绘制转速图。

当选定了结构网或结构式后，因为电动机和主轴的转速都是已定的，所以可以分配各传动组的传动比并确定中间轴的转速。通常，希望齿轮的线速度不超过 12～15m/s。对于中型车、钻、铣等机床，中间轴的最高转速不超过电动机转速。对于小型机床和精密机床，由于功率较小，传动件不会太大。这时振动、发热和噪声是应该考虑的问题，同时也更应限制中间轴的转速，不使过高。

本例中的数控铣床共有三个传动组，变速机构 4 根轴，换向机构 2 根轴，再加上电动机轴共 7 根轴。因此，绘制转速图时，需要 7 条竖线，又由已知的变速 18 级，所以图中共 18 条横线。

在分配传动比时，可以从电机轴往后推，也可以从主轴往前推，一般往前推较方便。

传动组 c 的变速范围 $\varphi^9=1.26^9=8$，根据降速时最小传动比 $i_{min}\geqslant 1/4$，升速时最大传动比 $i_{max}\leqslant 2$ 的原则，传动副的传动比一定是：

$$i_{c1}=\varphi^3:1=2:1$$

$i_{c2}=1:\varphi^6=1:4$

同时，也可以得到轴Ⅲ的转速只有一种可能：39、50、63、78、100、125、158、200、250r/min九种。

传动组b的变速范围 $\varphi^6=1.26^6=4$，传动副的传动比可以有几种情况，轴Ⅱ的转速也同样有几种情况：125/100/78；158/125/100；200/158/125；250/200/158。根据中间传动轴转速不可过高原则，前两种较合适，但第一种传动比致使传动组a的降速过大，所以第二种较合适。传动比如下：

$i_{b1}=\varphi^2:1=1.5:1$

$i_{b2}=1:\varphi^1=1:1.26$

$i_{b3}=1:\varphi^4=1:2.5$

轴Ⅱ的转速为158、125、100r/min。

传动组a的变速范围 $\varphi^1=1.26$，为了防止被动带轮直径过大，也为了降低发热和噪声，传动副的传动比可取：

$i_{a1}=1:\varphi^2=1:1.5$

$i_{a2}=1:\varphi^3=1:2$

$i_{a3}=1:\varphi^4=1:2.5$

轴Ⅰ的转速为250r/min。

根据上述传动副传动比画出转速拟定图如图2-7所示。

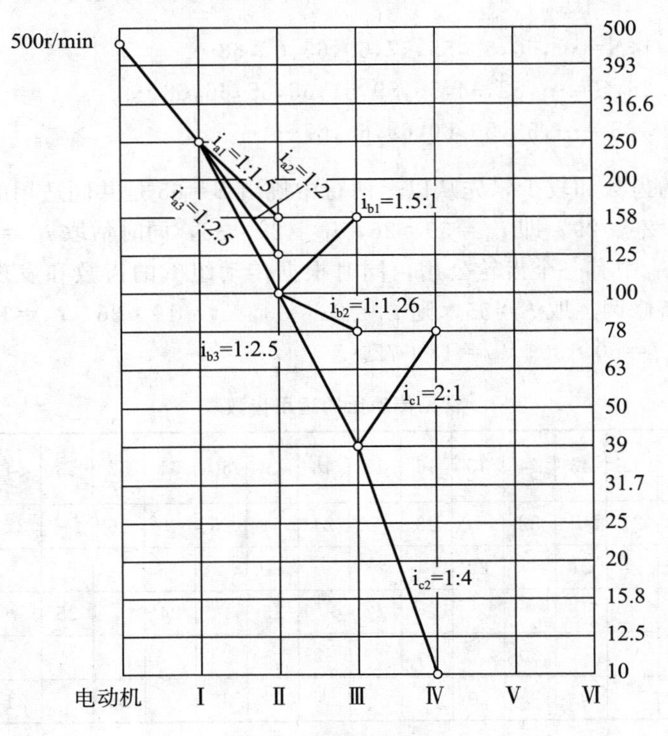

图2-7　转速拟定图

(5) 齿轮齿数的确定。

齿轮的齿数取决于传动比和径向尺寸的要求。在同一变速组中，若模数相同且不采用变位齿轮时，则传动副的齿数和相同，若模数不同，则齿数和 S 与模数 m 成反比。即

$$S_1/S_2=m_1/m_2$$

若 Z_1、Z_2 分别为传动副的主、被动齿轮数，则 $Z_1+Z_2=S$。

为减少传动副的径向尺寸，应尽量减少齿数和，但是传动副中，最少齿数的齿轮受根切条件限制，以及根圆直径要满足一定直径传动轴的强度要求，齿数不能太少，一般取 $S\leqslant 70\sim 120$。

对于三联滑移齿轮，当采用标准齿轮且模数相同时，最大齿轮与次大齿轮的齿数差应大于 4，以避免滑移过程中的齿顶干涉。

当传动比 i 采用标准公比的整数次方时，齿数和 S 以及小齿轮齿数可以从表 2-1 中查得。例如图 2-7 中的传动组 a，传动比分别为 $i_{a1}=1/1.5$，$i_{a2}=1/2$，$i_{a3}=1/2.5$。查表可得：

$i_{a1}=1/1.5, S=\cdots,50,52,55,57,60,65,\cdots$

$i_{a2}=1/2, S=\cdots,51,54,57,60,63,\cdots$

$i_{a3}=1/2.5, S=\cdots,53,56,60,63,\cdots$

从以上三行中可以挑出 $S=60$ 是共同适用的，在表中查出小齿轮齿数分别为：24、20、17。即 $i_{a1}=24:36$，$i_{a2}=20:40$，$i_{a3}=17:43$。

传动组 b，传动比分别为 $i_{b1}=1.5/1$，$i_{b2}=1/1.26$，$i_{b3}=1/2.5$。查表可得：

$i_{b1}=1.5/1, S=\cdots,50,52,55,57,60,65,67,68\cdots$

$i_{b2}=1/1.26, S=\cdots,52,54,56,59,61,63,65,66,68\cdots$

$i_{b3}=1/2.5, S=\cdots,53,56,60,63,66,67\cdots$

三行中相同的齿数和较少，先从以上两行中挑出 $S=65$ 是共同适用的，在表中查出小齿轮齿数分别为：26、29。即 $i_{b1}=39:26$，$i_{b2}=29:36$，同时估取 $i_{b3}=18:47$。

由于在 i_{a3} 和 i_{b1} 中有一个齿轮公用，同时根据传动组 b 的齿数和发现传动组 a 的齿数和过大，因此重新修调。取 $S=55$，则 $i_{a1}=22:33$，$i_{a2}=19:36$，$i_{a3}=16:39$。

同理查表得 $i_{c1}=60:30$，$i_{c2}=18:72$。

表 2-1　　常见传动比的适用齿数表

i \ S	40	41	42	43	44	45	46	47	48	49	50	51	52	53	54	55	56	57	58
1.00	20		21		22		23		24		25		26		27		28		29
1.06		20		21		22		23									27		28
1.12	19							22		23		24		25		26		27	
1.19					20		21		22		23					25		26	
1.25		19		19		20					22		23		24		25		

续前表

S \ i	40	41	42	43	44	45	46	47	48	49	50	51	52	53	54	55	56	57	58
1.33	17		18		19			20		21		22			23		24	25	
1.41		17					19		20			21		22		23			24
1.50	16					18		19			20		21			22		23	
1.60		16			17				18	19			20		21			22	
1.68	15			16								19			20		21		
1.78			15					17			18			19			20		21
1.88	14			15			16			17			18			19			20
2.00			14			15			16			17			18			19	
2.11					14			15			16			17			18		
2.24			13			14				15			16			17			18
2.37					13			14				15			16			17	
2.51			12				13			14				15			16		
2.66					12				13			14				15			16
2.82																			
2.99									12				13				14		

S \ i	59	60	61	62	63	64	65	66	67	68	69	70	71	72	73	74	75	76	77
1.00		30		31		32		33		34		35		36		37		38	
1.06		29		30		31		32		33		34		35		36		37	
1.12	28			29		30		31		32		33		34		35		36	36
1.19	27		28		29	29		30		31		32		33		34	34	35	35
1.25	26		27		28		29	29		30		31		32		33	33		34
1.33			26		27		28			29		30		31			32		33
1.41		25			26		27		28	28		29		30	30		31		32
1.50		24					26		27	27		28		29	29		30		31
1.60	23	23		24			25		26			27		28	28		29		30
1.68	22			23		24			25		26	26		27	27		28		29
1.78			22			23			24		25	25		26			27		
1.88		21	21		22	22		23	23		24			25			26		
2.00		20			21			22			23			24			25		
2.11	19			20			21	21		22	22		23	23		24	24		
2.24			19	19			20			21			22	22		23	23		24
2.37			18			19			20	20				21			22		
2.51		17			18			19	19			20	20		21	21			22
2.66	16			17				18			19	19			20	20			21
2.82			16				17			18	18			19	19			20	20
2.99		15				16			17	17			18	18			19	19	
3.16								16	16			17	17				18		
3.35											16	16				17			
3.55														16	16				17
3.76													15	15				16	16

续前表

S \ i	78	79	80	81	82	83	84	85	86	87	88	89	90	91	92	93	94	95	96
1.00	39		40		41		42		43		44		45		46		47		48
1.06	38		39		40	40	41	41	42	42	43	43	44	44	45	46	46	47	47
1.12	37	37	38	38		39		40		41		42		43		43	44	45	45
1.19		36		37		38		39	39	40	40	41	41		42		43		44
1.25		35		36	36	37	37		38		39			40	41	41		42	
1.33		34	34	35	35		36		37	37	38	38		39		40	40	41	41
1.41		33	33		34		35	35	36			37	37	38	38		39		40
1.50	31		32		33	33	34			35	35		36		37	37	38	38	
1.60	30		31		32	32		33	32		34		35	35		36		37	37
1.68	29		30	30		31		32	31		33	33		34		35	35		36
1.78	28		29	29		30	30		30			32		33	33		34	34	
1.88	27		28	28		29	29		29	30		31	31		32	32		33	33
2.00	26			27			28			29		30	30		31	31		32	
2.11	25			26			27			28	28		29	29		30	30		31
2.24	24			25			26	26		27	27		28	28		29	29		
2.37	23			24			25	25		26	26				27	27		28	28
2.51	22		23	23			24	24		25	25			26	26		27	27	
2.66			22	22			23	23		24	24			25	25			26	26
2.82			21	21			22			23	23			24	24			25	25
2.99		20	20			21	21			22	22			23	23			24	24
3.16		19	19			20	20			21	21			22	22			23	23
3.35	18	18			19	19			20	20	20			21	21			22	22
3.55	17			18	18	18			19	19			20	20	20			21	21
3.76			17	17				18	18				19	19				20	20
3.98			16	16			17	17	17			18	18	18			19	19	19
4.22						16	16				17	17	17			18	18	18	

本数控铣床主传动系统齿轮具体参数可见表 2-2。

表 2-2　　齿轮表

编号	名称	齿数	模数	压力角	材料	表面硬度（HRC）
1	齿轮	26	3	20°	40Cr	56～62
2	齿轮	54	3	20°	40Cr	50～55
3	三联齿轮	16	4	20°	40Cr	50～55
4	三联齿轮	19	4	20°	40Cr	50～55
5	三联齿轮	22	4	20°	40Cr	50～55
6	二联齿轮	29	4	20°	40Cr	50～55

续前表

编号	名称	齿数	模数	压力角	材料	表面硬度（HRC）
7	二联齿轮	36	4	20°	40Cr	50～55
8	齿轮	39	4	20°	40Cr	50～55
9	二联齿轮	18	4	20°	40Cr	50～55
10	二联齿轮	33	4	20°	40Cr	50～55
11	三联齿轮	36	4	20°	40Cr	50～55
12	三联齿轮	47	4	20°	40Cr	50～55
13	三联齿轮	26	4	20°	40Cr	50～55
14	齿轮	72	4	20°	40Cr	50～55
15	齿轮	18	4	20°	40Cr	50～55
16	齿轮	30	4	20°	40Cr	50～55
17	齿轮	60	4	20°	40Cr	50～55

由此将齿轮齿数填入转速拟定图得数控铣床主传动系统转速图如图 2-8 所示，系统图如图 2-9 所示。

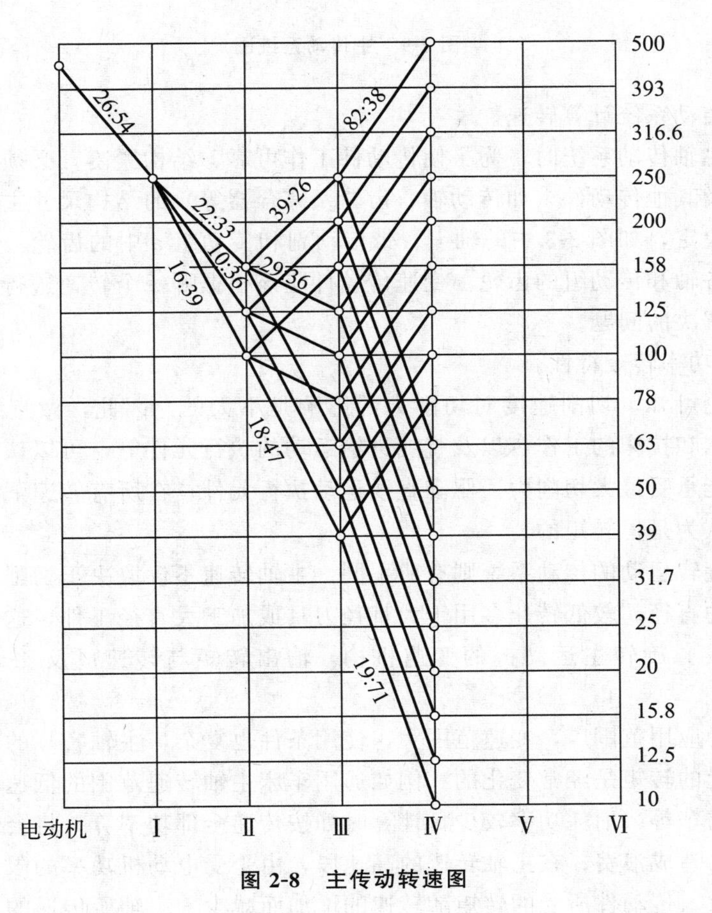

图 2-8　主传动转速图

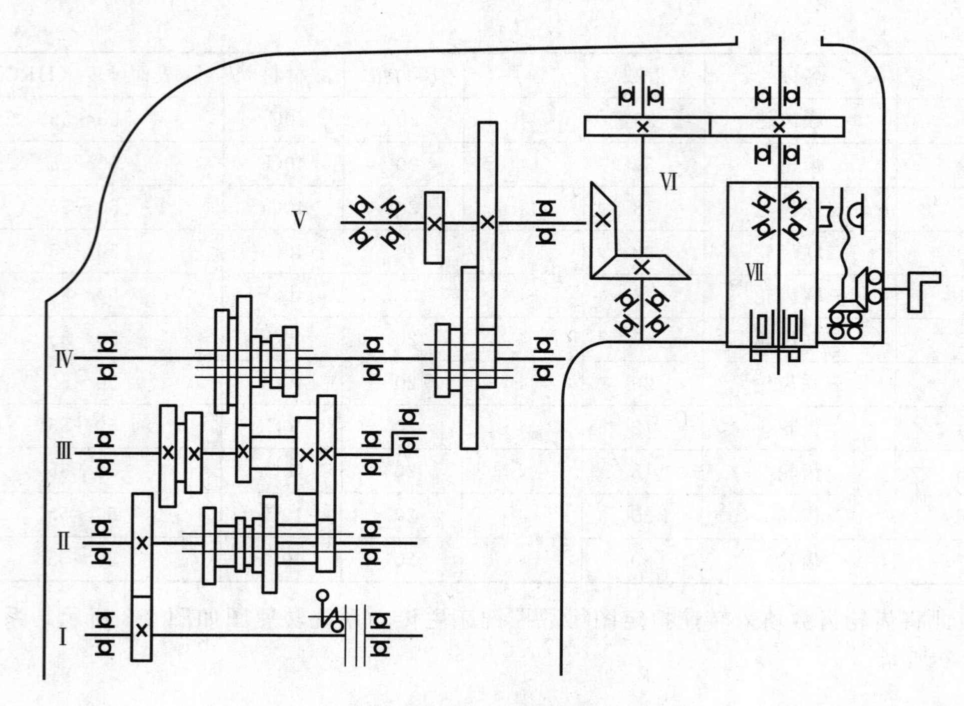

图 2-9　主传动系统图

(6) 主轴传动系统计算转速。

设计机床主轴传动系统时，为了使传动件工作可靠、结构紧凑，必须对传动件进行动力计算。主轴及其他传动件（如传动轴、齿轮及离合器等）的结构尺寸主要根据它所传递的转矩大小来决定，如图 2-3 中的轴Ⅰ、带传动副和传动组 a 中的齿轮。有的转速是变化的，如其余的各轴和传动组的齿轮。变速传动件应该根据哪一个转速进行动力计算，是本节计算转速要解决的问题。

1) 机床的功率转矩特性。

由切削理论可知，切削速度对切削力的影响是不大的。因此，做直线运动的执行元件，如龙门刨床和拉床的工作台以及直线进给运动的执行元件等，可以认为不论在什么速度下，都有可能承受最大切削力。驱动直线运动执行元件，在所有转速下都可能出现最大转矩。因此，认为是恒转矩的。

执行件做旋转运动的传动系统则有所不同。主轴转速不仅取决于切削速度而且还取决于工件或机床的直径。较低转速多用于大直径刀具或加工大直径工件，这时要求的输出转矩增大了。因此，旋转主运动链的变速机构，输出转矩与转速成反比，基本上是恒功率的。

通用机床的应用范围广，变速范围大，使用条件也复杂，主轴实际的转速和传递的功率，也就是承受的转矩是经常变化的。例如通用车床主轴转速范围的低速段，常用来切削螺纹、铰孔或精车等，消耗功率较少，计算时如按传递全部功率算，将会使传动件的尺寸不必要地增大，造成浪费；在主轴转速的高速段，由于受电动机功率的限制，被吃刀量和进给量不能太大，传动件所受的转矩随转速的增加而减少。主轴所传递的功率或转速之间的关系，称为机床主轴的功率或转矩特征，如图 2-10 所示。

主轴从高转速 n_{max} 到某一转速 n_j 间，应能传递全部功率。在这个区域内，其输出转矩应随转速的降低而加大，称为恒定功率区；从 n_j 以下直到最低转速 n_{min}，主轴不必传递全部功率，输出转矩不再随各级转速的降低而加大，而是保持 n_j 时的转矩不变，所能传递的功率则随转速的降低而降低，称为恒定转矩区。n_j 是主轴能传递全功率的最低转速，称为主轴计算转速。

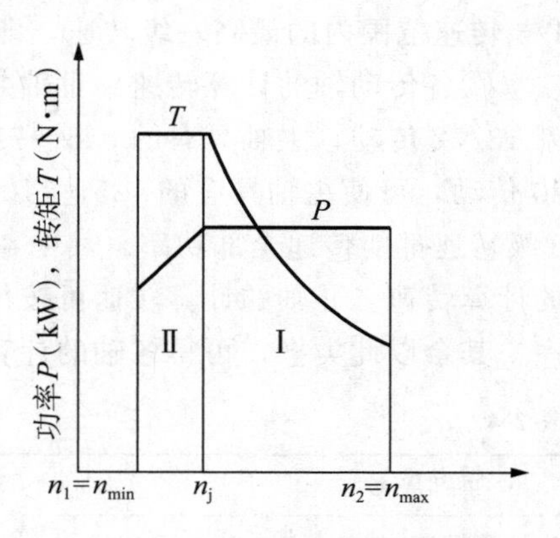

图 2-10　主轴的功率转矩特性图

主轴的计算转速因机床的种类而异。对于大型机床，应用范围广，变速范围宽，计算转速可取得高些。对于精密机床、滚齿机，由于应用范围窄，变速范围小，计算转速应取得低些。数控机床由于工艺范围广，变速范围宽，计算转速较普通机床高，表 2-3 列出了各类机床主轴计算转速的统计公式。

表 2-3　各类机床主轴计算转速

机床类型		计算转速 n_j	
		等公比传动	双公比或无级传动
中型机床	车床、升降台铣床、转塔车床、仿形半自动车床、多刀半自动车床、单轴和多轴自动和半自动车床、卧式铣镗床（ϕ63～ϕ90）	$n_j = n_{min}\varphi^{\frac{z}{3}-1}$ 计算转速为主轴从最低转速算起，第一个 1/3 转速范围内的最高一级转速	$n_j = n_{min}R_n^{0.3}$
中型机床	立式钻床、摇臂钻床、滚齿机	$n_j = n_{min}\varphi^{\frac{z}{4}-1}$ 计算转速为主轴第一个 1/4 转速范围内的最高一级转速	$n_j = n_{min}R_n^{0.25}$
大型机床	卧式车床（ϕ1250～ϕ4000）、立式车床、卧式和落地式镗铣床（≤ϕ160）	$n_j = n_{min}\varphi^{\frac{z}{3}}$ 计算转速为主轴第二个 1/3 转速范围内的最低一级转速	$n_j = n_{min}R_n^{0.35}$
大型机床	落地式镗铣床（ϕ160～ϕ260）	$n_j = n_{min}\varphi^{\frac{z}{2.5}}$	$n_j = n_{min}R_n^{0.4}$
高精度和精密机床	坐标镗床、高精度车床	$n_j = n_{min}\varphi^{\frac{z}{4}-1}$ 计算转速为主轴第一个 1/4 转速范围内的最高一级转速	$n_j = n_{min}R_n^{0.25}$

2）传动件计算转速的确定。

变速传动系统中的传动件包括轴和齿轮，它们的计算转速可根据主轴的计算转速和转速图确定。确定的顺序通常是先定出主轴的计算转速，再顺次由后向前，定出各传动轴的计算转速，然后再确定齿轮的计算转速。现举例加以说明。

【例 2-2】试确定图 2-3 所示机床的主轴、各传动轴和齿轮的计算转速。

解：①主轴的计算转速。查表2-3可知，主轴的计算转速是从最低转速算起，第一个1/3转速范围内的最高一级转速，即 $n_j=90\text{r/min}$。

②各传动轴的计算转速。Ⅲ轴共有6级实际工作转速125～710r/min。Ⅲ轴若经齿轮副18/72传动，主轴具有的355～710r/min三级转速才能传递全部功率；若经齿轮副60/30传动，可使主轴具有的125～710r/min六级转速都能传递全部功率。因此，Ⅲ轴具有的6级转速都能传递全部功率。其中，能够传递全部功率的最低转速为125r/min，即为Ⅲ轴的计算转速。Ⅱ轴的计算转速可按传动副b推得，为355r/min。

其余以此类推，可得各轴的计算转速，如表2-4所示。

表2-4　各传动轴计算转速

轴序号	Ⅰ	Ⅱ	Ⅲ	Ⅳ
计算转速（r/min）	710	335	125	90

③齿轮的计算转速。各变速组内一般只计算组内最小的，也是强度最薄弱的齿轮的计算转速。传动组c中，$Z=18$ 的齿轮装在Ⅲ轴上，从转速图可知，它共有125～710r/min6级转速，其中355～710r/min的3级转速能传递全部功率，而125～250r/min的3级转速，不能传递全部功率。因此，$Z=18$ 能够传递全部功率的3级转速为355r/min、500r/min、710r/min，其中最低转速355r/min即为 $Z=18$ 齿轮的计算转速。$Z=30$ 的计算转速 $n_j=250\text{r/min}$。

传动组b中，$Z=22$ 的计算转速 $n_j=355\text{r/min}$。

传动组a中，$Z=24$ 的计算转速 $n_j=710\text{r/min}$。

应该指出，各齿轮计算转速与所在轴计算转速的数值可能不一样，所以在设计计算中要根据转速图的具体情况确定。

任务2.1.2　数控车床主传动系统设计

1. 无级变速传动链的设计

数控机床的主运动广泛采用无级变速，这不仅能使其在一定的调速范围内选择到合理的切削速度，而且还能在运转中自动变速。无级调速有机械、液压和电气等多种形式，数控机床一般采用由直流或交流调速电动机作为驱动源的电气无级调速。由于数控机床主运动的调速范围较宽，一般情况下单靠调速电动机无法满足；另一方面调速电动机的功率和转矩特性也难于直接与机床的功率和转矩要求安全匹配。因此，需要在无级调速电动机之后串联机械分级变速传动，以满足调速范围、功率和转矩特性的要求。

（1）无级变速装置的分类。

无级变速是指在一定范围内，转速（或速度）能连续地变换，从而获取最有利的切削速度。机床主传动中常用的无级变速装置有三类：变速电动机、机械无级变速装置和液压无级变速装置。

1）变速电动机：机床上常用的变速电动机有直流电动机和交流电动机，在额定转速以上为恒功率变速，通常变速范围仅为2～3；额定转速以下为恒定转矩变速，调速范围很大，变速范围可达30甚至更大。上述功率和转矩特性一般不能满足机床的使用要求。为了扩大恒功率调速范围，可在变速电动机和主轴之间串联一个分级变速箱。变速电动机广泛用于数控机床、大型机床中。

2）机械无级变速装置：机械无级变速装置有柯普（Koop）型、行星锥轮型、分离锥轮钢环型和宽带型等多种结构，它们都利用摩擦力来传递转矩，通过连续地改变摩擦传动副工作半径来实现无级变速。由于它的变速范围小，多数是恒转矩传动，通常较少单独使用，而是与分级变速机构串联使用，以扩大变速范围。机械无级变速器应用于要求功率和变速范围较小的中小型车型、铣床等机床的主传动中，更多的是用于进给变速传动中。

3）液压无级变速装置：液压无级变速装置通过改变单位时间内输入液压缸或液动机中液体的油量来实现无级变速。它的特点是变速范围较大、变速方便、传动平稳、运动换向时冲击小、易于实现直线运动和自动化。液压无级变速装置常用在主运动为直线运动的机床中，如刨床、拉床等。

（2）无级变速装置与机械分级变速机构的串联。

无级变速装置单独使用时，其调速范围都较小，远远不能满足现代通用机床变速范围的要求。因此，常常将无级变速装置与机械分级变速机构串联，以扩大其变速范围。

设 φ_f 为分级变速机构的公比，机床主轴要求的变速范围为 R_n，R_d 为无级变速装置的变速范围，串联的机械分级变速机构的变速范围为 R_f，则

$$R_f = R_n/R_d = \varphi_f^{Z-1}$$

通常，在传动系统中无级变速装置用作基本组，而串联的机械分级变速机构为扩大组，理论上 φ_f 应等于无级变速装置的变速范围 R_d。实际上，由于机械无级变速机构属于摩擦传动，有相对滑动现象，往往得不到理论上的速度，这样就可能出现转速的间断。为了得到连续的无级变速，应使有级变速箱的公比 φ_f 略小于无级变速器的变速范围，使中间转速有一段重复，以防止因相对滑动所造成的转速不连续的现象。

【例 2-3】 设机床主轴要求的变速范围为 $R_n=64$，无级变速装置的变速范围 $R_d=8$，试设计串联的机械分级变速机构，求出级数。

解： 串联的机械分级变速机构的变速范围 $R_f=R_n/R_d=64/8=8$

串联的机械分级变速机构的 $\varphi_f=(0.90\sim0.97)R_d=0.95\times8=7.6$

$$R_f=\varphi_f^{Z-1}，Z=1+\frac{\lg R_f}{\lg\varphi_f}=2。$$

（3）采用直流或交流电动机无级调速。

机床上常用的无级变速机构为直流或交流调速电动机。直流电动机是采用调压和调磁方式来得到主轴所需转速的。直流电动机从额定转速 n_d 向上至最高转速 n_{max}，是用调节磁场电流（简称调磁）的办法来调速的，属于恒功率调速；从额定转速 n_d 向下至最低转速 n_{min} 是用调节电枢电压（简称调压）的办法来调速的，属恒转矩调速。通常，直流电动机的恒功率变速范围较小，仅为 2～4；而恒转矩变速范围很大，可达几十甚至超过 100。

交流调速电动机靠调节供电频率的办法调速。因此常称为调频主轴电动机。通常，额定转速 n_d 向上至最高转速 n_{max} 为恒定功率，变速范围为 3～5；额定转速 n_d 至最低转速

n_{min}为恒转矩，变速范围为几十甚至超过100。

直流和交流电动机的功率转矩特性见图2-11。

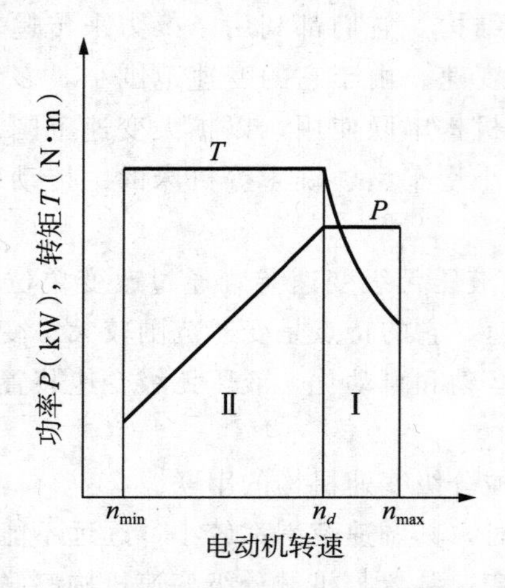

图2-11　直流和交流调速电动机的功率转矩特性

Ⅰ—恒功率区域；Ⅱ—恒转矩区域

交流调速电动机由于体积小，转动惯性小，动态响应快，没有电刷，能达到的最高转速比同功率的直流电动机高，磨损和故障也少。现在在中、小功率领域，交流调速电动机已占优势，应用更加广泛。伺服电动机和脉冲步进电动机都是恒转矩，而且功率不大，所以只能用于直线进给运动和辅助运动。

基于上诉分析可知，如果直流或交流调速电动机用于拖动直线运动执行器，例如龙门刨床工作台（主运动）或立式车床刀架（进给运动），可直接利用调速电动机的恒转矩变速范围，用电动机直接带动或通过定比减速齿轮拖动执行机构。

如果直流或交流调速电动机用于拖动旋转运动，例如拖动主轴，则由于主轴要求的恒功率变速范围远大于电动机所能提供的恒功率范围，常用串联分级变速箱的办法来扩大其恒功率变速范围。变速箱的公比φ_f原则上等于电动机的恒功率调速范围R_p。若为了简化变速机构可以取φ_f大于R_p，则电动机的功率应取得比要求的大些。

【例2-4】有一数控机床，主轴最高转速为4000r/min，最低转速30r/min，计算转速为150r/min。最大切削功率5.5kW。采用交流调频主轴电动机，额定转速为1500r/min，最高转速为4500r/min。设计分级变速箱的传动系统。

解：主轴要求的恒功率变速范围$R_{np}=4000/150=26.7$

电动机的恒功率变速范围$R_{dp}=4500/1500=3$

主轴要求的恒功率变速范围远大于电动机所能提供的恒功率变速范围，故必须配以分级变速箱。

主轴恒功率变速范围$R_{np}=\varphi_f^{Z-1}R_{dp}$

如取变速箱的公比$\varphi_f=3$，同时φ_f原则上等于电动机的恒功率调速范围R_{dp}，则$R_{np}=\varphi_f^Z$，变速箱的变速级数$Z=\dfrac{\lg R_{np}}{\lg\varphi_f}=2.99$，取$Z=3$。

该数控机床的传动系统和转速图见图2-12（a）和（b），图（c）为主轴的功率特性。

从图（b）可看出，电动机经 35/77 定比传动降速后，如果经 82/42 传动，则当电动机转速从 4500r/min 降至 1500r/min（恒功率区）时，主轴转速从 4000r/min 降至 1330r/min，在图（c）中就是 *AB* 段。主轴转速再需下降时变速箱变速，经 49/75 传动。电动机转速从 4500r/min 降至 1500r/min，主轴则从 1330/min 降至 440r/min，在图（c）中就是 *BC* 段。同样，当经 22/102 传动主轴时，主轴转速从 440r/min 降至 145r/min，即图（c）中 *CD* 段。

可见，主轴从 4000r/min 至 145r/min 的恒功率，是由 *AB*、*BC*、*CD* 三段接起来的。主轴从 145r/min 降至 30r/min，电动机从 1500r/min 降至 310r/min，属电动机的恒转矩区。在图（c）中为 *DE* 段。

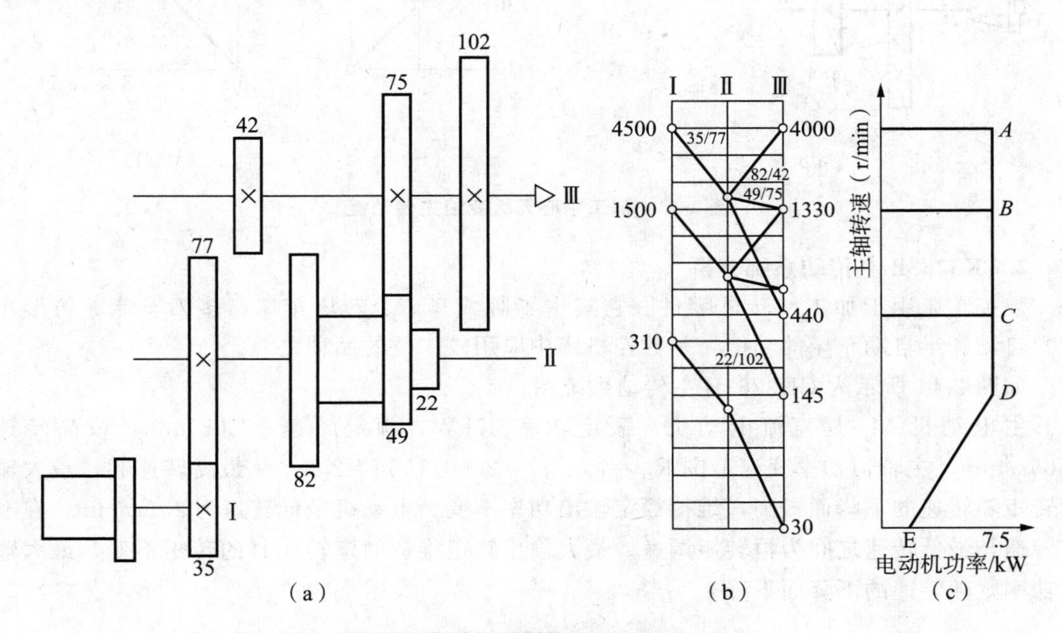

图 2-12　无级变速主传动链

若要简化变速箱结构，变速级数应少些，变速箱公比 φ_f 可取大于电动机的恒功率变速范围 R_{dp}，即 $\varphi_f > R_{dp}$。这时，变速箱每档内有部分低转速只能恒转矩变速，主传动系统功率特性图中出现“缺口”，称其为功率降低区。使用“缺口”范围内的转速时，为限制转矩过大，得不到电动机输出的全部功率。为保证缺口处的输出功率，电动机的功率应相应增大。

图 2-13（a）是一台加工中心的主传动系统图，（b）是它的转速图，（c）是它的主轴功率特性图。机床主电动机采用交流调速电动机，连续工作额定功率为 18.5kW，30 分钟工作最大输出功率为 22kW。

交流调速电动机额定转速为 1500r/min，最高转速为 4000r/min。电动机恒功率变速范围 $R_{dp}=4000/1500=2.67$，主轴恒功率变速范围 $R_{np}=n_{max}/n_j=4000/113=35.4$。变速箱的变速级数 $Z=2$。

而 $Z=\dfrac{\lg R_{np}}{\lg \varphi_f}$，得 $\varphi_f=5.95$。明显 φ_f 大于 R_p，因此在图 2-13 中出现“缺口”。

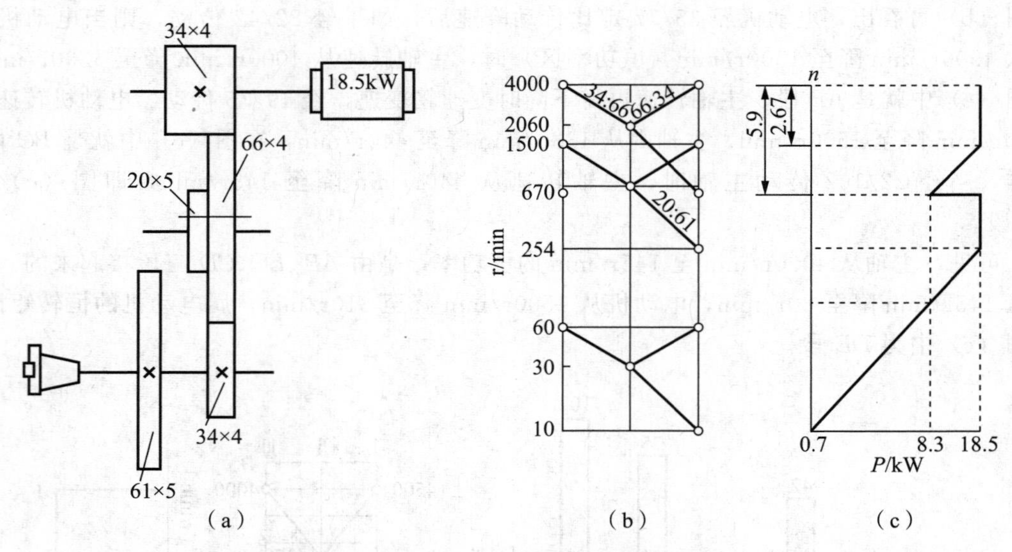

图 2-13 加工中心无级变速主传动链

2. CK3263B 主传动系统分析

数控车床用于加工回转体零件。它集中了卧式车床、转塔车床、多刀车床、仿形车床、自动和半自动车床的功能，是数控机床中应用较广泛的品种之一。

如图 2-14 所示为 CK3263B 主传动系统图。

主电动机 M_1 是直流电动机，额定功率 37kW，额定转速 1150r/min，最高转速 2660r/min，主轴恒功率变速范围 $R_{np}=n_{max}/n_j=2660/1150=2.3$。从最高转速起，最大输出转矩随转速的下降而提高，维持额定输出功率不变。电动机最低转速为 252r/min，在额定转速与最低转速之间为恒转矩调速。最大输出转矩维持额定转速时的转矩不变，最大输出功率则随转速的下降而下降。

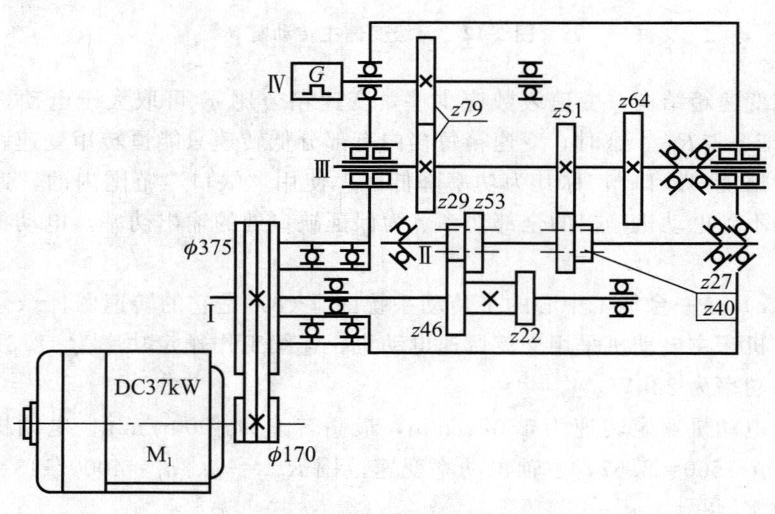

图 2-14 CK3263B 主传动系统图

主电动机经带轮副和四速变速机构驱动主轴，其传动路线表达式是：

$$\begin{matrix}\text{主电动机}\\(1150\text{r/min})\end{matrix}-\frac{\phi 170\text{mm}}{\phi 375\text{mm}}-\text{I}-\begin{bmatrix}\frac{46}{29}\\ \frac{22}{53}\end{bmatrix}-\text{II}-\begin{bmatrix}\frac{40}{51}\\ \frac{27}{64}\end{bmatrix}-\text{III}-\frac{79}{79}-\text{IV}$$

拟定转速图如图 2-15 所示，从图中可知，主轴共得到四段转速：

20～90～210r/min；

37～170～395r/min；

76～350～807r/min；

140～650～1500r/min。

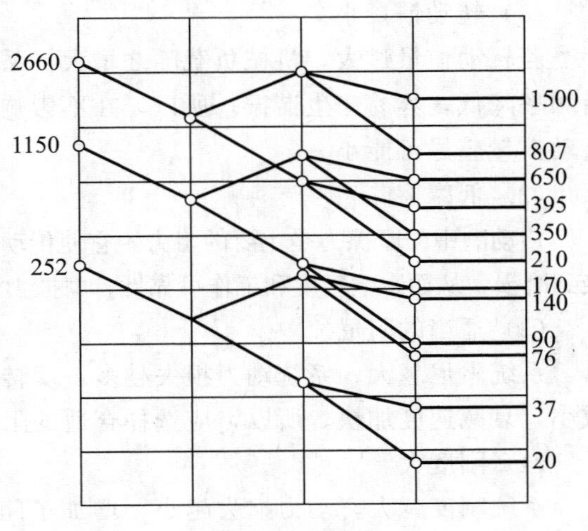

图 2-15　转速图

每段转速中的前两个转速之间为恒转矩调速，后两个转速之间为恒功率调速。当电动机为额定转速 1150r/min 时，主轴可通过机械变速得到 4 级转速：650、350、170、90r/min；当电动机为最高转速 2660r/min 时，主轴可通过机械变速得到 4 级转速：1500、807、395、210r/min；当电动机为最低转速 252r/min 时，主轴可通过机械变速得到 4 级转速：140、76、37、20r/min。

在切削端面和阶梯轴时，希望随着切削直径的变化，主轴转速也随着变化，以维持切削速度不变。这时切削不能中断，滑移齿轮不能移动，可以在任意一段转速内由电动机无级变速来实现。数控车床切削螺纹时，主轴与刀架间为内联系传动链，通过电脉冲实现。主轴经一对 $Z=79$，$m=2.5$mm 的齿轮驱动主轴脉冲发生器 G，每转发出 1024 个脉冲。经过数控系统处理后，通过伺服系统驱动刀架纵横向运动。

项目 2.2　滚珠丝杠副设计

项目目标

（1）初步认识滚珠丝杠副。

（2）掌握滚珠丝杠副的组成、结构及参数。

（3）了解滚珠丝杠副的间隙调整法、支承方式及安装方法。

（4）了解滚珠丝杠副的设计方法，并能自主设计简易数控机床的滚珠丝杠副。

项目要求

通过教师讲授、学生查阅资料以及简易数控机床滚珠丝杠副的设计实例分析，使学生系统掌握滚珠丝杠副的设计方法。

任务 2.2.1　滚珠丝杠副简介

传动装置是一种转矩、转速变换器，使执行元件与负载间在转矩与转速方面得到最佳匹配。所以，机械传动系统的好坏会影响到整个系统的伺服性能，对它的性能要求主要有：

(1) 转动惯量小。

若转动惯量过大，机械负载随之增大，系统响应速度变慢，灵敏度也下降，使系统固有频率降低，容易产生谐振。所以，在不影响系统刚度的前提下，机械传动部分的质量和转动惯量应尽可能小。

(2) 低摩擦。

传动副中的摩擦力是主要的阻力，它使传动副运转时造成动力浪费，降低机械效率，本体受到磨损，从而影响精度和工作可靠性。摩擦力过大，易产生卡死现象，从而减少使用寿命。

(3) 适当的阻尼。

系统阻尼越大，系统动力损失越多，反转误差越大，精度随之降低，但同时最大振幅减小，衰减速度加快，所以，应选择合适的阻尼比。

(4) 刚度大。

系统刚度越大，动力损失越小，增加了闭环伺服系统的稳定性，同时固有频率增高，不容易产生共振，但刚度不影响开环系统稳定性。

(5) 高谐振频率。

当外界传来的振动的激振频率接近或等于系统固有频率时，机械系统容易产生谐振，致使系统不能正常工作。

机械传动部件常见的有螺旋传动、齿轮传动、同步带传动、高速带传动、各种非线性传动等部件。其中螺旋传动机构也称为丝杠螺母机构，它主要是用来将旋转运动变换为直线运动或将直线运动变换为旋转运动。丝杠螺母机构有滑动摩擦机构和滚动摩擦机构之分。滑动丝杠结构简单、加工方便、成本低、传动效率低，而滚动丝杠结构复杂、加工难、成本高、传动效率高（92%～98%）。因此，后者在机电一体化系统中得到广泛应用。

根据丝杠和螺母的相对运动的组合情况，其基本传动形式为如图 2-16 所示的四种类型。

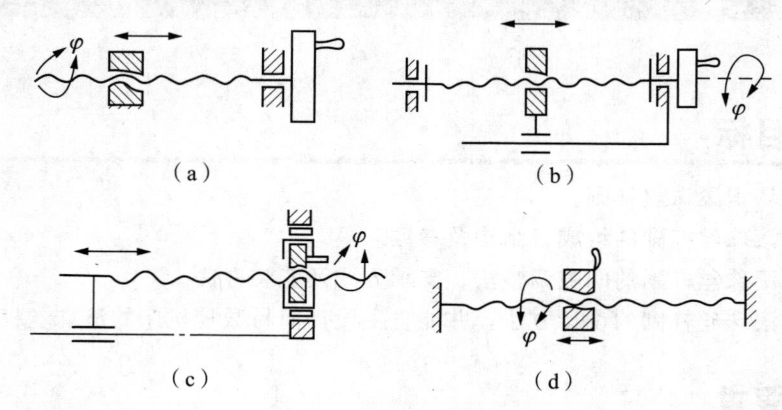

图 2-16　基本传动形式

（1）螺母固定、丝杠传动并移动，如图 2-16（a）所示。该传动形式因螺母本身起着支承作用，消除了丝杠轴承可能产生的附加轴向窜动，结构较简单，可获得较高的传动精度。其轴向尺寸不宜太长，刚性较差，因此适于行程较小的场合。

（2）丝杠转动、螺母移动，如图 2-16（b）所示。该传动形式需要限制螺母的转动，故需要导向装置。其特点是结构紧凑、丝杠刚性较好，适用于工作行程较大的场合。

（3）螺母转动、丝杠移动，如图 2-16（c）所示。该传动形式需要限制螺母移动和丝杠的转动，由于结构较复杂且占用轴向空间较大，故应用较少。

（4）丝杠固定、螺母转动并移动，如图 2-16（d）所示。该传动方式结构简单、紧凑，但在多数情况下，使用极不方便，故很少使用。

此外，还有差动传动方式，其传动原理如图 2-17 所示。该方式的丝杠上有基本导程（或螺距）不同的（P_{h1}、P_{h2}）两段螺纹，其旋向相同。当丝杠 2 转动时，可动螺母 1 的移动距离为 $\Delta\lambda=n\times(P_{h1}-P_{h2})$，如果两基本导程的大小相差较少，则可获得较小的位移 $\Delta\lambda$。因此，这种传动方式多用于各种微动机构中。

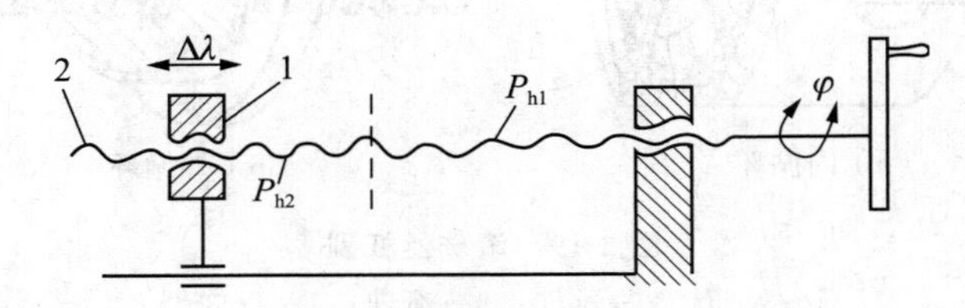

图 2-17　差动传动原理

1. 滚珠丝杠副的组成

滚珠丝杠副是一种新型螺旋传动机构，目前已成为精密传动的数控机床、精密机械以及各种机电一体化产品中不可缺少的传动机构。如图 2-18 所示，滚珠丝杠副由丝杠、螺母、连续多粒等直径的中间传动元件——滚珠以及为防止滚珠从滚道端面滚出的滚珠循环装置四部分组成。其工作原理是在丝杠和螺母的螺纹滚道中，装入一定数量的滚珠，当丝杠与螺母相对转动时，滚珠可沿螺纹滚道滚动，并沿滚珠循环装置的通道返回，构成封闭循环，使滚珠循环地参加螺旋传动，保持丝杠与螺母之间的滚动摩擦，与滑动摩擦相比，减小了摩擦阻力矩，使传动效率提高到 90%以上。

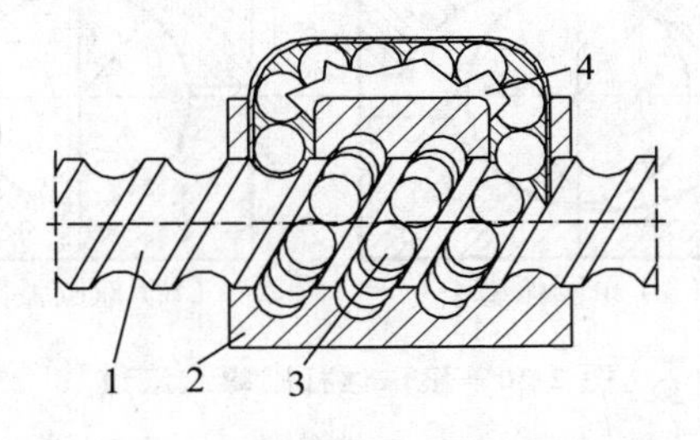

图 2-18　滚珠丝杠传动装置

1—丝杠；2—螺母；3—滚珠；4—滚珠循环装置

滚珠丝杠副可将回转运动变为直线运动，又可将直线运动变为回转运动；它运动平稳可靠、无爬行现象、传动精度高、使用寿命长，但由于滚珠是在淬硬并精磨后的螺纹滚道上运动，所以加工工艺较复杂，成本高；由于不能自锁，还需设置制动装置。

2. 滚珠丝杠副的结构及参数

（1）滚珠循环的方式及螺纹滚道形式。

滚珠丝杠副中滚珠的循环方式有内循环和外循环两种。如图 2-19（a）所示为内循环，在螺母上开有侧孔，孔内镶有反向器 4，它把相邻两圈螺纹滚道沟通起来，滚珠越过螺纹顶部进入相邻圈，这样每一圈滚珠形成一个回路，滚珠 3 在循环过程中始终与丝杠 2 表面保持接触；图（b）为外循环，滚珠在循环反向时，离开丝杠螺纹滚道，在螺母 1 体内或体外做循环运动。内循环中的滚珠回路短、磨损小、传动效率高，但反向器 4 加工困难；外循环方式结构简单、加工方便，但径向尺寸大、易磨损。

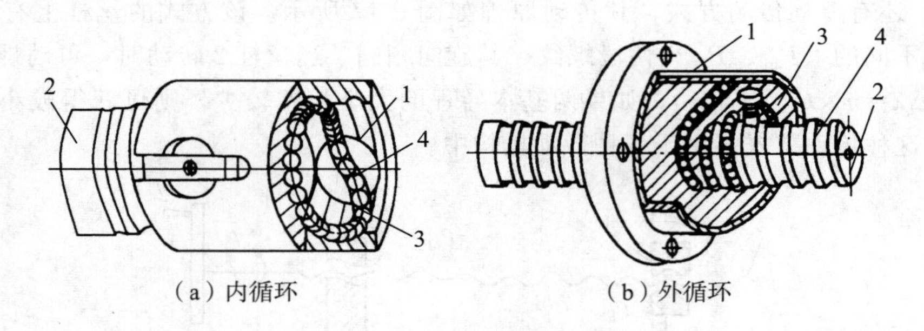

（a）内循环　　（b）外循环

图 2-19　滚珠丝杠副

1—螺母；2—丝杠；3—滚珠；4—反向器

滚珠丝杠副的螺纹滚道截面有单、双圆弧形之分，如图 2-20（a）、（b）所示。

单圆弧形螺纹滚道精度高，传动效率、轴向刚度及承载能力随着接触角 β（滚道型面与滚珠接触点的法线与丝杠轴向垂线间的夹角称接触角 β，一般为 45°）的增大而增大，如图 2-20（a）所示。

双圆弧形螺纹滚道的接触角 β 始终不变，两圆弧相交处有一小空隙，可使滚道底部与滚珠不接触，并能存储一定的润滑油以减少摩擦损耗，如图（b）所示。由于加工该型面的砂轮修整、加工、检验均较困难，故加工成本高。

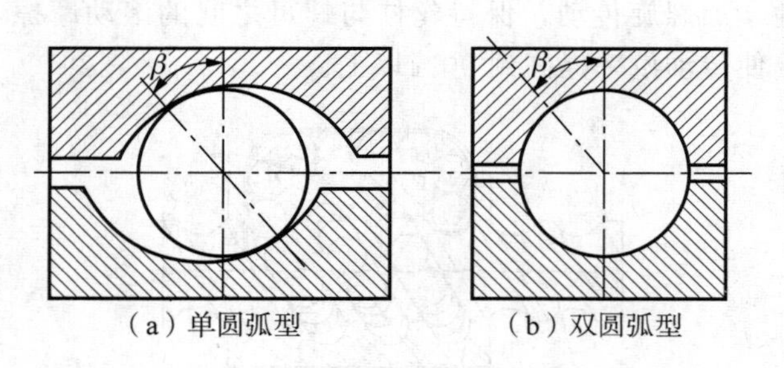

（a）单圆弧型　　（b）双圆弧型

图 2-20　滚珠丝杠副螺纹滚道

（2）滚珠丝杠副的主要尺寸参数。

公称直径 D_0，丝杠小径 d_1，丝杠大径 d，螺母小径 D_1，螺母大径 D，滚珠直径 d_b，基本导程（或螺距）P，滚珠工作圈数及滚珠数。如图 2-21 所示。

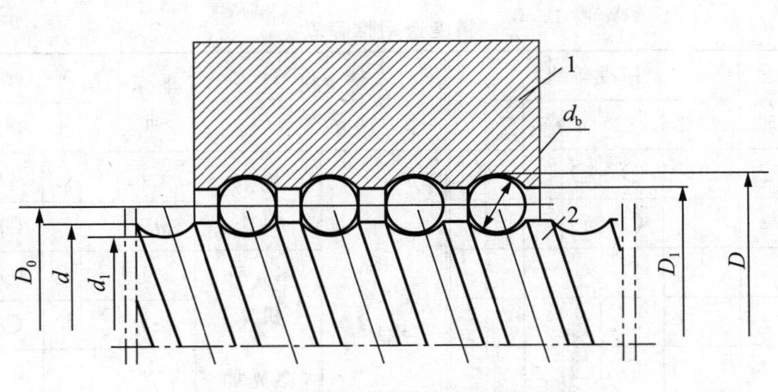

图 2-21　滚珠丝杠副主要尺寸参数

1—螺母；2—丝杠

(3) 标注。

滚珠丝杠副的型号由按顺序的字母和数字组成，共有 9 位代号。各生产厂家的标法略有不同，具体可参见表 2-5。表中 1/2/3 号位均见各厂代号。

表 2-5　滚珠丝杠副的标法

位号	1	2	3	—	4	×	5	—	6	—	7	8	9
表达方式	大写字母	大写字母	大写字母		数字		数字		数字		大写字母	数字	文字
表达含义	外形结构特征	循环方式	预紧方式		公称直径		基本导程		负载滚珠总圈数		精度等级	导程精度检验项目	螺母旋向，右旋不标

例如，汉江机床厂 $FC_1B-60\times6-5-E2$ 左，表示法兰凸出式插管型、变位螺距、预加载荷、公称直径 60mm、基本导程 6mm、每个螺母上承载滚珠总圈数 5 圈、E 级精度、查 1～2 项、左旋螺纹。

又如南京工艺装备制造厂 CMFZD40×8－3.5－C3/1400×1000，表示外插管埋入式法兰直筒组合双螺母垫片预紧、公称直径为 40mm、基本导程为 8mm、承载滚圈数为 3.5 圈、C 级精度、检查 1～3 项、右旋螺纹。

(4) 精度等级。

GB/T 17587.3—1998《滚珠丝杠副精度》标准把其精度从高到低分为七个等级：1、2、3、4、5、7、10，1 级最高，10 级最低，2 级及 4 级不优先采用。一般情况下，标准公差等级 1～5 级精度用于 P 型（采用预紧形式的滚珠丝杠副），7 级和 10 级精度的滚珠丝杠副用于 T 型（采用非预紧形式的滚珠丝杠副）。各类机床滚珠丝杠副精度等级选用可参照表 2-6。

滚珠丝杠副的精度指标包括：300mm 行程内允许的行程变动量 V_{300P}、2π 行程内允许的行程变动量 $V_{2\pi P}$、有效行程内允许的行程变动量 V_{uP} 以及目标行程公差 e_p 四项。对于 P 型滚珠丝杠副要检验全部项目，对于 T 型滚珠丝杠副只检验 e_p 和 V_{300P}。其中目标行程公差 e_p 在查表时一定要注意，P 型滚珠丝杠副可直接查表 2-7，而 T 型滚珠丝杠副要通过如下公式计算，其他内容可参照表 2-7。

$e_p=2\cdot l_u/300\cdot V_{300P}$（式中 l_u 为丝杠有效行程，V_{300P} 可查表 2-7 获得）

表 2-6　　精度选用推荐表

主机类型		坐标轴	精度等级						
				1	2/3	4	5	7	10
NC CNC 机床	车床	x		○	○	○			
		z			○	○	○		
	磨床	x		○	○				
		z		○	○				
	镗床	xy		○	○	○			
		z			○	○			
		w				○	○		
	坐标镗床	xy	○	○	○				
		z	○	○	○				
		w	○	○	○				
	铣床	xy			○	○	○		
		z			○	○	○		
	钻床	xy			○	○			
		z				○	○		
	加工中心	xy		○	○	○			
		z		○	○	○			
		w			○	○			

主机类型		坐标轴	精度等级						
				1	2/3	4	5	7	10
NC CNC 机床	切割机床	xy		○	○				
		ut			○	○			
	电火花机床	xy		○	○				
		(z)			○	○			
	激光加工机床	xy			○	○			
		z			○	○			
普通、通用机床						○	○	○	○
三坐标测量机			○	○	○				
工业机器人	直角坐标型	装配		○	○	○	○		
		其他				○	○	○	
	垂直多关节型	装配		○	○	○			
		其他			○	○	○		
	圆柱坐标型				○	○	○	○	
NC 机械	绘图机	xy			○	○	○		
	冲压机	xy				○	○	○	
一般机械							○	○	○

表 2-7　　滚珠丝杠副精度指标

目标行程公差 e_p 及有效行程内允许的行程变动量 V_{uP}（μm）

有效行程/mm	精度等级									
	1		2		3		4		5	
>500～630	9	7	11	11	16	14	22	21	30	29
>630～800	10	8	13	12	18	16	25	23	35	31
>800～1000	11	9	15	13	21	17	29	25	40	33
>1000～1250	13	10	18	14	24	19	34	29	46	39
>1250～1600	15	11	21	17	29	22	40	33	54	44
>1600～2000	18	13	25	19	35	25	48	38	65	51

300mm 行程内允许的行程变动量 V_{300P} 及 2π 行程内允许的行程变动量 $V_{2\pi P}$（μm）

精度等级	1	2	3	4	5	7	10
V_{300P}	6	8	12	16	23	52	210
$V_{2\pi P}$	4	5	6	7	8	—	—

3. 滚珠丝杠副间隙调整法

滚珠丝杠副的轴向间隙是工作时滚珠与滚道面接触点的弹性变形引起的螺母位移量，它会影响反向传动精度及系统的稳定性。常用的消隙方法是双螺母加预紧力（在调隙时，应注意预紧力大小要适宜），基本能消除轴向间隙。

（1）双螺母垫片式调隙。

调整垫片厚度使两个螺母产生轴向相对位移，从而消除了几何间隙、轴向间隙并施加预紧力，如图 2-22 所示。特点是结构简单，工作可靠，但调整不准确。

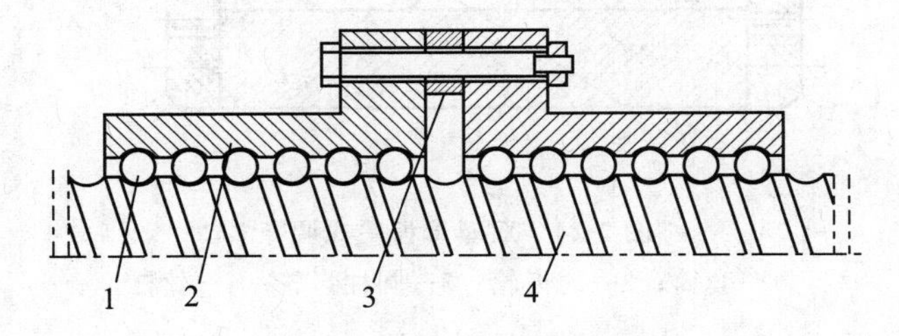

图 2-22　双螺母垫片式调隙

1—滚珠；2—螺母；3—垫片；4—丝杠

（2）双螺母螺纹式调隙。

双螺母螺纹式调隙机构由两个螺母、丝杠及锁紧螺母组成。右端螺母外部有凸台顶在套筒 3 外，左端螺母制有螺纹并用两个圆螺母 1、2 锁紧，旋转圆螺母 2 即可消除轴向间隙并施加一定的预紧力，然后用锁紧螺母 1 锁紧。预紧后两个螺母内的滚珠相向受力，从而消除了轴向间隙。如图 2-23 所示，特点是结构简单，工作可靠，调整方便，但不能精确调整。

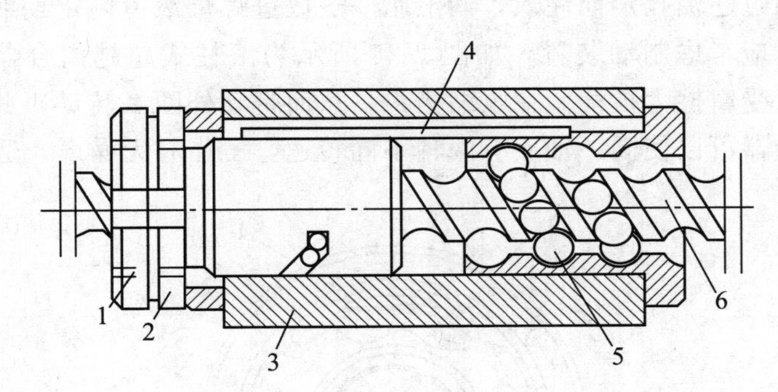

图 2-23　双螺母螺纹式调隙

1—锁紧螺母；2—圆螺母；3—套筒；4—键；5—滚珠；6—丝杠

（3）双螺母齿差式调隙。

双螺母两端制有圆柱齿轮（两齿轮齿数相差 1）并分别与内齿轮啮合，两个内齿轮分别固定在套筒 1 的两端。调整时，先取下内齿轮 2，转动螺母（两个螺母相对套筒同一方向转动同一个齿后固定）使之产生角位移，进而形成轴向位移，消除轴向间隙并施加预紧力，然后合上内齿轮。该调隙方法结构复杂，但工作精确可靠，可实现定量调整即进行精密微调，调整精度高，结构如图 2-24 所示。

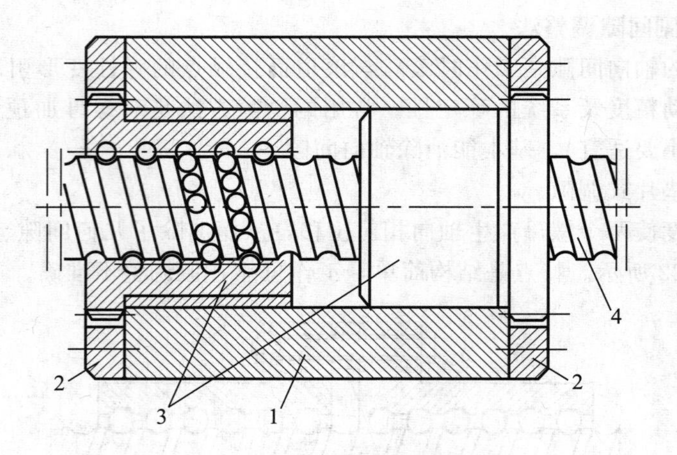

图 2-24　双螺母齿差式调隙

1—套筒；2—内齿轮；3—圆柱齿轮；4—丝杠

4. 滚珠丝杠副的安装

滚珠丝杠的支承常采用以止推轴承为主的轴承组合，可以根据不同的工作环境选择合适的轴承组合形式，进而提高滚珠丝杠副的传动精度和刚度。在设计时，可以单个或双个轴承分别安装在丝杠两端并施加预紧力，也可以一端安装单轴承一端安装双轴承。例如，在高精度的精密丝杠传动系统中就采用止推轴承与深沟球轴承组合分别安装在丝杠两端。

为提高滚珠丝杠副传动精度，防止灰尘等杂质进入而加大磨损，可采用一些密封、防尘、防护装置。润滑油和润滑脂可以提高滚珠丝杠副的耐磨性和传动效率、延长使用寿命。润滑油可以通过注油孔定期注入，润滑脂一般放进螺母滚道内定期润滑。滚珠丝杠副不能自锁，安装时应考虑制动装置，如图 2-25 所示为滚柱式超越离合器，当星轮 1 顺时针转动时，滚柱 4 受摩擦力被楔紧在收缩槽内，从而带动外圈 2 转动，此时离合器处于分离状态。超越离合器可以使同一轴上有两种不同转速，工作时无噪声，适于高速传动。

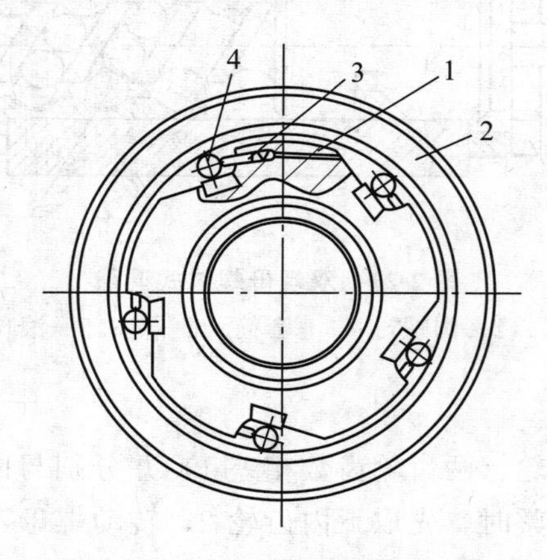

图 2-25　超越离合器

1—星轮；2—外圈；3—弹簧顶杆；4—滚柱

5. 滚珠丝杠副支承方式的选择

实践证明，丝杠的轴承组合、轴承座以及其他零件的连接刚性不足，将严重影响滚珠丝杠副的传动精度和刚度，因此在设计安装时要慎重考虑。常用轴承的组合方式有以下几种：

（1）单推—单推式。

如图 2-26（a）所示，推力轴承分别装在滚珠丝杠的两端并施加预紧力。其特点是轴向刚度较高，预拉伸安装时，预紧力较大，但轴承寿命比双推—双推式低。

（2）双推—双推式。

如图 2-26（b）所示，两端分别安装推力轴承与深沟球轴承的组合，并施加预紧力，其轴向刚度最高。该方式适合于高刚度、高转速、高精度的精密丝杠传动系统。但随温度的升高会使丝杠的预紧力增大，易造成两端支承的预紧力不对称。

（3）双推—简支式。

如图 2-26（c）所示，一端安装止推轴承和圆柱滚子轴承的组合，另一端仅安装深沟球轴承，其轴向刚度较低，使用时应注意减少丝杠热变形的影响。双推端可预拉伸安装，预紧力小，轴承寿命较高，适用于中速、传动精度较高的长丝杠传动系统。

（4）双推—自由式。

如图 2-26（d）所示，一端安装推力轴承与圆柱滚子轴承组合，另一端悬空呈自由状态，故轴向刚度和承载能力低，多用于轻载、低速的垂直安装的丝杠传动系统。

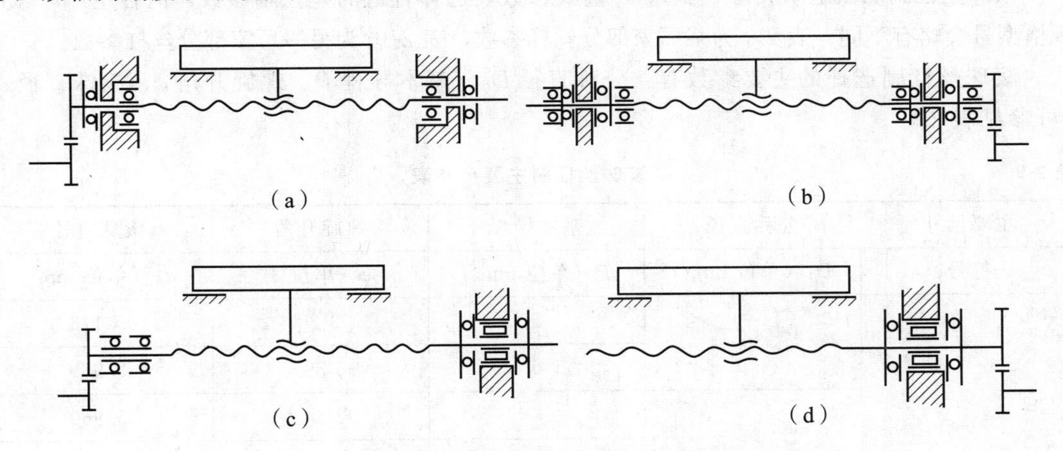

图 2-26　滚珠丝杠副常见支承方式

任务 2.2.2　滚珠丝杠副设计

1. 设计方法

设计条件：工作载荷 F（单位 N）或平均工作载荷 F_m（单位 N）；

使用寿命 L'_h（单位 h）；

丝杠工作长度 L（单位 m），丝杠转速 n（单位 r/min）；

滚道硬度及运转情况。

设计步骤：根据设计条件并经过计算，选择合适的滚珠丝杠副。

(1) 计算额定动载荷 $C_a{}'$（单位 N）。

$$C_a{}'=K_F K_H K_A F_m \sqrt[3]{\frac{n_m L_h'}{1.67\times10^4}} \qquad (式 2\text{-}1)$$

式中：K_F——载荷系数，参见表 2-8；

K_H——硬度系数，参见表 2-8；

K_A——精度系数，参见表 2-8。

表 2-8　滚珠丝杠副载荷、硬度、精度系数表

载荷系数		硬度系数		精度系数	
载荷性质	K_F	滚道实际硬度 HRC	K_H	精度等级	K_A
		≥58	1.0	1、2、3	1.0
冲击小，平稳运转	1.0～1.2	55	1.11	4、5	0.9
一般冲击	1.2～1.5	50	1.56	7	0.8
较大冲击，振动	1.5～2.5	45	2.4	10	0.7

(2) 根据额定动载荷选择滚珠丝杠副的相应参数。

滚珠丝杠副的额定动载荷 $C_a \geqslant C_a{}'$，查找参数表选择合适的丝杠副参数，但各生产厂家的规格型号会略有不同。表 2-9 为某厂家部分丝杠参数，表 2-10 为另一厂家部分丝杠参数。

滚珠丝杠副选择的主要参数有：公称直径 D_0、基本导程 P、螺旋升角 ψ、滚珠直径 d_b（可参见表 2-9）。

表 2-9　滚珠丝杠副主要尺寸表

主要尺寸	公称直径	基本导程	螺旋升角	滚珠直径
符号	D_0（单位 mm）	P（单位 mm）	ψ（单位°）	d_b（单位 mm）
参数	30	5	3°2′	3.175
		6	3°39′	3.969
	40	6	2°44′	3.969
		8	3°39′	4.763
	50	6	2°11′	3.969
		8	2°55′	4.763
		10	3°39′	5.953
	60	8	2°26′	4.763
		10	3°2′	5.953
		12	3°39′	7.144
	80	10	2°17′	5.953
		12	2°44′	7.144

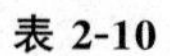

表 2-10 某厂滚珠丝杠副参数表

滚珠内循环/固定反向器/单螺母

丝杠代号	公称直径	基本导程	丝杠大径	丝杠小径	循环圈数	额定动载荷
	D_0（mm）	P（mm）	d（mm）	d_1（mm）	n	C_a（N）
G3206－4	32	6	31.2	27.68	4	19486
G3208－3		8	31	26.60	3	21295
G3210－4		10	31	25.52	4	31825
G4005－3	40	5	39.2	36.76	3	11819
G4006－4		6	39	35.68	4	21498
G4008－3		8	38.8	34.6	3	23807
G4010－4		10	38.4	33.52	4	35894
G5005－3	50	5	49	46.76	3	13127
G5006－4		6	49	45.68	4	23837
G5008－3		8	48.8	44.60	3	26265
G5010－3		10	48.5	43.52	3	33667
G5012－3		12	48	42.44	3	40853
G6308－4	63	8	61.8	57.60	4	35545
G6310－3		10	61.5	56.52	3	36835
G8010－3	80	10	78.4	73.52	3	41159
G8012－3		12	78	72.44	3	50652

滚珠内循环/固定反向器/双螺母垫片锁紧

丝杠代号	公称直径	基本导程	丝杠大径	丝杠小径	循环圈数	额定动载荷
	D_0（mm）	P（mm）	d（mm）	d_1（mm）	n	C_a（N）
GD3206－3	32	6	31.2	27.68	3	15931
GD3208－4		8	31	26.60	4	26045
GD3210－3		10	31	25.52	3	26020
GD4005－4	40	5	39.2	36.76	4	14456
GD4006－3		6	39	35.68	3	17577
GD4008－4		8	38.8	34.6	4	29118
GD4010－3		10	38.4	33.52	3	29347
GD5005－4	50	5	49	46.76	4	14456
GD5006－3		6	49	45.68	3	19489
GD5008－4		8	48.8	44.60	4	32124
GD5010－4		10	48.5	43.52	4	41178
GD5012－4		12	48	42.44	4	49967

续前表

丝杠代号	公称直径	基本导程	丝杠大径	丝杠小径	循环圈数	额定动载荷
滚珠内循环/固定反向器/双螺母垫片锁紧						
	D_0（mm）	P（mm）	d（mm）	d_1（mm）	n	C_a（N）
GD6308－3	63	8	61.8	57.60	3	29062
GD6310－4		10	61.5	56.52	4	45053
GD8010－4	80	10	78.4	73.52	4	50341
GD8012－4		12	78	72.44	4	61952
滚珠外循环/插管埋入式反向器/单螺母						
丝杠代号	公称直径	基本导程	丝杠大径	丝杠小径	循环圈数	额定动载荷
	D_0（mm）	P（mm）	d（mm）	d_1（mm）	n	C_a（N）
CM3205－5	32	5	31.5	28.57	5	16551
CM3206－5		6	31.5	27.68	5	22780
CM3208－5		8	31	26.86	5	28613
CM3210－5		10	31	25.52	5	26020
CM4010－3	40	10	39	33.52	3	29374
CM5008－5	50	8	49	44.86	5	34761
CM5010－3		10	49	43.14	3	35698
CM5012－3		12	48.6	42.28	3	41187
CM6308－3	63	8	62	57.86	3	27222
CM6310－3		10	62	56.14	3	40464
CM6312－3		12	61.5	55.28	3	34287
CM6316－3		16	61	52.71	3	67529
CM8010－3	80	10	79	73.14	3	44687
CM8012－3		12	78.5	72.28	3	52820
CM8016－3		16	78	69.71	3	77218

滚珠丝杠的主要参数可以从表中查得，其他参数可以通过计算得到，主要如下：

螺纹滚道半径　$R=(0.52\sim0.58)d_b$　（式 2-2)

偏心距　$e=(R-\frac{d_b}{2})\sin\beta$（接触角 $\beta=45^\circ$）　（式 2-3)

丝杠内径　$d_1=D_0+2e-2R$　（式 2-4)

(3) 验算稳定性。

要求安全系数 S 在 2.5～4 之间，丝杠工作最稳定。

$$S=\frac{F_{cr}}{F_m}$$ （式 2-5）

式中：临界载荷 $F_{cr}=\frac{\pi^2 EI_a}{(\mu L)^2}$；

E——丝杠材料弹性模量（钢：$E=206$GPa）；

I_a——丝杠危险截面的轴惯性矩（丝杠的 $I_a=\frac{\pi d_1^4}{64}$）；

μ——长度系数（$\mu=1\sim2$）。

（4）验算刚度。

导程每米的变形量 ΔL 应在规定的滚珠丝杠副导程精度公差（可参照表 2-7）范围内。

$$\Delta L=\pm\frac{F}{EA}\pm\frac{PT}{2\pi GJ_C}$$ （式 2-6）

式中：A——丝杠截面积（单位 m^2）；

G——丝杠切变模量（钢：$G=83.3$GPa）；

T——转矩（单位 N·m，$T=F_m\frac{D_0}{2}\tan(\psi+\rho)$）；

ρ——摩擦角；

J_C——丝杠的极惯性矩（单位 m^4 丝杠的 $J_C=\frac{\pi d_1^4}{32}$）。

（5）验算效率。

滚珠丝杠副的传动效率 $\eta=\frac{\tan\psi}{\tan(\psi+\rho)}$，一般滚珠丝杠副的 $\eta>90\%$即可。

2. 设计示例

【例 2-5】试设计某数控机床工作台进给用滚珠丝杠副。

已知平均工作载荷 $F_m=4000$N，丝杠工作长度 $L=2$m，平均转速 $n_m=120$r/min，使用寿命 $L_h'=14400$h，丝杠材料为 CrWMn 钢，滚道硬度为 58～62HRC。

（1）计算额定动载荷 C_a'（单位 N）。

$$C_a'=K_F K_H K_A F_m\sqrt[3]{\frac{n_m L'_h}{1.67\times10^4}}$$

查表 2-8 得 $K_F=1.2$，$K_H=1.0$，$K_A=1.0$（数控机床的精度等级取 2 级）

$$C_a'=1.2\times1.0\times1.0\times4000\times\sqrt[3]{\frac{120\times14400}{1.67\times10^4}}\approx22535(\text{N})$$

（2）根据额定动载荷选择滚珠丝杠副的相应参数。

依据 $C_a\geqslant C_a'$的原则，选择某厂滚珠丝杠副规格尺寸如下（参见表 2-9）：

$C_a=22556$N

$D_0=50$mm

$P=8$mm

$\psi = 2°55'$

$d_b = 4.763\text{mm}$

参照式（2-2）、式（2-3）、式（2-4）计算其余参数如下：

$$R = 0.52d_b = 0.52 \times 4.763 = 2.477\text{mm}$$

$$e = (R - \frac{d_b}{2})\sin 45° = 0.707 \times (2.477 - \frac{4.763}{2}) = 6.75 \times 10^{-2}\text{mm}$$

$$d_1 = D_0 + 2e - 2R = 50 + 2 \times 6.75 \times 10^{-2} - 2 \times 2.477 = 45.18\text{mm}$$

（3）验算稳定性。

$$F_{cr} = \frac{\pi^2 EI_a}{(\mu L)^2}（取 \mu = 1）$$

式中：$E = 206 \times 10^9\text{Pa}$（丝杠材料为钢）；

$$I_a = \frac{\pi d_1^4}{64} = \frac{3.14 \times (45.18 \times 10^{-3})^4}{64} = 2.04 \times 10^{-7}\text{m}^4；$$

$$F_{cr} = \frac{3.14^2 \times 206 \times 10^9 \times 2.04 \times 10^{-7}}{(1 \times 2)^2} \approx 103584\text{N}。$$

$$S = \frac{F_{cr}}{F_m} = \frac{103584}{4000} = 25.896 > 2.5 \sim 4，所以丝杠工作安全。$$

（4）验算刚度。

$$\Delta L = \pm \frac{F}{EA} \pm \frac{PT}{2\pi GJ_C}$$

式中：$A = \frac{\pi d_1^2}{4} = \frac{3.14 \times (45.18 \times 10^{-3})^2}{4} \approx 1.60 \times 10^{-3}\text{m}^2$；

$G = 83.3 \times 10^9\text{Pa}$；

$T = F_m \frac{D_0}{2} \tan(\psi + \rho)$（摩擦系数取 0.0025，$\rho = 8'40''$）；

$$T = 4000 \times \frac{50}{2} \times 10^{-3} \times \tan(2°55' + 8'40'') = 5.3\text{N} \cdot \text{m}；$$

$$J_C = \frac{\pi d_1^4}{32} = \frac{3.14 \times (45.18 \times 10^{-3})^4}{32} = 4.09 \times 10^{-7}\text{m}^4。$$

$$\Delta L = \frac{4000}{206 \times 10^9 \times 1.60 \times 10^{-3}} + \frac{8 \times 10^{-3} \times 5.3}{2 \times 3.14 \times 83.3 \times 10^9 \times 4.09 \times 10^{-7}} \approx 12.3 \times 10^{-6}\text{m}$$

查表 2-6 数控机床取 2 级精度，查表 2-7 可知任意 300mm 内导程公差为 8μm，每米公差为 $33.3 \times 10^{-6}\text{m} > \Delta L$，所以刚度验算合格。

（5）验算效率。

$$\eta = \frac{\tan\psi}{\tan(\psi + \rho)} = \frac{\tan 2°55'}{\tan(2°55' + 8'40'')} = 95.3\% > 90\% 符合要求。$$

项目 2.3　数控机床导轨设计

项目目标

（1）初步认识数控机床导轨。

（2）了解导轨的种类、材料、特点等。

（3）掌握滑动导轨副的截面形状、导轨组合方式及间隙调整方法。

（4）了解滚动导轨副的分类。

（5）了解静压导轨的原理。

（6）掌握静压导轨的设计方法并能自主设计。

项目要求

通过教师讲授、学生查阅资料以及简易数控机床滚动导轨副的设计实例分析，使学生系统掌握滚动导轨副的基础知识及设计方法。

任务 2.3.1　导轨简介

导轨副是导向装置的常见件。它由两部分组成，支承导件和运动件，如图 2-27 所示，支承导件在工作时一般不动，运动件沿着支承导件运动。运动方向有直线运动和回转运动两种。导轨副的作用是支承并完成给定方向和要求的运动。导轨副的运动准确性和安全平稳性对整个机电一体化产品会有很大影响，在选择和设计时，要严格遵循导轨副应满足的基本要求，一般从以下几方面考虑：

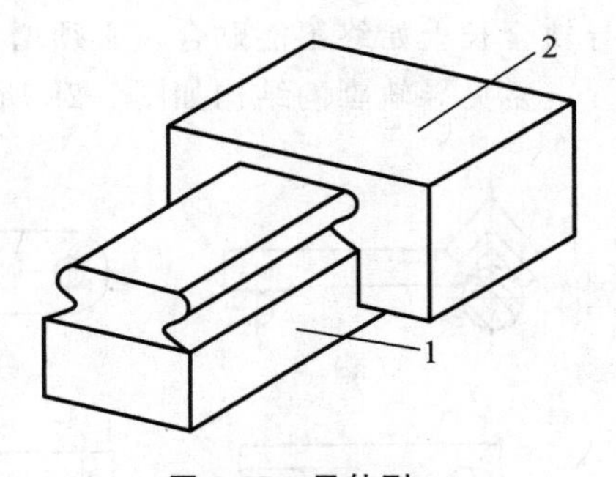

图 2-27　导轨副

1—支承导件；2—运动件

（1）导向精度高。

导向精度的高低直接影响到运动件按给定方向运动的准确程度。导轨在空载下运动和切削条件下运动时，都应具有足够的导向精度。

几何精度。直线运动导轨的几何精度一般包括：导轨在水平、垂直面内的直线度；两导轨面的平行度，也叫扭曲。

接触精度。以导轨表面的实际接触面积占理论接触面积的百分比或 25mm×25mm 面积上接触点的数目和分布情况来表示。一般由精刨、磨削、刮研等加工方法按标准决定。

（2）刚度好。

刚度是使弹性体产生单位变形量所需的作用力。刚度的好坏由恒定作用力下物体的变形大小衡量。导轨变形主要在作用力集中的地方。在实际工作中应尽量增大尺寸，合理布置筋、筋板，增加接触面积。

(3) 运动平稳。

机电一体化产品对动态响应（快速响应、良好稳定性）性能要求高。低速运动时，要防止爬行现象出现，可以选择合适的导轨结构，缩短传动链，减小结合面，加大润滑等。高速运动时，要消除振动。当温度发生变化时，导轨会受到影响。为保证正常平稳工作，应选择合适的材料。例如，铸铁、塑料的耐磨性、抗振性好，成本低，钢可以进一步提高耐磨性。

(4) 结构工艺性好。

大多数机床的导轨都要淬硬，因此导轨的精加工主要是磨削。少数高精度机床如坐标镗床的导轨用刮研进行精加工，不能淬硬。

1. 导轨种类

导轨的分类方法有很多种，如按运动方向分有直线运动导轨和回转运动导轨。例如车床的溜板、尾座导轨和床身导轨，卧式镗床后立柱和床身导轨等都是直线运动导轨；而立式车床的花盘和底座导轨就是回转运动导轨。

若按摩擦性质，又可将导轨划分为滑动导轨，滚动导轨和气、液导轨等。其中，滑动导轨按中间介质的不同又分为圆柱型、棱柱型和组合型；滚动导轨又分为滚柱型、滚珠型、滚动导轨块型和滚动轴承型；而气、液这种流体介质摩擦型导轨又分为动压型、静压型和动静压型等。

若按受力状况，导轨可分为开式导轨和闭式导轨。在部件自重和外载作用下，导轨面在导轨全长上可以始终贴合的称为开式导轨；相反，在部件自重和外载作用下，导轨面在导轨全长上始终不能贴合，必须增加压板的称为闭式导轨。

常见导轨副的结构如图 2-28 所示。

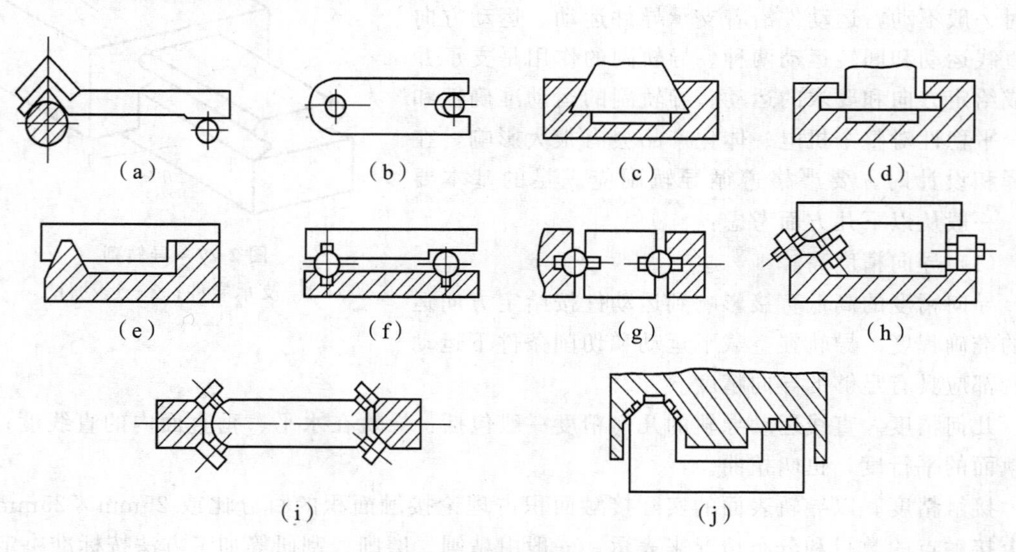

图 2-28 常见导轨副结构示意图

(a) 开式圆柱面导轨；(b) 开式圆柱面导轨；(c) 燕尾导轨；(d) 闭式直角导轨；
(e) 开式 V 形导轨；(f) 开式滚珠导轨；(g) 闭式滚珠导轨；(h) 开式滚柱导轨；
(i) 滚动轴承导轨；(j) 液体静压导轨

常用导轨性能比较如表 2-11 所示。

表 2-11　　常用导轨性能比较表

导轨类型	结构工艺性	方向精度	摩擦力	对温度变化的敏感度	承载能力	耐磨性	成本
开式圆柱面导轨	好	高	较大	不敏感	小	较差	低
开式圆柱面导轨	好	较高	较大	较敏感	较小	较差	低
燕尾导轨	较差	高	大	敏感	大	好	较高
闭式直角导轨	较差	较低	较小	较敏感	大	较好	较低
开式 V 形导轨	较差	较高	较大	不敏感	大	好	较高
开式滚珠导轨	较差	高	小	不敏感	较小	较好	较高
闭式滚珠导轨	差	较高	较小	不敏感	较小	较好	高
开式滚柱导轨	较差	较高	小	不敏感	较大	较好	较高
滚动轴承导轨	较差	较高	小	不敏感	较大	好	较高
液体静压导轨	差	高	很小	不敏感	大	很好	很高

2. 导轨材料

导轨的常用材料有铸铁、钢、有色金属、塑料等。对导轨材料的主要要求是耐磨性高、工艺性好、成本低等。

(1) 铸铁。

铸铁具有成本低、良好的减震性和耐磨性，易于铸造和切削加工等优点，因此在滑动和滚动导轨中被广泛采用。常用材料有灰铸铁 HT200、孕育铸铁 HT300 和耐磨铸铁。灰铸铁硬度以 180～200HB 较为合适，适当增加铸铁中的含碳量和含磷量，减少含硅量，可提高导轨的耐磨性。若灰铸铁不能满足耐磨性要求，可使用耐磨铸铁，如高磷铸铁，硬度为 180～220HB，耐磨性比灰铸铁高一倍，若加入一定量的铜和钛，成为磷铜钛铸铁，其耐磨性比灰铸铁高两倍，力学性能好，成本高，多用于精密机床，但高磷系铸铁的脆性和应力较大，易产生裂纹，应采用适当的铸造工艺。

此外还有低合金铸铁和稀土铸铁，低合金铸铁具有较好的耐磨性，铸造性能优于高磷系铸铁；稀土铸铁具有强度高、韧性好的特点，耐磨性与高磷铸铁接近，但铸造性能与减震性差，成本也较高。

为了提高铸铁导轨的耐磨性，常对其进行表面淬火，主要方法有：火焰淬火、高频淬火及电接触淬火等。

(2) 镶钢导轨。

镶钢导轨将淬硬的碳素钢或合金钢导轨，分段地镶装在铸铁或钢制的床身上，以提高导轨的耐磨性。在铸铁床身上镶装钢导轨常用螺钉或楔块挤紧固定，如图 2-29 所示，而在钢制床身上镶装钢导轨常采用焊接方法连接。淬硬钢导轨的耐磨性比不淬硬铸铁导轨高 5～10 倍，滚动导轨的摩擦体常采用这种镶装淬硬钢。

一般常用的钢有 45 号钢、40Cr、T8A、GCr15、GCr15SiMn 等，表面淬火或全淬硬度为 52～58HRC；而要求较高的导轨的钢有 20Cr、20CrMnTi 等，渗碳淬硬至 56～62HRC。

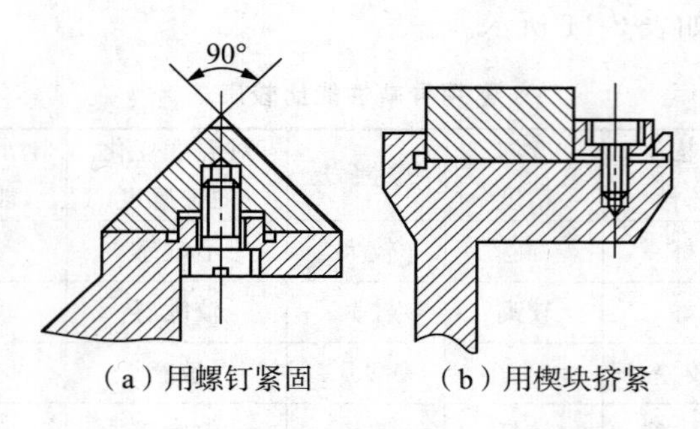

（a）用螺钉紧固　　（b）用楔块挤紧

图 2-29　镶钢导轨

（3）有色金属。

常用的有色金属有黄铜、锡青铜、铝青铜、锌合金、超硬铝、铸铝等，其中铝青铜最好。

（4）塑料导轨。

塑料导轨一般用黏结法或喷涂法覆盖在导轨面上，长导轨用喷涂法，短导轨用黏结法。

1）粘贴塑料软带导轨。

粘贴塑料软带是以聚四氟乙烯为基体，添加各种无机物和有机粉末等填料制成的。聚四氟乙烯是各种材料中干摩擦系数最小的一种。此导轨具有摩擦系数小，耗能低，动、静摩擦系数接近，低速运动平稳性好，阻尼特性好，吸振抗振性好，耐磨性好，具有自身润滑作用，使用寿命长，易维修，易更换等诸多优点，但刚性较差，受力后容易变形，对精度要求高的机床有影响。

2）金属塑料复合板导轨。

此导轨有三层，内层为钢板，保证导轨板的机械强度和承载能力。钢板上烧结一层多孔青铜，形成中间层，在青铜间隙中压入聚四氟乙烯及其他填料，提高导轨板的导热性。

这种复合板与铸铁导轨组合，静摩擦系数小，具有良好的摩擦阻尼特性，良好的低速平稳性，成本低，刚度高。

3）塑料涂层。

应用较多的有环氧涂层、HNT 耐磨涂层与含氟涂层等。它们以环氧树脂为基体，加固体润滑剂二硫化钼和胶体石墨及其他铁粉填充剂而成。这种涂层具有较高的耐磨性、硬度、强度、热导率，在无润滑油情况下，能防止爬行。

任务 2.3.2　常见导轨分析

1. 滑动导轨副

（1）导轨截面形状及导轨副组合形式。

常见的导轨截面形状有三角形（对称及不对称两类）、矩形、燕尾形及圆形等，每种又分为凸形和凹形两种。凸形不宜存切屑等脏物，也不宜存润滑油，宜在低速下工作；凹形导轨则相反，必须有良好的防护装置，防止切屑等脏物落下，适于高速。

如图 2-30 所示为单个导轨副的常见组合形式。

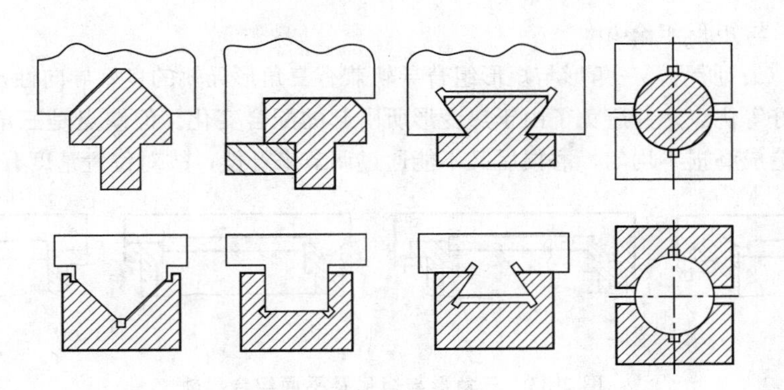

图 2-30 单个导轨副的组合形式

双个导轨副的组合形式主要如下：

1）双三角形导轨。

如图 2-31 所示，两条三角形导轨副同时起支承和导向作用。由于结构对称，两条导轨磨损均匀，磨损后能自动补偿垂直和水平方向的磨损，故导向性和精度保持性高，接触刚度好，但工艺性差，适于精度高的场合。

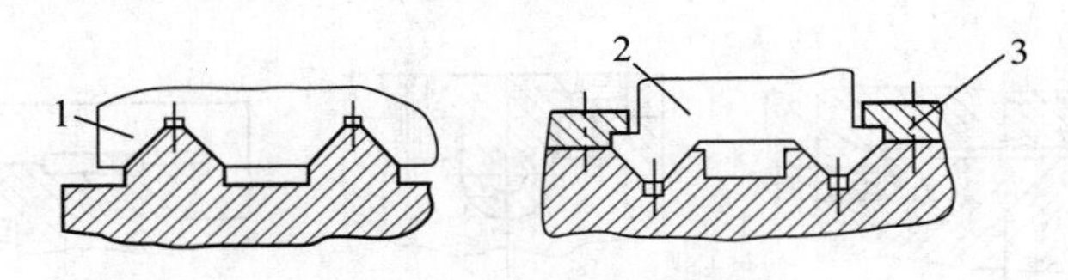

图 2-31 双三角导轨

1—三角形导轨；2—V 形导轨；3—压板

2）双矩形导轨。

如图 2-32 所示，双矩形导轨的承载面 1 和导向面 2 是分开的，因而制造和调整比较简单，其中导向面的间隙用镶条调节。

如图 2-32（a）所示，用两侧面做导向面时，间距大、热变形大、间隙大，因而导向精度低、承载能力大；如图 2-32（b）所示，以内外侧面做导向面时，间距小、热变形小、间隙小，因而导向精度高、易获得较高的平行度；如图 2-32（c）所示，用两内侧面做导向面时，由于导轨面对称分布在导轨中部，当传动件位于对称中心线上时，避免了由于牵引力与导向中心线不合而引起的偏转，不致在改变运动方向时引起位置误差，故导向精度高。

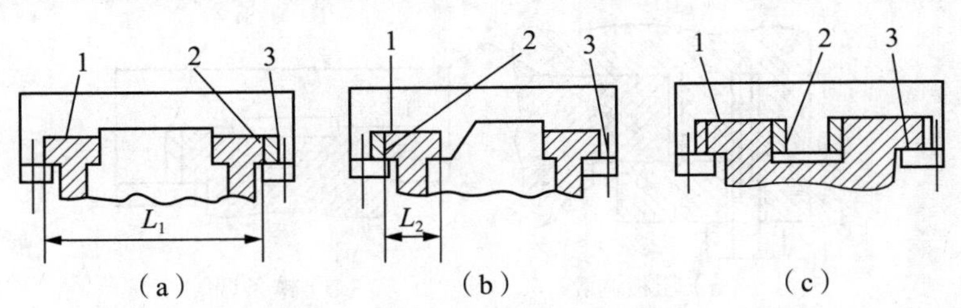

图 2-32 双矩形组合

1—承载面；2—导向面；3—辅助导轨面

3）三角形与矩形组合。

如图 2-33（a）所示，三角形与矩形组合导轨兼有三角形导轨的良好导向性及矩形导轨的制造方便、刚性好等优点，并避免了由于热变形所引起的配合变化。但缺点是三角形导轨比矩形导轨磨损快易造成磨损不均匀，磨损后又不能通过调节来补偿，故对位置精度有影响。

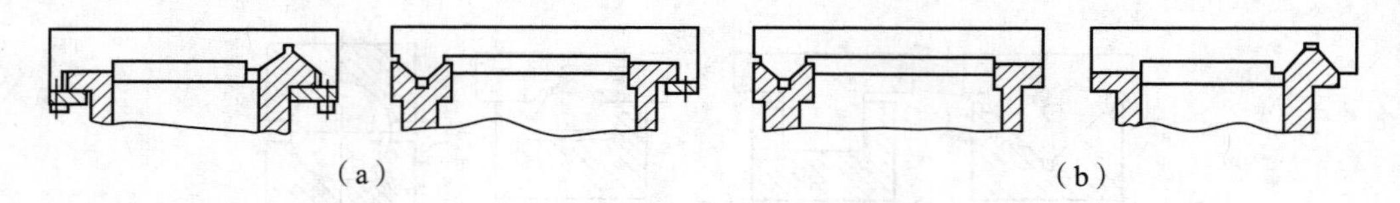

图 2-33　三角形与矩形及平面组合导轨

4）三角形与平面组合。

如图 2-33（b）所示，三角形与平面组合导轨具有三角形与矩形组合导轨的特点，但由于没有闭合导轨装置，因此只能用于受力向下的场合。

5）燕尾形导轨及其组合。

如图 2-34（a）所示为整体式燕尾形导轨，图（b）所示为装配式燕尾形导轨，图（c）所示为燕尾与矩形组合式。

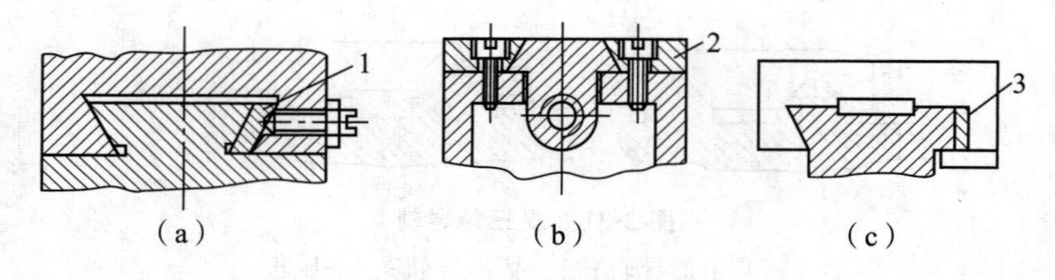

图 2-34　燕尾形导轨及间隙调整

1—斜镶条；2—压板；3—直镶条

（2）导轨副间隙调整。

为保证导轨正常运行，导轨滑动面之间应保持适当的间隙。间隙过小，会增加摩擦阻力；间隙过大，会降低导向精度。

滑动导轨副常采用压板和镶条两种方法调整，如图 2-35 所示。矩形导轨可采用修刮压板、修刮调整垫片的厚度或调整螺钉的方法进行间隙调整。三角形导轨的间隙能自动补偿。圆形导轨的间隙不能调整。

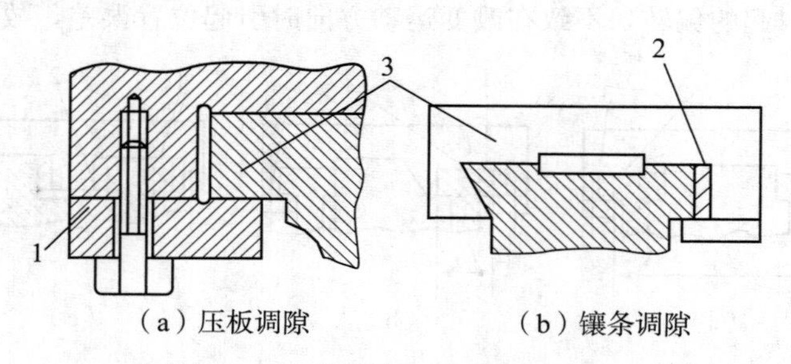

图 2-35　滑动导轨副调隙结构

1—压板；2—镶条；3—接触面

2. 滚动直线导轨

滚动直线导轨的运动方向为直线，支承导件与运动件的两接触面间为滚动摩擦，中间介质为滚动体。它具有很多特点：

（1）导向精度高，运动平稳可靠，摩擦系数小，动作轻便灵活，无爬行现象，微量位移准确。

（2）施加预载荷，刚度提高，能承受较大冲击、振动。

（3）寿命长。

（4）便于润滑，故在精密产品中被广泛应用。

滚动直线导轨副按照滚动体形状分类有滚珠、滚柱、滚针、滚柱导轨块四种。若按照滚动体运动方式可分为滚动体循环和滚动体不循环两种。如图 2-36 所示为几种滚动导轨实物图。

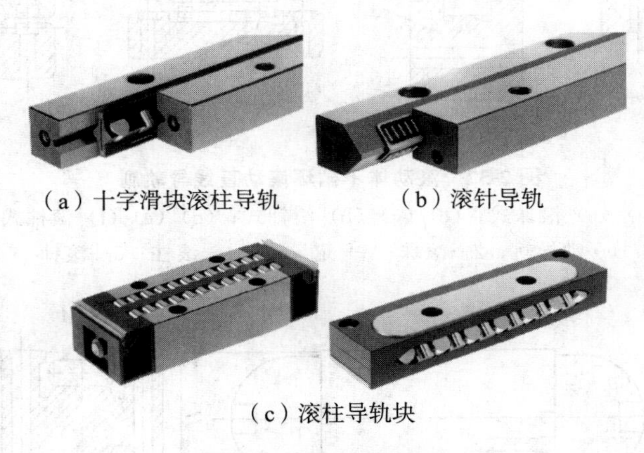

（a）十字滑块滚柱导轨　　（b）滚针导轨

（c）滚柱导轨块

图 2-36　滚动直线导轨

（1）滚动体不循环滚动直线导轨副。

如图 2-37 所示为滚动体不循环的滚动导轨副，特点是结构简单、便于制造、成本低，但刚性差、行程短、抗振性差、不能承受冲击载荷。按滚动体的形状分为滚珠式、滚针式和滚柱式三种。滚珠式的特点是摩擦阻力小，但承载能力差，刚度低，适于载荷小的工作场合；经常工作的滚珠接触部位，容易压出凹坑，使导轨副丧失精度。滚柱和滚针式的特点是承载能力高（比滚珠式的高出 10 倍）、刚性高，但摩擦力较高。

（2）滚动体循环滚动直线导轨副。

图 2-38 所示为滚动体循环的滚动导轨块，其特点是结构紧凑、行程长、装卸调整方便。按滚动体的形状分为滚珠式和滚柱式两种。图（a）所示为滚柱导轨块，图（b）所示为滚珠导轨块。

（3）静压导轨。

液体静压导轨的工作原理是具有一定压力油通过节流阀由侧面油腔进入支承导件与运动件的间隙内，运动件浮在压力油之上，与支承导件脱离接触，致使摩擦阻力大大降低。当运动件受外载荷作用后，介质压力会反馈升高，以支承外载荷。如图 2-39 所示为其原理图。当运动件受力 F_p 时，间隙 h_1 和 h_2 减小，h_3 和 h_4 增大，由于节流阀的作用使 p_1 和 p_2 油压增大，p_3 和 p_4 油压减小，油腔产生一个与 F_p 大小相等、方向相反的平衡反力。

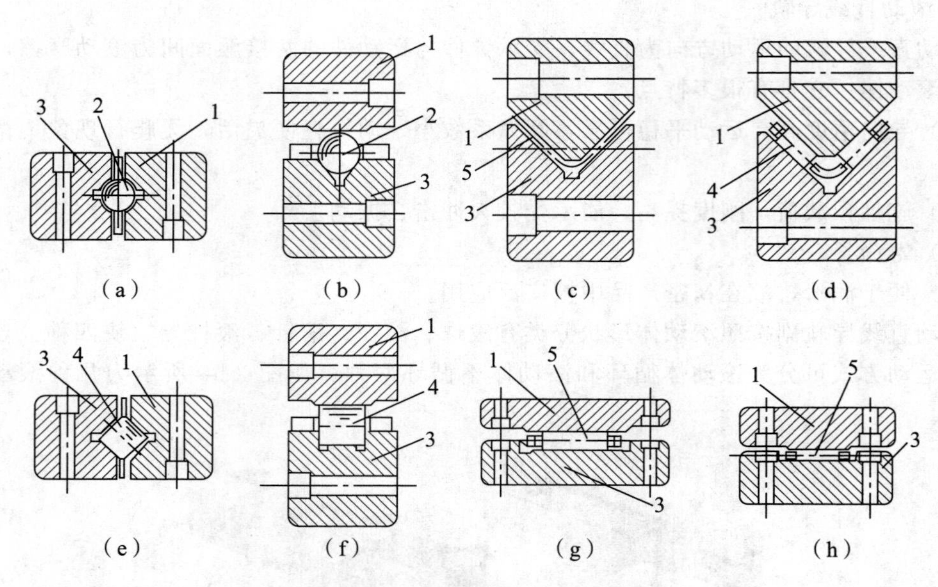

图 2-37　滚动体不循环滚动直线导轨副

(a)(b)滚珠式；(c)(g)(h)滚针式；(d)(e)(f)滚柱式

1—动导轨；2—滚珠；3—定导轨；4—滚柱；5—滚针

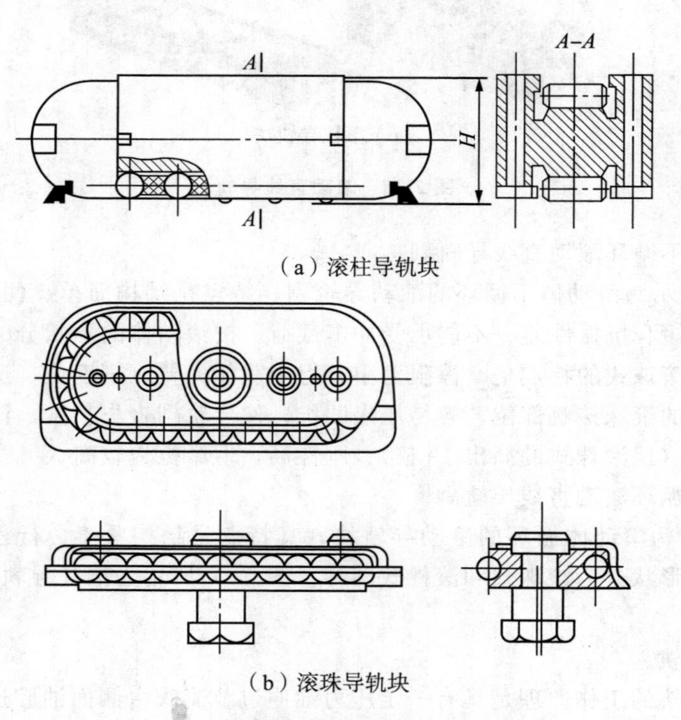

(a)滚柱导轨块

(b)滚珠导轨块

图 2-38　滚动体循环的滚动直线导轨副

致使支承导件与运动件脱离接触，使运动件稳定在一个新的平衡位置。当运动件受水平力 F 时，间隙 h_5 减小，h_6 增大，由于节流阀的作用使 p_5 油压增大，p_6 油压减小，左右油腔产生的压力的合力与水平力 F 处于平衡状态。当工作台受颠覆力矩 T 作用时，会使 h_3、h_2 减小，h_1 和 h_4 增大，则四个油腔产生反力矩与颠覆力矩处于平衡状态。油压力可以提高静压导轨的刚度，由于油压比气压高，所以液体静压导轨比气体静压导轨刚度高。改善油液参数和油腔形状均可提高静压导轨的导向精度。

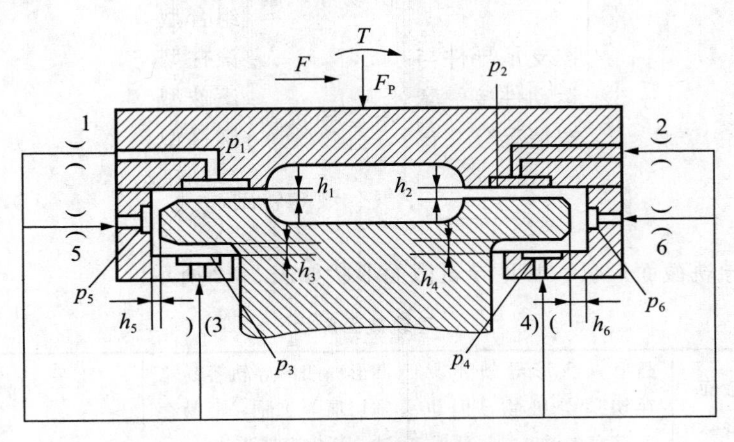

图 2-39　闭式液体静压导轨

如图 2-40 所示为静压卸荷导轨副。1 为主导轨，2 为辅助导轨。它将主导轨承受的载荷的一部分或大部分用辅助导轨支承，从而改善主导轨的负载条件，以提高耐磨性和低速运动的稳定性。如图所示，装在活塞销 5 上的滚动轴承 6 压在辅助导轨上，其弹簧 4 的压力即可分担部分负载，弹簧压力的大小可由调节螺钉 3 调节。当导轨运动时可松开手柄，使运动件基本上在辅助支承导轨面上运动，到达定位位置后用手柄锁紧，弹簧受压，其定位精度主要靠主导轨保证。

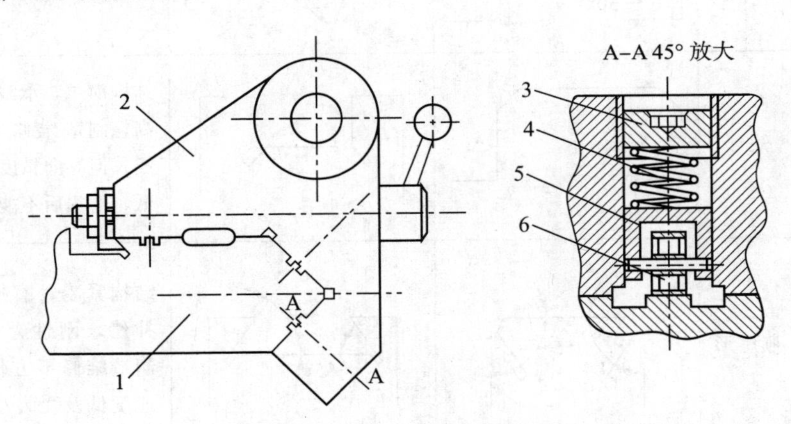

图 2-40　静压卸荷导轨副

1—主导轨；2—辅助导轨；3—调节螺钉；4—弹簧；5—活塞销；6—滚动轴承

任务 2.3.3　导向装置设计

(1) 根据已知的工作条件，选择合适的导轨类型，常见导轨形式如下：

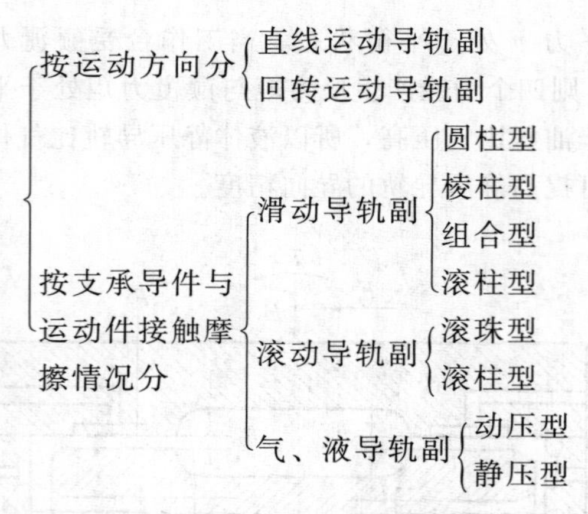

（2）选择导轨截面形状，常见导轨截面形状如表 2-12 所示。

表 2-12　　导轨截面形状

导轨副分类	截面形状	凸形（凸形导轨不易存切屑等脏物，但也不存润滑油）	凹形（凹形导轨容易堵塞切屑等脏物，但易存油，适宜高速工作）	特点
滑动导轨副	三角形 对称			三角形导轨磨损后能自动补偿，导向精度高。若导轨在两个方向上的分力相差较大，可采用不对称三角形
	三角形 不对称			
	矩形			结构简单，承载能力大，刚度高，制造维修方便，应用广泛。但导向精度比三角形导轨低，磨损后不能自动补偿
	燕尾形			结构紧凑，磨损后不能自动补偿，刚性差，摩擦力大，制造维修不方便，适于运动速度低及受力小的场合
	圆形			磨损后不能调整和补偿，制造方便，适于承受轴向载荷的场合

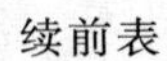

续前表

导轨副分类	截面形状	凸形（凸形导轨不易存切屑等脏物，但也不存润滑油）	凹形（凹形导轨容易堵塞切屑等脏物，但易存油，适宜高速工作）	特点
滚动导轨副	矩形			矩形截面四方向受力大小相等，承载均匀
	梯形			导轨承受较大的垂直载荷，其他向承载能力低

（3）通过计算选择结构参数。

1）计算额定动载荷 C_a'（单位 N）。

$$C_a' = \frac{K_w}{K_H K_T K_C} \sqrt[3]{\frac{T_S}{K}} F \qquad \text{（式 2-7）}$$

式中：K_W——负荷系数，按表 2-13 选取；

K_H——硬度系数，按表 2-14 选取；

K_T——温度系数，按表 2-15 选取；

K_C——接触系数，按表 2-16 选取；

K——寿命系数，一般取 $K=50$（单位 km）；

额定行程长度系数 $T_S=2l_s nT_h\times10^{-3}$（单位 km）；

l_s——单向行程长度（单位 m）；

n——每秒往复次数（单位次/s）；

T_h——额定工作时间寿命（单位 h）。

表 2-13　　**导轨负荷系数**

工作条件	K_W
无外部冲击或振动的低速运动场合。速度小于 15m/min	1～1.5
无明显冲击或振动的中速运动场合。速度小于 60m/min	1.5～2
有外部冲击或振动的高速运动场合。速度大于 60m/min	2～3.5

表 2-14　　导轨硬度系数

滚道表面硬度 HRC	60	58	55	53	50	45
K_H	1.0	0.98	0.90	0.71	0.54	0.38

表 2-15　　导轨温度系数

工作温度℃	＜100	100～150	150～200	200～250
K_T	1.00	0.90	0.73	0.63

表 2-16　　导轨接触系数

每根导轨上的滑块数	1	2	3	4	5
K_C	1.00	0.81	0.72	0.66	0.61

2）依据 $C_a \geqslant C_a'$ 的原则，选择结构参数。

（4）其他参数选择。

1）导轨材料选择。铸铁耐磨性好，热稳定性高，减振性好，成本低，易于加工，在滑动导轨中得到广泛应用。淬硬的钢导轨耐磨性好。镶装塑料导轨具有耐磨性好，动、静摩擦系数接近，化学稳定性好，抗振性好，抗撕伤能力强，工作范围广，成本低等诸多优点。在选材时，支承导件与运动件应选不同的材料，热处理的方式也有所不同。

2）调整装置。导轨工作时会产生间隙，间隙过小会增加摩擦阻力，间隙过大会降低导向精度，所以应选择合适的调整装置进行调整。例如，滑动导轨副采用压板和镶条两种方法调整。

（5）设计示例。

现以设计某数控机床滚动直线导轨为例，已知作用在滑座上的载荷 $F_\Sigma = 18000\text{N}$，滑座数 $M=4$，单向行程长度 $l_s = 0.8\text{m}$，每分钟往返次数为 3，工作温度不超过 120℃，工作速度为 40m/min，每天开机 6h，每年工作 300 个工作日，要求工作 8 年以上，滚道表面硬度取 60HRC。试设计导轨副。

解：由已知条件得

额定工作时间寿命 $T_h = 6 \times 300 \times 8 = 14400\text{h}$

额定行程长度系数 $T_S = 2 l_s n T_h \times 10^{-3} = 2 \times 0.8 \times 3 \times 60 \times 14400 \times 10^{-3} = 4147.2\text{km}$

$$C_a' = \frac{K_w}{K_H K_T K_C}\sqrt[3]{\frac{T_S}{K}}F \text{（查表取 } K_W = 2, K_H = 1.0, K_T = 0.90, K_C = 0.81\text{）}$$

$$= \frac{2}{1.0 \times 0.90 \times 0.81} \times \sqrt[3]{\frac{4147.2}{50}} \times \frac{18000}{4} = 53840.2\text{N}$$

选择滚动直线导轨，查表后，选择相应的型号及参数。

学习情境三 执行装置选择与设计

内容提要：

本学习情境主要讲述了机电一体化系统的 4 大执行装置——步进驱动系统、直流伺服驱动系统、交流伺服驱动系统和气动执行元件的基本原理、特性分析及选择设计方法，并通过数控机床进给驱动系统设计和机械手设计实例使学生将基本知识点融入到实际应用中，为下面的综合项目制作打下了良好的基础。

知识目标：

(1) 掌握步进电机、直流伺服电机、交流伺服电机的工作原理。

(2) 了解步进电机、直流伺服电机、交流伺服电机的特点、种类、调速方法、运行特性等。

(3) 认知气动系统中的气源、气动控制元件及气缸。

能力目标：

(1) 具备分析步进驱动系统、直流伺服驱动系统、交流伺服驱动系统的能力。

(2) 具备基本自主选择设计步进电机、直流伺服电机、交流伺服电机、机械手气动系统的能力。

(3) 具备自主查阅中、外资料的能力。

执行装置是工业机器人、CNC 机床、各种自动机械、计算机外围设备、办公室设备、车辆电子设备、医疗器械、各种光学装置、家用电器（音响设备、录音机、摄像机、电冰箱）等机电一体化系统（或产品）必不可少的驱动部件，如数控机床的主轴转动、工作台的进给运动以及工业机器人手臂的升降、回转和伸缩运动等所用驱动部件都是执行装置。

执行装置是处于机电一体化系统的机械运行机构与微电子控制装置的接点（连接）部位的能量转换装置。它能在微电子装置的控制下，将输入的各种形式的能量转换为机械能，由于大多数执行装置已作为系列化商品生产，故在设计机电一体化系统时，可作为标准件选用或外购。

(1) 执行元件的种类及特点。

根据使用能量的不同，可以将执行元件分为电磁式、液压式和气压式等几种类型，如图 3-1 所示。电磁式执行元件是将电能变成电磁力，并用该电磁力驱动运行机构运动。液压式执行元件是先将电能变换为液压能并用电磁阀改变压力油的流向，从而使液压执行元件驱动运行机构运动。气压式执行元件与液压式的原理相同，只是将介质由油改为气体而已。其他执行元件与使用材料有关，如使用双金属片、形状记忆合金或压电元件等。

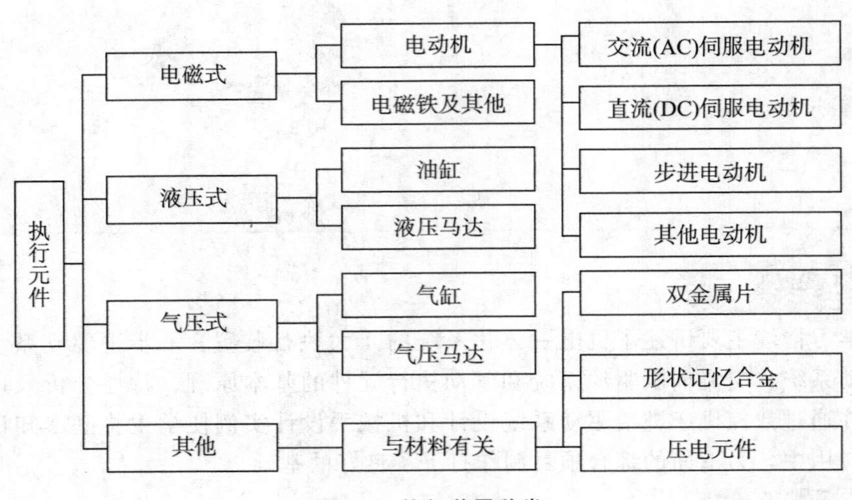

图 3-1 执行装置种类

1) 电磁式执行元件。

电磁式执行元件包括控制用电动机（步进电动机、DC 和 AC 伺服电动机）、静电电动机、磁致伸缩器件、压电元件、超声波电动机以及电磁铁等。其中，利用电磁力的电动机和电磁铁为常用的执行元件。对控制用电动机除了要求稳速运转性能之外，还要求具有良好的加、减速性能和伺服性能等动态性能以及频繁使用时的适应性和便于维修性能等。

控制用电动机驱动系统一般由电源供给电力，经电力变换器变换后输送给电动机，使电动机做回转（或直线）运动，驱动负载机械（运行机构）运动，并在指令器给定的指令位置定位停止。这种驱动系统具有位置（或速度）反馈环节的叫闭环系统，没有位置与速度反馈环节的叫开环系统。

2) 液压式执行元件。

液压式执行元件主要包括往复运动的油缸、回转油缸、液压马达等，其中油缸占绝大多数。目前，世界上已开发了各种数字液压式执行元件，例如电—液伺服马达和电—液步进马达，这些电—液式马达的最大优点是比电动机的转矩大，可以直接驱动运行机构，转矩/惯量比大，过载能力强，适合于重载的高加减速驱动。

3) 气压式执行元件。

气压式执行元件除了用压缩空气作工作介质外，与液压式执行元件并无什么区别。具有代表性的气压执行元件有气缸、气压马达等。气压驱动虽可得到较大的驱动力、行程和速度，但由于空气黏性差，具有可压缩性，故不能在定位精度较高的场合使用。

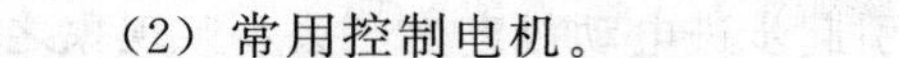

（2）常用控制电机。

控制电机具有体积小，功率小，通常在几百瓦以下等特点；而驱动微电机结构简单、体积小、功率也小，主要用来驱动各种轻型负载。驱动微电机与控制电机合称为微控电机。

在普通旋转电机的基础上产生的各种控制电机与普通电机本质上并没有差别，只是着重点不同：普通旋转电机主要是进行能量变换，要求有较高的力能指标；而控制电机主要是对控制信号进行传递和变换，要求有较高的控制性能，如要求反应快、精度高、运行可靠等。控制电机因其各种特殊的控制性能而常在自动控制系统中作为执行元件、检测元件和解算元件。控制用电动机有力矩电动机、脉冲（步进）电动机、变频调速电动机、开关磁阻电动机和各种 AC/DC 电动机等。

项目 3.1　步进电机选择

项目目标

（1）了解步进电机的特点、种类、通电方式、主要技术指标与特性。

（2）掌握步进电机的工作原理。

（3）理解步进电机的驱动电源、速度控制及加减速控制。

（4）掌握步进电机的选型方法。

项目要求

通过教师讲授以及学生查阅资料，使学生系统掌握步进电机的基础知识，并能自主进行步进电机选择以及常用机电设备的步进驱动模块的分析，为今后综合项目制作打下良好的基础。

普通电动机是连续运转的，而步进电机是在外加电脉冲信号的作用下一步一步地运转的，正因为它的运动形成是步进式的，故称为步进电机。步进电机是一种将电脉冲信号转换成相应角位移的机电元件。

由于步进电机的角位移量和输入脉冲的个数严格成正比，在时间上与输入脉冲同步，因此只要控制输入脉冲的数量、频率及电机绕组通电顺序，便可获得所需的转角、转速及转动方向。无脉冲输入时，在绕组电源的激励下，气隙磁场使转子保持原有定位状态。

任务 3.1.1　步进电机的工作原理

1. 步进电机的特点与种类

步进电动机具有以下特点：

（1）步进电动机的工作状态不易受各种干扰因素（如电源电压的波动、电流的大小与波形的变化、温度等）的影响，只要在它们的大小未引起步进电动机产生“丢步”现象之前，就不影响其正常工作。

（2）步进电动机的步距角有误差，转子转过一定步数以后也会出现累积误差，但转子转过一转以后，其累积误差变为“零”，因此不会长期积累。

（3）控制性能好，在启动、停止、反转时不易“丢步”。因此，步进电动机被广泛应用于开环控制的机电一体化系统，使系统简化，并可靠地获得较高的位置精度。

步进电动机的种类很多，从运动形式上分，有旋转式步进电动机，也有直线步进式电动机和平面步进式电机；从励磁相数来分有三相、四相、五相、六相等步进电动机。就常用的旋转式步进电动机的转子结构来说，可将其分为可变磁阻（VR－Variable Reluctance）型、永磁（PM－Permanent Magnet）型和混合（HB－Hybrid）型三种，如图 3-2 所示。可变磁阻式步进电机又称为反应式步进电机，它的工作原理是由改变电动机的定子和转子的软钢齿之间的电磁引力来改变定子和转子的相对位置，这种电机结构简单、步距角小，如图 3-2（a）所示。永磁式步进电机的转子铁心上装有多条永久磁铁，转子的转动与定位是由定、转子之间的电磁引力与磁铁磁力共同作用的。与反应式步进电机相比，相同体积的永磁式步进电机转矩大，步矩角也大，如图 3-2（b）所示。混合式步进电机结合了反应式步进电机和永磁式步进电机的优点，采用永久磁铁提高电机的转矩，采用细密的极齿来减小步距角，是目前数控机床上应用最多的步进电机，如图 3-2（c）所示。

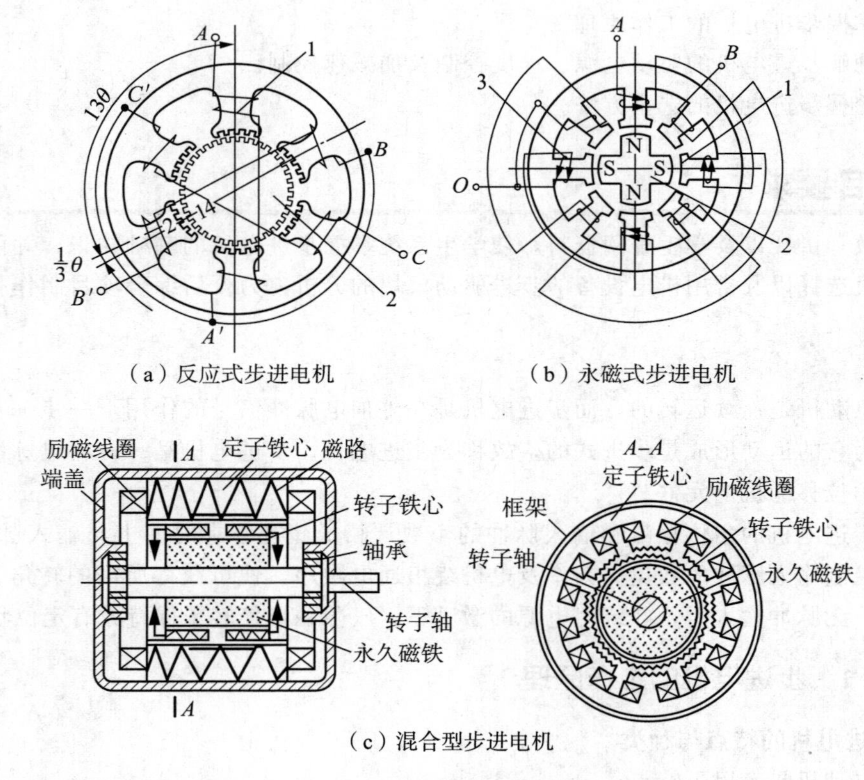

（a）反应式步进电机

（b）永磁式步进电机

（c）混合型步进电机

图 3-2 步进电机种类

2. 步进电机的工作原理

现以反应式步进电机为例说明步进电机的工作原理。

图 3-3 为三相单三拍反应式步进电机的工作原理图。在电机定子上有 A、B、C 三对磁极，磁极上绕有线圈，分别称之为 A 相、B 相和 C 相，而转子则是带齿的铁芯，这种步进电机称为三相步进电机。步进电机的工作原理，相似于电磁铁作用原理。当某相绕组通电时，定子产生磁场，并与转子形成磁路，如果这时定子齿和转子齿没有对齐，则由于磁力线走磁阻最小的路线，而带动转子转动，使定子齿和转子齿对齐，从而实现转动一个角度。

在图 3-3 中，若首先让 A 相通电，则转子 1、3 两齿被磁极 A 吸住，转子就停留在图（a）中的位置上。然后，A 相断电，B 相通电，则磁极 A 的磁场消失，磁极 B 的磁场产生，磁极 B 的磁场把离它最近的 2、4 齿吸了过去，转子逆时针转过 30°，停在图（b）中的位置上。接着，B 相断电，C 相通电，C 相磁场吸引 1、3 齿，转子又逆时针转了 30°，停止在图（c）中的位置上。这样按 A→B→C→A→B→C 的次序通电，步进电机就一步一步地按逆时针方向转动，每步转的角度均为 30°，我们把步进电机每步转过的角度称为步距角，用 α 表示。

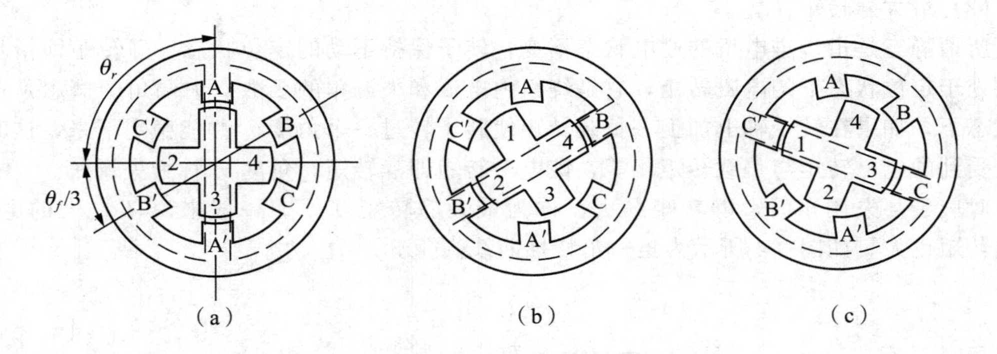

图 3-3　三相单三拍反应式步进电机工作原理图

3. 步进电机的通电方式及步距角 α

步距角 α 的大小与定子相数 m，转子齿数 z 及通电方式有关。

（1）步进电机的通电方式。

步进电机有单相轮流通电、双向轮流通电和单双相轮流通电方式。以三相步进电机为例，它的通电方式如下：

1）三相单三拍：其通电顺序为 A→B→C→A。“三相”是指三相步进电机，“单”是指每次只有一相绕组通电，“三拍”是指三种通电状态为一次循环。

这种方式每次只有一相通电，容易使转子在平衡位置上发生振荡，稳定性不好。而且在转换时，由于一相断电时，另一相刚开始通电，易失步（指不能严格地对应一个脉冲转一步），因而不常采用这种通电方式。

2）双相双三拍：其通电顺序为 AB→BC→CA→AB。这种通电方式由于两相同时通电，转子受到的感应力矩大、静态误差小、定位精度高，而且转换时始终有一相通电，可以保证工作稳定，不易失步。

3）三相六拍：其通电顺序为 A→AB→B→BC→C→CA→A。这是单、双相轮流通电的方式，由于通电状态数增加一倍，因而使步距角减少一倍。

(2) 步距角 α 的计算公式。

$$\alpha=360°/(zm)$$

式中：m——步进电机相数；

Z——步进电机转子齿数；

K——通电方式（相邻两次通电相的数目相同 $k=1$，相邻两次通电相的数目不同 $k=2$）。

4. 步进电机的主要技术指标与特性

(1) 精度。

精度通常指的是最大步距误差和最大累积误差。步距误差是空载运行一步的实际转角的稳定值与理论值之差的最大值。累积误差是指，从任意位置开始，经过任意步后，在此之间，角位移误差的最大值。从使用的角度看，对多数情况来说，用累积误差来衡量精度比较方便。

由于步进电机转过一圈后，转子的运动有重复性，误差不累积，所以精度的定义，可以认为是在一圈范围内任意步之间转子角位移误差的最大值。

(2) 最大静转矩 T_{jmax}。

所谓静态是指步进电机的通电状态不变，转子保持不动的定位状态。静转矩即指步进电机处于定位状态下的电磁转矩，它是绕组内电流和失调角的函数。失调角的概念是在定位状态下，如果在转子轴上加上一负载转矩使转子转过一个角度 θ_e 并能稳定下来，这时转子上受到的电磁转矩与负载转矩相等，该电磁转矩即静转矩，角度 θ_e 称为失调角。

对应于某失调角时，静转矩最大，称为最大静转矩 T_{jmax}。一般来说 T_{jmax} 大的电机，负载转矩也大。如图 3-4 所示为矩—角特性曲线。

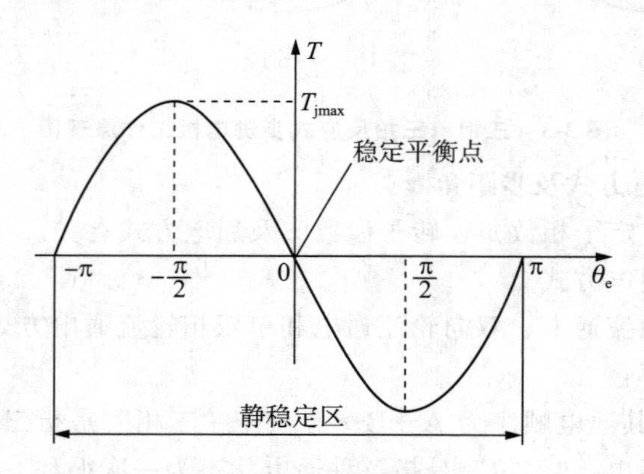

图 3-4 矩—角特性曲线

(3) 启动频率 f_q。

空载时，转子从静止状态不失步地启动时的最大控制频率称为空载启动频率或突跳频率，用 f_q 表示。f_q 的大小与驱动电路和负载大小有关，负载包含负载转矩和负载转动惯量两方面的含义。随着负载惯量的增加，启动频率会下降。若除了惯性负载外，还有转矩负载，则启动频率将进一步下降。

(4) 连续运行频率 f_c 和矩频特性。

运行频率连续上升时，电动机不失步运行的最高频率称为连续运行频率 f_c，它的值也与负载有关。很显然，在同样负载下，运行频率 f_c 远大于启动频率 f_q。在连续运行状态下，步进电机的电磁力矩将随频率的升高而急剧下降，这两者之间的关系称为矩频特性。

5. 步进电机的驱动

步进电动机的运行特性与配套使用的驱动电源（驱动器）有密切关系。驱动电源由脉冲分配器、功率放大器等组成，如图 3-5 所示。驱动电源是将变频信号源（微机或数控装置等）送来的脉冲信号及方向信号按要求的配电方式自动地循环供给电动机各相绕组，以驱动电动机转子正反向旋转。变频信号源是可提供连续可调的从几赫兹到几万赫兹的频率信号的脉冲信号发生器。因此，只要控制输入电脉冲的数量及频率就可精确控制步进电动机的转角及转速。

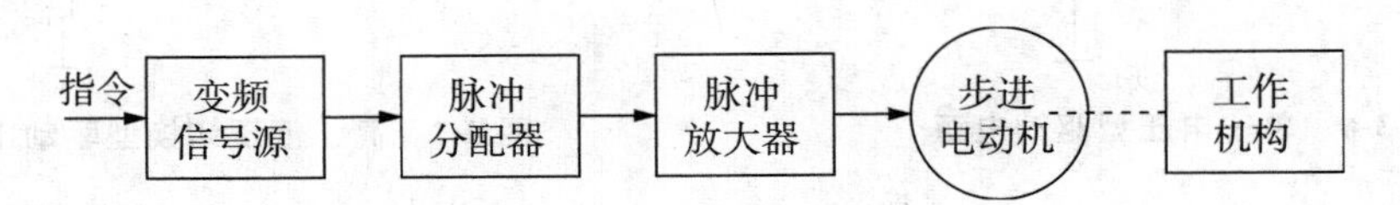

图 3-5　步进电机驱动电源方框图

（1）步进电机驱动电源。

按脉冲的供电方式来分驱动电源有：单一电压型电源；高、低压切换型电源；电流控制的高、低压切换型电源；细分电路电源等。

1）单一电压型驱动电源。

单一电压型电源是最简单的驱动电源，其原理电路如图 3-6 所示。u_{ka} 为高电平时，VT_1 导通，绕组通电；u_{ka} 为低电平时，VT_1 关断，绕组断电。减小电路的时间常数 τ_a，可增大动态转矩，提高启动和连续运行频率，并使启动和运行矩频特性下降缓慢。

图 3-6 中电容 C 可强迫控制电流加快上升，使电流波形前沿更陡，改善波形；而 VD_1 和 R_{f2} 的作用是形成放电回路，限制功率管 VT_1 上的电压，保护功率管。单一电压型电源线路简单、功放元件少、成本低，但效率较低。

2）高、低压切换型驱动电源。

高、低压切换型电源，其原理电路如图 3-7 所示。步进电动机的每一相控制绕组需要有两只功率元件串联，它们分别由高压和低压两种不同的电源供电。高压供电用来加速电流的上升速度，改善电流波形的前沿，而低压用来维持稳定的电流值。R_{f1} 的作用是调节控制绕组的电流值，使各相电流平衡。VD_2 及 R_{f2} 的作用是构成续流电路。这种电源效率较高，启动和运行频率也比单一电压型电源要高。

3）电流控制的高、低压切换电源。

带有连续电流检测的高、低压驱动电源是在高、低压切换型电源的基础上，多加了一个电流检测控制线路，使高压部分的电流断续加入，以补偿因控制绕组的旋转电动势和相间互感等原因所引起的电流波顶下凹造成的转矩下降。它根据主回路电流的变化情况，反复地接通和关断高压电源，使电流波顶维持在需求的范围内，步进电动机的运行性能得到了显著的提高，相应使启动和运行频率升高。因在线路中增加了电流反馈环节，使其结构较为复杂，成本提高。

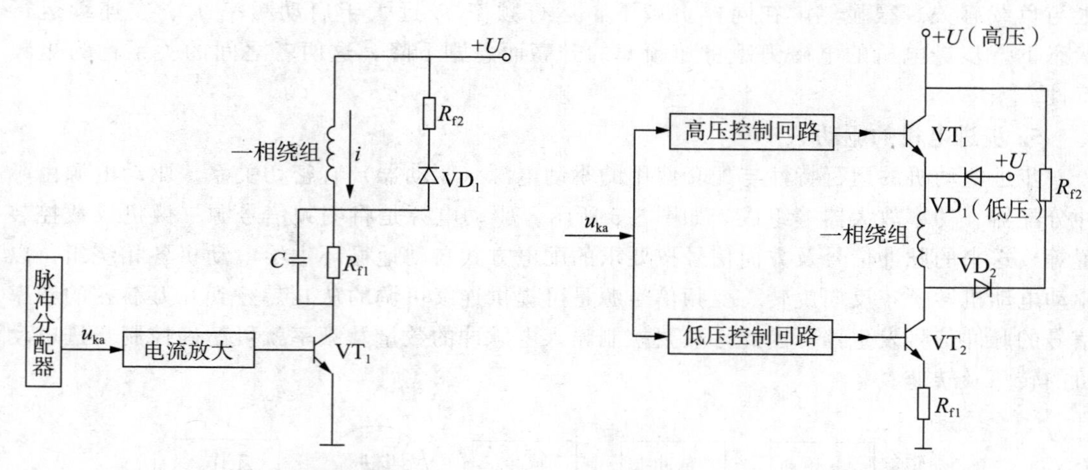

图 3-6　单一电压型驱动电源　　　　图 3-7　高、低压切换型驱动电源

4）细分驱动电源。

如果要求步进电动机有更小的步距角或者为减小电动机振动、噪声等原因，可以在每次输入脉冲切换时，不是将绕组电流全部通入或切除，而是只改变相应绕组中额定电流的一部分，则电动机转过的每步运动也只有步距角的一部分。这里绕组电流不是一个方波，而是阶梯波，额定电流是台阶式的通入或切除，电流分成多少个台阶，则转子就以同样的个数转过一个步距角。这样将一个步距角细分成若干步的驱动方法被称为细分驱动。细分驱动的特点是：在不改变电动机结构参数的情况下，能使步距角减小。但细分后的步距角精度不高，功率放大驱动电路也相应复杂；能使步进电动机运行平稳、提高匀速性，并能减弱或消除振荡。

要实现细分，需要将绕组中的矩形电流波改成阶梯形电流波，即设法使绕组中的电流以若干个等幅等宽度阶梯上升到额定值，并以同样的阶梯从额定值下降为零，如图 3-8 所示。

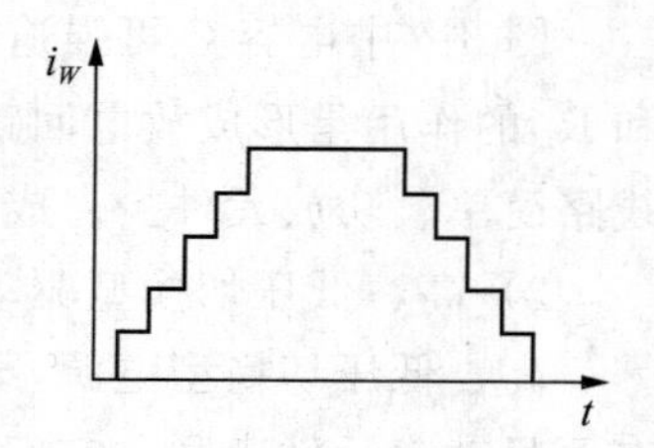

图 3-8　细分电流波形

（2）步进电动机速度控制。

控制步进电机的速度实质上就是控制系统发出步进脉冲的频率或者换向周期。系统可通过两种方法来确定步进脉冲的周期：软件延时和硬件定时。

1）软件延时。

假定控制器为 AT89C51 单片机，晶振为 12MHz，我们可以通过编制一个标准的延时子程序来实现延时。这种方法实现速度调节，程序简单、思路清晰，不占用其他硬件资源，但缺点是在控制电动机转动过程中，占用 CPU 时间。

2）硬件定时。

假定控制器为 AT89C51 单片机，晶振为 12MHz，将 T0 作为定时器，设置其工作方式 1，要求其定时发出步进脉冲，只要改变 T0 定时常数，就可实现步进电机的调速。这种方法实现调速既需要硬件（T0）又需要软件来确定脉冲序列的频率，所以是一种软硬件相结合的方法，缺点是占用了一个定时器。在比较复杂的控制系统中常采用这种定时中断方法，可以提高 CPU 的利用率。

(3) 步进电动机加减速控制。

当步进电机的运行频率低于其启动频率时，步进电机可以用运行频率直接启动，并以该频率连续运行，需要停止的时候，可以从运行频率直接降到零速，无须升降频控制。

当步进电机的运行频率高于其启动频率时，由于频率过高，若用运行频率直接启动，步进电机会丢步，甚至停转，若想从运行频率直接降到零速，步进电机就会超程。

因此，步进电机在运行频率下工作时，就需要用升降频控制，以便使步进电机从启动频率开始，逐渐加速升到运行频率，然后进入匀速运行，停止前的降频可以看作是升频的逆过程。常见的升降频方法有以下三种：

1) 直线升降频。

如图 3-9 (a) 所示，这种方法是以恒定的加速度进行升降的，平稳性好，适用在速度变化较大的快速定位方式中。加速时间虽然长，但软件实现比较简单。

2) 指数曲线升降频。

如图 3-9 (b) 所示，这种方法是以步进电机的运行矩频特性出发，根据转矩随频率的变化规律推导出来的，它符合步进电机的加减速过程的运动规律，能充分利用步进电动机低速时的有效转矩，快速响应好，升降时间短。

3) 抛物线升降频。

如图 3-9 (c) 所示，抛物线升降频将直线升降频和指数曲线升降频融为一体，充分利用步进电机低速时的有效转矩，使升降速的时间大大缩短，同时又具有较强的跟踪能力，这是一种比较好的方法。

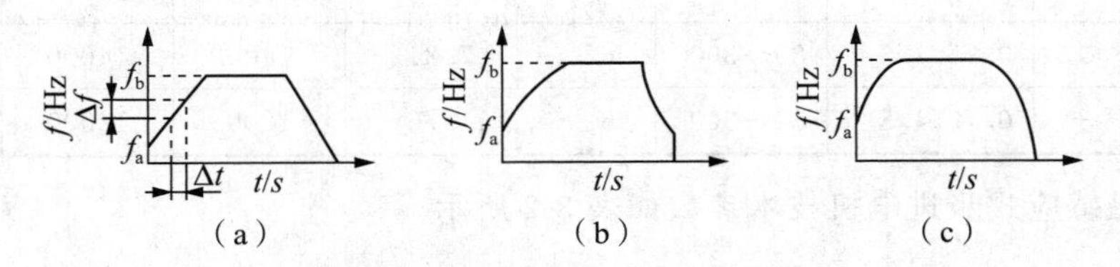

图 3-9　步进电机的升降频方法

(4) 步进电动机的脉冲分配。

步进电动机的各相绕组必须按一定的顺序通电才能正常工作。这种使电动机绕组的通电顺序按一定的规律变化的部分称为脉冲分配器。实现环形分配的方法有三种：利用计算机软件采用查表或计算方法来进行脉冲的环形分配、采用小规模集成电路搭接而成的三相六拍环形脉冲分配器分配、采用专用环形分配器分配。

任务 3.1.2　步进电机的选择

1. 步进电机技术指标实例

(1) 标注。

步进电机的型号标注各厂家有所不同，但也有共同点，例如：

110BF003："B"代表步进电机，"F"代表反应式，"110"代表电动机外径，"003"代表励磁绕组相数或其他代号。

130BC3100："C"代表磁阻式，"130"代表电动机外径，"3100"代表励磁绕组相数或其他代号。

90BY004，110BYG3502，35HS01："Y"代表永磁式，"YG"代表永磁感应式，"HS"代表混合式。

（2）反应式步进电机技术参数如表 3-1 所示。

表 3-1　反应式步进电机技术参数

型号	相数	步距角 /(°)	电压 /V	电流 /A	最大静转矩 /(N·m)	空载启动频率/Hz	空载运行频率/Hz	转动惯量 /(kg·cm²)
36BF003	3	1.5/3	27	1.5	0.078	3100	27000	0.008
45BF003	3	1.5/3	27	2.5	0.196	3000	27000	0.015
55BF003	3	1.5/3	27	3	0.666	1800	18000	0.060
55BF009	4	0.9/1.8	27	3	0.748	2500	24000	0.075
70BF003	3	1.5/3	27	3	0.784	1600	27000	0.145
75BF003	3	1.5/3	30	4	0.882	1250	16000	0.156
75BC340A	3	1.5/3	30	4	0.88	1900	12500	0.16
75BC380A	3	0.75/1.5	30	3	0.98	2200	19000	0.2
90BF003	3	1.5/3	60	5	1.96	1500	22000	0.6
95BC340A	3	1.5/3	60～110	6	3.92	1500	15000	1.5
110BC3100	3	0.6/1.2	80～300	6	9.8	1500	15000	7
110BF003	3	0.75/1.5	80～300	6	7.84	1400	14000	5.5
110BC380F	3	0.75/1.5	80～300	6	11.76	1200	12000	9

（3）永磁感应式步进电机技术参数如表 3-2 所示。

表 3-2　永磁感应式步进电机技术参数

型号	相数	步距角 /(°)	电压 /V	电流 /A	最大静转矩 /(N·m)	空载启动频率/Hz	空载运行频率/Hz	转动惯量 /(kg·cm²)
90BYG2502	2/4	0.9/1.8	100	4	6	1800	20000	4
90BYG2602	2/4	0.75/1.5	100	4	6	1800	20000	4
110BYG2502	2/4	0.9/1.8	120～310	5	20	1800	20000	15
110BYG2602	2/4	0.75/1.5	120～310	5	20	1800	20000	15
110BYG3502	3	0.6/1.2	120～310	3	16	2700	30000	15
130BYG2502	2/4	0.9/1.8	120～310	7	40	1500	15000	48
130BYG3502	3	0.6/1.2	80～325	6	37	1500	15000	48
110BYG5802	5	0.225/0.45	120～310	5	16	1800	20000	15
130BYG5501	5	0.36/0.72	120～310	5	20	1800	20000	33

2. 步进电机应用实例分析

（1）LQ－1500 打印机步进电动机的驱动电源及控制线路。

下面以 LQ－1500 打印机步进电动机的驱动电源及控制线路为例，说明步进电动机在实际工作中的应用。

打印机在打印前必须把打印头移动到要求开始打印的点上，在打印不同字体的字符时，又要求打印头以不同的速度沿着打印纸做水平移动。这些操作都是由微控制系统 Z80CPU 控制并驱动字车步进电动机，带动齿轮、皮带及机头小车等传动机构来完成的。

1）系统的组成如图 3-10 所示。

- 8042 是 Intel 公司的通用外围接口（UPI）8 位微处理器。
- 13C（μPA79C）是一种达林顿电路堆，具有很高的电流放大系数。
- STK6982 是一种专门用于驱动步进电动机的集成电路。
- 字车步进电动机，有 LA、LB、LC、LD 四个控制绕组。

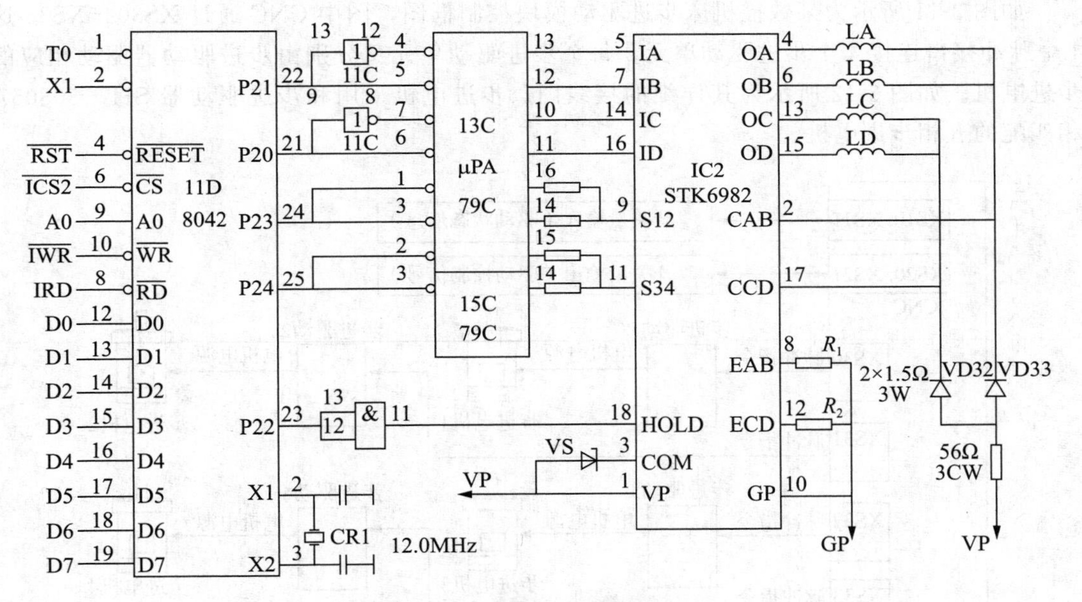

图 3-10　打印机控制系统的组成

2）工作过程分析。

以 A、B 两相为例来说明驱动过程，开始时 8042 的 P21 口为高电平→13C 的 4 脚为低电平→STK6982 的 5 脚为高电平→步进电机的线圈 LA 通电；回路为 VP（＋24V）→1→2→LA→4→8→R1→GP（－）；与此同时，线圈 LB 无电流通过。反之，若 8042 的 P21 线输出低电平，则线圈 LB 通电而线圈 LA 无电流通过。

C、D 两相和 A、B 两相类似，由 8042 的 P20 口来控制它们的导通，STK6982 中的 TR8 驱动线圈 LC，TR7 驱动线圈 LD。

在 LQ－1500 打印机中，步进电动机每相控制绕组的直流电阻仅 4Ω 左右，若不加限制，驱动电流可达 6A，要求工作电流应控制在（0.5～0.9）A 之间。

电流上升回路为 VP（＋24V）→1→2→LA→4→8→R1→GP（－），电流以最大值为

6A 的趋势快速上升。

电流下降回路变为 VP→56 电阻→D33→LA→4→8→R1→GP（—），此时线圈 LA 中的电流下降。

线圈 LA 中的电流限制在 0.5A 到 0.9A 之间。

当步进电动机处于锁定时，它要求的力矩较小，因此可降低线圈中的电流。这时 8042 就在 P22 端送出一个高电平到 STK6982 的引脚 HOLD 端，即保持端。回路为 VP→56 电阻→D33→LA→4→8→R1→GP（—），线圈 LA 中的电流在 0.2A 左右。这里采用了大电流运行，小电流保持的工作方式，当步进电动机运行时，必须先撤销这个保持信号。

（2）某数控机床进给系统的步进驱动装置。

在数控机床上进给驱动装置根据 CNC 的指令，控制电动机的运行，以满足数控机床的工作要求，因此，进给驱动装置至少要具备工作电源接口、接收 CNC 或其他设备指令以及控制电动机运行的接口，这些都是最基本的接口。

如图 3-11 所示为某数控机床步进驱动模块控制框图，图中 CNC 通过 XS30－XS33 这 4 个脉冲接口连接 4 个步进驱动单元，每个步进驱动单元又分别由步进驱动器驱动相应的步进电机。如图 3-12 所示为其详细的接线图，步进电机采用和步进驱动器 SH－50806A 相匹配的五相步进电机。

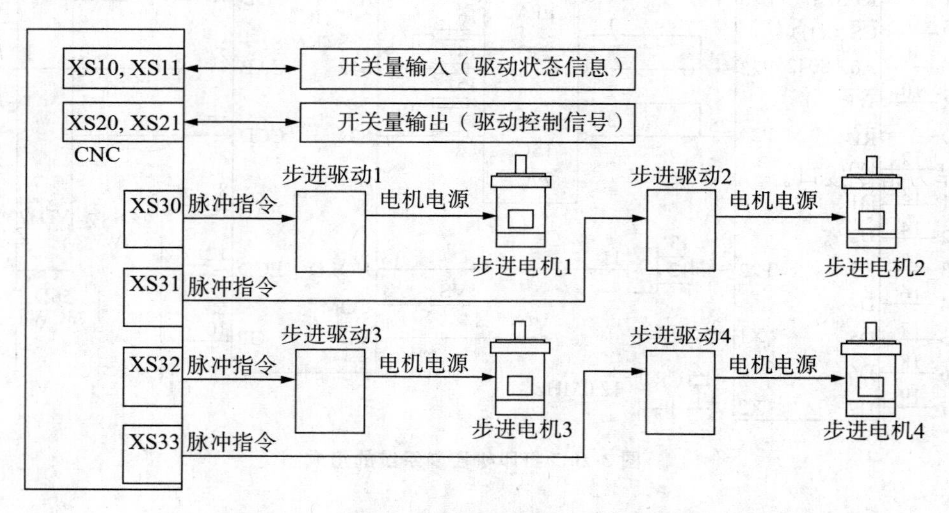

图 3-11　某数控机床步进驱动模块控制框图

进给驱动装置的接口，可以按多种方法分类：按连接对象不同，可分为 CNC 接口、PLC 接口、电动机接口和外部设备接口等；按功能的不同，可分为指令接口、控制接口、状态接口、安全互锁接口、通信接口和显示接口等；根据接口信号的电压高低，可分为高压电源接口、低压电源接口、无源接口等；根据接口信号的幅值特性，可分为开关量接口和模拟量接口。例如图 3-12 所示的接线图，主要接口如下：

1）电源接口。

进给驱动装置的电源一般分为动力电源、逻辑电路电源，对于交流伺服进给驱动装置，还需要控制电源。动力电源是指进给驱动装置用于变换驱动电动机运行的电源；逻辑电路电源是指进给驱动装置的开关量、模拟量等逻辑接口电路工作或电平匹配所需的电源，一般为直流 24V、12V 或 5V 等；控制电源是指进给驱动装置自身的控制板卡、面板显示等内部电路工作用电源，一般为单相，对于步进驱动装置，该部分电源与动力电源共用。

如图 3-12 所示，AC80 为其动力电源。步进电机驱动器一般采用单相交流电源或直流电源，若采用直流电源，则电源电压都比较宽（例如 DC24V～DC48V）。步进电机驱动器一般不推荐使用稳压电源和开关电源。

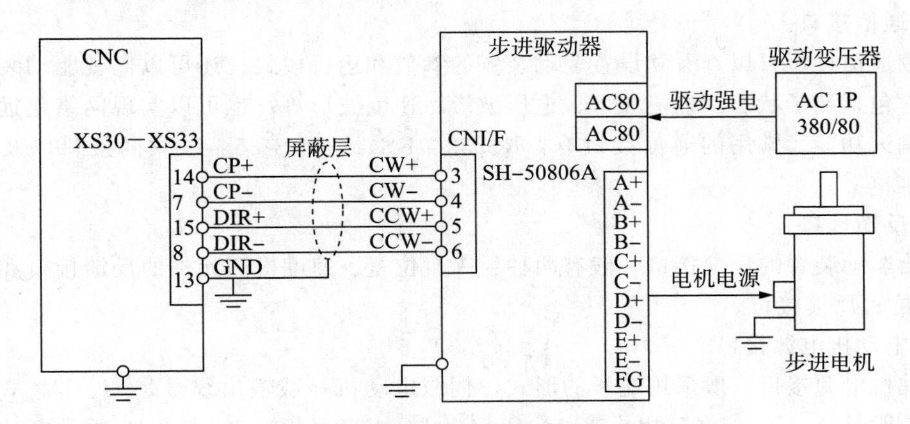

图 3-12　某数控机床步进驱动单元接线图

2）指令接口。

进给驱动装置一般采用脉冲接口或模拟量接口作为指令接口，有些还提供通信和总线方式作为指令接口。

• 脉冲指令接口。

这是步进驱动装置常采用的一种接口。脉冲指令接口有三种类型：单脉冲方式、正交脉冲方式、双脉冲方式。步进驱动装置一般只提供单脉冲方式，如图 3-12 所示，CP 为脉冲信号，DIR 为方向信号。

• 模拟量指令接口。

模拟量指令接口一般用于交流伺服进给驱动装置。采用模拟量指令时，进给驱动装置工作在速度模式下，位置闭环则由 CNC 和电动机（半闭环控制）或机床（全闭环控制）上的位置检测元件完成。

• 通信指令接口。

常用的通信指令接口有 RS232、RS422、RS485 等，采用此种方式，数控装置和进给驱动装置只需要一根通信线即可完成控制。

• 总线式指令接口。

CNC 采用通信指令接口控制进给驱动装置需要占用一个通信接口，而采用总线式指令接口是串联连接，在数控装置内侧只需一个总线接口即可，接线更加简单。常用总线接口有 PROFIBUS 总线、CAN 总线等。

3）控制接口。

控制接口接受 CNC、PLC 以及其他设备的控制指令，调整驱动装置的工作状态、工作特性或对驱动装置和电动机驱动的机床设备进行保护。控制接口有开关量信号接口和模拟电压信号接口两种。常用的控制信号有：伺服ON，复位，控制方式选择，CCW 和 CW 驱动禁止，CCW 和 CW 转矩限制输入等。

4）状态与安全报警接口。

状态与安全报警接口用于通知 CNC、PLC 以及其他设备驱动装置目前的工作状态。常用接口有三种：集电极开路输出、无源接点输出和模拟电压输出。常用的信号有：伺服准备好，伺服报警、故障，位置到达，零速检出，速度到达，速度监视，转矩监视。

5）通信接口。

利用通信接口可以查看和设置驱动装置的参数和运行模式；还可以监视驱动装置的运行状态，包括端子状态、电流波形、电压波形、速度波形等；也可以实现网络化远程监控和远程调试功能。常用的通信接口有：RS232、RS422、RS485、以太网接口以及厂家自定义的接口等。

6）反馈接口。

进给驱动装置的反馈接口一般有两种：来自位置、速度检测元件的反馈接口和输出到 CNC 的位置反馈接口。

7）电动机电源接口。

电动机电源接口一般采用端子的形式，伺服电动机一般输出线号是 U、V、W，步进电动机一般是 A、B、C（三相）或 A、B、C、D、E（五相）。如图 3-12 所示电动机的电源接口即为五相。

3. 步进电机的选择实例

（1）初始条件。

• 脉冲当量 a_p：是进给指令时的工作位移量，应小于等于工作台的位置精度。一般为 0.01～0.005mm，本例中选择 $a_p=0.01$mm。

• 步距角 $\alpha=0.75°$。

• 滚珠丝杠公称直径 $D_0=32$mm，基本导程 $P=6$mm，丝杠工作长度 $L=1.4$m，材料密度 $\rho=7.85\times10^{-3}$kg/cm^3。

• 拖板质量 $m=300$kg，拖板与导轨之间的摩擦系数 $\mu=0.06$，传动效率 $\eta=80\%$。

• 切削力 $F_Z=2000$N，$F_Y=2F_Z$，刀具切削时进给速度 $v_f=10\sim500$mm/min，空载时快进速度 $v=3000$mm/min。

（2）齿轮传动比 i 计算。

根据初选的电机步距角和脉冲当量，又已知滚珠丝杠基本导程 $P=6$mm，在传动系统中应加一对齿轮降速传动。

齿轮传动比：$i=\dfrac{\alpha P}{360a_p}=\dfrac{0.75\times6}{360\times0.01}=1.25$

若取 $Z_1=20$，则 $Z_2=25$，模数 $m=2$mm，齿宽 $b=10$mm。

（3）等效转动惯量的计算。

折算到步进电机轴上的等效负载转动惯量为：

$$J_{eq}=J_m+J_{z1}+\frac{1}{i^2}(J_s+J_{z2}+J_w)\ (\mathrm{kg\cdot cm^2})$$

式中：J_w，J_{z1}，J_{z2} 和 J_s 分别为折算到步进电机轴上的工作台、齿轮 1、齿轮 2 和丝杠

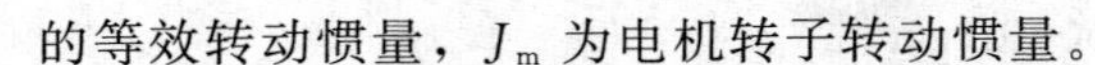

的等效转动惯量，J_m 为电机转子转动惯量。

1）滚珠丝杠的转动惯量 J_s。

$$J_s = \frac{mD_0^2}{8}$$

滚珠丝杠的质量 $m=\rho V=\rho\pi\ (D_0/2)^2L=7.85\times10^{-3}\times3.14\times\ (3.2/2)^2\times140=8.834\text{kg}$

代入上式得 $J_s=11.3\text{kg}\cdot\text{cm}^2$

2）工作台折算到滚珠丝杠上的转动惯量 J_w。

$$J_w = (\frac{P}{2\pi})^2\cdot m$$

将已知条件代入上式得 $J_w=2.74\text{kg}\cdot\text{cm}^2$

3）大小齿轮的转动惯量 J_{z1}，J_{z2}。

小齿轮的转动惯量 $J_{z1} = \dfrac{\pi d_1^4 b_1\rho}{32} = \dfrac{3.14\times4^4\times1\times7.85\times10^{-3}}{32} = 0.197\text{kg}\cdot\text{cm}^2$

大齿轮的转动惯量 $J_{z2} = \dfrac{\pi d_2^4 b_2\rho}{32} = \dfrac{3.14\times5^4\times1\times7.85\times10^{-3}}{32} = 0.48\text{kg}\cdot\text{cm}^2$

4）电机转子转动惯量 J_m。

$$J_m=i^2\cdot J_s=17.66\text{kg}\cdot\text{cm}^2$$

$$J_{eq}=J_m+J_{z1}+\frac{1}{i^2}(J_s+J_{z2}+J_w)=17.66+0.197+\frac{1}{1.25^2}(11.3+0.48+2.74)$$

$$=27.15\text{kg}\cdot\text{cm}^2$$

（4）等效负载转矩计算。

空载时的摩擦转矩：$T_f=\dfrac{\mu mgP}{2\pi\eta i}=0.169\text{N}\cdot\text{m}$

工作时的负载转矩：$T_{eq}=\dfrac{[F_z+\mu(mg+F_y)]P}{2\pi\eta i}=2.31\text{N}\cdot\text{m}$

（5）初选电机。

根据前面的计算值，查表 3-1 初选电机型号 110BF003，其最大静转矩为 7.84N·m，转子转动惯量为 5.5kg·cm，空载启动频率 1400Hz，空载运行频率 14000Hz。

（6）步进电机性能校核。

1）最快工进速度时电机输出转矩校核。

最快工进速度时电机对应运行频率 $f_{maxf}=v_f/60a_p=833\text{Hz}$。

根据电机运行矩频特性曲线，当 $f_{maxf}=833\text{Hz}$ 时，对应输出转矩 $T_{maxf}=30\text{N}\cdot\text{m}$。

而工作时的负载转矩 $T_{eq}=2.31\text{N}\cdot\text{m}$，$T_{maxf}\gg T_{eq}$，合格。

2）最快空载移动时电机输出转矩校核。

最快空载移动时电机对应运行频率 $f_{max}=v/60a_p=5000\text{Hz}$。

根据电机启动矩频特性曲线，当 $f_{max}=5000\text{Hz}$ 时，对应输出转矩 $T_{max}=1.2\text{N}\cdot\text{m}$。

而空载时的摩擦转矩 $T_f=0.169\text{N}\cdot\text{m}$，$T_{max}>T_f$，合格。

3）最快空载移动时电机运行频率校核。

最快空载移动时电机对应运行频率 $f_{max}=5000\text{Hz}$。

初选电机时空载运行频率为 14000Hz，大于 f_{max}，合格。

项目 3.2　直流伺服电机选择

项目目标

（1）了解直流伺服电机的特点、种类、控制方式及运行特性。

（2）掌握直流伺服电机的工作原理。

（3）理解直流伺服电机的两种常见驱动方式。

项目要求

通过教师讲授以及学生查阅资料，使学生系统掌握直流伺服电机的基础知识，并能自主进行直流伺服电机选择以及常用机电设备的直流伺服模块的分析，为今后综合项目制作打下良好的基础。

伺服电机是在伺服系统中控制机械元件运转的，是一种可以连续旋转的电—机械转换器。伺服电动机又称为执行电动机，它将输入的电压信号转变为转轴的角位移或角速度输出，改变输入信号的大小和极性可以改变伺服电动机的转速与转向，故输入的电压信号又称为控制信号或控制电压。

根据使用电源的不同，伺服电动机分为直流伺服电动机和交流伺服电动机两大类。直流伺服电动机输出功率较大，功率范围为 1～600 瓦，有的甚至可达上千瓦；而交流伺服电动机输出功率较小，功率范围一般为 0.1～100 瓦。

任务 3.2.1　直流伺服电机的工作原理

直流伺服电动机实际上就是他励直流电动机，其结构和原理与普通的他励直流电动机相同，只不过直流伺服电动机输出功率较小而已。

如图 3-13 所示，当导体 ab、cd 中通入图（a）中所示方向的电流时，根据电磁力定律，可以判断载流导体 ab、cd 在磁场中的受力方向，形成逆时针方向电磁力矩，线圈逆时针旋转。当线圈转动 180°时，如图 3-13 中（b）所示，导体 cd 处于 N 极下，电流由 c 到 d，S 极下导体电流由 b 到 a，导体受力仍然是逆时针方向。这样电枢连续旋转，导体 ab、cd 中电流的方向不断变化，交替在 N 极和 S 极下受电磁力作用，从而使得电动机按一定的方向连续旋转。

当直流伺服电动机励磁绕组和电枢绕组都通过电流时，直流电动机转动起来，当其中的一个绕组断电时，电动机立即停转，故输入的控制信号，既可加到励磁绕组上，也可加到电枢绕组上。若把控制信号加到电枢绕组上，通过改变控制信号的大小和极性来控制转

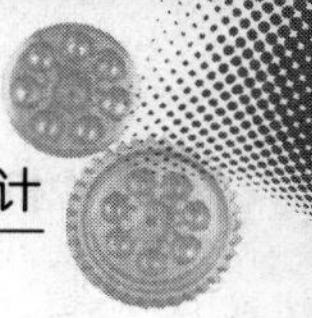

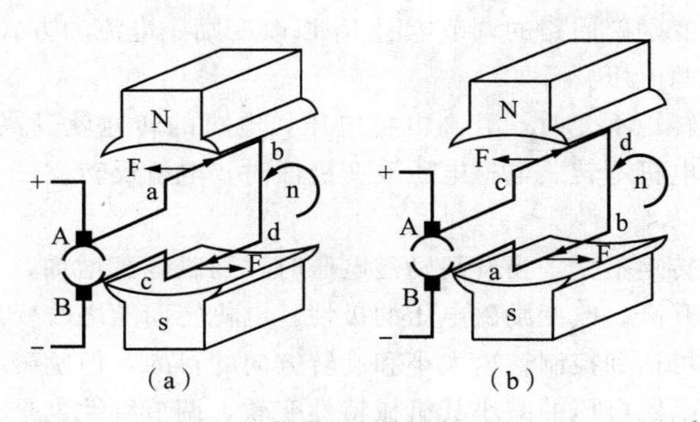

图 3-13　直流伺服电机工作原理

子转速的大小和方向，这种方式叫电枢控制；若把控制信号加到励磁绕组上进行控制，这种方式叫磁场控制。磁场控制有严重的缺点，使用的场合很少。

直流伺服电动机进行电枢控制时，电枢绕组即为控制绕组，而励磁方式则有两种：一种用励磁绕组通过直流电流进行励磁，称为电磁式直流伺服电动机；另一种使用永久磁铁做磁极，省去励磁绕组，称为永磁式直流伺服电动机。直流伺服电机的选择，是根据被驱动机械的负载转矩、运动规律和控制要求来确定的。直流伺服电动机的分类方法有很多种：

(1) 按转动部分惯性大小来分：

1) 小惯量直流电机，例如印刷电路板的自动钻孔机。

2) 中惯量直流电机（宽调速直流电机），例如数控机床的进给系统。

3) 大惯量直流电机，例如数控机床的主轴电机等。

4) 特种形式的低惯量直流电机。

(2) 主要技术参数：额定功率、额定电压、额定电流、额定转速、额定转矩、调速比。

任务 3.2.2　直流伺服电机的控制方式和运行特性

1. 直流伺服电机的控制方式

直流电动机具有良好的启、制动特性，适宜于在宽调速范围内平滑调速，在轧钢机、矿井卷扬机、挖掘机、海洋钻机、大型起重机、金属切削机床、造纸机等电力拖动领域中得到了广泛的应用。直流他励电动机转速方程为

$$n = \frac{U_a - I_a R_a}{C_e \Phi} \quad \text{（式 3-1）}$$

式中：n——转速，r/min；

U_a——电枢电压；

I_a——电枢电流；

R_a——电枢回路总电阻；

C_e——电动机结构决定的电动势系数；

Φ——励磁磁通。

由上式可知直流伺服电动机调速可以通过改变电枢电源电压，在电枢回路中串调节电

阻和改变磁通，即改变励磁回路的调节电阻 R_f 以改变励磁电流的方式实现。

（1）改变电枢电源电压。

当电动机的负载转矩不变时，升高电枢电压，电机的转速就升高；反之转速就降低。电枢电压等于零时，电机不转。电枢电压改变极性时，电机反转。

（2）改变磁通。

若电动机的负载转矩不变，当升高励磁电压时，励磁电流增加，主磁通增加，电机转速降低；反之，转速升高。改变励磁电压的极性，电机转向随之改变。

尽管磁场控制也可达到控制转速大小和旋转方向的目的，但励磁电流和主磁通之间是非线性关系，且随着励磁电压的减小其机械特性变软，调节特性也是非线性的，故少用。

要改变直流伺服电动机的转向就必须改变电磁转矩的方向。根据左手定则可知，改变电磁转矩的方向有两种方法：改变磁通的方向和改变电流的方向。

注意：磁通和电流的方向只能改变其中的一个。

2. 直流伺服电机的运行特性

（1）机械特性。

直流伺服电机的机械特性是指电枢电压等于常数时，转速与电磁转矩之间的函数关系，即 $U_a = c, n = f(T_e)$。

把电磁转矩 $T_e = C_t\Phi \quad I_a$ 代入式 $n = \dfrac{U_a - I_aR_a}{C_e\Phi}$ 得：$n = \dfrac{U_a}{C_e\Phi} - \dfrac{T_eR_a}{C_eC_t\Phi^2} = n_0 - kT_e$。

则理想空载转速 $n_0 = \dfrac{U_a}{C_e\Phi}$；直线的斜率 $k = -\dfrac{R_a}{C_eC_t\Phi^2}$；堵转转矩 $T_k = C_t\Phi\dfrac{U_a}{R_a}$。

特性曲线如图 3-14（a）所示。

n_0 是电磁转矩 $T_e = 0$ 时的转速，由于电机空载时 $T_e = T_0$，因此电机的空载转速低于理想空载转速。T_k 是转速 $n = 0$ 时的电磁转矩。斜率 k 前面的负号表示直线是下倾的。斜率 k 的大小直接表示了电动机电磁转矩变化所引起的转速变化程度。斜率 k 大，转矩变化时转速变化大，机械特性软。反之，斜率 k 小，机械特性就硬。n_0 和 T_k 都与电枢电压成正比，而斜率 k 则与电枢电压无关。

对应于不同的电枢电压可以得到一组相互平行的机械特性曲线，如图 3-14（b）所示。

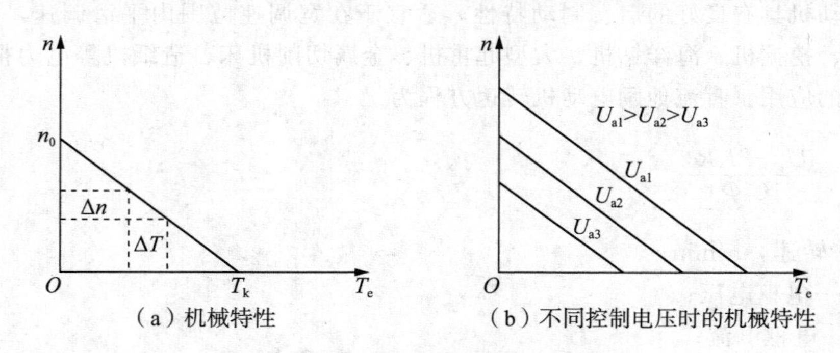

（a）机械特性　　（b）不同控制电压时的机械特性

图 3-14　直流伺服电机的机械特性

（2）调节特性。

调节特性是指在一定的转矩下电机的转速 n 与控制电压 U_c 的关系，如图 3-15 所示，调节特性也是一组平行线。由调节特性可以看出，当转矩不变时，如 $T=T_1$，增强控制信号 U_c，直流伺服电动机的转速增加，且呈正比例关系；反之，减弱控制信号 U_c，当减弱到某一数值 U_1 时，直流伺服电动机停止转动，即在控制信号 U_c 小于 U_1 时，电机堵转，要使电机能够转动，控制信号 U_c 必须大于 U_1 才行，故 U_1 叫做启动电压，实际上启动电压就是调节特性与横轴的交点。所以，从原点到启动电压之间的区段，叫做某一转矩时直流伺服电动机的失灵区。由图可知，T 越大，启动电压也越大，反之亦然；当为理想空载时，$T=0$，启动电压为 0V，即只要有信号，不管是大是小，电机都转动。

从上述分析可知，电枢控制时的直流伺服电动机的机械特性和调节特性都是线性的，而且不存在“自转”现象（控制信号消失后，电机仍不停止转动的现象叫“自转”现象），在自动控制系统中是一种很好的执行元件。

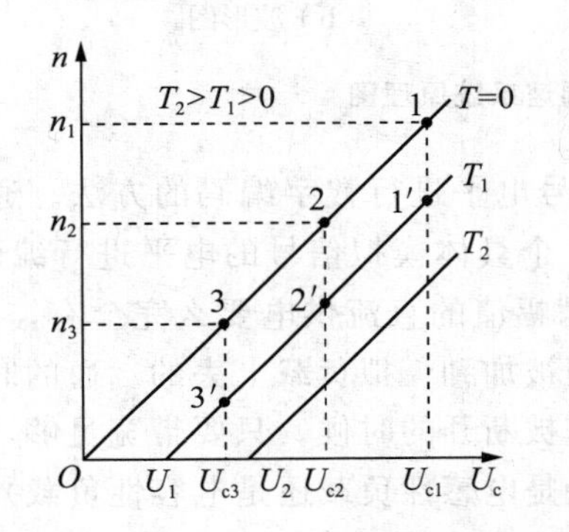

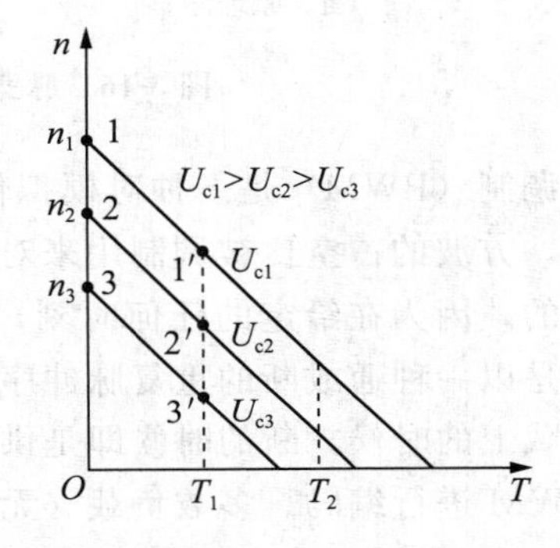

图 3-15　直流伺服电动机的调节特性

3. 直流伺服电动机驱动方式

直流伺服电动机采用直流供电，为调节电动机转速和方向，需要对其直流电压的大小和方向进行控制；目前常用的调速方法有晶体管脉宽调速驱动和晶闸管脉宽调速驱动控制两种方式。

（1）晶体管脉宽调速系统。

晶体管脉宽调速系统（PWM），简称脉宽调制。它利用大功率晶体的高频开关作用，将经整流、滤波后的直流电压通过脉宽调制变为某一固定频率的方波电压，并通过方波电压占空比的变化，改变电枢平均电压，从而达到调速的目的。

脉宽调制调速系统的主电路采用脉宽调制式变换器，简称 PWM 变换器。如图 3-16（a）所示是脉宽调制调速系统的原理图。虚线框内的开关 S 表示脉宽调制器，调速系统的外加电源电压 U_s 为固定的直流电压，当开关 S 闭合时，直流电流经过开关 S 给电动机 M 供电；开关 S 断开时，直流电源供给 M 的电流被切断，M 的储能二极管 VD 续流，电枢两端电压接近零。如果开关 S 按照某固定频率开闭而改变周期内接通时间，则控制脉冲宽度相应改变，从而改变了电动机两端平均电压，达到调速的目的。脉冲波形如图 3-16（b）所示，其平均电压为

$$U_d=\frac{1}{T}\int_0^{t_{on}}U_s\mathrm{d}t=\frac{t_{on}}{T}U_s=\rho U_s$$

式中：T——脉冲周期；

t_{on}——接通时间。

可见，在电源 U_s 与 PWM 波的周期 T 固定的条件下，U_d 可随 ρ 的改变而平滑调节，从而实现电动机的平滑调速。

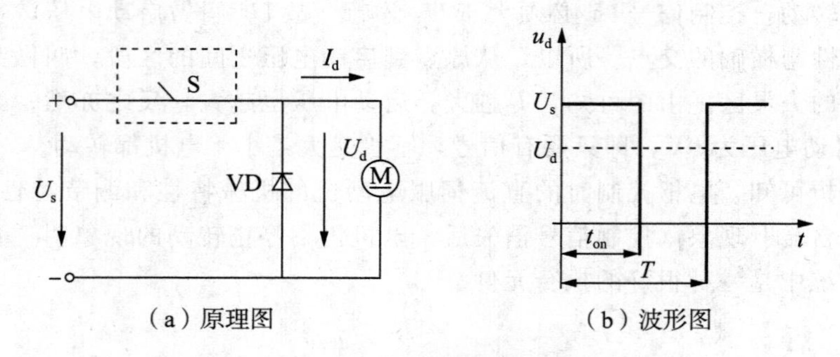

（a）原理图　　（b）波形图

图 3-16　脉宽调速系统原理图

脉冲宽度调制（PWM）是一种对模拟信号电平进行数字编码的方法。通过高分辨率计数器的使用，方波的占空比被调制用来对一个具体模拟信号的电平进行编码。PWM 信号仍然是数字的，因为在给定的任何时刻，满幅值的直流供电要么完全有，要么完全无。电压或电流源是以一种通或断的重复脉冲序列被加到模拟负载上去的。通的时候即是直流供电被加到负载上的时候，断的时候即是供电被断开的时候。只要带宽足够，任何模拟值都可以使用 PWM 进行编码。多数负载（无论是电感性负载还是电容性负载）需要的调制频率高于 10Hz，通常调制频率为 1kHz 到 200kHz 之间。

PWM 变换器有不可逆和可逆两类，可逆变换器又有双极式、单极式和受限单极式等多种，不可逆变换器又分为有制动作用和无制动作用两种。如图 3-17 所示为不可逆 PWM 变换器的主电路原理图。

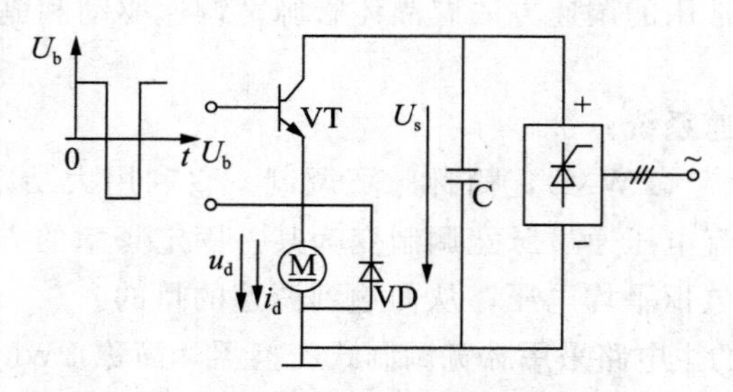

图 3-17　不可逆 PWM 变换器的主电路原理图

图中采用全控式的电力晶体管 VT 代替了必须强迫关断的晶闸管，开关频率可达 1～4kHz，比晶闸管几乎提高了一个数量级。电源电压 U_s 一般由不可控整流电源提供，采用大电容 C 滤波，二极管 VD 在晶体管 VT 关断时为电枢回路提供释放电感储能的续流回路。电力晶体管 VT 的基极由脉宽可调的脉冲电压 U_b 驱动。在一个开关周期内，当 $0 \leqslant t < t_{on}$ 时，U_b 为正，VT 饱和导通，电源电压通过 VT 加到电动机电枢两端；当 $t_{on} \leqslant t < T$ 时，U_b 为负，VT 截止，电枢失去电源，经二极管 VD 续流，电动机得到平均电压 U_b，只要改变 ρ 即可实现调压调速。

PWM 的一个优点是从处理器到被控系统信号都是数字形式的，无需进行数模转换。

让信号保持为数字形式可将噪声影响降到最小。噪声只有在强到足以将逻辑 1 改变为逻辑 0 或将逻辑 0 改变为逻辑 1 时，才能对数字信号产生影响。

（2）晶闸管脉宽调速系统。

主要是调节触发装置控制晶闸管的触发延迟角（控制电压的大小）来移动触发脉冲的相位从而改变整流电压的大小，使直流电动机电枢电压的变化易于平滑调速。由于晶闸管本身的工作原理和电源的特点，导通后是利用交流（50Hz）过零来关闭的，因此，在低整流电压时，其输出是很小的尖峰值（三相全波时每秒 300 个）的平均值，从而造成电流的不连续性。而采用脉宽调速驱动系统，其开关频率高（通常达 2000～3000Hz），伺服机构能够响应的频带范围也较宽，与晶闸管相比，其输出电流脉动非常小，接近于纯直流。

晶闸管—直流电动机调速系统（简称 V—M 系统）中由于晶闸管的单向导电性，不能产生反向电流，在 V—M 系统中要想实现可逆运行，一种方法是改变电动机的接法，另一种方法是在晶闸管变流器的结构形式上采用适当措施，才能实现 V—M 系统的可逆运行或者快速制动。常采用的可逆方案有电枢反接可逆线路和励磁反接可逆线路两种，如图 3-18 和图 3-19 所示。

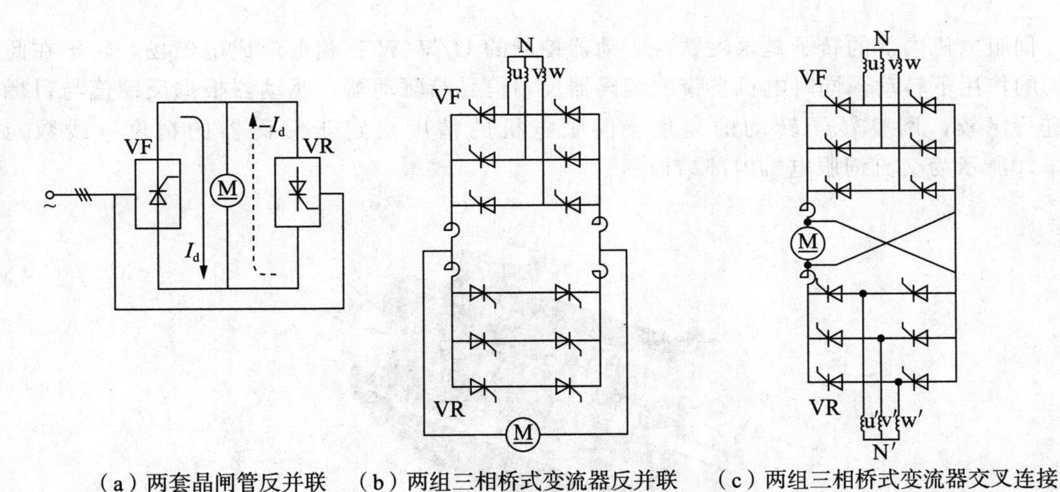

（a）两套晶闸管反并联　（b）两组三相桥式变流器反并联　（c）两组三相桥式变流器交叉连接

图 3-18　电枢反接可逆线路

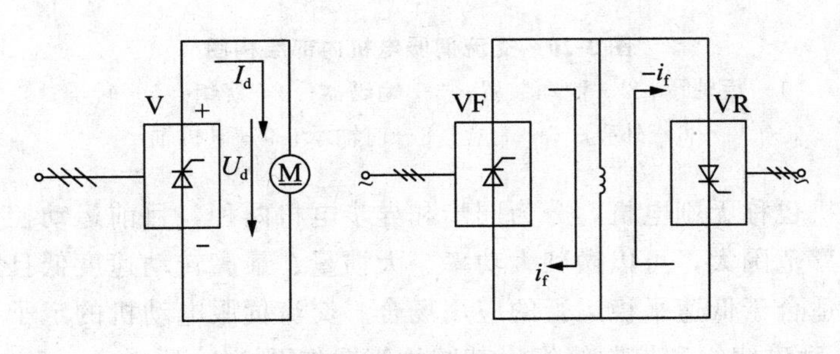

图 3-19　励磁反接可逆线路

项目 3.3　交流伺服电机选择

项目目标

（1）了解交流伺服电机的特点、种类、调速系统。

（2）掌握交流伺服电机的工作原理。

（3）理解交流伺服驱动的进给系统和交流主轴驱动装置的原理。

项目要求

通过教师讲授以及学生查阅资料，使学生系统掌握交流伺服电机的基础知识，并能自主进行交流伺服电机选择以及常用机电设备的交流伺服模块的分析，为今后综合项目制作打下良好的基础。

任务 3.3.1　交流伺服电机的工作原理

伺服电机内部的转子是永磁铁，驱动器控制的 U/V/W 三相电形成电磁场，转子在此磁场的作用下转动，同时电机自带的编码器反馈信号给驱动器，驱动器根据反馈值与目标值进行比较，调整转子转动的角度。伺服电机的精度决定于编码器的精度（线数）。图 3-20所示为交流伺服电机内部结构图。

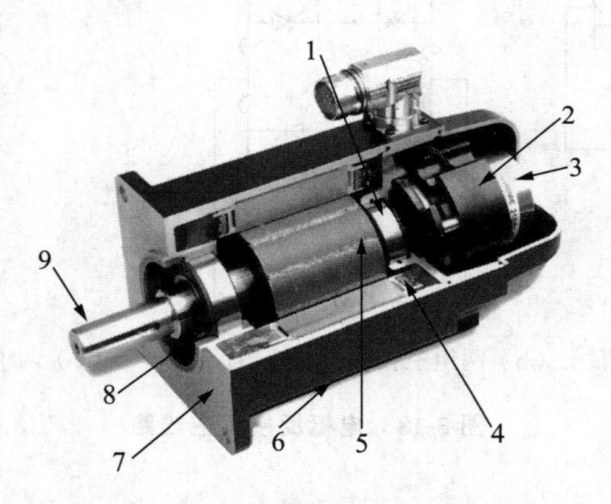

图 3-20　交流伺服电机内部结构图

1—后轴承；2—制动装置；3—编码器；4—绕组；5—转子；
6—外壳；7—端盒；8—前轴承；9—电机轴

交流伺服电机也称无刷电机，分为同步和异步电机两种，目前运动控制中一般都用同步电机，它的功率范围大，可以做到大功率、大惯量、最高转动速度低且随着功率增大而快速降低。因而适合于低速平稳运行的应用场合。交流伺服电动机的定子上装有空间互差 90°的两个绕组：励磁绕组和控制绕组，其结构简图如图 3-21 所示。

其中，励磁绕组 $l_1 l_2$ 接交流电压 U_f，控制绕组 $k_1 k_2$ 接控制电压 U_k，无控制信号 U_k 时，定子励磁绕组产生脉动磁场，转子不转；有控制信号 U_k 时，两相绕组电流产生一个合成的旋转磁场，转子旋转。转速和转向与两组电压幅值和电流相位差大小有关，一般转速正比于控制电压（即 U_k 大，转速 n 大）；换向时，控制电压反向，旋转磁场反向，转子反转。

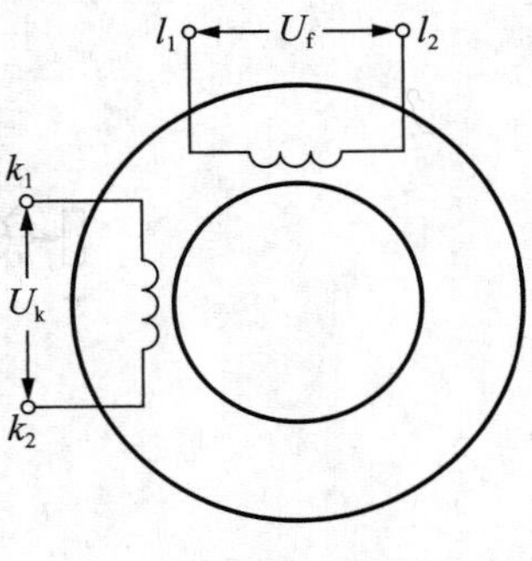

交流伺服电动机的定子铁芯由硅钢片或坡莫合金叠压而成，在铁芯槽内放置空间互差 90°角的两相定子绕组。交流伺服电动机的转子一般有笼形和空心杯形两种，图 3-22 为笼形转子结构图。笼形转子的鼠笼条采用高电阻率的导电材料（黄铜、青铜、镍铝），径向尺寸小、细而长、低速转动有抖动。转子为空心杯形的伺服电机（2 个定子，外定子同上，内定子用环形硅钢片叠成，不放绕组，固定在电机一边端盖上）转动惯量小，运行平滑，转矩小，无抖动，内外定子气隙大。

图 3-21　交流伺服电机结构简图

交流伺服电动机的控制方式有三种：幅值控制、相位控制和幅值—相位控制。通过改变控制电压 U_k 大小来调节电机转速称为幅值控制；通过改变控制电压 U_k 和励磁电压 U_f 之间的相位差实现对电动机转速和转矩的控制称为相位控制；在励磁绕组中串联一电容，调节 U_k 和 U_f 之间相位差来调节电机转速称为幅值—相位控制。

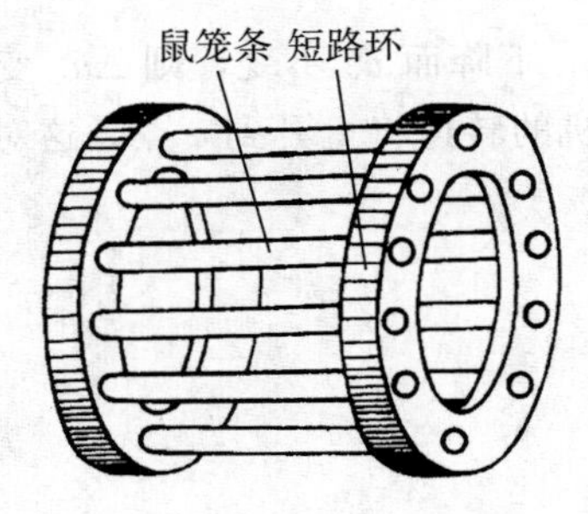

图 3-22　笼形转子结构图

任务 3.3.2　交流伺服电机的调速系统

交流伺服电动机的转速公式：

$$n=60f(1-s)/p$$

根据公式可知要想变换电机转速，可以通过改变频率 f、转差率 s、极对数 p 来实现。交流伺服电动机调速系统的常见种类有：变极对数调速系统、变频调速系统和变转差率调速系统。后者又分为调压调速系统、电磁转差离合器调速系统、绕线异步电机转子串电阻调速系统、绕线异步电机转子串附加电动势（串级调速）系统。

下面主要说明几种常见的交流伺服电机调速系统：

1. 晶闸管调压调速系统

该系统通过改变交流伺服电动机的定子电压进行调速，它主要应用于短时或重复短时调速的设备上。晶闸管调压调速控制系统结构如图 3-23 所示。

该系统电路是采用 Y 形连接的三相调压电路，控制方式为转速负反馈的闭环控制。反馈电压 u_G 与给定电压 u_g 比较得到转速差电压 Δu_n，用 Δu_n 通过转速调节器控制晶闸管的导通角。改变 u_g 的值即可改变交流伺服电机的定子电压和电动机的转速，当 $u_g > u_G$ 时，调压器的控制角因 $\Delta u_n = u_g - u_G$ 的增加而变小，输出电压提高，使转速恢复，反之上述过程向反方向进行。

闭环调压调速系统可得到比较硬的机械特性，如图 3-24 所示，当电网电压或负载转矩出现波动时，转速不会因扰动出现大幅度波动，如图中 a 点，对应的转差率 $s=s_1$。当负载转矩由 T_1 变为 T_2 时，若开环控制，则转速将下降到 b 点；若闭环控制，转速下降，

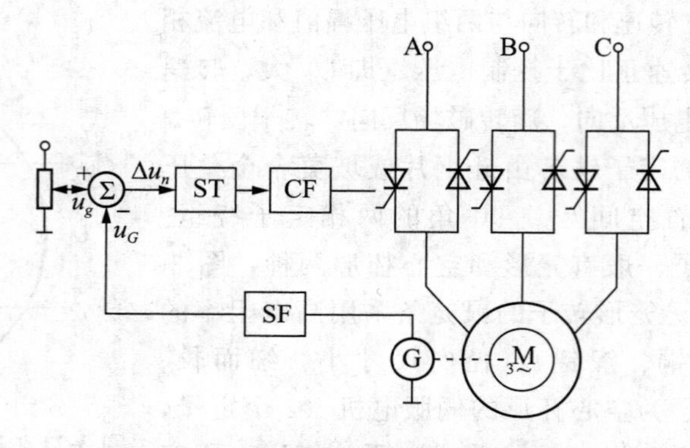

图 3-23 晶闸管调压调速原理图

u_G 下降而 u_g 不变，则 Δu_n 变大，调压器的控制角前移，输出电压由 u_1 上升到 u_2，电动机的转速将上升到 c 点，这对减少低速运行时的静差度、增大调速范围是有利的。

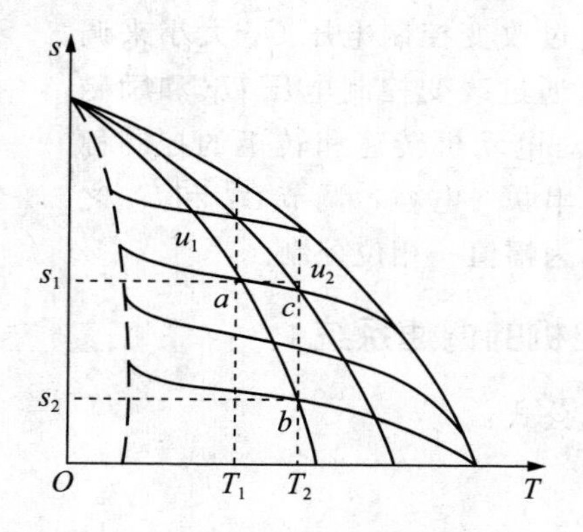

图 3-24 速度一转矩特性图

晶闸管调压调速的缺点是在低速时感应电动机的转差功率损耗大，运行效率低，采用相位控制方式时，电压为非正弦，电动机电流中存在着较大的高次谐波，电动机将产生附加谐波损耗，电磁转矩也会因谐波的存在而发生脉动，对它的输出转矩有较大的影响。

2. 晶闸管变频调速系统

(1) 变频器的工作原理。

变频调速系统中的变频器通常分为交—交变频器和交—直—交变频器两种。

交—交变频器直接将电网的交流电变换为电压和频率都可调的交流电，但输出电压的频率不能高于电网的供电频率，这适用于低频大容量的调速系统。交—直—交变频器首先将电网的交流电整流为可控的直流电，然后再由逆变器将直流电逆变为交流电。交—直—交变频器由整流器和逆变器两部分构成，逆变器的工作原理如图 3-25 所示。

三相逆变器由 S1～S6 六个开关组成，这六个开关按照图 (b) 所示的开关动作时序表闭合、断开，就能在输出端 A、B 和 C 上得到矩形波的三相交流电，矩形波的幅值等于直流电压 U_{DC}，改变 U_{DC} 的大小即可调节交流矩形波的幅值。在实际应用中 U_{DC} 应是可调节的，这可由可控整流器来实现，实际的逆变器采用半导体功率（电力）器件作为开关元件，如晶闸管等。

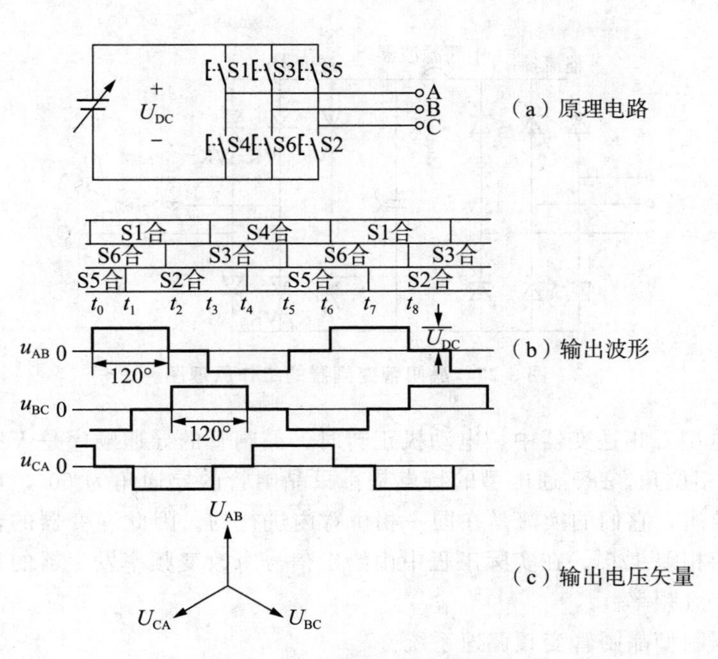

图 3-25　逆变器工作原理图

（2）PWM 型交流变频器。

交—直—交变频器的控制方式主要有电流型、电压型和 PWM 型。脉宽调制（PWM）型变频器的特点是调频和调压任务都由逆变器担当，二极管整流器提供恒定的直流电压，讨论 PWM 型变频器就是讨论 PWM 型逆变器，PWM 型逆变器的主电路如图 3-26 所示。

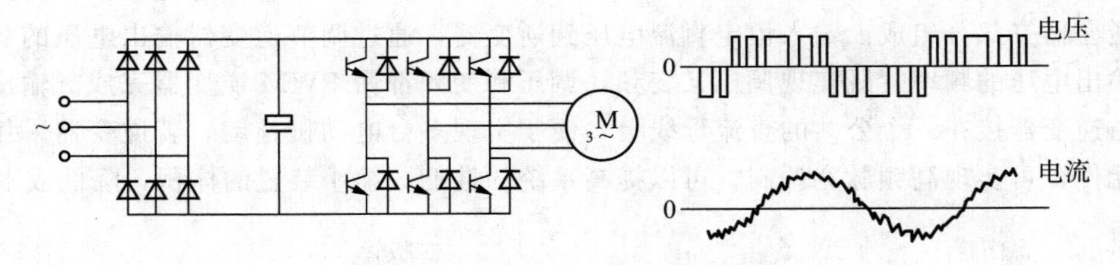

图 3-26　PWM 型逆变器的主回路图

PWM 型逆变器输出电压波形的每个周是由一组等幅而不等宽的矩形脉冲构成，与半周正弦波等效，输出电流波形很近似于正弦波。由于调频、调压都在逆变器内进行，调节及时且迅速，因而改善了系统的动态性能。

（3）晶闸管变频器工作原理。

交—直—交变频器的主电路由整流器、中间滤波器及逆变器三部分组成，如图 3-27 所示。整流器为晶闸管三相桥式电路，作用是将恒压恒频交流电变为直流电作为逆变器的直流供电电源；逆变器也是晶闸管三相桥式电路，将直流电变换调制为可调频率的交流电，是变频器的主要组成部分；中间滤波器对整流后的电压或电流进行滤波。根据晶闸管在一个周期内导电的不同，三相桥式逆变电路有 180°和 120°通电型。

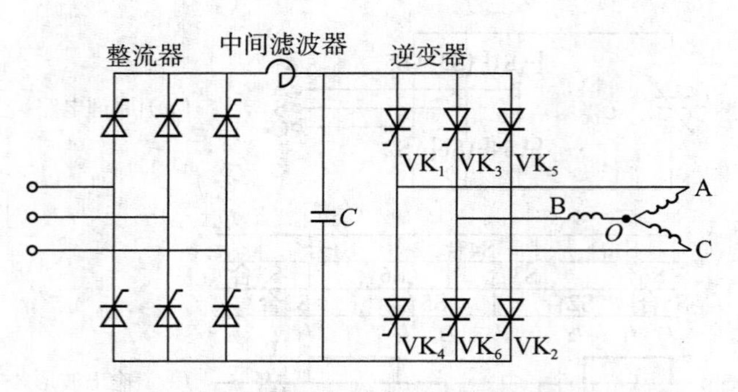

图 3-27　晶闸管变频器的工作原理图

在 180°通电型三相逆变器中，电动机正转时，晶闸管的导通顺序是 $VK_1 \sim VK_6$，各触发信号间隔 60°相位角。180°通电型的特点是每只晶闸管的导通角为 60°，在任意瞬间有三只晶闸管同时导通，它们的换流是在同一相桥臂内进行的。因此逆变器的输出是三相对称的交流电，各相相差 120°。在实际工程中由给定信号来改变频率发生器的振荡频率，改变逆变器输出的交流频率。

（4）脉冲调制型晶闸管变频调速系统。

脉冲调制型变频器的特点：主回路简单、功率因数较高，由于高频调制，输出波形得到了改善，转矩脉动显著下降，调速范围增宽，但控制回路较复杂。

1）PWM 变频器的控制方式。分为变幅脉宽调制和恒幅脉宽调制两种，变幅脉宽调制是将变频器输出电压和频率分别进行调节，如图 3-28（a）所示。由晶闸管整流器与晶闸管逆变器调压，也采用相位控制，通过改变触发脉冲的相位角来获得与逆变器输出频率相对应的不同大小的直流电压。逆变器只作频率控制，由 6 个开关元件组成，可按脉冲调制方式进行工作。恒幅脉宽调制方式如图 3-28（b）所示，由二极管整流器、中间滤波环节及逆变器三部分组成。输入恒定直流电压到逆变器，通过调节逆变器输出电压的脉冲宽度和输出电压的频率，既实现调压又变频，调压和变频都由 PWM 逆变器完成。输出电压直接由逆变器接在一个公共的直流母线上，便于实现多台电动机拖动，若逆变器采用快速开关元件，可实现高频脉宽调制，可以提高系统的性能，缩小装置的体积，降低成本。

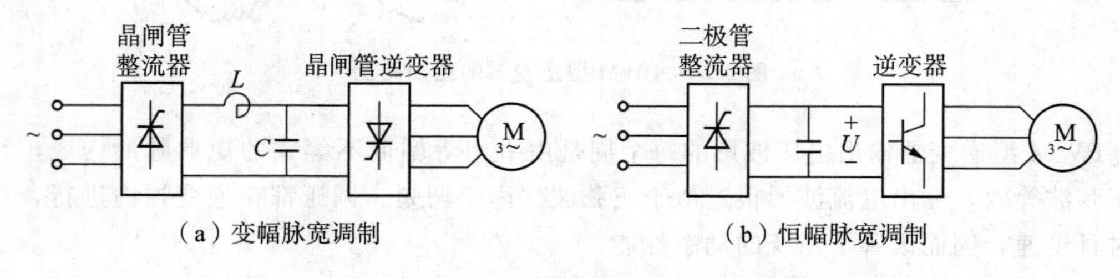

（a）变幅脉宽调制　　（b）恒幅脉宽调制

图 3-28　脉宽调制原理图

2）脉冲宽度调制方法。分为单极性和双极性调制两种，如图 3-29 为三相桥式逆变器的单极性调制原理图。它采用晶体管 GTR 作开关元件，负载为三相对称电阻负载，由基极驱动信号分别控制各开关管的通断，基极驱动信号在电路中一般常以载频信号（单极性等腰三角波）u_c 与参考信号（直流电压）u_r 相比较产生，如图 3-30 所示。

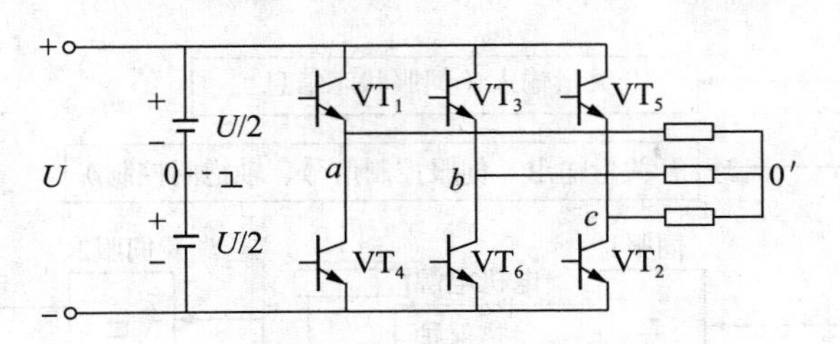

图 3-29　三相桥式逆变器原理电路图

在 u_c 和 u_r 波形相交处发出调制信号，脉冲调制波形经过三相对称倒相后，a、b 的相位波形及 $u_{0',0}$ 和 $u_{a,0}$ 相电压脉冲序列波形图如图 3-30 所示，一个周期内有 12 个等腰三角波。输出波正负半周对称，主回路中 6 个开关元件 VT_1～VT_6 都是半周工作，通断 6 次输出 6 个等幅、等宽、等距的脉冲序列，另半周总处于截止状态。这 6 个开关元件以 VT_1～VT_6 顺序轮流工作。输出的相电压波形每半个周期出现 6 个等宽、等距脉冲序列，中间 2 个脉冲高（$2U/3$）、两边 4 个脉冲低（$U/3$），正负半周对称，波形可分解为基波和一系列高次谐波。当三角波幅值一定时，改变 u_r 大小，输出脉冲宽度随之改变，从而改变了输出基波电压 u_{a1} 的大小。当改变载频三角波频率而保持每周输出脉冲数不变时，就可实现输出频率的调节。同时改变三角波频率和 u_r 大小，就可使逆变器在输出变频的同时相应地改变电压大小。上述为同步脉冲调制方式，即改变输出频率的同时，改变三角波频率使每半周包含的三角波数和相位不变，正负半周波形完全对称。

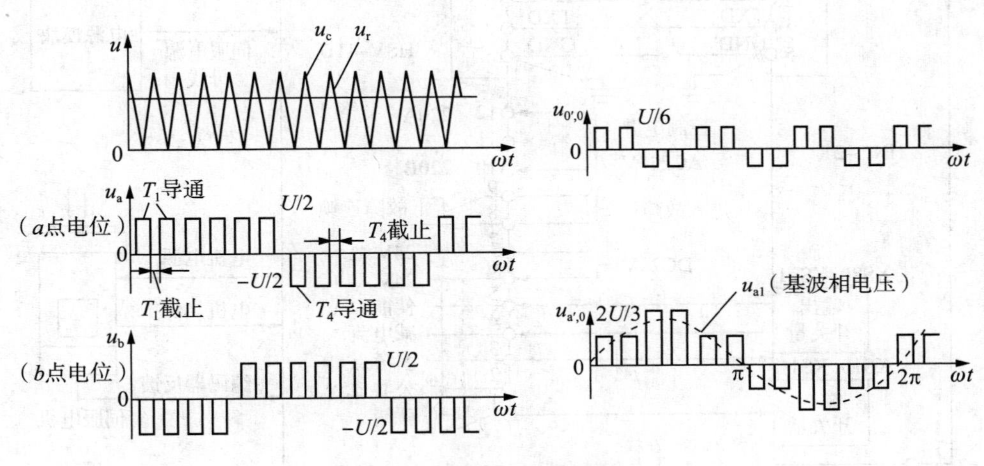

图 3-30　信号比较图

任务 3.3.3　交流伺服电机的选择

1. 交流伺服进给驱动系统

在数控机床上，进给驱动装置根据 CNC 的指令控制电动机按指令运行，以满足数控机床的工作要求。如图 3-31 所示为华中数控世纪星 HNC－21 系统通过 XS40～XS43 通信接口连接 4 个进给伺服驱动单元。

图 3-32 为其中一个伺服单元的详细连线图。

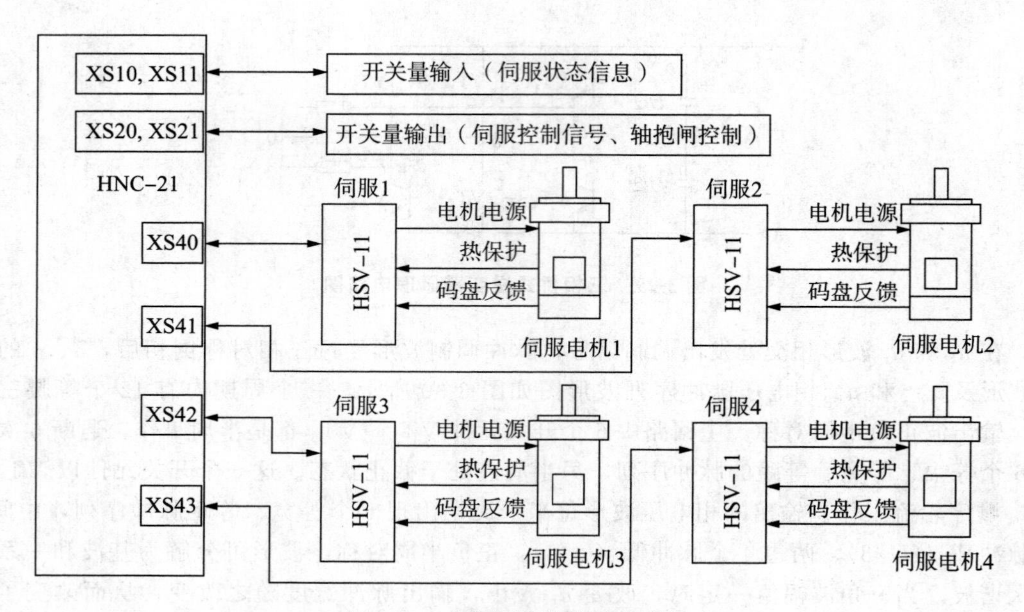

图 3-31 交流伺服进给驱动模块

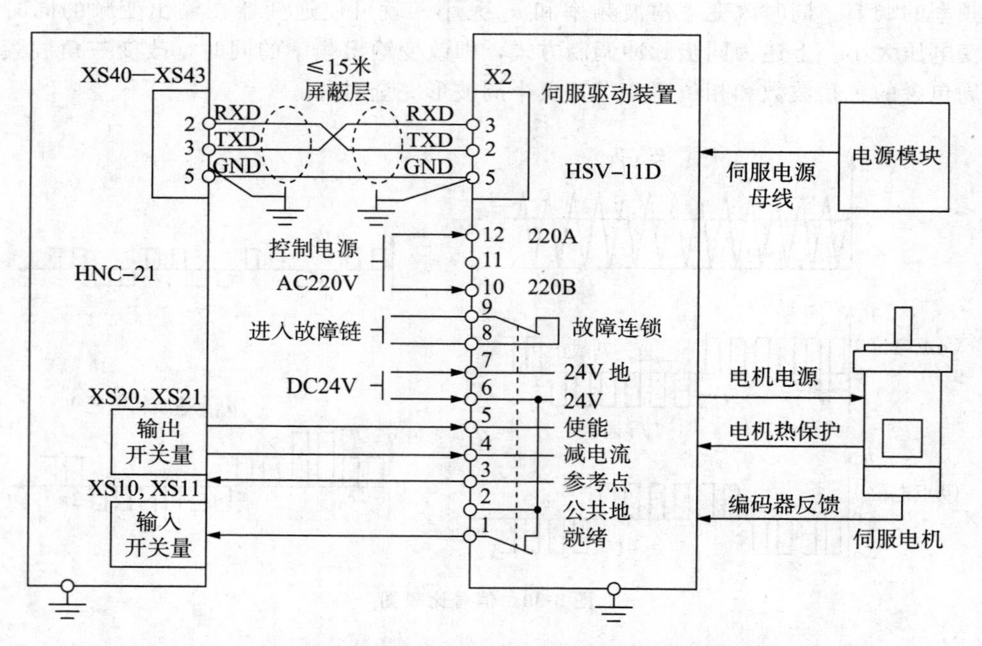

图 3-32 采用通信指令接口控制的进给驱动装置连线图

（1）电源接口。

一般的进给伺服驱动装置的电源分为动力电源、逻辑电路电源和控制电源三种。图 3-32中采用 2 个分离的电源模块和控制电源模块。

（2）指令接口。

一般的进给伺服驱动装置的指令接口有模拟量指令接口和脉冲指令接口两种。

（3）控制接口。

控制接口接收 CNC、PLC 以及其他设备的控制指令，以便调整驱动装置的工作状态、工作特性或对驱动装置和电动机驱动的机床设备进行保护。一般有开关量信号接口和模拟电压信号接口两种，常用的信号有：伺服就绪、伺服使能、复位、控制方式选择等。

（4）状态与安全报警接口。

状态与安全报警接口通知 CNC、PLC 以及其他设备目前驱动装置的工作状态，常用的信号有：伺服准备好、伺服报警、伺服故障、位置到达、零速检出、速度到达等。其他还有通信接口和电动机电源接口等。

2. 交流主轴驱动装置

交流主轴驱动装置包括变频主轴驱动装置和交流伺服主轴驱动装置两种。变频主轴驱动装置一般采用普通笼形异步电动机或专用变频电动机配通用变频器，在基本速度以下为恒转矩区域，而在基本速度以上为恒功率区域，常用于普及型数控机床。交流伺服主轴驱动装置在额定转速以下具有恒转矩特性和额定转速以上的恒功率特性，还应具有伺服驱动的高动态响应和高精度调节特性等。

图 3-33 所示为 CNC 通过主轴变频器控制交流变频电动机的接线图，采用这种方式可在一定范围内实现主轴的无级变速，这时需利用数控装置的主轴控制接口（XS9）中的模拟量电压输出信号，作为变频器的速度给定，采用开关量输出信号（XS20、XS21）控制主轴启、停（或正反转）。但采用交流变频主轴，由于低速特性不很理想，一般需配合机械换挡。

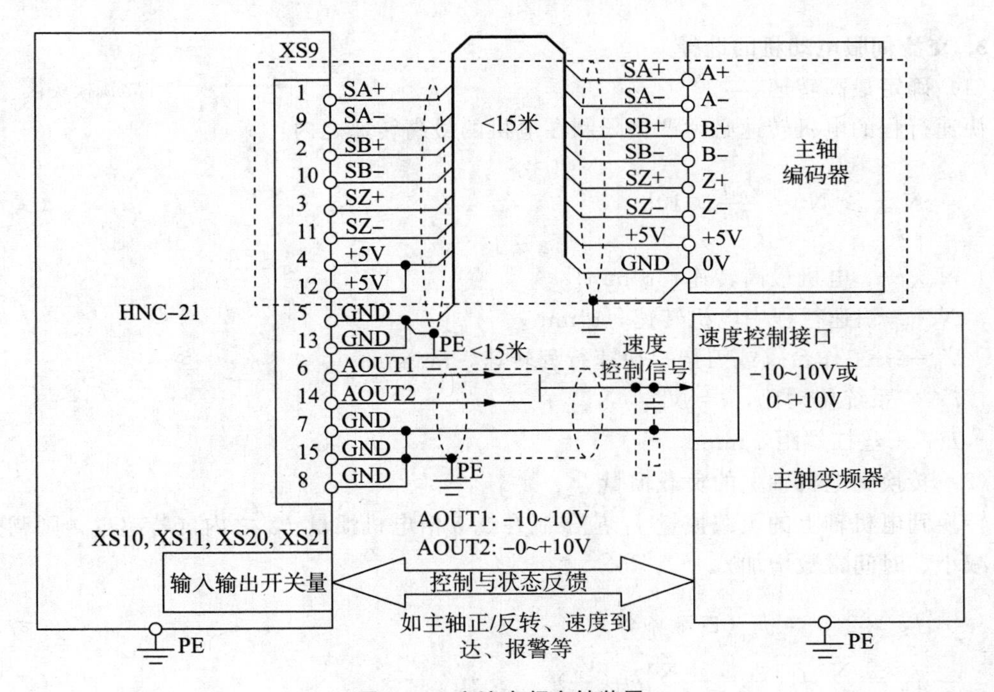

图 3-33　交流变频主轴装置

图 3-34 所示为交流伺服主轴驱动装置，可获得较宽的调速范围和良好的低速特性，还可实现主轴定向控制。这时可利用数控装置的主轴控制接口（XS9）中的模拟量电压输出信号，作为主轴单元的速度给定，利用 PLC 控制启停及定向。

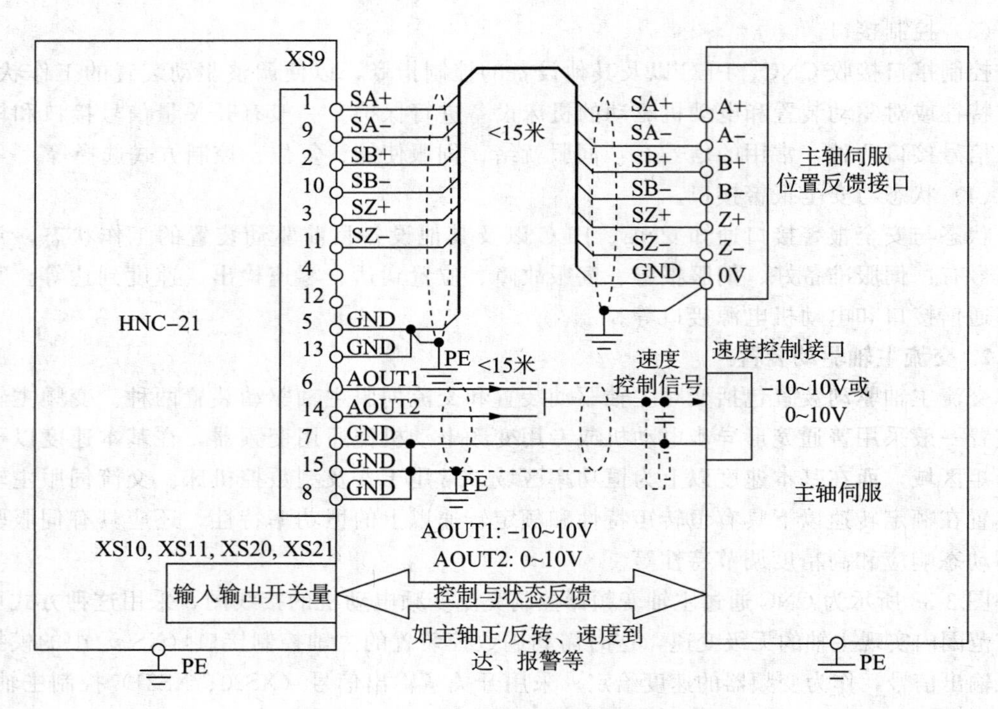

图 3-34 交流伺服主轴驱动装置

3. 交流伺服电动机的选择

（1）确定最高转速。

快速行程的电机转速必须严格限制在电机的最高转速之内：

$$N_{max} \geqslant N = \frac{V_m i}{P} \times 10^3 \qquad \text{（式 3-2）}$$

式中：N_{max}——电机最高转速，r/min；

N——快速行程中电机转速，r/min；

V_m——工作台（或刀架）快速行程转速，m/min；

i——系统传动比，$i = N_{电机}/N_{丝杠}$；

P——丝杠螺距，mm。

（2）转换到电机轴上的负载惯量。

转换到电机轴上的负载惯量 J_L 应限制在 2.5 倍电机惯量 J_M 之内（若超过，则调整范围将减小，时间常数增加）。

$$J_M \times 2.5 > J_L \text{（匹配条件）} \qquad \text{（式 3-3）}$$

$$J_L = \sum_k J_k \left(\frac{\omega_k}{\omega}\right)^2 + \sum_i m_i \left(\frac{V_i}{\omega}\right)^2 \qquad \text{（式 3-4）}$$

式中：J_M——电机惯量，kgm²；

J_L——转换到电机轴上的负载惯量，kgm²；

J_k——各旋转件转动惯量，kgm²；

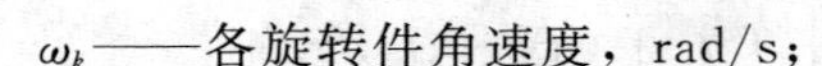

ω_k——各旋转件角速度，rad/s；

m_i——各直线运动件的质量，kg；

V_i——各直线运动件的速度，m/s；

ω——伺服电机的角速度，rad/s。

(3) 加减速时的扭矩。

加减速时的最大扭矩 $T_{\max}$ 应限定在变频驱动系统最大输出扭矩 T_{Amax} 的 80％以内。不论是线加速还是角加速，都可以参考下面公式计算：

$$T_{\mathrm{Amax}} \times 80\% \geqslant T_{\max} = \frac{2TN(J_{\mathrm{L}} + J_{\mathrm{M}})}{60T_{\mathrm{S}}} + T_{\mathrm{F}} \quad \text{（式 3-5）}$$

式中：T_{Amax}——与电机匹配的变频驱动系统的最大输出扭矩，kgm^2；

$T_{\max}$——加减速最大扭矩，N·m；

T_{S}——快速行程时加减速时间常数，ms；

T_{F}——快速行程时转换到电机轴上的载荷扭矩，N·m。

(4) 工作状态载荷扭矩。

在正常状态下，工作状态载荷扭矩 T_{ms} 不超过电机额定扭矩 T_{MS} 的 80％。

$$T_{\mathrm{MS}} \times 80\% \geqslant T_{\mathrm{ms}} \quad \text{（式 3-6）}$$

式中：T_{MS}——电机额定扭矩，N·m；

T_{ms}——工作状态载荷扭矩，N·m（T_{ms} 取决于操作模式，其关系如图 3-35 所示）。

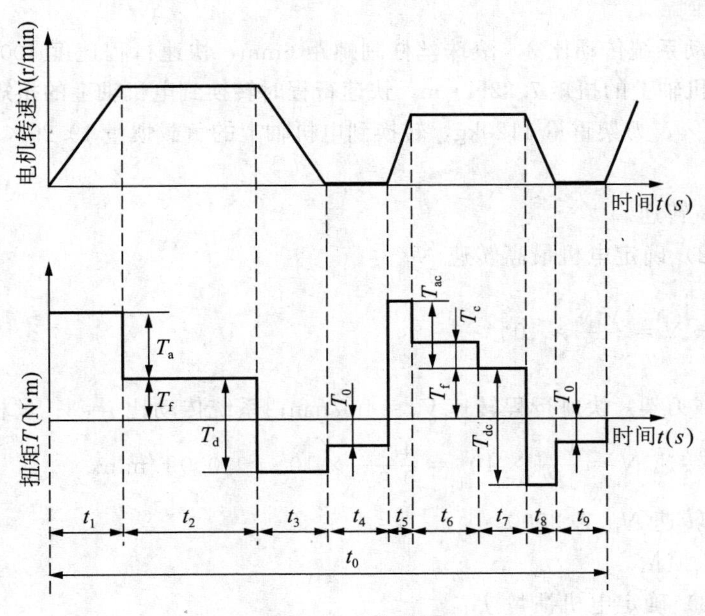

图 3-35　关系图

$$T_{\mathrm{ms}} = (x/t_0)^{1/2} \quad \text{（式 3-7）}$$

$$x=(T_a+T_f)^2t_1+T_f^2t_2+(T_d-T_f)^2t_3+T_0^2t_4+(T_{ac}+T_f)^2t_5+(T_c+T_f)^2t_6+T_f^2t_7+(T_{dc}-T_f)^2t_8+T_0^2t_9 \quad (式 3\text{-}8)$$

式中：T_a——加速扭矩，N·m；

T_d——减速扭矩，N·m；

T_f——摩擦载荷扭矩，N·m；

T_0——停止状态载荷扭矩，N·m；

T_{ac}——切削状态加速扭矩，N·m；

T_{dc}——切削状态减速扭矩，N·m；

T_c——最大切削扭矩，N·m。

若知道最大切削扭矩和最大负载比 D，可以按下面公式求得选择条件：

$$T_{MS}\times 80\% \geqslant T_{ms}=T_0D^{1/2} \quad (式 3\text{-}9)$$

（5）连续过载时间。

连续过载时间应限制在电机规定时间之内，但是 T_c 若小于 T_{MS} 则无须对此项进行检验。

$$T_{Lon}\leqslant T_{Mon} \quad (式 3\text{-}10)$$

式中：T_{Lon}——连续过载时间，min；

T_{Mon}——电机规定过载时间，min。

（6）选择实例。

已知：某传动系统传动比 3，滚珠丝杠副螺距 6mm，快速行程速度 4000mm/min，最大切削时转换到电机轴上的扭矩 7.22N·m，快速行程时转换到电机轴上的扭矩 0.62N·m，最大切削负载比 40%，刀架重量 1120kg，转换到电机轴上的负载惯量 19.29×10^{-4} kgm²，试选择伺服电机。

1）确定最高转速。

根据式（3-2）确定电机最高转速 N_{max}：

$$N_{max}\geqslant N=\frac{V_m i}{P}\times 10^3$$

式中，工作台（或刀架）快速行程转速 $V_m=4$m/min；系统传动比 $i=3$；丝杠螺距 $P=6$mm；快速行程中电机转速 $N=\frac{V_m i}{P}\times10^3=\frac{4\times3}{6}\times10^3=2000$ r/min。

则电机最高转速 $N_{max}\geqslant 2000$。

2）确定电机惯量。

根据式（3-3）确定电机惯量 J_M：

$$J_M\times 2.5>J_L$$

式中，转换到电机轴上的负载惯量 $J_L=19.29\times10^{-4}$ kgm²；则电机惯量 $J_M>19.29\times10^{-4}/2.5$kgm² $=7.716\times10^{-4}$ kgm²；

最后选择某厂家电机 $J_M=8.232\times10^{-4}\text{kgm}^2$，扭矩 $T=3.3\text{N}\cdot\text{m}$。

3）加减速时的扭矩。

加减速时的最大扭矩 T_{max} 依据公式 3-5 求得。

$$T_{max}=\frac{2TN(J_L+J_M)}{60T_S}+T_F=\frac{2\times3.3\times2000\times(19.29+8.232)\times10^{-4}}{60T_S}+0.62$$

$$=\frac{36.3}{60T_S}+0.62$$

式中快速行程时转换到电机轴上的扭矩 $T_F=0.62\text{N}\cdot\text{m}$。根据前面选择的电机配套驱动系统，得与电机匹配的变频驱动系统的最大输出扭矩 $T_{Amax}=41.944\text{kgm}^2$，代入式 3-5，得：

$$T_S\geqslant18.4\text{ms}$$

取整后得 $T_S=20\text{ms}$。

4）工作状态载荷扭矩。

最大切削负载比 $D=40\%$，最大切削时转换到电机轴上的扭矩 $T_0=7.22\text{N}\cdot\text{m}$，可以按公式（3-9）求得选择条件：

$$T_{MS}\times80\%\geqslant T_{ms}=T_0D^{1/2}=4.57\text{N}\cdot\text{m}$$

电机额定扭矩 $T_{MS}=6.3\text{N}\cdot\text{m}$，满足 $6.3\times80\%=5.04\geqslant4.57$。

项目 3.4　机械手气缸选择

项目目标

（1）认知气动系统中的气源、气动控制元件及气缸。

（2）掌握机械手气缸的选择方法。

项目要求

通过教师讲授以及学生查阅资料，使学生系统掌握机械手气动系统的基础知识，并能自主进行气动系统的分析和设计，为今后综合项目制作打下良好的基础。

机械手能模仿人手和臂部的某些动作，按固定程序抓取、抬起、搬运、放下、松开零件，它可替代人的繁重劳动以实现生产的机械化和自动化，能在有害环境下操作以保护人身安全，因而广泛应用于机械制造、冶金、电子、轻工、医疗和原子能等部门。

如图 3-36 所示为常见的机械手类型。

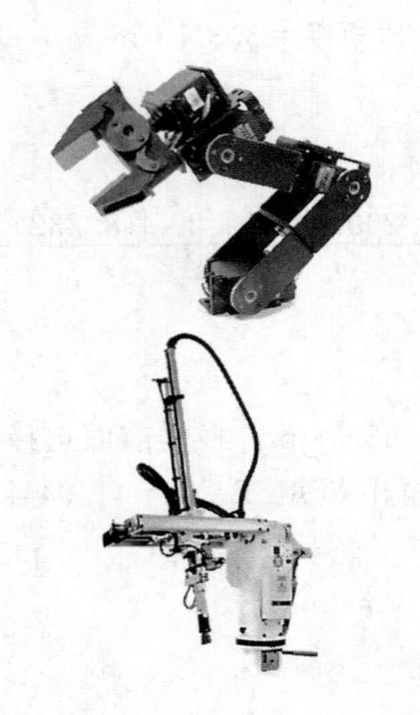
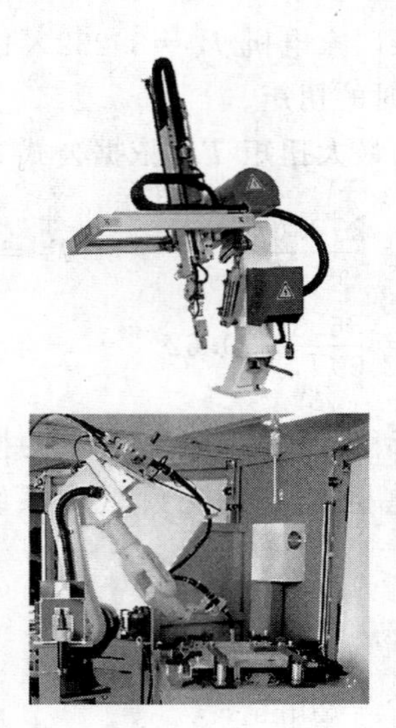

图 3-36　工业机械手

在机械手的执行装置中采用了大量的气动系统。

任务 3.4.1　认知气动系统

气动系统主要由压缩空气的产生装置、传输系统、消耗装置等三部分组成。其中，压缩空气的产生装置主要由把机械能转变为气压能的压缩机（气泵），把电能转变成机械能的电动机，使压缩空气保持清洁和合适压力、加润滑油到需要润滑的零件中以延长这些气动组件的寿命的空气处理组件组成。而压缩空气的传输系统包括的部件比较多，例如，阻止压缩空气反方向流动的单向阀；通过对气缸两个接口交替地加压和排气，来控制运动方向的方向控制阀；能简便实现执行组件无级调速的速度控制阀等。压缩空气的消耗装置一般指执行组件，如把压缩空气的压力能转变为机械能的直线气缸，也可以是回转执行组件或气动马达等。

1. 气源装置

某气动系统的回路原理图如图 3-37 所示。气源处理组件是气动控制系统中的基本组成器件，它的作用是除去压缩空气中所含的杂质及凝结水，调节并保持恒定的工作压力。在使用时，应注意经常检查过滤器中凝结水的水位，在超过最高标线以前，必须排放，以免被重新吸入。气源处理组件的气路入口处安装一个快速气路开关，用于启闭气源，当把气路开关向左拔出时，气路接通气源，反之把气路开关向右推入时气路关闭。

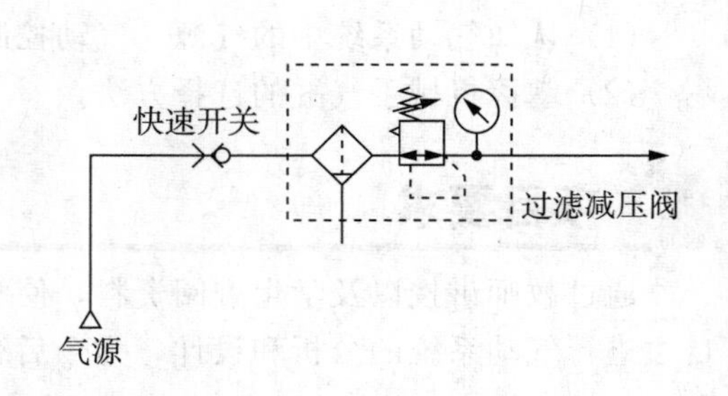

图 3-37　某气动原理图

气源装置的实物图如图 3-38 所示，气源处理组件的输入气源来自空气压缩机，所提供的压力为 0.6～1.0MPa，输出压力为 0～0.8MPa 可调。输出的压缩空气通过快速三通接头和气管输送到各工作单元。

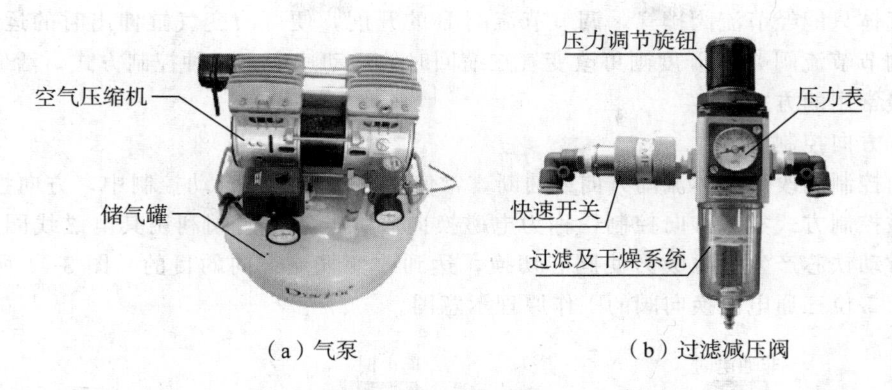

(a) 气泵　　(b) 过滤减压阀

图 3-38　气源装置

2. 气动控制元件

气动控制元件是用来控制和调节压缩空气的压力、流量、流动方向和发送信号的重要元件。一般控制元件按功能和用途可分为压力控制阀、流量控制阀和方向控制阀三大类。此外，还有通过改变气流方向和通断实现各种逻辑功能的气动逻辑元件等。

(1) 压力控制阀。

压力控制阀主要有减压阀和溢流阀两种。减压阀的作用是降低由空气压缩机来的压力，以适应每台设备的需要，并使这一部分压力保持稳定，如图 3-38 (b) 所示。溢流阀的作用是当系统压力超过调定值时，便自动排气，使系统的压力下降，以保证系统安全，故也称安全阀，如图 3-39 所示。

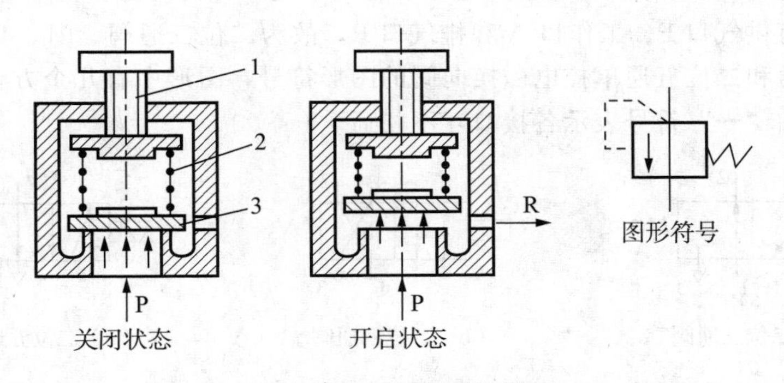

图 3-39　溢流阀原理图

1—旋钮；2—弹簧；3—活塞

(2) 流量控制阀。

如图 3-40 所示为控制某双作用气缸的单向节流阀，它是由单向阀和节流阀并联而成的流量控制阀，常用于控制气缸的运动速度，所以也称为速度控制阀。当压缩空气从 A 端进气从 B 端排气时，单向节流阀 A 的单向阀开启，向气缸无杆腔快速充气；由于单向节流阀 B 的单向阀关闭，有

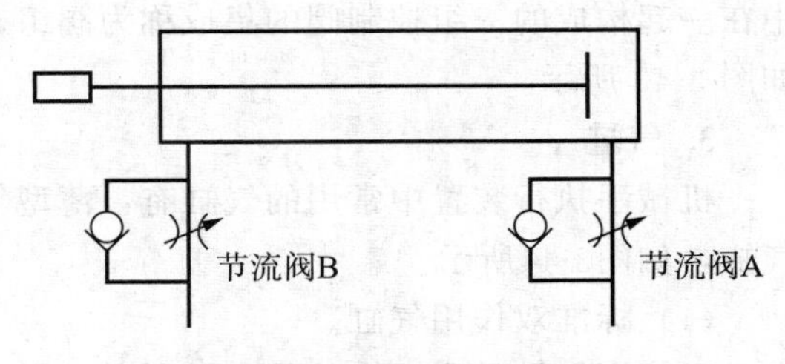

图 3-40　节流阀控制气缸示意图

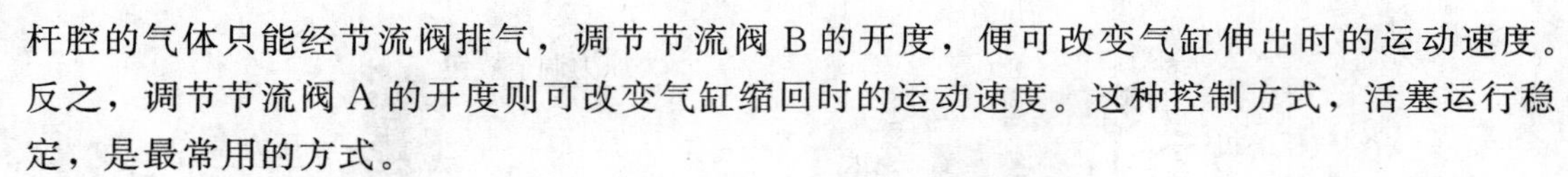

杆腔的气体只能经节流阀排气，调节节流阀 B 的开度，便可改变气缸伸出时的运动速度。反之，调节节流阀 A 的开度则可改变气缸缩回时的运动速度。这种控制方式，活塞运行稳定，是最常用的方式。

（3）方向控制阀。

方向控制阀改变气体流动方向或通断，常使用电磁阀。在自动控制中，方向控制阀常采用电磁控制方式实现方向控制，称为电磁换向阀。电磁换向阀利用其电磁线圈通电时，静铁芯对动铁芯产生电磁吸力使阀芯切换，达到改变气流方向的目的。图 3-41 所示是一个单电控二位三通电磁换向阀的工作原理示意图。

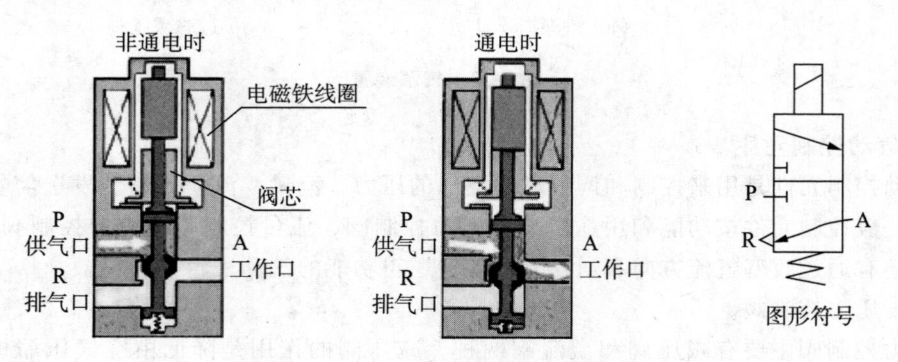

图 3-41　单电控电磁换向阀的工作原理

所谓“位”指的是为了改变气体方向，阀芯相对于阀体所具有的不同的工作位置。“通”的含义则指换向阀与系统相连的通口，有几个通口即为几通。图 3-41 中，只有两个工作位置，具有供气口 P、工作口 A 和排气口 R，故为二位三通阀。图 3-42 分别给出二位三通、二位四通和二位五通单控电磁换向阀的图形符号，图形中有几个方格就是几位，方格中的“┬”和“┴”符号表示各接口互不相通。

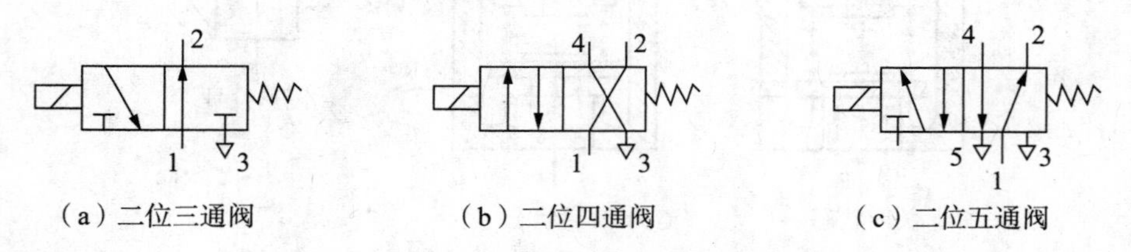

（a）二位三通阀　　（b）二位四通阀　　（c）二位五通阀

图 3-42　部分单电控电磁换向阀的图形符号

若两个电磁阀集中安装在汇流板上，汇流板中两个排气口末端均连接了消声器，消声器的作用是减少压缩空气在向大气排放时的噪声，则这种将多个阀与消声器、汇流板等集中在一起构成的一组控制阀的集成称为阀组，而每个阀的功能是彼此独立的，阀组的结构如图 3-43 所示。

3. 气缸

机械手执行装置中常用的气缸有：薄型气缸、双杆气缸、手指气缸、回转气缸、笔形气缸，如图3-44所示。

（1）标准双作用气缸。

双作用气缸是指活塞的往复运动均由压缩空气来推动。图 3-45 是标准双作用直线气

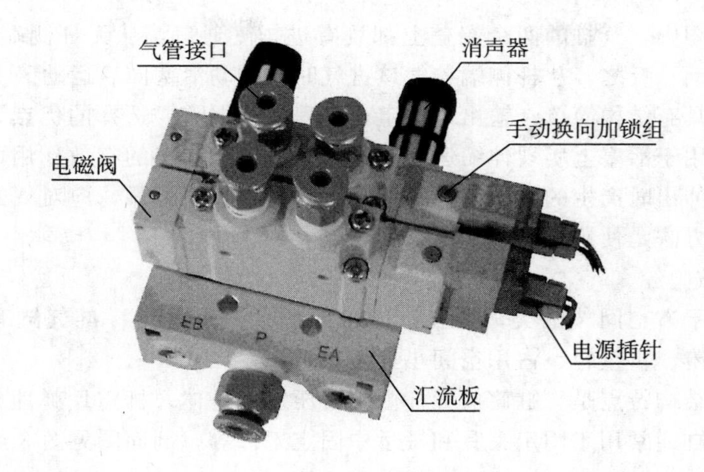

图 3-43　电磁阀组

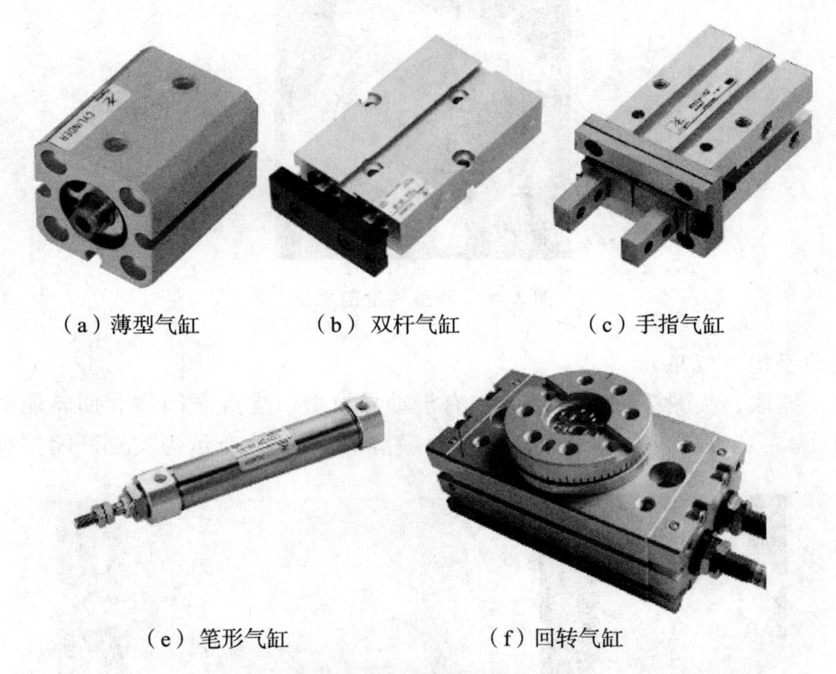

（a）薄型气缸　（b）双杆气缸　（c）手指气缸

（e）笔形气缸　（f）回转气缸

图 3-44　自动控制系统中常见气缸

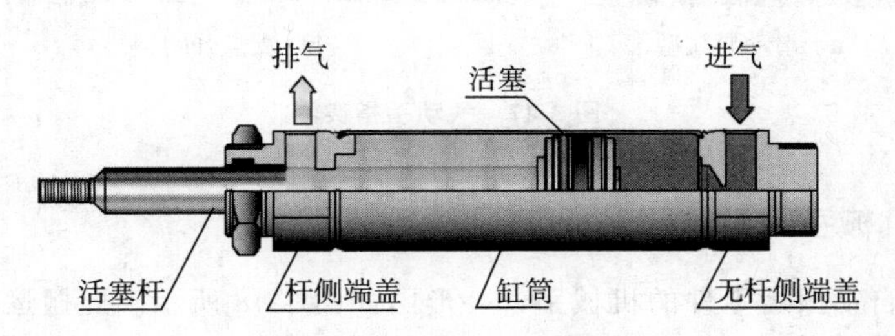

图 3-45　标准双作用直线气缸

缸的半剖面图。图中，气缸的两个端盖上都设有进排气通口，从无杆侧端盖气口进气时，推动活塞向前运动；反之，从杆侧端盖气口进气时，推动活塞向后运动。

双作用气缸具有结构简单，输出力稳定，行程可根据需要选择的优点。但由于是利用压缩空气交替作用于活塞上实现伸缩运动的，回缩时压缩空气的有效作用面积较小，所以产生的力要小于伸出时产生的推力。为了使气缸的动作平稳可靠，应对气缸的运动速度加以控制，常用的方法是使用单向节流阀来实现。

(2) 薄型气缸。

薄型气缸属于省空间气缸类，即气缸的轴向或径向尺寸比标准气缸有较大减小的气缸。具有结构紧凑、重量轻、占用空间小等优点。

薄型气缸的结构特点是：缸筒与无杆侧端盖压铸成一体，杆盖用弹性挡圈固定，缸体为方形。这种气缸通常用于固定夹具和搬运中固定工件等，剖面图见图 3-46。

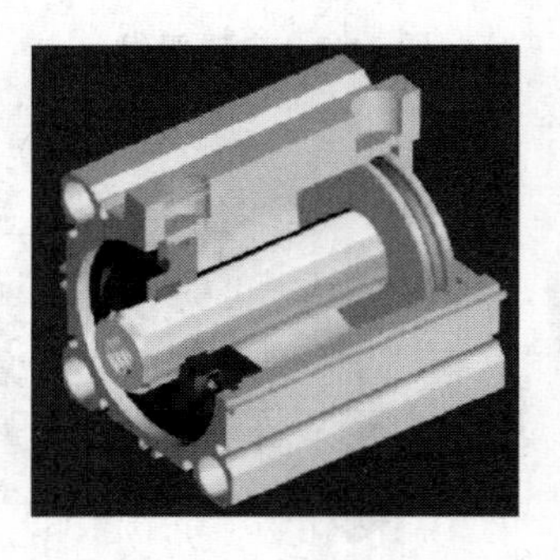

图 3-46 薄型气缸剖面图

(3) 气动手指（气爪）。

气爪用于抓取、夹紧工件。气爪通常有滑动导轨型、支点开闭型和回转驱动型等工作方式。如图 3-47 (a) 所示为滑动导轨型气动手指，图 (b) 所示为支点开闭型气动手指。

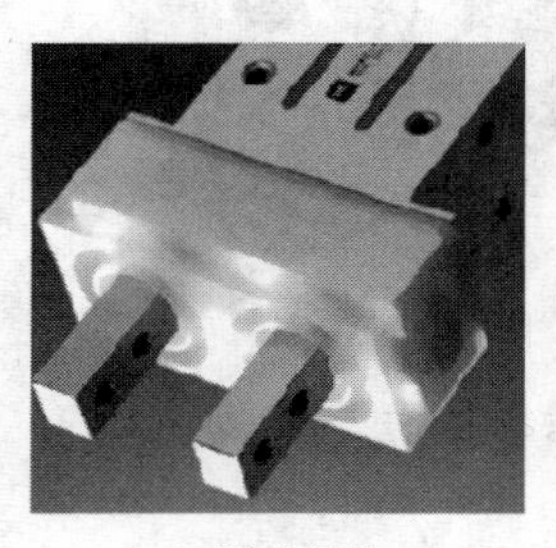

(a) 滑动导轨型

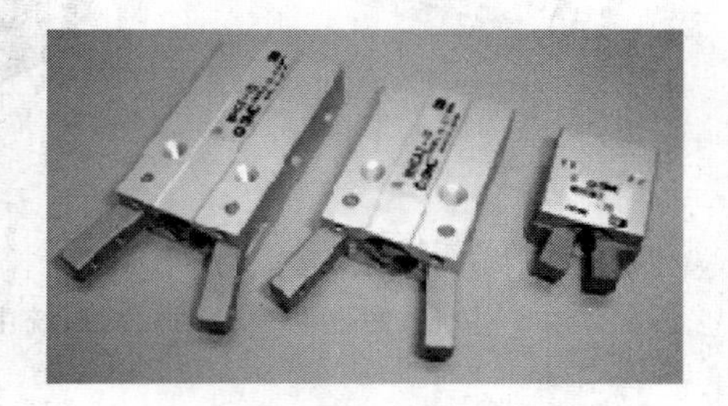

(b) 支点开闭型

图 3-47 气动手指实物

任务 3.4.2 机械手气缸选择

现需设计一自动搬运零件的机械手，外形图如图 3-48 所示。此搬运机器人完成的基本动作顺序如下：垂直气缸向下、抓取零件、夹子关 5 秒、垂直气缸向上、水平气缸向左、垂直气缸向下、夹子开 5 秒、放开零件、垂直气缸向上、水平气缸向右、循环。经过

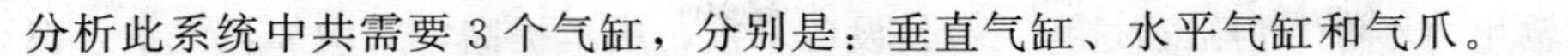

分析此系统中共需要 3 个气缸，分别是：垂直气缸、水平气缸和气爪。

1. 垂直气缸、水平气缸选择

(1) 类型选择。

现有的工作要求和条件如下：

- 要求气缸到达行程终端无冲击现象和撞击噪声，则选择缓冲气缸；
- 要求重量轻，则选择轻型气缸；
- 要求安装空间窄且行程短，可选择薄型气缸；
- 若有横向负载，可选带导杆气缸；
- 要求制动精度高，应选择紧气缸；
- 若不需要活塞杆旋转，可选择杆不回转气缸。

根据设计要求，本搬运机器人气缸的动作基本上是直线运动，可选择日本 SMC 的 MGP 系列新薄型气缸，如图 3-49 所示，它的优点如下：体积小、轻巧；耐横向负载能力强；耐扭矩能力强；不回转精度高；导向杆轴承可选择滑动轴承或球轴承；安装方便。

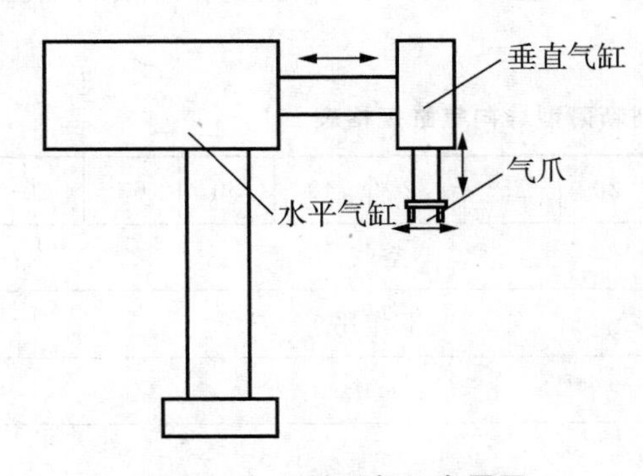

图 3-48　机械手气缸布置图

图 3-49　MGP 系列新薄型气缸

(2) 缸径的选择。

活塞杆上的作用力：

$$\text{推力}\quad P=\frac{\pi}{4}D^2p-R-T\left(D=2\sqrt{\frac{P+R+T}{\pi p}}\right)$$

$$\text{拉力}\quad P_0=\frac{\pi}{4}(D^2-d^2)p-T(d\approx 0.28D)\left(D\approx 2\sqrt{\frac{P_0+T}{0.9\pi p}}\right)$$

式中：R——弹簧反作用力；

T——气缸工作时的总作用力；

D——气缸内径；

d——气缸活塞杆直径；

p——气缸工作压力。

经上面公式计算及查表可知：已知气缸承受最大负载力 $F=80\text{N}$，选取工作压力 $p=0.25\text{MPa}$，则气缸内径 $D=\sqrt{\frac{4F}{\pi p}}$，代入后得 $D=0.02019\text{m}\approx 20\text{mm}$。

缸径过小，输出力不够，但缸径过大，会使设备笨重，成本提高，又增加耗气量，浪费能源。在设计时，尽量采用扩力机构，以减小气缸外形尺寸。

（3）活塞行程。

机构的横向行程初选为 80mm、纵向行程初选为 25mm，但一般活塞行程不选满行程，防止活塞和缸盖相碰。如用于夹紧机构时，应按计算所需的行程增加 10～20mm 的余量。本次选择 2 个气缸，横向气缸行程较长，纵向气缸行程较短，查标准行程表可知气缸内径 $D=20$mm，行程为 75mm。因此：横向气缸型号为 MGPM20-75-D93L，型号说明如下：

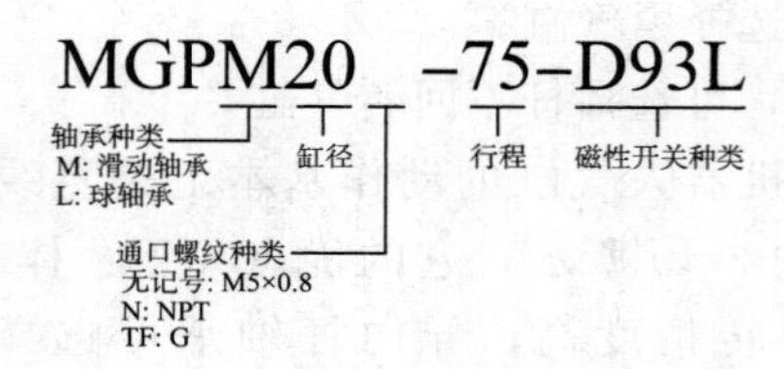

同理，纵向气缸可选双联气缸 CXSJ 系列，缸径 $D=16$mm，行程为 30mm。气缸具体参数如表 3-3 所示。

表 3-3　日本 SMC 的 MGP 系列新薄型导向气缸规格表

<table>
<tr><td colspan="2">缸径（mm）</td><td>12</td><td>16</td><td>20</td><td>25</td><td>32</td><td>40</td><td>50</td><td>63</td><td>80</td><td>100</td></tr>
<tr><td colspan="2">使用流体</td><td colspan="10">空气</td></tr>
<tr><td colspan="2">动作方式</td><td colspan="10">双作用</td></tr>
<tr><td colspan="2">最高使用压力（MPa）</td><td colspan="10">1.0</td></tr>
<tr><td colspan="2">最低使用压力（MPa）</td><td colspan="2">0.12</td><td colspan="8">1.0</td></tr>
<tr><td colspan="2">环境和流体温度</td><td colspan="10">−10～+60℃（但未冻结）</td></tr>
<tr><td colspan="2">活塞速度（mm/s）</td><td colspan="8">50～500</td><td colspan="2">50～400</td></tr>
<tr><td colspan="2">缓冲</td><td colspan="10">两侧橡胶缓冲</td></tr>
<tr><td colspan="2">行程长度公差</td><td colspan="10">+1.5～0mm</td></tr>
<tr><td colspan="2">给油</td><td colspan="10">不需要</td></tr>
<tr><td colspan="2">轴承</td><td colspan="10">滑动轴承/球轴承</td></tr>
<tr><td rowspan="2">活塞杆不回转精度</td><td>滑动轴承</td><td colspan="2">±0.08°</td><td colspan="2">±0.07°</td><td colspan="2">±0.06°</td><td colspan="2">±0.05°</td><td colspan="2">±0.04°</td></tr>
<tr><td>球轴承</td><td colspan="2">±0.10°</td><td colspan="2">±0.09°</td><td colspan="2">±0.08°</td><td colspan="2">±0.06°</td><td colspan="2">±0.05°</td></tr>
<tr><td colspan="2">接管口径</td><td colspan="2">M5×0.8</td><td colspan="4">1/8</td><td colspan="2">1/4</td><td colspan="2">3/8</td></tr>
</table>

（4）最大负载 F 和最大扭矩 T。

根据最大负载表 3-4 和最大扭矩表 3-5 查得横向和纵向气缸的最大负载和最大扭矩：横向气缸最大负载 $F=87$N，最大扭矩 $T=1.88$N·m；纵向气缸最大负载 $F=27$N，最大扭矩 $T=0.49$N·m。

表 3-4　　　　　　　　　　**最大负载表**　　　　　　　　　　(N)

缸径 (mm)	轴承种类	行程 (mm)												
		10	20	25	30	40	50	75	100	125	150	175	200	250
12	MGPM	24	19	—	17	14	13	26	22	19	17	15	13	11
	MGPL	37	27	—	22	35	30	23	18	15	12	11	10	8
16	MGPM	38	31	—	27	23	21	37	32	27	24	22	20	16
	MGPL	54	40	—	32	54	47	36	28	23	20	17	15	12
20	MGPM	—	49	—	43	38	35	87	75	66	59	54	49	42
	MGPL	—	58	—	48	101	90	70	58	62	54	48	43	35
25	MGPM	—	69	—	60	54	49	116	100	88	79	71	65	55
	MGPL	—	82	—	68	132	118	93	77	80	70	62	55	45
32	MGPM	—	—	203	—	—	164	182	159	142	127	116	106	91
	MGPL	—	—	191	—	—	157	164	144	203	186	171	158	137
40	MGPM	—	—	203	—	—	164	182	159	142	127	116	106	91
	MGPL	—	—	190	—	—	157	163	144	203	185	171	158	137
50	MGPM	—	—	296	—	—	245	273	241	216	196	179	164	142
	MGPL	—	—	208	—	—	173	223	199	264	242	224	207	181
63	MGPM	—	—	296	—	—	245	273	241	216	195	179	164	142
	MGPL	—	—	206	—	—	171	221	196	262	221	205	178	157

表 3-5　　　　　　　　　　**最大扭矩表**　　　　　　　　　　(N·m)

缸径 (mm)	轴承种类	行程 (mm)												
		10	20	25	30	40	50	75	100	125	150	175	200	250
12	MGPM	0.39	0.32	—	0.27	0.24	0.21	0.43	0.36	0.31	0.27	0.24	0.22	0.19
	MGPL	0.61	0.45	—	0.36	0.58	0.50	0.37	0.29	0.24	0.20	0.18	0.16	0.12
16	MGPM	0.69	0.58	—	0.49	0.43	0.38	0.69	0.58	0.50	0.44	0.40	0.36	0.30
	MGPL	0.99	0.74	—	0.59	0.99	0.86	0.65	0.52	0.43	0.37	0.32	0.28	0.23
20	MGPM	—	1.05	—	0.93	0.83	0.75	1.88	1.63	1.44	1.28	1.16	1.06	0.90
	MGPL	—	1.26	—	1.03	2.17	1.94	1.52	1.25	1.34	1.17	1.03	0.93	0.76
25	MGPM	—	1.76	—	1.56	1.38	1.25	2.96	2.57	2.26	2.02	1.83	1.67	1.42
	MGPL	—	2.11	—	1.75	3.37	3.02	2.38	1.97	2.05	1.78	1.58	1.41	1.16
32	MGPM	—	—	6.35	—	—	5.13	5.69	4.97	4.42	3.98	3.61	3.31	2.84
	MGPL	—	—	5.95	—	—	4.89	5.11	4.51	6.34	5.79	5.33	4.93	4.29
40	MGPM	—	—	7.00	—	—	5.66	6.27	5.48	4.87	4.38	3.98	3.65	3.13
	MGPL	—	—	6.55	—	—	5.39	5.62	4.96	6.98	6.38	5.87	5.43	4.72
50	MGPM	—	—	13.0	—	—	10.8	12.0	10.6	9.50	8.60	7.86	7.24	6.24
	MGPL	—	—	9.17	—	—	7.62	9.83	8.74	11.6	10.7	9.83	9.12	7.95

续前表

缸径(mm)	轴承种类	行程（mm）												
		10	20	25	30	40	50	75	100	125	150	175	200	250
63	MGPM	—	—	14.7	—	—	12.1	13.5	11.9	10.7	9.69	8.86	8.16	7.04
	MGPL	—	—	10.2	—	—	8.48	11.0	9.74	13.0	11.9	11.0	10.2	8.84

(5) 气缸外形图。

横向气缸外形如图 3-50 所示，纵向气缸外形如图 3-51 所示。

2. 气爪选择

作为机器人与环境相互作用的最后环节和执行部件，机器人手爪既是一个主动感知工作环境信息的感知器，又是最后的执行器，是一个高度集成的、具有多种感知功能和智能化的机电系统，涉及机构学、仿生学、自动控制、传感器技术、计算机技术、人工智能、通信技术、微电子学、材料学等多个研究领域和学科。气爪参数选择如下：

动作方式：单作用常开；

开闭行程：10mm；

外径夹持力：33N；

型号：MHZ2—20S 标准气爪，缸径＝20mm；

基本尺寸可查表 3-6，外形尺寸参见图 3-52 所示。

表 3-6　　气爪基本尺寸表　　(mm)

缸径	10	16	20	25	32	40
A	6	7.5	9.5	11	12	15
B	23	24.5	29	30	40（49）	49（62）
C	12	15	20	25	29	36
D	37.8	42.5	52.8	63.6	67（76）	83（96）
E	57	67.3	84.8	102.7	113（122）	139（152）
F	29	38	50	63	97	119
G	$15.2^{+2.2}_{0}$	$20.9^{+2.2}_{0}$	$26.3^{+2.2}_{0}$	$33.3^{+2.5}_{0}$	$48^{+2.5}_{0}$	$60^{+2.7}_{0}$
H	$11.2^{0}_{-0.7}$	$14.9^{0}_{-0.7}$	$16.3^{0}_{-0.7}$	$19.3^{0}_{-0.8}$	$26^{0}_{-0.5}$	$30^{0}_{-0.5}$
I	$4^{0}_{-0.1}$	$5^{0}_{-0.1}$	$8^{0}_{-0.1}$	$10^{0}_{-0.1}$	$12^{0}_{-0.1}$	$14^{0}_{-0.1}$
J	16	24	30	36	46	56
K	M3×0.5	M4×0.7	M5×0.8	M6×1	M6×1	M8×1.25
K1	6	4.5	8	10	10	13
K2	5.5	8	10	12	13	16
K3	6	8	10	12	13	17
ϕL	2.6	3.4	4.3	5.1	5.1	6.6
M	27	30	35	36.5	48（57）	58（71）
N	$\phi 11H9^{+0.043}_{0}$ 深 2	$\phi 17H9^{+0.043}_{0}$ 深 2	$\phi 21H9^{+0.052}_{0}$ 深 3	$\phi 26H9^{+0.052}_{0}$ 深 3.5	$\phi 34H9^{+0.062}_{0}$ 深 4	$\phi 42H9^{+0.062}_{0}$ 深 4

续前表

缸径	10	16	20	25	32	40
O	11.4	16	18.6	22	26	32
P	M2.5×0.45	M3×0.5	M4×0.7	M5×0.8	M6×1	M8×1.25
Q	3	4	5	6	7	9
R	5.7	7	9	12	14	17
S	M3×0.5	M5×0.8	M5×0.8	M5×0.8	M5×0.8	M5×0.8
T	23	30.6	42	52	60	72
U	9	7.5	10	10.7	11	12
V	19	19	23	23.5	31 (37)	38 (45)
W	$5^{0}_{-0.05}$	$8^{0}_{-0.05}$	$10^{0}_{-0.05}$	$12^{0}_{-0.05}$	$15^{0}_{-0.05}$	$18^{0}_{-0.05}$
X	11	13	15	20	24	28
Y	$\phi 2H9^{+0.025}_{0}$ 深 3	$\phi 3H9^{+0.025}_{0}$ 深 3	$\phi 4H9^{+0.03}_{0}$ 深 4	$\phi 4H9^{+0.03}_{0}$ 深 4	$\phi 5H9^{+0.03}_{0}$ 深 5	$\phi 5H9^{+0.03}_{0}$ 深 5
Z	16.4±0.05	23.6±0.05	27.6±0.05	33.6±0.05	40±0.1	48±0.1
Y1	5.2±0.02	6.5±0.02	7.5±0.02	10±0.02	12±0.02	14±0.02
Y2	7.6±0.02	11±0.02	16.8±0.02	21.8±0.02	23±0.02	29±0.02
AA	18	22	32	40	46	56
BB	12	15	18	22	26	32
CC		11.6	14	19	24	29.4
DD		2.1	2.1	3.5	3.3	3.7
EE	5.4	5.8	9	11.5	11.5	13

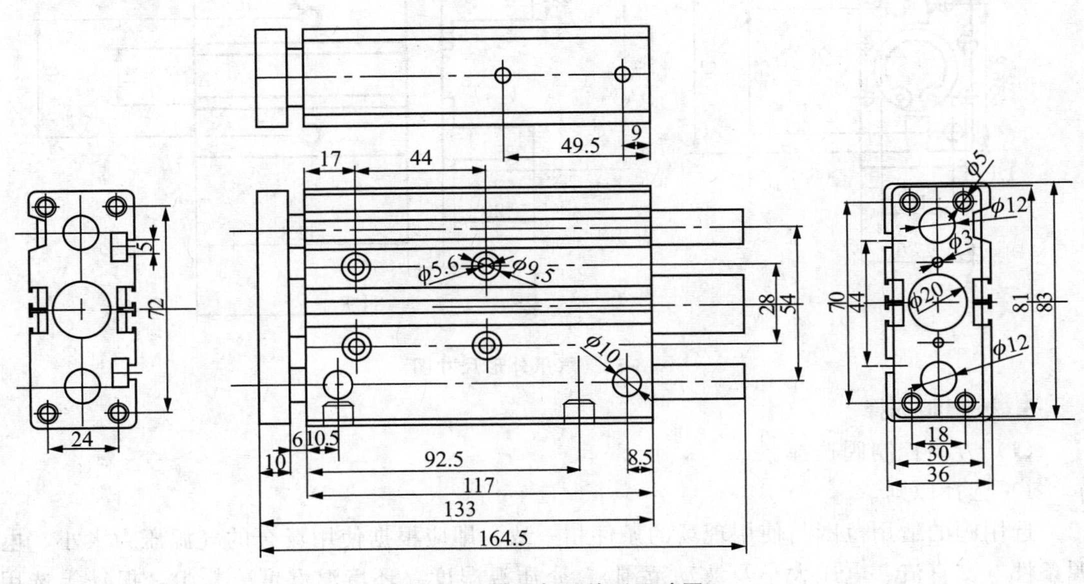

图 3-50　横向气缸外形尺寸图

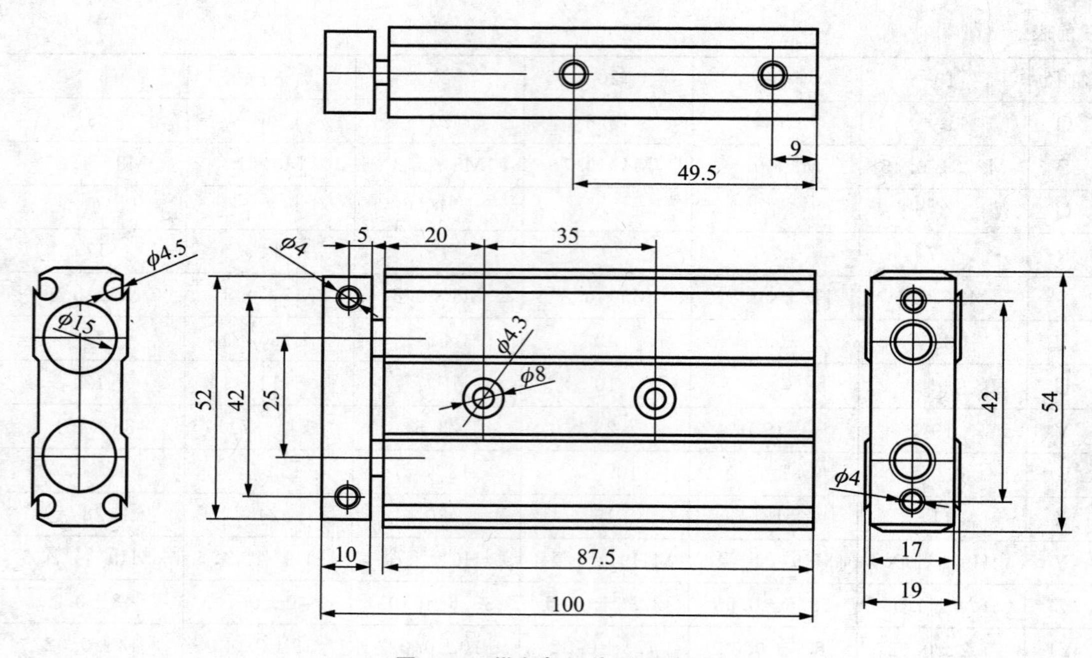

图 3-51 纵向气缸外形尺寸图

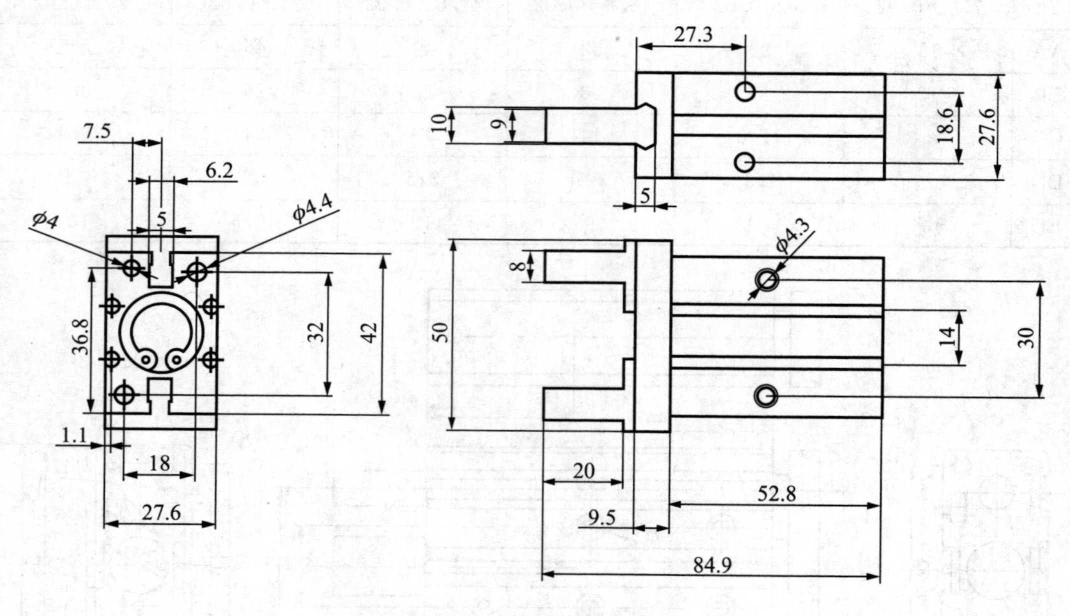

图 3-52 气爪外形尺寸图

3. 控制阀选择

（1）方向控制阀选择。

1）选择原则。

选用阀的适用范围与使用现场的条件相一致。即应根据使用场合的气源压力大小、电源条件（交直流、电压大小及波动范围）、介质温湿度、环境温湿度、粉尘、振动等选用适合在此条件下可靠使用的阀。

选用阀的功能及控制方式应符合系统工作要求。即根据气动系统对元件的位置数、通路数、记忆性静置时通断状态和控制方式等的要求选用符合所需功能和控制方式的阀。

选用阀的流通能力应满足系统工作要求。即应根据气动系统对元件的瞬时最大流量的要求按平均气流速度15～25m/s计算阀的通径，查出所需阀的流通能力C值（或KV）、CV值、额定流量下的压降、标准额定流量及S值等，据此选用满足系统流通能力要求的阀。

选用阀的性能应满足系统工作要求。即应根据气动系统最低工作压力或最低控制压力、动态性能、最高工作频率、持续通电能力、阀的功耗、寿命及可靠性等的要求选用符合所需性能指标的阀。

选用阀的安装方式。应根据阀的质量水平、系统占有空间要求及便于维修等综合考虑。目前我国广泛的应用换向阀为板式安装方式，它的优点是便于装拆和维修，ISO标准也采用了板式安装方式，并发展了集装板式安装方式。因此，推荐优先采用板式安装方式。但选用时，应根据实际情况确定。

尽量选用标准化产品。因为标准化产品采用了批量生产手段，质量稳定可靠、通用化程度较高、价格便宜。

选用阀的价格应与系统水平及可靠性要求相适应。即应根据气动系统先进程度及可靠性要求来考虑阀的价格。在保证系统先进、可靠、使用方便的前提下，力求价格合理，不要不顾质量而追求低成本。

大型控制系统设计时，要考虑尽可能使用集成阀和信号的总线控制形式。

2）型号选择。

方向控制阀系列的选择。应根据所配套的不同的执行元件选择不同功能系列的阀。

方向控制阀规格的选择。选择阀的流通能力应满足系统工作要求，即应根据气动系统对元件的瞬时最大流量的要求来计算阀的通径。

控制方式的选择。应根据工作要求及气缸的动作方式选择合适的换向阀控制方式。

（2）减压阀选择。

1）选择原则。

根据气动控制系统最高工作压力来选择减压阀，气源压力应比减压阀最大工作压力大0.1MPa。

要求减压阀的出口压力波动小时，如出口压力波动不大于工作压力最大值的±0.5%，则选用精密型减压阀。

如需遥控时或通径大于20mm以上时，应尽量选用外部先导式减压阀。

2）参数选择。

根据通过减压阀的最大流量，选择阀的规格。

根据功能要求，选择阀的品种。如调压范围、稳压精度、需遥控否、有无特殊功能要求等。

（3）溢流阀选择。

1）根据需要的溢流量来选择溢流阀的通径。

2）对溢流阀来说，希望气动回路刚一超过调定压力，阀门便立即排气，而一旦压力稍低于调定压力便能立即关闭阀门。这种从阀门打开到关闭的过程中，气动回路中的压力变化越小，溢流特性越好。在一般情况下，应选用调定压力接近最高使用压力的溢流阀。

3）若管径大（通径15mm以上）并远距离操作时，宜采用先导式溢流阀。

学习情境四 控制技术及接口部分选择与设计

内容提要：

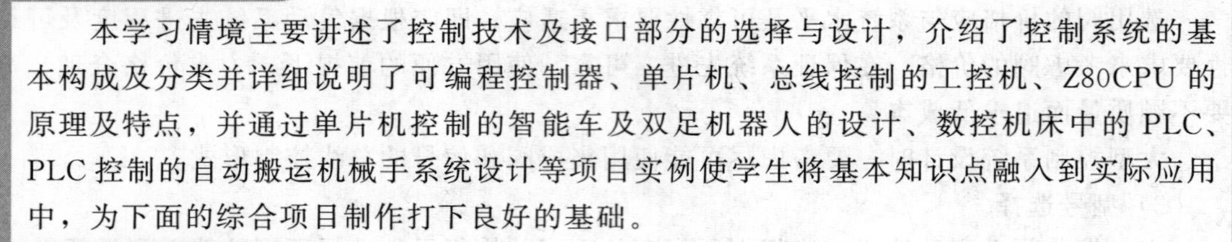

本学习情境主要讲述了控制技术及接口部分的选择与设计，介绍了控制系统的基本构成及分类并详细说明了可编程控制器、单片机、总线控制的工控机、Z80CPU 的原理及特点，并通过单片机控制的智能车及双足机器人的设计、数控机床中的 PLC、PLC 控制的自动搬运机械手系统设计等项目实例使学生将基本知识点融入到实际应用中，为下面的综合项目制作打下良好的基础。

知识目标：

（1）了解 PLC 的概念、特点、种类以及与其他控制系统相比较的优缺点。

（2）理解 PLC 在数控机床中和搬运机械手中的应用。

（3）了解 PLC 的编程语言。

（4）了解智能车的特点、种类、应用及其移动机构。

（5）掌握智能车的控制系统分析。

（6）了解双足机器人的特点、种类、应用及其控制系统结构。

（7）理解双足机器人的主处理器与外围器件单元、反馈与执行单元。

（8）掌握控制系统的基本构成和分类。

（9）了解接口概念、分类及结构特点。

（10）理解机电接口的种类和工作原理。

（11）掌握常用工控机的特点、概念及工作原理。

能力目标：

（1）具备分析单片机控制系统、PLC 控制的能力。

（2）具备基本自主设计单片机控制系统、PLC 控制的能力。

（3）具备基本自主查阅中、外资料的能力。

微机控制系统是机电一体化系统的中枢，其主要作用是按编制好的程序完成系统信息采集、加工处理、分析和判断，作出相应的调节和控制决策，发出数字形式或模拟形式的控制信号，控制执行机构的动作，实现机电一体化系统的目的功能。机电一体化系统的微型化、多功能化、柔性化、智能化、安全、可靠、低价、易于操作等特性，都是采用微型计算机技术的结果，微型计算机技术是机电一体化中最活跃、影响最大的关键技术。微机的应用范围十分广泛，下面仅举一些典型应用领域：

（1）工业控制和机电产品的机电一体化。如生产系统自动化、机床自动化、数控与数显、测温及控温、可编程序控制器、缝纫机、编织机、升降机、纺织机械、电动机控制、工业机器人、智能传感器、智能定时器等。

（2）交通与能源设备的机电一体化。如汽车发动机点火控制、汽车变速器控制、交通灯控制、炉温控制等。

（3）家用电器的机电一体化。如洗衣机、电冰箱、微波炉、录像机、数码摄像机、电饭锅、电风扇、数码照相机、电视机、立体声音响设备等。

（4）商用产品机电一体化。如电子秤、自动售货机、电子收款机、银行自动化系统等。

（5）仪器、仪表机电一体化。如三坐标测量仪、医疗电子设备、测长仪、测温仪、测速仪、机电测试设备等。

（6）办公设备自动化。如复印机、打印机、扫描仪、传真机、绘图仪、印刷机等。

（7）信息处理自动化。如语音处理、语音识别、语音分析、语言合成设备、图像分析及识别设备、气象资料分析处理、地震波分析处理设备。

（8）导航与控制。如导弹控制、鱼雷制导、航空航天系统、智能武器装置等。

项目 4.1　了解控制技术及接口

项目目标

（1）掌握控制系统的基本构成和分类。

（2）了解接口的概念、分类及结构特点。

（3）理解机电接口的种类和工作原理。

（4）掌握常用工控机的特点、概念及工作原理。

项目要求

通过教师讲授以及学生查阅资料，使学生系统掌握控制系统的基础知识，并能自主进行常用工控机的选择与分析，为今后综合项目制作打下良好的基础。

任务 4.1.1　控制系统的基本构成及分类

1. 控制系统的基本构成

人们经常提到“微机”这个术语，该术语是三个概念的统称，即微处理器、微型计算机与微型计算机系统。微处理器简称 μP 或 MPU 或 CPU，它是一个独立的芯片，内部含有数据通道、多个寄存器、控制逻辑部件、运算逻辑部件以及时钟电路等。微型计算机简称 μC 或 MC，它是以微处理器为核心，加上 ROM、RAM、I/O 接口电路、系统总线，以及其他支持逻辑电路所组成的计算机。如果以上各部分均集成在一个芯片，那么这个芯片就叫微控制器，简称 MCU，也就是人们常说的单片机。微型计算机系统简称 MCS，一般将配有系统软件、外围设备、系统总线接口的微型计算机称为微型计算机系统。

如图 4-1 所示为工业控制计算机系统的硬件组成图，它由计算机基本系统、人—机对话系统、系统支持模块和过程 I/O 子系统等组成。在过程 I/O 子系统中，过程输入设备把系统测控对象的工作状况和被控对象的物理、工位接点状态转换为计算机能接收的数字信号；过程输出设备把计算机输出的数字信息转换为能驱动各种执行机构的功率信号。人—机对话系统用于操作者与计算机系统之间的信息交换，主要包括键盘、图形或数码显示器、声光指示器和语音提示器等。系统支持模块包括软盘、硬盘、光盘驱动器，串行通信接口和打印机并行接口等。工业控制计算机系统的软件包括适应工业控制的实时系统软件、通用软件和工业控制软件等。

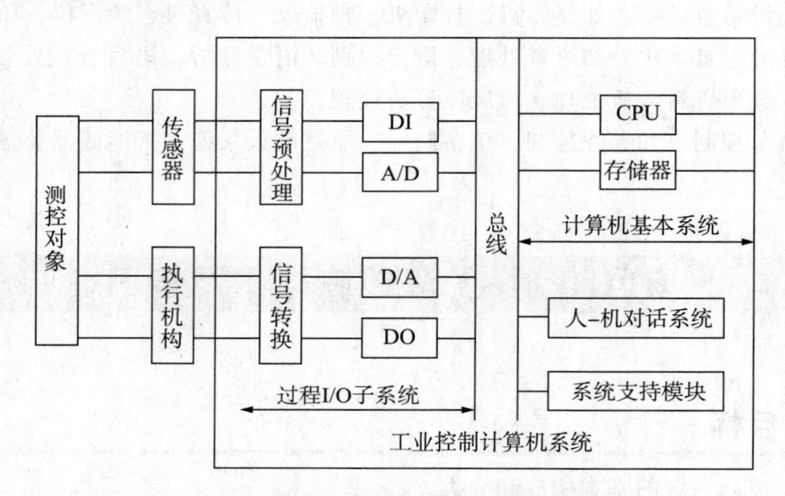

图 4-1　工业控制计算机系统的硬件组成图

2. 控制系统的分类

控制系统的种类及相应的分类方法很多，常见的如下：

（1）按控制器所依据的判定准则中是否有被控制对象状态的函数，可将控制系统分为顺序控制系统和反馈控制系统。前者依据时间、逻辑、条件等顺序决定被控对象的运行步骤，如组合机床的控制系统；后者依据被控对象的运行状态决定被控对象的变化趋势，如闭环控制系统。

（2）按系统输出的变化规律，可将控制系统分为镇定控制系统、程序控制系统和随动系统。镇定控制系统的特点是在外界干扰作用下系统输出仍基本保持为常量，如恒温调节系统等；程序控制系统的特点是在外界条件作用下系统输出按预定程序变化，如机床的数控系统等；随动系统的特点是系统输出能相应于输入在较大范围内按任意规律变化，如火炮瞄准雷达系统等。

（3）按系统中所处理信号的形式，可将控制系统分为连续控制系统和离散控制系统。在连续控制系统中，信号是以连续的模拟信号形式被处理和传递的，控制器采用硬件模拟电路实现；在离散控制系统中，主要采用计算机对数字信号进行处理，控制器是以软件算法为主的数字控制器。

（4）按被控对象自身的特性，还可以将控制系统分为线性系统与非线性系统、确定系统与随机系统、集中参数系统与分布参数系统、时变系统与时不变系统等。

3. 接口概述

（1）接口设计的重要性。

一个机电一体化产品一般由机械分系统和微电子分系统两大部分组成，二者又分别由各要素构成。要将各要素、各子系统有机地结合起来，构成一个完整的系统，就必须能顺利地在各要素、各子系统之间进行物质、能量和信息的传递与交换。为此，各要素和子系统的相接处必须具备一定的联系条件，这个联系条件通常称为接口。

因此，也可以把机电一体化产品看成是由许多接口将产品的各要素的输入/输出联系为一体的系统。从某种意义上讲，机电一体化产品的设计，就是在根据功能要求选择了各要素后所进行的接口设计。从这一观点出发，机电一体化产品的性能取决于接口的性能，即各要素和各子系统之间的接口性能是综合系统性能好坏的决定因素。可见，接口设计是机电一体化产品设计的关键环节。

（2）接口的分类和特点。

目前关于机电一体化接口的分类有很多提法，根据接口的变换和调整功能，可将接口分为零接口、被动接口、主动接口和智能接口；根据接口的输入输出功能，可将接口分为机械接口、物理接口、信息接口与环境接口；根据接口芯片形式，可分为机电接口和人机接口等。

在机电接口中，按照信息和能量的传递方向，可分为信息采集接口与控制器输出接口。人机接口包括输出接口与输入接口两类，通过输出接口，操作者对系统的运行状态，各种参数进行监测；通过输入接口，操作者向系统输入各种命令及控制参数，对系统运行进行控制。

（3）机电接口。

由于机械系统与微电子系统在性质上有很大差别，两者间的联系须通过机电接口进行调整、匹配、缓冲，机电接口是指机电一体化产品中的机械装置与控制微机间的接口。因此机电接口的作用如下：

1）电平转换和功率放大。一般微机的I/O芯片都是TTL电平，而控制设计则不一定如此，因此必须进行电平转换。另外，在大负载时还需要进行功率放大。

2）抗干扰隔离。为防止干扰信号的串入，可以使用光电耦合器、脉冲变压器或继电器等把微机系统和控制设备在电器上加以隔离。

3）进行A/D或D/A转换。当被控对象的检测和控制信号为模拟量时，必须在微机系统和被控对象之间设置A/D和D/A转换电路，以保证微机所处理的数字量与被控的模拟量之间的匹配。

①信息采集接口。

在机电一体化产品中，微机要对机械执行机构进行有效控制，就必须随时对机械系统的运行状态进行监视，随时检测运行参数，如温度、速度、压力、位置等。因此，必须选用相应传感器将这些物理量转换为电量，再经过信息采集接口的整形、放大、匹配、转换，变成微机可以接受的信号。传感器的输出信号中，既有开关信号（如限位开关、时间继电器等），又有频率信号（如超声波无损探伤等）；既有数字量，又有模拟量（如温敏电阻、应变片等）。针对不同性质的信号，信息采集接口要对其进行不同的处理，例如对模拟信号必须进行模/数转换，下面主要针对 A/D 转换接口进行描述。

A/D 转换是从模拟量到数字量的转换，它是信息采集系统中模拟放大电路和 CPU 的接口。A/D 转换芯片种类繁多，主要有逐次比较式、双积分式、量化反馈式和并行式 A/D 转换器，图 4-2 所示是 A/D 转换的框图。

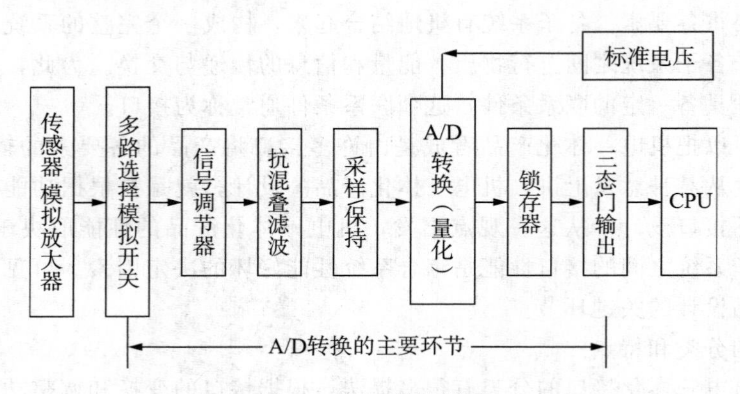

图 4-2　A/D 转换框图

②A/D0809 的接口电路。

A/D0809 的引脚功能与 8031 的接口电路如图 4-3 所示。CPU 对 0809 的控制原理如下：由图 4-3 可以看出 0809 通过模拟开关接 8 路模拟信号；3—8 译码器的三条地址选择线 A、B、C 与地址线 A0、A1、A2 连接，ALE 在上升沿时把地址信号锁存起来，从而选

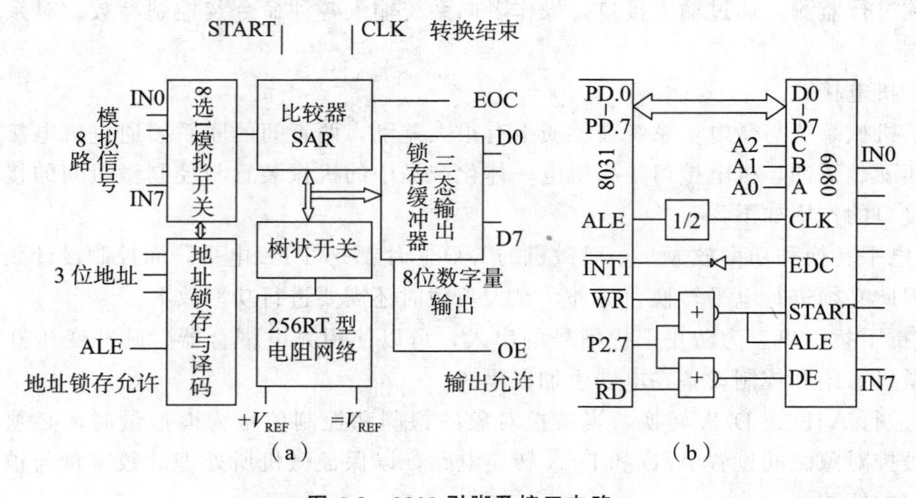

图 4-3　0809 引脚及接口电路

通相应的模拟量输入信号。电阻网络、树状开关、外接标准电源、比较器、逐次比较寄存器 SAR 及时钟信号组成 8 位 A/D 转换电路，$-V_{REF}$ 和 $+V_{REF}$ 是基准参考电压，它决定了输入模拟量的量程范围。在一般情况下，$+V_{REF}$ 与 V_{CC} 相连，$-V_{REF}$ 与地相连。如果需要高精度的参考电源或为了提高转换器的灵敏度（输入模拟电压小于 5V），则参考电压可以与 V_{CC} 隔离。START 在正脉冲时启动 A/D 转换，100μs 后转换结束，结果存放于锁存缓冲器。三态输出锁存缓冲器的 8 条输出信号线 D0～D7 直接与 CPU 的数据总线连接。OE 端为允许输出控制端，CPU 使该控制端为高电平"1"时，三态门打开，A/D 转换的结果送入 CPU。A/D 转换结束时，EOC 出现高电平，人们可以用它引起中断，也可做查询用。

③MC14433 的接口设计。

MC14433 是 $3\frac{1}{2}$ 位双积分式 A/D 转换器，图 4-4 是芯片的引脚分布。图 4-5 是 MC14433 的接口电路。图 4-6 示出了 MC14433 的转换结果输出时序波形。从图中可以看出，转换结果的千位值、百位值、十位值、个位值是在 DS1－DS4 的同步下分时由 Q3－Q0送出的。

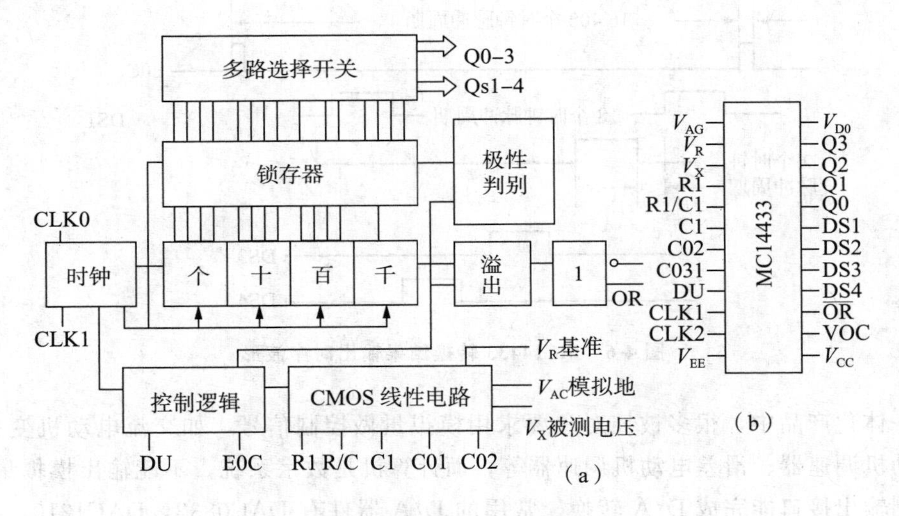

图 4-4　MC14433 引脚

④控制输出接口。

控制微机通过信息采集接口检测机械系统的状态，经过运算处理发出有关控制信号，经过控制输出接口的匹配、转换、功率放大，驱动执行元件去调节系统的运行状态，使其按设计要求运行。根据执行元件的需要不同，控制接口的任务也不同，例如对于交流电动机变频调速器，控制信号为 0～5V 电压或 4～20mA 电流信号，控制输出接口必须进行数/模转换；对于交流接触器等大功率器件，必须进行功率驱动。由于机电系统中执行元件多为大功率设备，如电动机、电热器、电磁铁等，这些设备产生的电磁场、电源干扰往往会影响微机的正常工作，所以抗干扰设计同样是控制输出接口设计时应考虑的重要内容。下面主要针对 D/A 转换接口进行描述。

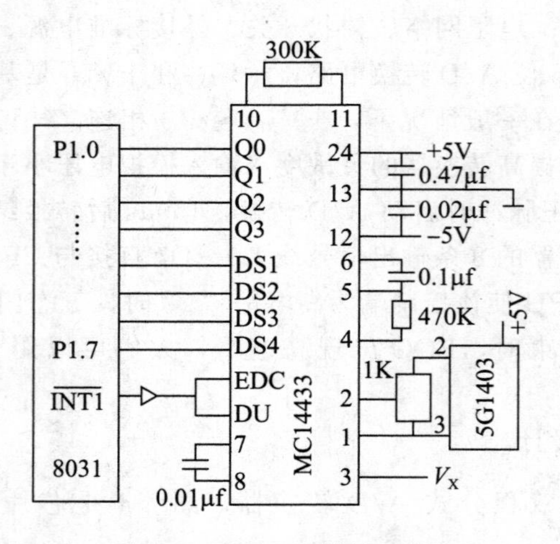

图 4-5　MC14433 的接口电路

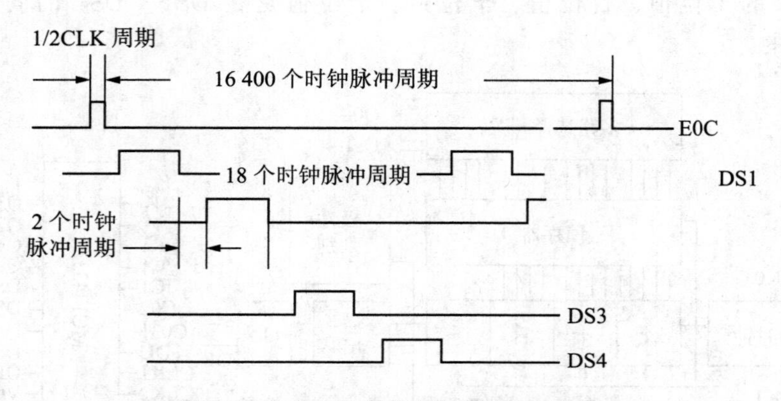

图 4-6　MC14433 转换结果输出时序波形

在机电一体化产品中，很多被控对象要求用模拟量做控制信号，如交流电动机变频调速、直流电动机调速器、滑差电动机调速器等，而计算机是数字系统，不能输出模拟量，这就要求控制输出接口能完成 D/A 转换。常用的 D/A 器件有 DAC0832，DAC1210，AD7520 等，下面以 0832 为例介绍 D/A 接口设计。DAC0832 是 8 位梯形电阻式 D/A 转换器，芯片内有数据锁存器，输出电流稳定时间 1μs，功耗 20mw。

⑤DAC0832 的结构。

图 4-7 示出了 DAC0832 的引脚排列及内部结构框图，主要引脚的功能如下：

D0～D7：数据输入线，TTL 电平；

ILE：数据锁存器允许控制信号输入线，高电平有效；

$\overline{\text{CS}}$：片选信号线，低电平有效；

$\overline{\text{WR1}}$：数据锁存器写选通信号线，负脉冲有效，当$\overline{\text{WR1}}$为 0，$\overline{\text{CS}}$为 0，ILE 为 1 时，D0～D7 上的数据被锁存到数据锁存器；

$\overline{\text{XFER}}$：DAC 寄存器数据输入控制信号线，低电平有效；

$\overline{\text{WR2}}$：DAC 寄存器写选通信号线，负脉冲有效，当$\overline{\text{R2}}$和$\overline{\text{XFER}}$都为低电平时，数据

锁存器的状态被传送到 DAC 寄存器中；

Iout1：电流输出线，当输入数据为"0FFH"时最大；

Iout2：电流输出线，其值与 Iout1 之和为一常数；

Rfb：反馈信号输入线；

Vref：基准电压输入线，取值范围 －10～＋10V。

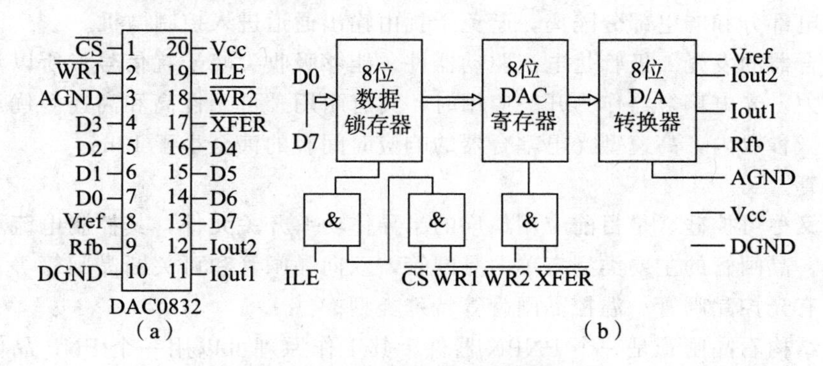

图 4-7　DAC0832 引脚名称及结构

⑥DAC0832 接口。

DAC0832 属于电流型输出，应用时需外接运算放大器使之成为电压型输出，0832 有单缓冲、双缓冲两种工作方式。图 4-8 是单缓冲器应用方式，当只有一路模拟量输出，或虽然有几路模拟量，但不需要作同步输出时，就可采用单缓冲器方式。

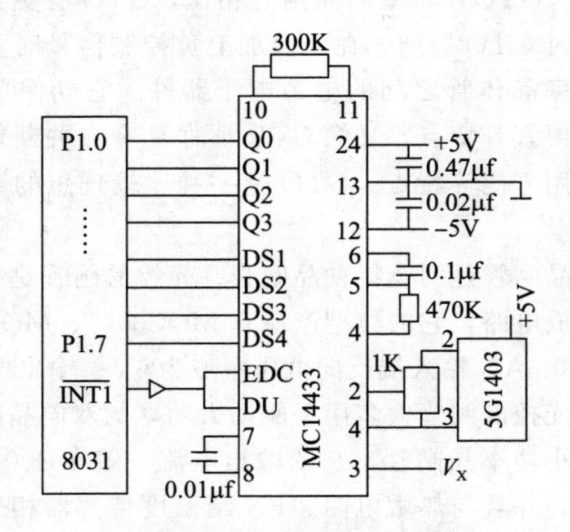

图 4-8　DAC0832 的单缓冲工作电路

⑦功率接口。

在机电一体化产品中，被控对象所需要的驱动功率一般都比较大，而计算机发出的数字控制信号或经 D/A 转换后得到的模拟控制信号的功率都很小，因而必须经过功率放大后才能用来驱动被控对象。实现功率放大的接口电路被称为功率接口电路。在控制微机和功率放大电路之间，人们常常使用光电隔离技术，下面首先介绍光电隔离器件，然后介绍一些电力电子器件和基本电路。

⑧光电隔离器件。

光电耦合器由发光二极管和光敏晶体管组成，当在发光二极管两端加正向电压时，发光二极管点亮，照射光敏晶体管使之导通，产生输出信号，光电耦合器有如下特点：光电耦合器的信号传递采取电—光—电形式，发光部分和受光部分不接触，因此其绝缘电阻可高达 10^{10} 以上，并能承受 2000V 以上的高压。被耦合的两个部分可以自成系统不“共地”，能够实现强电部分和弱电部分隔离，避免干扰由输出通道进入控制微机。

光电耦合器的发光二极管是电流驱动器件，能够吸收尖峰干扰信号，所以具有很强的抑制干扰能力。光电耦合器作为开关应用时，具有耐用、可靠性高和高速等优点，响应时间一般为数微秒以内，高速型光电耦合器的响应时间有的甚至小于 10ns。

⑨晶闸管。

晶闸管又称可控硅，是目前应用最广的半导体功率开关元件，其控制电流可从数安培到数千安培。晶闸管的主要类型有单向晶闸管，双向晶闸管和可关断晶闸管等三种基本类型，此外还有光控晶闸管、温控晶闸管等特殊类型。

从物理结构看晶闸管是一个 PNPN 器件，其工作原理可以用一个 PNP 晶体管和一个 NPN 晶体管的组合来加以说明。单向晶闸管有截止和导通两个稳定状态，两种状态的转换可以由导通条件和关断条件来说明。导通条件是指晶闸管从阻断到导通所需的条件，这个条件是在晶闸管的阳极加上正向电压，同时在控制极加上正向电压；关断条件是指晶闸管从导通到阻断所需要的条件。晶闸管一旦导通，控制极对晶闸管就不起控制作用了。只有当流过晶闸管的电流小于保持晶闸管导通所需要的电流即维持电流时，晶闸管才关断。

门极可关断晶闸管（GTO）与单向晶闸管相比，GTO 有更灵活方便的控制性能，即当门极加上正控制信号时 GTO 导通，在门极加上负控制信号时 GTO 截止。GTO 是一种介于普通晶闸管和大功率晶体管之间的电力电子器件。它既像单向晶闸管那样具有耐高压、通过电流大、造价便宜等特点，又像 GTR 那样具有自关断能力、工作频率高、控制功率小、线路简单、使用方便等特点。GTO 是一种比较理想的开关器件，在大容量领域很有发展前途。

光控晶闸管和温控晶闸管是两类特种晶闸管。光控晶闸管是把光电耦合器件与双向晶闸管做到一起形成的集成电路，它的典型产品有 MOC3041、MOC3021 等。光控晶闸管的输入电流一般为 10～100mA，输入端反向电压一般为 6V；输出电流一般为 1A，输出端耐压一般为 400～600V。光控晶闸管大多用于驱动大功率的双向晶闸管。

温控晶闸管是一种小功率晶闸管，它的输出电流一般在 100mA 左右。它和普通晶闸管具有相同的开关特性，并且与热敏电阻、PN 结温度传感器相比有较多优点。温控晶闸管的温度特性是负特性，也就是说当温度升高时，正向温控晶闸管的门槛电压会降低。用温控晶闸管可实现温度的开关控制，在温控晶闸管的门极和阳极或阴极之间加上适当器件，如电位器、光敏管、热敏电阻等，可以改变晶闸管导通温度值。温控晶闸管一般用于 50V 以下的场合。

⑩功率晶体管（GTR）。

功率晶体管是指在大功率范围应用的晶体管，有时也称为电力晶体管。GTR 是 20 世纪 70 年代后期的新产品，它把传统双极晶体管的应用范围由弱电扩展到强电领域，在中小功率领域有取代功率晶闸管的趋势。与晶闸管相比，GTR 不仅可以工作在开关状态，也可以工作在模拟状态。GTR 的开关速度远大于晶闸管并且控制比晶闸管容易，其缺点是价格高于晶闸管。

⑪功率场效应晶体管（MOSFET）。

功率场效应晶体管又称功率 MOSFET，它的结构和传统 MOSFET 不同，主要是把传统 MOSFET 的电流横向流动变为垂直导电的结构模式，目的是解决 MOSFET 器件的大电流、高电压问题。它有比双极性功率晶体管更好的特性，主要表现在如下几个方面：由于功率 MOSFET 是多数载流子导电，因而不存在少数载流子的储存效应，从而有较高的开关速度；具有较宽的安全工作区而不会产生热点，同时由于它具有正的电阻温度系数，所以容易进行并联使用；具有较高的阀值电压（2～6V），因此有较高的噪声容限和抗干扰能力；具有较高的可靠性和较强的过载能力，短时过载能力通常为额定值的四倍；由于它是电压控制器件，具有很高的输入阻抗，因此驱动电流小，接口简单。

⑫固态继电器（SSR）。

固态继电器是一种无触点功率型通断电子开关，又名固态开关。

当在控制端输入触发信号后，主回路呈导通状态；无控制信号时主回路呈阻断状态；控制回路与主回路间采取了电隔离及信号隔离技术。固态继电器与电磁继电器相比，具有工作可靠、使用寿命长、外界干扰小、能与逻辑电路兼容、抗干扰能力强、开关速度快和使用方便等优点。在使用时，应考虑其应用特性如下：根据产品功能不同，固态继电器输出电路可接交流或直流，对交流负载有过零与不过零控制功能；由于固态继电器是一种电子开关，故有一定的通态压降和断态漏电流；负载短路易损坏 SSR，应特别注意避免。

（4）人机接口。

人机接口是操作者与机电系统（主要是控制微机）之间进行信息交换的接口。按照信息的传递方向，可以分为输入与输出接口两大类。机电系统通过输出接口向操作者显示系统的各种状态、运行参数及结果等信息；另一方面，操作者通过输入接口向机电系统输入各种控制命令，干预系统的运行状态，以实现所要求的功能。

1）人机接口的特点。

人机接口要完成两方面的工作，一是操作者通过输入设备向 CPU 发出指令，干预系统的运行状态，二是在 CPU 的控制下，用显示设备来显示机器工作状态的各种信息。在机电一体化产品中，常用的输入设备有开关、BCD 二～十进制码拨盘、键盘等；常用的输出设备有指示灯、LED、液晶显示器、微型打印机、CRT、扬声器等。因为外设分为输入设备和输出设备，人们把人机接口分为输入接口和输出接口。人机接口有下述两个特点：

①专用性。每一种机电一体化产品都有其对人机接口的专门要求，人机接口的设计方案要根据产品的要求而定。

②低速性。与控制微机的工作速度相比，大多数外设的工作速度是很低的，在进行人机接口设计时，要考虑控制微机与外设的速度配合问题，提高控制微机的工作效率。

2）人机输入接口设计。

这里主要介绍开关、BCD 二～十进制拨盘、键盘的接口设计。

3）开关接口设计。

常用的开关有转换开关、按钮开关等，它们的符号和接口见图 4-9，SH 是按钮开关，SC 是转换开关。

在图 4-9 中，A 点接 CPU 输入接口的输入信号线，用读入命令可以把 A 点状态读进

CPU。开关从断开到闭合以及从闭合到断开时，其电平不是瞬间从一个稳定状态到达另外一个稳定状态，而是有一段5～10ms的抖动时间。图4-10是按钮开关通断时的电压抖动波形图，开关抖动会使CPU读数发生错误。为了消除开关抖动对读数的影响，应采取消除抖动的措施，消除抖动有硬件去抖动和软件去抖动，在只有一、两个开关时，可以采用硬件去抖动，若多于两个开关，则应采用软件去抖动。

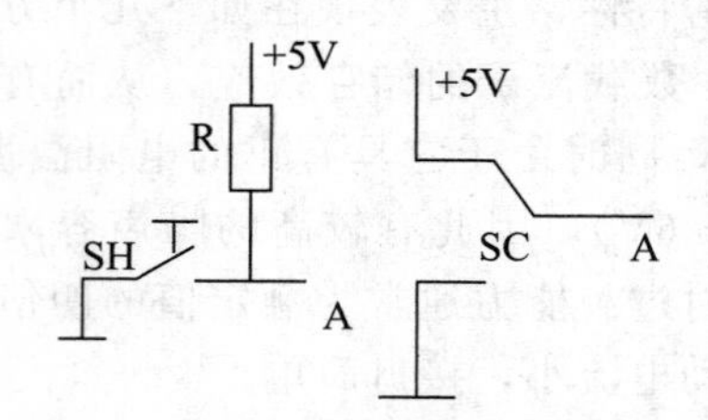

图4-9 开关的表示符号与接口电路

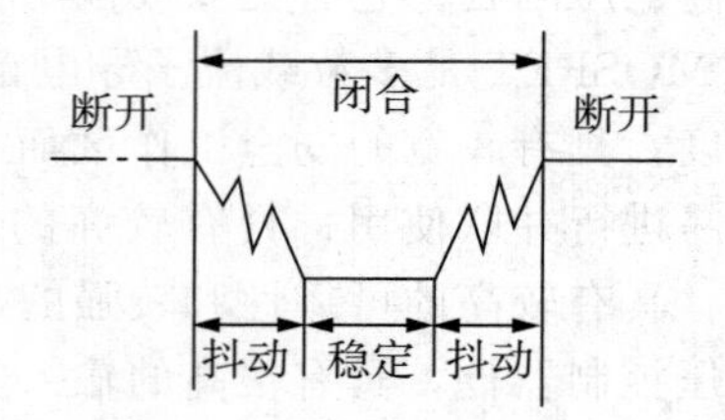

图4-10 按钮开关通断时的电压抖动

以上的开关接口设计方法可用于开关个数不大于8的情况，只要把各个开关分别接到I/O口的不同接口线上即可，这是独立开关的设计方法；若大于8，则采用矩阵排列的设计方法。

4）拨盘输入接口设计。

拨盘是机电一体化系统中常用的一种输入设备，若系统需要输入少量的参数，采用拨盘较为可靠方便。并且这种输入方式具有保持性。拨盘的种类很多，作为人机接口使用最方便的是十进制输入、BCD码输出的BCD码拨盘，其结构如图4-11所示。

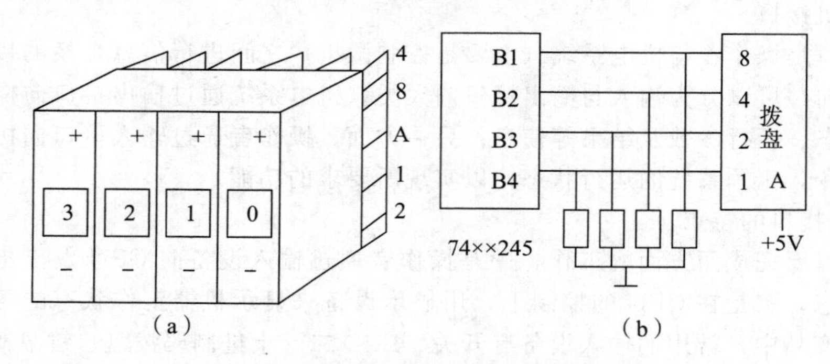

图4-11 拨盘的结构简图及接口电路图

拨盘内部有一个可转动圆盘，具有“0～9”十个位置，可以通过前面“＋、－”按钮进行位置选择，对应每个位置，前面窗口有数字显示，拨盘后面有五根引出线，分别定义为A、1、2、4、8。当拨盘在不同位置时，1、2、4、8线与A线的通断关系如表4-1所示，其中0表示与A线不通，1表示与A线通。

在电路图4-11（b）中，1、2、8、4线作为数据线，A线接高电平，数据线输出的二进制数字与表4-1的BCD码正好吻合。一片拨盘可以输入一位十进制数，当需要输入多位十进制数时，可以用多片拨盘。从图中看出一片拨盘占用4根I/O口数据线，若有4片拨盘，则需要16根I/O口数据线。

拨盘与CPU之间的数据传输属无条件传输，因此选用简单的I/O接口芯片74xx245。4片拨盘时应配2片245芯片，也可以考虑其他的设计方案。一般应对几个方案进行对比，对比的主要方面有：元件价格和是否容易买到；占用印刷板面积如何；元件是否先进；编程复杂程度如何。

表 4-1　**BCD 码拨盘通断状态表**

位置	线号权限				位置	线号权限			
	8	4	2	1		8	4	2	1
0	0	0	0	0	5	0	1	0	1
1	0	0	0	1	6	0	1	1	0
2	0	0	1	0	7	0	1	1	1
3	0	0	1	1	8	1	0	0	0
4	0	1	0	0	9	1	0	0	1

5）键盘接口设计。

在机电系统的人机接口中，当需要操作者输入的指令或参数比较多时，可以选择键盘作为输入接口。键盘的形式有独立式键盘和矩阵式键盘，这里主要介绍矩阵式键盘接口的设计。

• 矩阵式键盘的结构、与 I/O 的接口电路。

矩阵式键盘由键盘和交叉的行线、列线组成，电路见图 4-12。电路中的每个键盘由两个固定触点、一个动触片和弹簧组成，它的一个触点和行线连接，另一个触点和列线连接。当按动键盘时，键盘使一对行线和列线短路。每一根行线、列线都有自己的权值和号码，列线的一端通过一个电阻接+5V 电源（还要通过一个四输入或门接 CPU 的中断信号线），另一端接到 CPU 的 I/O 口线上，在图 4-12 中，实际接到 8255 端口的 PC0～PC3 上。行线的一端悬空，另一端接到 CPU 的 I/O 口线上，在图 4-12 中，行线实际接到 8255 端口的 PC4～PC7 上。

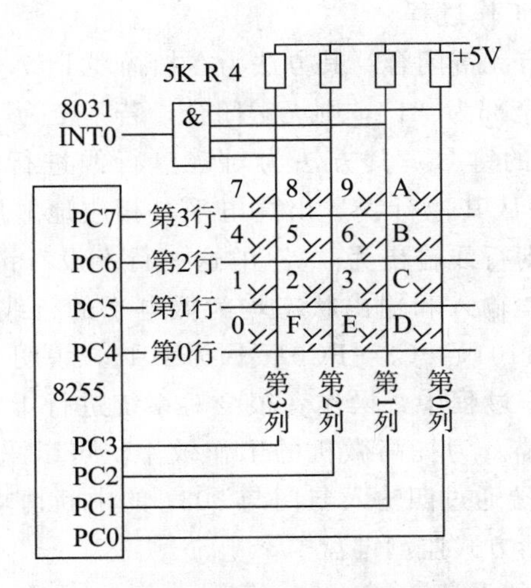

图 4-12　矩阵式键盘的结构及接口电路

• 键名和键值。

键名是指图 4-12 中键盘旁边的十六进制数字。把它们叫做 0 键、…、9 键、A 键、…等。键名完全是人为定义的，与电路无关。键值和键盘的接口电路有一定关系，和人们的定义方法也有关系。

键值的第一种定义法：键值由行线权值和列线权值合成，其中行线权值为高 4 位，列线权值为低 4 位。例如图中 A、B、C、D 四个键值依次是 81、41、21 和 11。4 个键值中的十位数分别是 8、4、2、1，它们分别是 PC7、PC6、PC5、PC4 的权值，而个位数是 PC0 的权值。

键值的第二种定义法：行线号×4 ＋列线号＝键号。例如图中 D 键的键值是 0×4＋0＝0；C 键的键值是 1×4＋0＝4。依照 D、E、F、0、C、3、2、1、B、6、5、4、A、9、8、7 键的顺序，各键的键值依次是 0、1、2、3、4、5、6、7、8、9、A、B、C、D、E、F。若重新定义键名，能够使键名和键值完全一致。

• 键盘控制字设定。

键盘和 CPU 之间的数据传输属于条件传输，因此应选择方式 0。读键值有行扫描和行反转两个方案。现选择行扫描法，8255 端口 C 的 PC0～PC3 应为输入方式，PC4～PC7 应为输出方式。端口 A、B 可以设成输入，也可以设成输出。根据以上要求，可得如图 4-13 所示 8255 的方式控制字。

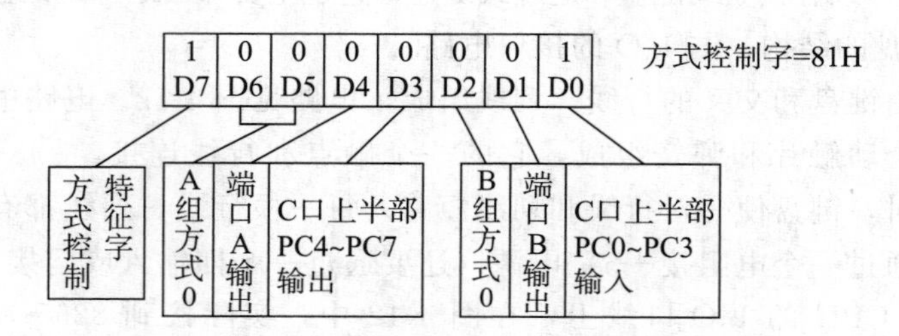

图 4-13　行扫描法中 8255 的方式控制字设定

• 一种矩阵式键盘的工作过程。

第一步，判断键盘上有无键闭合。其方法为在扫描线 PC7～PC4 上全部送“0”，然后读取 PC3～PC0 状态，若全部为“1”，则无键闭合，若不全为“1”，则有键闭合。

第二步，判别闭合键的键号。其方法为对键盘行线进行扫描，依次从 PC7、PC6、PC5、PC4 送出低电平，并从其他行线送出高电平，相应地顺序读入 PC3～PC0 的状态，若 PC3～PC0 全为“1”，则行线输出为“0”的这一行上没有键闭合，若 PC3～PC0 不全为“1”，则说明有键闭合。输入和输出状态均为低电平的行线和列线交叉处的键为闭合键，如 PC7～PC4 输出为 1101，PC3～PC0 读回为 1011，说明“2”键闭合。

实际在机电系统的工作过程中，操作者很少对系统进行干预，所以在大多数情况下，控制微机对键盘进行空扫描。为提高微机的工作效率，可以采取中断监测键盘的工作方式，在图 4-12 中列线的一端通过四输入与门与 8031 的中断请求线 INT0 相连，只要编制相应的程序就可以使用中断方式监测键盘了。

6）人机对话输出接口的设计。

人机对话输出设备是操作者对机电系统进行监测的窗口，可以用它显示系统的运行状态、关键参数、运行结果及故障报警等。

• 发光二极管的接口方法。

发光二极管具有体积小、亮度高、寿命长、价格低、接口电路简单可靠等优点。

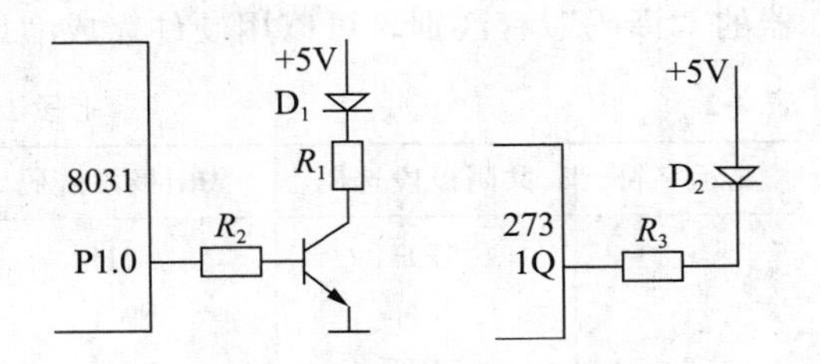

图 4-14　发光二极管的接口电路

图 4-14是两个实际接口电路。从电路图可知二极管发光时处在正向导通状态，正常发光时二极管上的正向压降在 1.5～2.5V 之间，电流在 5～15mA 之间。图中的 R_1、R_3 是限流电阻。选用驱动发光二极管的元件时应考虑到元件的负载能力，若用三极管驱动，一般都可以满足要求。74LS273 低电平时的最大输出电流是 8mA，若取二极管的压降为 1.5V，273 饱和时的压降为 0.4V，则限流电阻 R_1 的阻值为：

$$R_1 = \frac{(5-1.5-0.4)\text{V}}{8\text{mA}} = 387.5(\Omega)$$

• 八段 LED 的接口设计。

图 4-15 是八段 LED 的结构图。从图可以看出，它由八个发光二极管组成，七个发光二极管成“8”字笔画形状，七个笔画分别叫作 a、b、c、d、e、f、g，一个发光二极管成小数点形状，名字是 h，合起来叫做八段 LED。有的器件没有小数点，叫作七段 LED。

从图上看出八个二极管或者成共阳极结构，或者成共阴极结构，八个二极管经八个限流电阻接到 I/O 接口上。图中以 8255 的端口 A 为例，a、b、c、d、e、f、g、h 依次接到端口 A 的 PA0～PA7 上，而 PA0～PA7 又和 CPU 的数据总线 D0～D7 对应，这是在八段 LED 显示器接口设计中遵守的一般规律。图 4-15（d）是接口电路的全图，它可以简化为图 4-15（e）所示的形式。

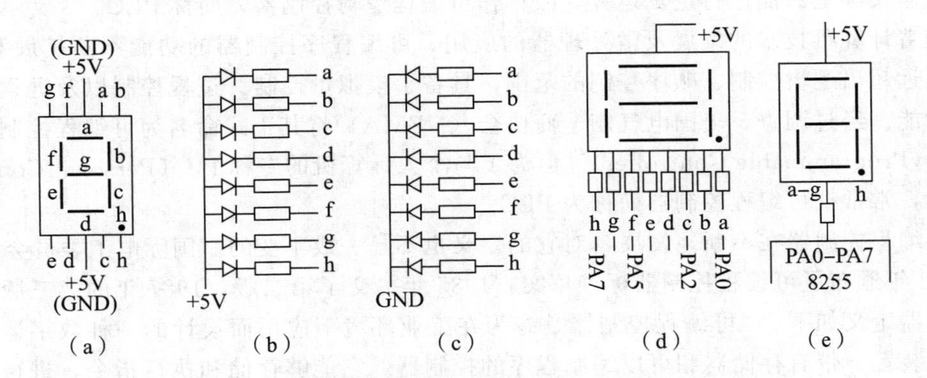

图 4-15　八段 LED 显示器的结构图及与 I/O 口的接口电路

八段 LED 显示器可以显示十个阿拉伯数字，还可以显示 A、B、C、D 等字母，我们把这些数字和字母称作显示字符。以共阳极为例，当我们往 8255 端口 A 送 80H 时，可以显示出“8”字，若直接送数字 8 是不会显示“8”字的。称 80H 是显示字符 8 的段选码，把各个显示字符及相应的段选码列成一个表如表 4-2 所示。

从表 4-2 可知，共阴极和共阳极显示器的段选码不一样，它们的段选码恰好互补。例如“8”字的两种段选码分别是 7FH 和 80H，它们相加的和为 00H。要想显示某个字符，要先根据字符找到相应的段选码，这一过程称为“译码”。注意这个“译码”和 138 译码器的“译码”有区别，可以用硬件完成“译码”功能，也可以用软件完成“译码”功能。

表 4-2　　七段 LED 的段选码

显示字符	共阴极段选码	共阳极段选码	显示字符	共阴极段选码	共阳极段选码
0	3FH	C0H	A	77H	88H
1	06H	F9H	B	7CH	83H
2	5BH	A4H	C	39H	C6H
3	4FH	B0H	D	5EH	0AH
4	66H	99H	E	79H	86H
5	6DH	92H	F	71H	8EH
6	7DH	82H	P	73H	8CH
7	07H	F8H	U	3EH	C1H
8	7FH	80H			
9	6FH	90H			

任务 4.1.2　常用几种工业控制机

1. 可编程控制器

（1）可编程控制器的定义。

可编程控制器简称 PC 或 PLC，是早期的继电器逻辑控制系统与微计算机技术相结合而发展起来的。它的低端即为继电器逻辑控制的代用品，而其高端实际上是一种高性能的计算机实时控制系统。最初的可编程控制器主要用于顺序控制，虽然采用了计算机的设计思想，但实际上只能进行逻辑运算，故称作可编程逻辑控制器，简称 PLC。

随着计算机技术的发展及微处理器的应用，可编程序控制器的功能不断扩展和完善，早已远远超出逻辑控制、顺序控制的范围，具备了模拟量控制、过程控制以及远程通信等强大功能。经过调查，美国电气制造商协会（NEMA）将其正式命名为可编程控制器，简称 PC（Programmable Controller）。但为了与个人计算机的专称 PC（Personal Computer）相区别，常常把可编程控制器简称为 PLC。

可编程控制器在不断地发展，对它的定义也不是一成不变的。国际电工委员会（IEC）于 1982 年颁布了可编程控制器标准草案，1985 年提交了第二版，1987 年的第三版对可编程控制器定义如下：“可编程控制器是专为在工业环境下应用而设计的一种数字运算操作的电子装置，带有存储器和可以编制程序的控制器。它能够存储和执行指令，进行逻辑运算、顺序控制、定时、计数和算术运算等操作，并通过数字式和模拟式的输入和输出，控制各种类型的机械或生产过程。可编程控制器及其有关的外围设备，都应按易与工业控制系统形成一个整体、易于扩展其功能的原则设计。”

（2）可编程控制器的主要功能。

1）条件控制和步进控制。

2）限时和计数控制。

3）数据处理。有些可编程控制器具有数据处理能力，如并行运算、并行数据传送、BCD 码的算术运算等。还可以对数据存储器进行间接寻址及打印连接，完成有关数据和程序的记录工作。

4）智能组件。实现 A/D、D/A 转换，完成对模拟量的控制和调节。

5）通信和联网。有些可编程控制器采用通信技术，可以进行远程 I/O 的控制，多元可编程控制器可进行彼此间的同位链接，并可与上位机链接，可以接受、执行和反馈计算机指令及现场控制信息，进而组成由一台计算机与多台可编程控制器构成的“集中管理，分散控制”的分布式控制网络，以完成大规模的复杂控制。

（3）可编程控制器的特点。

1）工作可靠。PLC 一般不易受到外界干扰，并且还具有断电保护和自诊断等功能，以应付故障发生。

2）组合灵活、运行迅速。可编程控制器大多采用模块化，每模块完成一定的功能，便于通过简单的组合来灵活改变控制系统的功能和规模。现在有些 PLC 已发展到了具有若干个 CPU 分担不同的任务，使运行速度更快。

3）安装简单、操作方便。使用时只需将检测器件及执行设备与 PLC 的 I/O 端口连接无误，系统便可工作，同时各模块均设有运行和故障指示装置，便于查找故障，操作方便。

4）编程简单。大多 PLC 采用面向问题的“自然语言”编程（如梯形图语言），容易掌握，特别是易被那些不了解计算机高级语言而长期从事继电器控制的电气技术人员所接受。

（4）可编程控制器的适用范围。

1）全部为开关量的逻辑控制，如条件控制、限时控制、计数控制、步进控制等。目前的大多应用均属此列。

2）少量模拟量控制和开关量控制。由于 PLC 的模拟单元价格较贵，但有时只有少量的模拟量需要控制，这时可采取一定的措施如用开关量在外部增加简单电路来实现少量模拟量控制，既不影响控制，也不会使成本增加太多。

3）大型复杂控制系统中的直接面向工业控制对象的控制，通过与上位机的联网组成大系统。

（5）可编程控制器的分类。

可编程控制器产品的种类很多，根据外部特性可将其进行如下分类：

1）按点数和功能分类。

可编程控制器实现对外部设备的控制，其输入端子与输出端子的数目之和，称作 PLC 的输入输出点数，简称 I/O 点数。为了适应信息处理量和系统复杂程度的不同需求，PLC 具有不同的 I/O 点数、用户程序存储器容量和功能范围，由此可将其分为小型、中型和大型三类。

①小型 PLC 的 I/O 点数小于 128 点，用户程序存储器容量小于 4K 字。功能简单，以开关量控制为主，可实现条件控制、顺序控制、定时计数控制，适用于单机或小规模生产过程。

②中型 PLC 的 I/O 点数为 128～512 点，用户程序存储器容量为 4～8K 字。功能比较丰富，兼有开关量和模拟量的控制能力，具有浮点数运算、数制转换、中断控制、通信联网和 PID 调节等功能，适用于小型连续生产过程的复杂逻辑控制和闭环过程控制。

③大型 PLC 的 I/O 点数在 512 点以上，用户程序存储器容量达到 8K 字以上。控制功

能完善，在中档机的基础上，扩大和增加了函数运算、数据库、监视、记录、打印及中断控制、智能控制、远程控制等功能。适用于大规模的过程控制、集散式控制系统和工厂自动化网络。

2）按结构形式分类。

根据可编程控制器各组件的组合形式，可将 PLC 分为整体式和机架式两大类。

①整体式结构的 PLC 是将中央处理单元、存储单元、输入输出模块和电源部件集中配置在一个机箱内，输入输出接线端子及电源进线分装在两侧，并有发光二极管显示输入输出状态。这种 PLC 输入输出点数少、体积小、价格低、便于装入设备内部。小型 PLC 通常采用这种结构。

②机架式结构的 PLC 将各部分做成独立的模块，如中央处理单元、存储单元、输入模块、输出模块、扩展功能单元和电源模块等，使用时将这些模块分别插入机架底板的插座上。可根据生产实际的控制要求配置各种不同的模块，构成不同的控制系统。这种 PLC 输入输出点数多，配置灵活、方便，易于扩展，大、中型 PLC 通常采用这种结构。

3）按使用方向分类。

从应用的侧重不同，可将可编程控制器分为通用型和专用型两类。

①通用型 PLC 作为标准工业控制装置可供各类工业控制系统选用，通过不同的配置和程序编制可满足不同的需要。

②专用型 PLC 是为某类控制系统专门设计的 PLC，如数控机床专用型、锅炉设备专用型和报警监视专用型等。由于应用的专一性，使控制质量大大提高。

2. 单片机

单片微型计算机简称单片机（Single Chip Microcomputer），又称微控制器（Microcomputer Unit）。它是将计算机的基本部件微型化，使之集成在一块芯片上，片内含有 CPU、ROM、RAM、并行 I/O、串行 I/O、定时器/计数器、中断控制、系统时钟及总线等。

（1）单片机的应用领域。

目前，单片机的应用范围不断扩大，在日常生活、生产中处处离不开它，它已成为科技领域的有力工具。

1）工业过程控制。

由于单片机的 I/O 接口线多，位操作指令丰富，逻辑操作功能强，所以特别适合工业过程控制。它既可以做主机控制，又可以作为分布式控制系统的前端机。例如工厂流水线的智能化管理、电梯智能化控制、锅炉控制、机器人控制、数控机床、交通灯、雷达、导弹、鱼雷、航天导航系统以及汽车点火、排气、变速等。

2）智能仪器仪表。

单片机具有体积小、功耗低、控制功能强、扩展灵活、微型化、使用方便并具有一定的数据处理能力等优点，广泛应用于仪器仪表中。结合不同类型的传感器，可实现诸如电压、功率、频率、湿度、温度、流量、速度、厚度、角度、长度、硬度、压力等物理量的测量。例如数字温度湿度控制仪、智能流量仪、酒精测试仪、激光测距仪、数字万用表、智能电度表、电子秤及精密的测量设备（功率计、示波器、各种分析仪）等。

3）家用电器。

由于单片机价格低廉，体积小，逻辑判断、控制功能强，且内部有定时计数器，因此现在的家用电器基本上都采用了单片机控制，从电饭煲、洗衣机、电冰箱、VCD、DVD、空调机、彩电、微波炉，再到高级智能玩具、机器人清扫机等。

4）计算机网络和通信领域。

现代的单片机普遍具备通信接口，可以很方便地与计算机进行数据通信，为在计算机网络和通信设备间的应用提供了极好的物质条件，现在的通信设备基本上都实现了单片机智能控制，如手机、电话机、小型程控交换机、楼宇自动通信呼叫系统、列车无线通信、集群移动通信、无线电对讲机等。

5）医用设备、办公设备及其他。

医用设备，例如医用呼吸机、各种分析仪、监护仪、超声诊断设备及病床呼叫系统等。办公设备，例如复印机、传真机、打印机、绘图仪及数码产品等。

此外，单片机在工商、金融、科研、教育、国防、航空航天等领域都有着十分广泛的用途。

（2）单片机的特点。

1）体积小，重量轻；价格低，功能强；电源单一，功耗低；可靠性高，抗干扰能力强。这是单片机得到迅速普及和发展的主要原因，同时由于它的功耗低，使后期投入成本也大大降低。

2）使用方便灵活、通用性强。由于单片机本身就构成一个最小系统，只要根据不同的控制对象作相应的改变即可，因而它具有很强的通用性。

3）存储容量大。例采用 8 位单片机和 16 位地址总线可寻址外部 64KBRAM 和 64KBROM，以及内部 128 字节 RAM 和 2～4K 字节 ROM，因此，单片机不但能进行控制，还可以进行数据处理，功能强大，用户使用方便。

4）指令丰富。单片机的指令系统中有大量的单字节指令，以提高指令运行速度和操作效率；丰富的位操作指令，满足了对开关量控制的要求；丰富的指令，使单片机能在逻辑控制、开关量控制、顺序控制中得以广泛应用。

5）抗干扰能力强。由于单片机各功能部件都集成在一个芯片上，特别是存储器也集成在芯片内部，因而布线短、不易受外界干扰，从而提高了系统的运行可靠性。

（3）单片机发展概况。

从单片机诞生至今，已发展成上百种系列的近千个品种。它的发展经历了以下几个阶段：

1）诞生。

1974 年 12 月美国仙童（Fairchild）公司第一个推出了 8 位单片机 F8。它只包含 8 位 CPU、64BRAM 和两个并行输入输出口，必须外加一片 3815（1KBROM，1 个定时计数器和 2 个并行 I/O）才能构成一个完整的微型计算机。虽说这不是真正意义上的单片机，但从此拉开了研制单片机的序幕。

2）研究。

1976 年 Intel 公司推出了真正的 8 位单片微型计算机 MCS－48，它以体积小，功能全，价格低，赢得了广泛的认同，为单片机的发展奠定了基础，成为单片机发展史上重要的里程碑。在 MCS－48 的带领下，各大半导体公司相继研制和发展了自己的单片机，如 Zilog 公司、Motorola 公司等。“单片机（SCM）”一词由此得来。

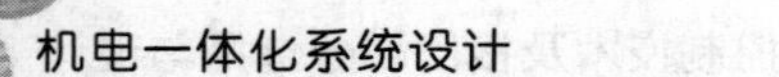

3）提高。

20 世纪 80 年代初，世界各大公司均竞相研制出品种多、功能强的单片机，约有几十个系列，300 多个品种，此时的单片机 RAM 和 ROM 的容量也越来越大，寻址空间甚至可达 64KB，并有串行输入输出口，还可以进行多级中断处理。

4）16 位和 8 位单片机并行。

1982 年以后，16 位单片机问世，代表产品是 Intel 公司的 MCS－96 系列，16 位单片机比起 8 位机，数据宽度增加了一倍，实时处理能力更强，主频更高，集成度达到了 12 万只晶体管，RAM 增加到了 232 字节，ROM 则达到了 8KB，并且有 8 个中断源，同时配置了多路的 A/D 转换通道，高速的 I/O 处理单元，适用于更复杂的控制系统。

5）微控制器时代。

20 世纪 90 年代以后，单片机获得了飞速的发展，如：美国 Microchip 公司发布了一种完全不兼容 MCS－51 的新一代 PIC 系列单片机，Motorola 公司发布了 MC68HC 系列单片机，1990 年美国 Intel 公司推出了 80960 超级 32 位单片机，引起了计算机界的轰动，产品相继投放市场，成为单片机发展史上又一个重要的里程碑。

（4）单片机的常用术语。

1）位：位是计算机中所能表示的最基本和最小的数据单位，由于在计算机中使用的都是二进制数，所以位就指一个二进制位。

2）字节：相邻的 8 位二进制码称为一个字节，通常数据都以字节为单位存放，如 10010101 为一个字节。字节简写为"B"。

3）字长：MCS－51 单片机是 8 位机，说明每次内部数据处理字长是 8 位，它是字节的整数倍，有 8 位、16 位、32 位、64 位等。

（5）MCS－51 单片机内部结构。

MCS－51 系列单片机是 Intel 公司推出的通用型单片机。这一系列单片机的基本组成、基本性能和指令系统都是相同的。MCS－51 系列单片机的基本型产品有 8031、8051、8751、8951 等，这几个产品的区别只是片内程序存储器的构造不同而已。

MCS－51 单片机内部结构包括：1 个 8 位微处理器、1 个时钟电路、4KB 程序存储器、256B 数据存储器、2 个 16 位定时/计数器、64KB 扩展总线控制电路、4 个 8 位并行 I/O 接口 P0～P3、1 个全双工串行 I/O 接口、5 个中断源等。以上各部分电路通过内部总线相连接，如图 4-16 所示。

1）CPU。

微处理器 CPU 是单片机的核心部件，一般由运算器和控制器组成。

①运算器：运算器电路以算术逻辑单元 ALU 为核心，由累加器 ACC、寄存器 B、程序状态寄存器 PSW 及布尔处理机等诸多部件组成。它的主要任务是完成算术运算、逻辑运算、位运算和数据传送等操作，运算结果的状态由 PSW 保存。

• 累加器 A：累加器 A 又称为 ACC，是一个具有特殊用途的 8 位专用寄存器，相当于数据中转站，它是 CPU 中使用最频繁的寄存器。

• 寄存器 B：寄存器 B 又称为乘法寄存器。在乘除操作中，乘法指令的两个操作数分别取自 A 和 B，其结果存放在 B（高 8 位）和 A（低 8 位）寄存器中。除法指令中，被除数取自 A，除数取自 B，商数存放于 A，余数存放于 B。

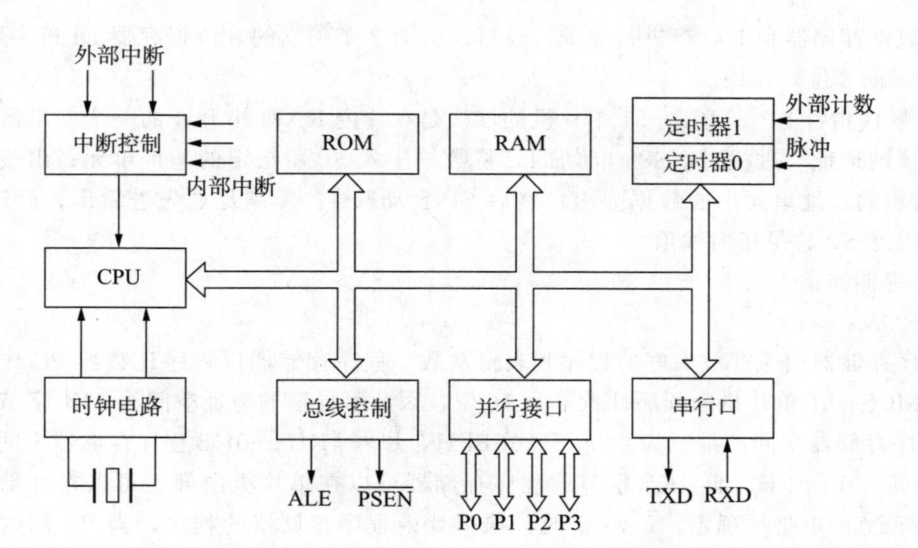

图 4-16　单片机结构框图

• 程序状态字 PSW：程序状态字 PSW 是一个 8 位的寄存器，它保存指令执行结果的特征信息，为下一条指令或以后指令的执行提供状态条件，其各位定义如下：

PSW. 7	PSW. 6	PSW. 5	PSW. 4	PSW. 3	PSW. 2	PSW. 1	PSW. 0
C	AC	F0	RS1	RS0	OV	—	P

C：进位标志。在执行某些算术和逻辑指令时，当运算结果的最高位有进位或借位时，C 将被硬件置位，否则就被清零。

AC：半进位标志。两个 8 位二进制数的加减运算，在进行加减时，如果低 4 位向前有进位或借位时，AC 就会被置 1。

F0：用户定义标志。可由用户让其记录程序状态，用作标记，即用软件使其置位或复位。

RS1、RS0：工作寄存器组选择控制位。

OV：溢出标志位。OV 置 1 表示加减运算的结果超出了 A 所能表示的带符号数的范围。

P：奇偶校验位。它用来表示 A 中二进制数位“1”的个数的奇偶。奇数，P＝1；偶数，P＝0。

【例 4-1】　57H＋BAH 运算后，PSW 的 D7、D6、D2、D0 位有何变化？

解：57H＋BAH＝01010111B＋10111010B

低 4 位和最高位均有进位，运算后无溢出，所以 D7＝D6＝1，D2＝D0＝0。

②控制器：控制器是控制计算机系统各种操作的部件，它包括时钟发生器、定时控制逻辑、复位电路、指令寄存器、指令译码器、程序计数器、数据指针 DPTR、堆栈指针 SP 等。

• 程序计数器 PC：程序计数器 PC 是一个 16 位专用寄存器，其内容表示下一条要执行的指令的地址。PC 具有自动加 1 功能，当 CPU 要取指令时，将 PC 中的地址送到地址总线上。从存储器中取出指令后，PC 中的地址自动加 1，指向下一条指令，以保证程序顺序执行。当系统复位后，PC＝0000H，CPU 便从这一固定的入口地址开始执行程序。

• 数据指针 DPTR：DPTR 为 16 位的地址指针，可以作为间接寻址寄存器，对 64KB

的外部数据存储器和I/O口进行寻址。还可以分为2个独立的8位寄存器DPH（高8位）和DPL（低8位）使用。

• 堆栈指针SP：MCS-51单片机的堆栈是在片内RAM中开辟的一个专用区，用来存放栈顶的地址。进栈时，SP自动加1，将数据压入SP所指定的地址单元；出栈时，将SP所指示的地址单元中的数据弹出，然后SP自动减1，即满足“先进后出，后进先出”原则，因此SP总是指向栈顶。

2）存储器。

①ROM。

程序存储器用于存放编好的程序和表格常数。程序存储器以程序计数器PC作为地址指针，MCS-51单片机的程序计数器为16位，因此可寻址的地址空间为64K字节。片内4KB程序存储器空间的地址为0000H～0FFFH，片外4KB+60KB程序存储器空间的地址为0000H～0FFFFH，低4KB字节的程序存储器可以在单片机内部也可以在外部，由输入到引脚$\overline{EA}$的电平所确定。$\overline{EA}$=1时，执行片内程序存储器的程序，当PC的内容超过片内程序存储器地址的最大值（0FFFH）时，将自动转去执行片外程序存储器的程序；$\overline{EA}$=0时，CPU从片外程序存储器中取指令执行程序；对于片内无程序存储器的8031、8032单片机，$\overline{EA}$引脚应接低电平。

程序地址空间原则上可以由用户任意安排，但有6个单元地址在MCS-51系列单片机中是固定的，用户不能更改。这些入口地址如下：

0000H：单片机复位后的程序入口地址。

0003H：外部中断0的中断服务程序入口地址。

0013H：外部中断1的中断服务程序入口地址。

000BH：定时器0的中断服务程序入口地址。

001BH：定时器1的中断服务程序入口地址。

0023H：串行口的中断服务程序入口地址。

②RAM。

数据存储器用于存放运算过程中的结果，用做缓冲和数据暂存，以及设置特征位标志等。数据存储器又分为片内和片外两部分，它们是两个独立的地址空间，应分别单独编址。内部RAM采用8位地址编址为00H～0FFH，容量为256B字节，外部RAM采用16位地址编址为0000H～0FFFFH，容量为64KB字节。

• 片内RAM（低128位）。

片内RAM共256B，又分为低128位（00H～7FH）的RAM区和高128位（80H～0FFH）的特殊功能寄存器SFR区。低128位的片内RAM的配置见表4-3。

表4-3　　片内RAM的配置表（低128位）

单元名称	单元地址
工作寄存器0区（R0～R7）	00H～07H
工作寄存器1区（R0～R7）	08H～0FH
工作寄存器2区（R0～R7）	10H～17H

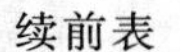

续前表

单元名称	单元地址
工作寄存器 3 区（R0～R7）	18H～1FH
位寻址区（00H～7FH）	20H～2FH
数据缓冲区	30H～7FH

工作寄存器区：寄存器区共有 4 组寄存器，每组 8 个寄存单元（R0～R7）。CPU 到底选择 4 组中哪一组的 R0、R1、…、R7，由 PSW 中的 RS1、RS0 状态字来决定。见表4-4。

表 4-4　　工作寄存器区选择表

RS1（PSW.4）	RS0（PSW.3）	可选择的 R0～R7 所在区	单元地址
0	0	工作寄存器 0 区	00H～07H
0	1	工作寄存器 1 区	08H～0FH
1	0	工作寄存器 2 区	10H～17H
1	1	工作寄存器 3 区	18H～1FH

位寻址区：共有 16 个单元，它们均具有双重功能，既可以作为一般的 RAM 单元按字节存取，也可以对每个 RAM 单元的任意一位按位操作，共计 128 位（00H～7FH）。具体见表 4-5。

表 4-5　　位寻址区地址表

序号	单元地址	位地址	序号	单元地址	位地址
1	20H	00H～07H	9	28H	40H～47H
2	21H	08H～0FH	10	29H	48H～4FH
3	22H	10H～17H	11	2AH	50H～57H
4	23H	18H～1FH	12	2BH	58H～5FH
5	24H	20H～27H	13	2CH	60H～67H
6	25H	28H～2FH	14	2DH	68H～6FH
7	26H	30H～37H	15	2EH	70H～77H
8	27H	38H～3FH	16	2FH	78H～7FH

数据缓冲区：即用户 RAM，共 80 个单元。

• 片内 RAM（高 128 位）——SFR。

51 系列单片机内部的 I/O 口锁存器以及定时器、串行口、中断等各种控制寄存器和状态寄存器都称为特殊功能寄存器，共有 21 个 SFR，它们离散地分布在 80H～0FFH 的 SFR 地址空间中，见表 4-6。

表 4-6　　特殊功能寄存器表

序号	符号	名称	地址
1	* ACC	累加器	E0H
2	* B	B 寄存器	F0H
3	* PSW	程序状态字	D0H
4	SP	堆栈指针	81H
5	DPH	数据指针 DPTR 的高 8 位	83H
6	DPL	数据指针 DPTR 的低 8 位	82H
7	* P0	P0 锁存寄存器	80H
8	* P1	P1 锁存寄存器	90H
9	* P2	P2 锁存寄存器	A0H
10	* P3	P3 锁存寄存器	B0H
11	* IP	中断优先级控制寄存器	B8H
12	* IE	中断允许控制寄存器	A8H
13	TMOD	定时/计数器方式寄存器	89H
14	* TCON	定时/计数器控制寄存器	88H
15	TH0	定时/计数器 0（高字节）	8CH
16	TL0	定时/计数器 0（低字节）	8AH
17	TH1	定时/计数器 1（高字节）	8DH
18	TL1	定时/计数器 1（低字节）	8BH
19	* SCON	串行口控制寄存器	98H
20	SBUF	串行数据缓冲寄存器	99H
21	PCON	电源控制寄存器	87H

注：凡注“*”号的 SFR 既可按位寻址，亦可直接按字节寻址。

• 片外 RAM。

由于片外 RAM 和片内 RAM 的低地址空间（0000H～00FFH）是重叠的，所以需要采用不同的寻址方式加以区分，访问片外 RAM 时，使用指令 MOVX 实现；访问片内 RAM 时，使用指令 MOV 实现。

（6）MCS－51 单片机外部引脚。

MCS－51 单片机芯片引脚共有三种：40 脚的双列直插封装 DIP 方式，44 脚方型封装方式，48 脚 DIP 方式，52 脚方型封装，68 脚方型封装。8051 单片机常采用 40 脚的双列直插封装（DIP）或 LCC/QEP 封装。引脚和逻辑符号如图 4-17 所示。

8051 的 40 个引脚可分为：电源引脚 2 根、时钟引脚 2 根、控制引脚 4 根和 I/O 引脚 32 根。

1）电源引脚。

V_{CC}（40 脚）：接＋5V 电源（直流电源正端），为单片机提供工作电源。

V_{SS}（20 脚，GND）：接共用地端（直流电源负端）。

2）时钟引脚。

XTAL1（19 脚）：接外部晶振和微调电容的一端。采用外部时钟电路时，对 HMOS 型工艺的单片机，此引脚应接地；对 CHMOS 型而言，此引脚应接外部时钟的输入端。

XTAL2（18 脚）：接外部晶振和微调电容的另一端。采用外部时钟电路时，对 HMOS 型工艺的单片机，此引脚应接外部时钟的输入端；对 CHMOS 型而言，此引脚悬空。

3）控制引脚。

控制引脚可看成是控制总线，总线指一类在使用方法上功能相同的引脚，一般有控制总线、地址总线、数据总线三种。

RST/V_{PD}（9 脚）：RST 为复位信号输入端，单片机正常工作时，当 RST 端保持 2 个机器周期以上的高电平时，单片机复位。一旦发生掉电或电压降到一定值时，可通过 V_{PD} 为单片机供电。

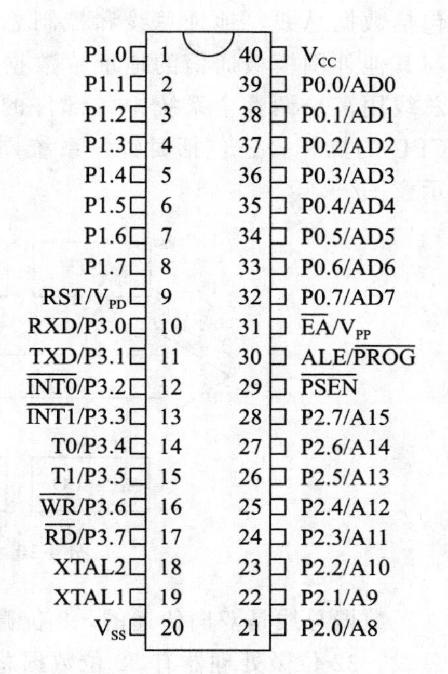

图 4-17　8051 单片机引脚图

ALE/$\overline{\text{PROG}}$（30 脚）：ALE 为地址锁存允许信号，在访问外部存储器时，ALE 用来锁存 P0 口送出的低 8 位地址信号；在不访问外部存储器时，ALE 也以时钟频率的 1/6 的固定速率输出，因而它又可作为外部定时脉冲源或其他需要。要注意的是：每当访问外部数据存储器时，将跳过一个 ALE 脉冲。该端可以驱动 8 个 TTL 负载。对于 EPROM 型单片机，在编程期间，此引脚用于输入编程脉冲$\overline{\text{PROG}}$。

$\overline{\text{PSEN}}$（29 脚）：外部程序存储器的读选通信号。当访问外部 ROM 时，$\overline{\text{PSEN}}$产生负脉冲作为外部 ROM 的选通信号；在访问外部 RAM 或片内 ROM 时，不会产生有效的$\overline{\text{PSEN}}$信号。$\overline{\text{PSEN}}$可驱动 8 个 TTL 负载。

$\overline{\text{EA}}$/V_{PP}（31 脚）：$\overline{\text{EA}}$为外部程序存储器地址允许输入端。V_{PP} 是对 8751 片内 EPROM 编程写入时，21V 编程电压的输入端。

4）I/O 引脚（P0.0～P0.7、P1.0～P1.7、P2.0～P2.7、P3.0～P3.7），其中包括 8 位数据总线 P0 口和 16 位地址总线 P0/P2 口。AT89C51 实物如图 4-18 所示。

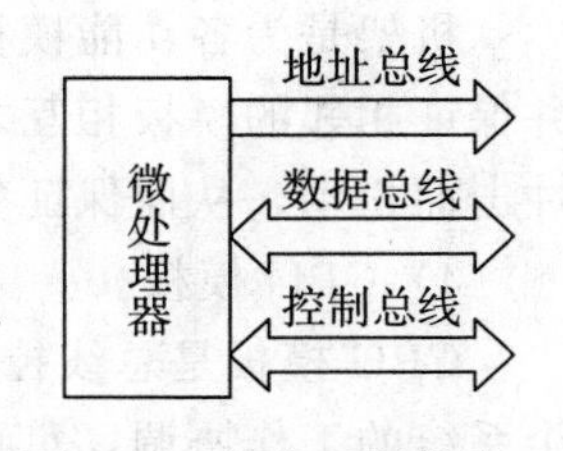

图 4-18　AT89C51 实物图

3. 总线结构的工业控制机

总线是一组信号线的集合，是一组传送规定信息的公共通道。微处理器总线是微处理器与外围器件之间传送信息的一组信号线，它是微处理器与外部硬件接口的核心，是微处理器进行各种运算、控制时传递信息的大动脉，微处理器总线示意图如图 4-19 所示。

微处理器
地址总线
数据总线
控制总线

图 4-19　微处理器总线

计算机总线是微型计算机实现组合和功能扩展的关键，它包括数据总线、地址总线和控制总线三大部分。其中，地址总线是用来确定CPU模板与其他外围模板通信的地址；数据总线是CPU模板与其他模板传递数据的通道；控制总线用来协调整个系统中各部件的操作，包括对存储器、输入输出、中断、DMA以及CPU的操作，还包括时钟、系统同步、系统复位等。图4-20是计算机系统的总线结构示意图。

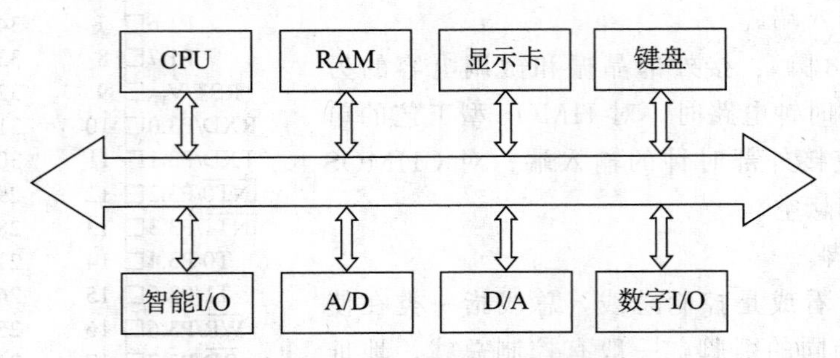

图4-20　计算机系统的总线结构示意图

数据总线是双向传递的，8位微处理器有8位数据总线，16位微处理器有16位数据总线，32位微处理器有32位数据总线。地址总线是单向传输的，微处理机通过地址总线来确定与之通信的外部器件。8位微处理器有16位地址总线，寻址64KB，16位微处理器有16至24位地址总线，寻址范围可达16MB。

控制总线用来传递各种控制信号，这些信号有些是从外围器件到微处理器，有些是从微处理器到外围器件。

(1) 总线工业控制计算机的构成。

总线工业控制计算机由电源、机架、总线母板、CPU模板、存储器板、人机接口板以及功能丰富的外部I/O模板组成，图4-21是一种典型的总线工业控制计算机系统的硬件结构。

1) 电源。

工业控制计算机对电源要求很高，电源的性能直接影响着工业控制计算机的工作稳定性及可靠性。因此，工业控制计算机的电源要有较好的输出特性和较强的抗干扰特性。一般要求电源适用范围为80～270V，频率范围是47～63Hz。对于某些要求很高的工业控制计算机，采用冗余电源设计，以保证系统的可靠性。

2) 总线母板。

总线母板是一块印有系统总线的印刷电路板，该板上提供许多总线插槽，以实现各功能模板与系统总线的电气连接。

3) 机架。

机架是为各功能模板、总线母板提供机械支持的框架，以保证整个系统的可靠连接，并保证相邻的模板相互之间不接触，为系统提供冷却风道，并保证插入的模板不因振动和冲击而松动，从而保证整个计算机系统的可靠运行。

4) CPU模板。

CPU模板是总线控制计算机系统中的核心部件，是整个系统的控制中心。它负责整个系统的工作协调，负责数学运算、数据传输、逻辑判断、输入输出控制以及上位机或网

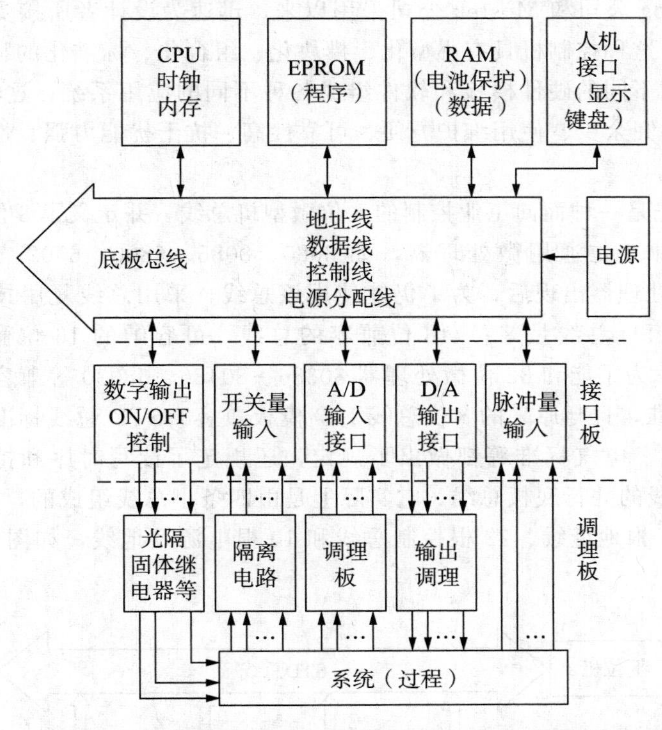

图 4-21 一种典型的总线工业控制计算机系统的硬件结构

络的通信等工作。在单 CPU 系统中，只有一块 CPU 模板，它要负责整个系统控制任务；在多 CPU 系统中，各 CPU 模板之间分工协作，共享系统资源，各有分工，共同完成系统的控制任务。

5）存储器模板。

存储器是计算机系统的重要组成部分。主要用来存储用户程序代码、系统程序代码以及控制过程数据等。一般来说，处理器模板内都设计有存储器，但存储量都比较小，对于要求大容量存储器的系统来说，系统应配置存储器模板，以增加系统的存储容量。

6）人机接口模板。

人机接口模板包括键盘接口板、磁盘驱动器接口板和显示器接口板等。这些板是计算机控制系统在开发过程中不可缺少的环节。目前，由于超大规模集成电路的迅速发展，这些功能板有些或全部被做在 CPU 模板内，以减少系统的规模。

7）I/O 功能模板。

I/O 功能模板是工业控制计算机必不可少的重要模板，计算机通过 I/O 功能模板来输入控制系统的状态或过程信息，经过逻辑分析运算后再经由 I/O 功能模板来控制被控制设备，常用的 I/O 功能模板有数字 I/O 功能模板，开关量 I/O 功能模板，模拟量 A/D、D/A 板以及功能强大的各种智能模板。

（2）常见的几种总线结构。

1）STD 总线。

STD 是英文 Standard（标准）的缩写，由 Matt Biewer 研制成功的 STD 总线，自

1978年被Pro－Log公司和Mostek公司采用以来，迅速为设计者所接受，证明了它在工业中的应用价值。这种控制机具有小型化、模块化、组合化、标准化的特点。它可以针对不同应用对象选用不同的硬件模板和软件组成各种不同的应用系统，这种系统组合灵活、开发周期短、硬件冗余少、使用维护方便、可靠性高、抗干扰能力强、性能价格比高，深受用户欢迎。

STD总线起先是一种面向工业控制的8位微型机总线，并定义了8位微处理器总线标准。它可容纳各种8位通用微处理器，如8080、8085、6800、6502、Z80、NSC800和8088等，16位微处理器出现后，为了仍能使用该总线，采用总线复用技术来扩充数据线和地址线。所以STD总线是8位/16位兼容的总线，可容纳的16位微处理器有8086、68000、80286等。为了能和32位微处理器80386、80486、68030等兼容，近年来又定义了STD32总线标准，且与原来的8位总线I/O模板兼容。STD总线标准对插件尺寸、插脚分配、信号定义、电气标准等都做出了规定，还规定了读写时序和持续时间等。STD总线是56条信号线的并行底板总线，它实际上是由四条小总线组成的，这些小总线是：8根双向数据线、16根地址线、22根控制总线和10根电源及地线，如图4-22所示为STD总线结构。

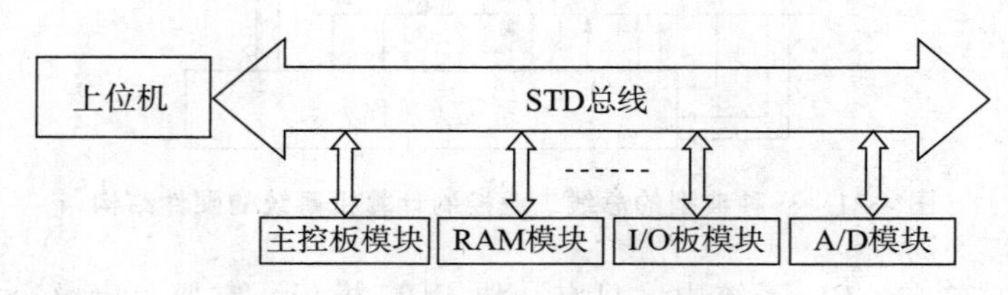

图4-22　STD总线结构图

①STD总线的主要特点是：

• 小板结构，高度的模块化。STD总线工控机采用在机械强度、抗断裂、抗振动、抗衰老和抗干扰等方面具有优越性的小板结构，采用开放式的系统结构，系统组成没有固定的模式和标准机型，而是提供大量的功能模块，提高了系统的可靠性和适用范围。

• 严格的标准化，广泛的兼容性。STD总线模块设计和所有信号线均有严格的标准，所以无论是从软件还是从硬件上其兼容性都非常好。

• 面向I/O设计，非常适合工业控制应用。STD总线有强大的I/O扩展能力，例如一个底板上甚至可以有20块I/O模块扩展能力，有众多的I/O模板提供给用户进行选择和组合，以满足各领域的要求，特别适合工业控制。

• 可靠性高。由于STD总线采用了固化操作系统和各种软件，并具有掉电保护的RAM板，所以能适应现场的振动、灰尘、潮湿、有害气体等，且抗电磁干扰能力较强。

②STD总线主要的适用范围：

• 各种开关量、模拟量控制。由于STD总线提供了各种开关量I/O、前置放大、A/D和D/A转换模板，所以其对各种开关量和模拟量的控制比较简单，而成本又比较低。

• 具有一定的各种运算功能。由于STD总线实行模块化，固化了操作系统和各种应用软件，且具有与个人计算机相类似的功能，因而计算功能增强，应用范围更广。

• 下位直接控制。由于其高可靠性和面向I/O的设计，所以特别适合于工业现场的直

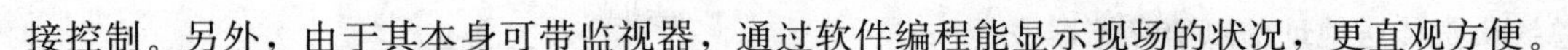

接控制。另外，由于其本身可带监视器，通过软件编程能显示现场的状况，更直观方便。

2）IBM PC 总线。

PC 即个人计算机，它采用 PC 总线，由 IBM 公司设计，其早期是为个人或办公室使用而设计的，可用其进行文字、电子数据表格和办公室简单事物处理。由于 PC 总线采用开放式结构，且价格低廉，为此人们将过去那种不适合工业控制的 PC 改进成工业 IPC。

①PC 总线的主要特点：

• 软件支撑特别丰富。由于熟悉 PC 的人越来越多，PC 的支撑软件特别丰富，所以其应用范围也越来越广。

• CPU 功能强，升级容易。CPU 可以采用高性能的 286、386、486，所以工业 PC 的功能可以做得很强，不亚于工作站，并且随着 PC 的不断升级，IPC 的升级也非常快。

• 联网极为方便。当前市面上流行的网络多数均可在 IPC 上运行，因此可方便地使其形成集散型系统。

②PC 总线的主要适用范围：

• 各种直接控制，可对工业控制对象直接进行控制。

• 由于联网和运算处理功能强，可以完成初级的控制和管理，将 PLC、STD 等连接起来在车间组成小型集散系统。

3）S－100 总线。

S－100 总线是第一条标准化微型总线，有 100 条信号线。它是以 8080 微处理机为基础设计的。S－100 总线共有 8 条数据输入线、8 条数据输出线、16 条地址线、3 条电源线、8 条中断线和 39 条控制线，另外还有 16 条线未定义，留给用户定义。

S－100 总线一般较适合于 8 位微处理器，S－100 总线有 16 条未定义线，留给用户定义，这些未定义的信号线虽然给用户扩展带来了方便，但由于没有统一的规定，所以 S－100总线产品的通用性、兼容性差。

4）VME。

Motorola 公司的 VME 总线（IEEE1014 标准）也是一种支持多计算机/多处理系统的总线。多处理器要通过系统总线和系统的公用资源交换信息，若系统总线上插了许多主控模板，则其处理速度要受到总线瓶颈的影响，解决的办法是为系统增加信息通道。所以 VME 总线是由局部总线 VMX 和串行总线 VMS 以及系统总线 VME 组成的。它又有四个子总线，即数据总线、仲裁总线、中断总线和公用总线。

这种总线在采用单总线连接器时为 96 条信号线，支持 16 位数据线、24 位地址线，双总线连接器结构则支持 32 位数据线和 32 位地址线，这时有 128 条信号线，可支持 4 个主 CPU 模板并行运行。这种高性能总线是开放式总线结构，受到许多厂家，特别是欧洲及那些与 Motorola 和 68000 微处理器有关用户的欢迎。

4. Z80CPU

（1）Z80CPU 的结构特点。

Z80CPU 是一个具有 40 条引脚、双列直插式结构的大规模集成电路（LSI）芯片。它的引脚配置如图 4-23 所示。图中箭头的方向表示该信号是输出还是输入。

1）地址总线（A_0～A_{15}）三态输出。三态即高电平为 1，低电平为 0，高阻时不动作。地址总线负责传送地址信息给存储器或传送输入/输出（I/O）信息给外部设备。因为有 16 根信号线，所以最高能选取 $2^{16}=65536$（64K）个存储单元。地址总线的低 8 位也可用做 I/O 外设的选址，所以最多只能选取 $2^{8}=256$ 个 I/O 地址。

2）数据总线（$D_0 \sim D_7$）三态输入或输出（双向）。在 CPU 与存储器或 I/O 外设之间传送数据。

3）数据读和写的控制信号（$\overline{MREQ}$、$\overline{IORQ}$、$\overline{RD}$、$\overline{WR}$）。

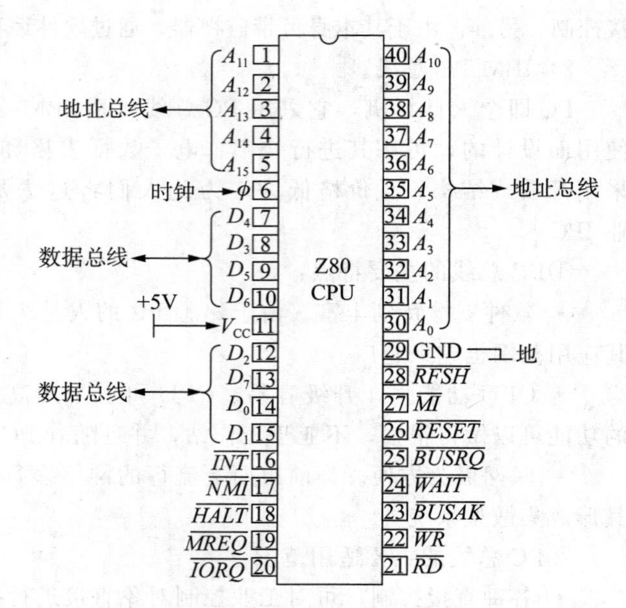

图 4-23　Z80CPU 的引脚配置

$\overline{MREQ}$表示当前地址总线上的内容为一有效的存储器地址，允许进行存储器的读、写操作。$\overline{IORQ}$表示当前地址总线上的内容为一有效的 I/O 外设地址，允许对外设进行数据的输入/输出。$\overline{RD}$表示允许从存储器或 I/O 外设读取数据。$\overline{WR}$表示允许 CPU 将数据写入存储器或外设。数据总线上的数据是有效数据。控制信号名称上有一横线者，如$\overline{RD}$、$\overline{WR}$表示该信号线低电平有效。

4）中断控制信号（$\overline{INT}$、$\overline{NMI}$）。$\overline{INT}$是中断请求信号，由外设产生。$\overline{NMI}$为非屏蔽中断请求信号，它比$\overline{INT}$有更高的优先权级别。如果 CPU 接受此中断请求，则 CPU 自动处理中断。

5）总线控制信号（$\overline{BUSRQ}$、$\overline{BUSAK}$）

$\overline{BUSRQ}$为总线悬浮请求信号，使得 CPU 数据总线、地址总线和其他三态输出的信号线（$\overline{MREQ}$、$\overline{IORQ}$、$\overline{RD}$、$\overline{WR}$和$\overline{NMI}$）均呈高阻状态，即 CPU 同总线脱离供外设占用系统总线。$\overline{BUSAK}$表示总线悬浮响应信号。当 CPU 响应$\overline{BUSRQ}$的同时，$\overline{BUSAK}$发出信号，宣布 CPU 已与总线脱离并同意将总线让出来。此时内存储器可以与外设通过总线高速地直接交换数据（DMA 方式）。

6）其他控制信号（$\overline{HALT}$、$\overline{WAIT}$、$\overline{RFSH}$、$\overline{M1}$）。

$\overline{HALT}$使 CPU 处于停止状态，只有中断信号或复位信号到来时，CPU 才能恢复操作。$\overline{WAIT}$让 CPU 等待信号，在存储器或 I/O 设备还来不及准备数据交换时使用。$\overline{RFSH}$是动态 RAM 进行刷新的信号，此线为低电平时，表示地址总线低七位 $A_0 \sim A_6$ 是动态存储器的刷新地址。$\overline{M1}$是系统同步控制信号，即表示机器周期的信号。

7）CPU 启动所需的信号（V_{CC}、GND、ϕ、$\overline{RESET}$）

首先，V_{CC}与 GND 之间接±5V 电源。低于 2.5MHz 的时钟脉冲由 ϕ 信号线进入 CPU。$\overline{RESET}$表示复位清零操作信号，使 Z80 的 PC 程序计算器清零，同时使 CPU 进入初始状态。

（2）Z80CPU 的存储器及 I/O 接口扩展举例。

如图 4-24 所示的系统组成中，内存为 16KB，包括 8K×8 的 EPROM（图中的 2764）、8K×8 的 RAM（图中的 6264），I/O 接口由一个 8255 提供。Z80CPU 的工作频率为 4MHz。

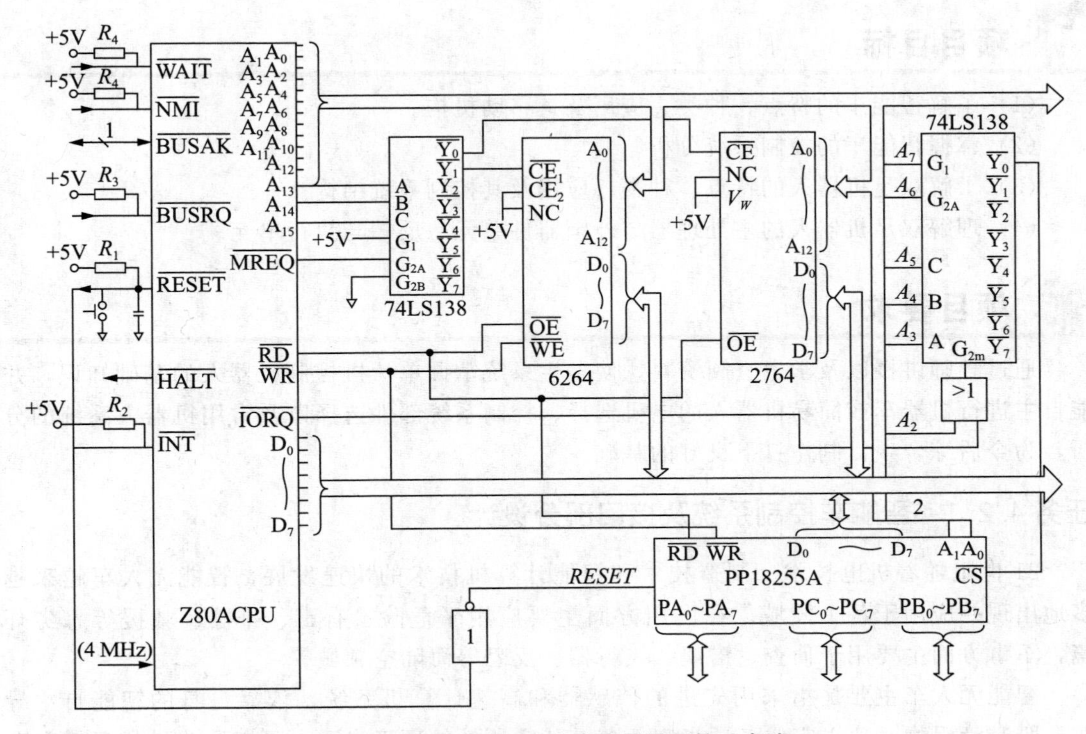

图 4-24　采用 Z80CPU 的存储器扩展接口电路

内存储器的地址译码器片内地址选择采用 13 根地址线 $A_0 \sim A_{12}$，片外由 A_{13}、A_{14}、A_{15}分别接在 3—8 译码器（74LS138）的选择端 A、B、C 上。CPU 的存储器请求信号$\overline{MREQ}$接在 G_{2A}上，G_{2B}接地，G_1 接＋5V 电源。3—8 译码器的 Y_0 和 Y_1 分别接在 2764、6264 的片选端$\overline{CE}$、$\overline{CE_1}$。这样，2764 的地址为 0000H～1FFFH，6264 的地址为 2000H～3FFFH。构成控制系统时将系统控制程序写入 2764，CPU 执行存入 2764 中的控制程序，并将 6264 的 8KB 的 RAM 空间作为工作缓冲区，存放各种控制参数。微机 I/O 译码器由另一片 3—8 译码器完成。图中电路将地址总线的 A_7 接 3—8 译码器的 G_1，A_6 接 3—8 译码器的 G_{2A}，A_2 和 IORQ 通过一个或门接到 G_{2B}上，A_5、A_4、A_3 则分别接到 C、B、A 上。3—8 译码器的输出端 Y_0 与 8255 的 CS 相接，将 8255 的 A_0、A_1 分别与地址总线的 A_0、A_1 相连。从而根据 3—8 译码器的功能表和 8255A 的端口操作状态表确定 8255 的三个并行端口和控制寄存器的地址，分别为（80H）、（81H）、（82H）和（83H）。从图中电路可知内存可扩展为 64KB，I/O 接口可接入 8 个 8255。但是，实际进行内存与 I/O 口的扩展时，必须考虑 CPU 的总线驱动能力。为提高总线驱动能力，可加入总线驱动器。

项目 4.2 用单片机控制机器人

项目目标

(1) 了解智能车的特点、种类、应用及其移动机构。

(2) 掌握智能车的控制系统分析。

(3) 了解双足机器人的特点、种类、应用及其控制系统结构。

(4) 理解双足机器人的主处理器与外围器件单元、反馈与执行单元。

项目要求

通过教师讲授以及学生查阅资料，使学生系统掌握单片机控制机器人的基础知识，并能自主进行机器车或简易机器人的电机选择、控制系统部件选择以及常用机器人系统的分析，为今后综合项目制作打下良好的基础。

任务 4.2.1 智能车控制系统及接口部分设计

21 世纪随着机电技术、制造技术和智能计算机技术的快速发展，智能无人车越来越多地出现并应用于各个领域。在民用方面主要应用于危险、有毒、排爆、救援等恶劣环境，军事方面主要用于侦查、潜艇、飞行器、反恐等海陆空领域。

智能无人车主要是指采用先进的传感器和高速计算机系统，依靠自身的智能自主导航，躲避障碍物，独立完成各项指定任务。从它所处的环境来看，可以分为结构环境和非结构环境两大类。结构环境是指移动环境不是很复杂，比较有规律可循，如导轨上铺设好的道路；非结构环境是指所有海陆空中的自然环境，一般较复杂，无规律可循。

1. 智能无人车的应用

(1) 军事领域。

在军事领域中的智能无人车实际上称为军用地面移动机器人，它是一种在地面运动，以自动车辆为平台，安装有各种仪器和武器，能进行遥控的自主、半自主控制的无人作战平台，如图 4-25 (a) 所示为远程遥控侦察车，(b) 图为四足作战机器人。

智能无人车可以代替士兵在恶劣、危险或人不可能达到的环境下执行军事任务，保护士兵生命，减少人员伤亡。它的主要用途是侦查、作战、攻坚和爆破、巡逻和警戒、扫雷和排爆等。

(2) 民用领域。

智能无人车广泛应用在自动化生产线系统中的物料搬运单元，用于完成设备之间、设备与自动仓库之间、设备与工具库之间的传送。如图 4-26 (a) 所示为无轨运行的 AGV 自动导引车，可自动搬运和堆垛等。

另外，星际探索和海洋开发也是智能无人车的一个重要应用领域，20 世纪 60 年代，美国 MIT 开始研究火星探索移动机器人，以便在火星上进行移动收集探测数据，如图 4-26 (b) 所示。

（a）远程遥控侦察车

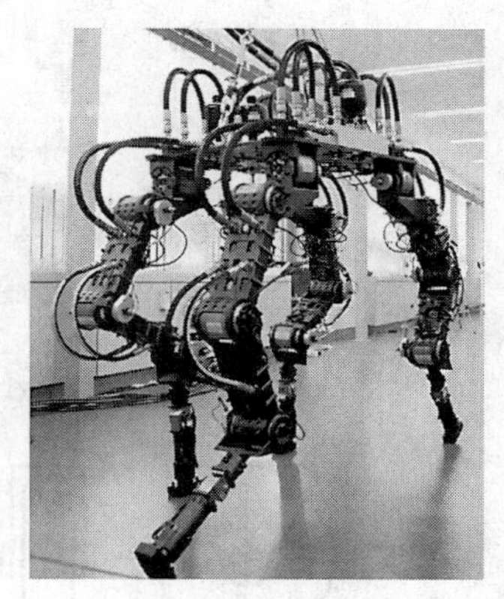

（b）四足作战机器人

图 4-25　作战机器车

（a）AGV自动导引车

（b）火星探测机器人

图 4-26　智能无人车

2. 智能无人车的移动机构

(1) 轮式移动机构。

迄今为止，轮子是移动机器人和人造交通车辆中最流行的运动机构，效率高，制作简单。因此在各种移动机构中，轮式移动机构最为常见，且其移动速度和移动方向易于控制。如图 4-27 所示为用于智能无人车的轮子的常见类型，图中 (a) 为标准轮的实物图，(e) 图为其简图；(b) 为小脚轮的实物图，(f) 图为其简图；(c) 为瑞典轮的实物图，(g) 图为其简图；(d) 为球形轮的实物图，(h) 图为其简图。

轮式移动机构实际应用时多为 3 轮和 4 轮机构，3 轮移动机构一般为一个前轮，两个后轮，前轮起支承作用，后轮独立驱动并实现转向，如图 4-28 (a) 所示；4 轮机构应用最广泛，可采用不同方式实现驱动和转向，类似于汽车方式，如图 4-28 (b) 所示。

(2) 履带式移动机构。

履带式移动机构适合于未加工的天然路面行走，是轮式移动机构的拓展，履带本身起着给车轮连续铺路的作用。它具有支承面积小、接地比压小、不易打滑等特点，适合于松软或泥泞场地进行作业，滚动阻力小，通过性能好，爬坡、越沟等性能优越。但具有结构复杂、重量大、运动惯性大、减振性差、零件易损坏等缺点。

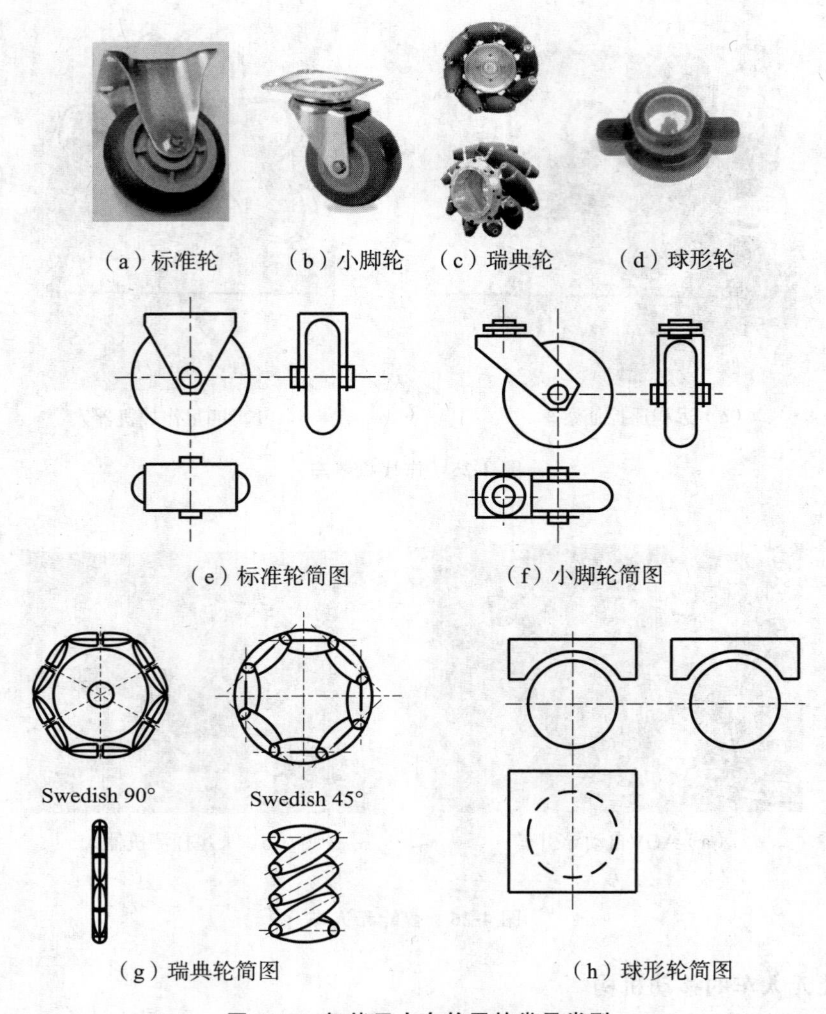

（a）标准轮　（b）小脚轮　（c）瑞典轮　（d）球形轮

（e）标准轮简图　（f）小脚轮简图

（g）瑞典轮简图　（h）球形轮简图

图 4-27　智能无人车轮子的常见类型

（3） 足式移动机构。

足式移动机构具有良好的机动性，对不平地面的适应能力较强，而且立足点是离散的，可以到达地面上最优的支撑点。

3. 智能无人车的控制系统分析

图 4-29 为某智能无人车的控制系统方案图，该智能车完成自主避障、寻迹、超声波测距及蓝牙无线遥控等多重功能。

智能车系统采用了 7.2V/2000mAh/Ni－Cd 蓄电池作为系统能源，并且通过稳压电路分出 6 伏、5 伏分别给舵机和单片机供电。直流电机驱动模块接收速度控制信号控制驱动电机运行，达到控制车速目的。转向伺服模块控制舵机转向，进而控制智能车转弯。速度测量模块实时测量智能车车速，用于系统的车速闭环控制，以精确控制车速。系统充分使用了 MC9S12DG128 单片机的外围模块，具体使用到的模块包括：ADC 模拟数字转换模块、定时器模块、PWM 脉冲宽度调制模块、中断模块、I/O 端口和实时时钟模块等。

（a）三轮移动机构

（b）四轮移动机构

图 4-28　轮式移动机构智能无人车

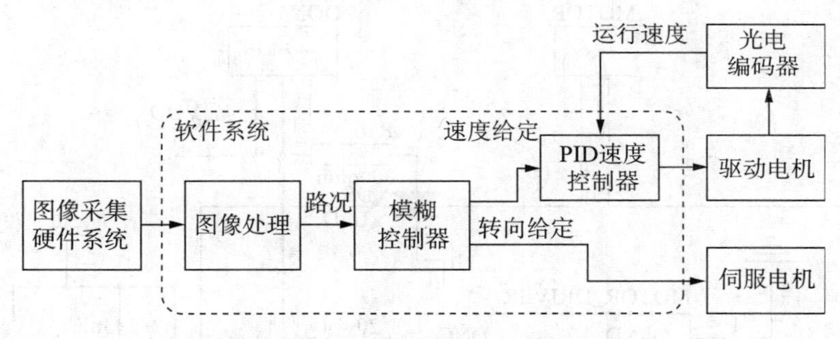

图 4-29　某智能无人车的控制系统方案图

（1）电源模块。

该智能车的电源模块为系统其他各个模块提供所需要的电源，除了要考虑到电压范围和电流容量等基本参数之外，还要在电源转换效率、降低噪声、防止干扰等方面进行优化。可靠的电源方案是整个硬件电路稳定可靠运行的基础。

电源模块由若干相互独立的稳压电路模块组成。一般采用如图 4-30 所示的星形结构，这样做可以减少各模块之间的相互干扰，另外为了进一步减小单片机的 5V 电源噪声，可以单独使用一个 5V 的稳压芯片与其他接口电路分开。除了电机驱动模块的电源可以直接取自电池之外，其余各模块的工作电压则需要从电池电压经过变换稳压获取。其中 7.2V 可以由电池直接供电，6V 和 5V 就需要稳压芯片来供电了，如果把所有接到 5V 的电源都从一个口输出，万一出现异常状况（例如大电流），单片机必然重启，因此需要多个稳压芯片同时工作，以保证单片机正常工作。

（2）电机驱动模块。

电机驱动采用标准的 33886 作为驱动芯片，MCU 通过 IN1 引脚输入 PWM 波，以调节 MC33886 的 DNC 口的输出电压，调节电机转速的快慢，并且在 IN2 口输入电压以调节电机的反转和制动功能，电机驱动模块电路如图 4-31 所示。

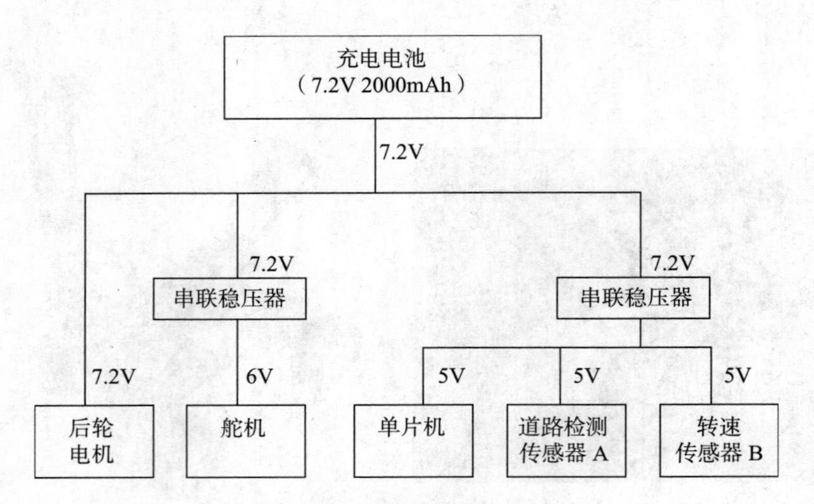

图 4-30　电源模块电路结构

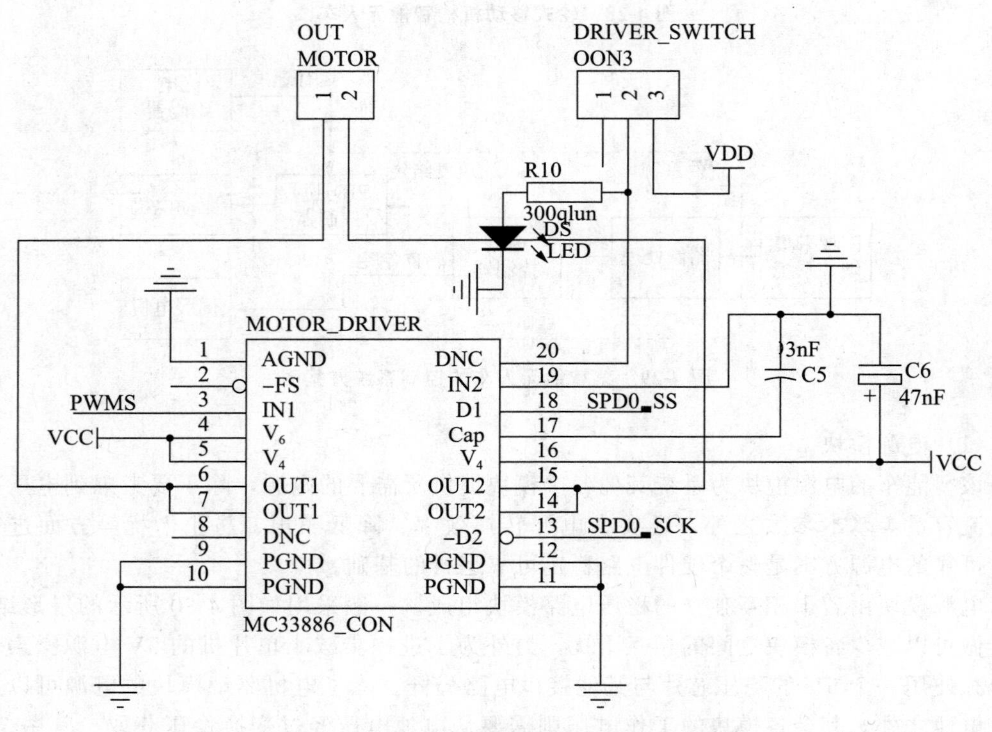

图 4-31　电机驱动模块原理图

在电路板上将两片 MC33886 并联，PWM 信号一路直接输入到主控单元，一路经过反向后输入到主控单元。这样当 PWM 波的占空比高于 50%时，电机朝一个方向转；占空比低于 50%时，电机朝另一个方向转。通过这种方式，可以在程序中实现反向制动，而这对于智能车在直道上提高速度是有帮助的。33886 作为一个单片电路 H 桥，是理想的功率分流直流马达和双向推力电磁铁控制器，它的集成电路包含内部逻辑控制、电荷泵、门控驱动、低读选通、金属—氧化物半导体场效应晶体管输出电路等。33886 能够控制连续感应直流负载上升到 5.0A，输出负载脉宽调制的频率可达 10kHz，一个故障状态输出可以报告欠压、短路、过热的情况。两路独立输入控制两个半桥的推拉输出电路的输出，两个无效输入使 H 桥产生三态输出（呈现高阻抗）。集成电路的特点是：与 MC33186DH1 类似的增强特性；5.0V 至 40V 连续运转；120mΩRDS（ON）H 桥 MOSFETs；TTL/CMOS 兼容输入；PWM 的频率可达 10kHz；通过内部常定时关闭对 PWM 有源电流限制(依靠降低温度的阈值)；输出短路保护；欠压关闭等。

MC33886 持续工作时最大输出电流为 5A，并将最大电流限制在 8A，当电流超过 8A 的时候，MC33886 会自动将输出口置为高阻态。而电机额定电压下堵转电流为 16.72A，远远超出了 MC33886 的驱动能力。在小车调速的过程中，需要快速启动和制动，经常导致 MC33886 过热，甚至烧毁 MC33886 芯片。为了避免 MC33886 被烧毁，在硬件上可以采用多片并联的方式来保护此芯片。

(3) 测速电路。

该智能车采用了红外对管和黑白码盘作为测速模块的硬件构成，其中码盘为 32 格的黑白相间圆盘，如图 4-32 (a) 所示。红外传感器安装在正对码盘的前方，虽然这样做精度比编码器要低很多，但是成本低廉制作容易，如果智能车速度较快，可以考虑再减少码盘上黑白色条的数量即可。当圆盘随着齿轮转动时，光电管接收到的反射光强弱交替变化，由此可以得到一系列高低电脉冲。通过累计一定时间内的脉冲数，或者记录相邻脉冲的间隔时间，可以得到和速度等价的参数值。

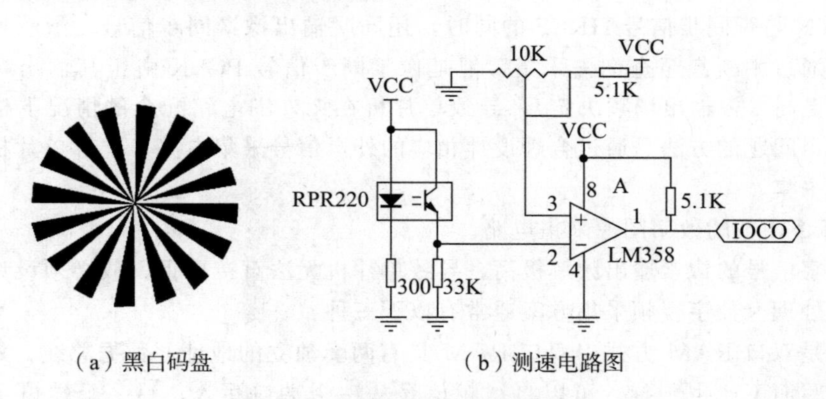

(a) 黑白码盘　　(b) 测速电路图

图 4-32　黑白码盘及测速电路图

速度测量电路图如 4-32 (b) 所示，红外反射式光电对管的光敏三极管信号通过比较器处理后输入单片机的计数器模块，利用单片机的输入捕捉功能，处理智能车速度信息。

(4) 图像采集模块的设计。

1) 图像采集方案的比较与选型。

单片机采集图像传感器的数据有两种方法，模拟式和数字式。使用最为广泛的图像采集方案为基于 LM1881 视频同步分离芯片的模拟信号采集方案。模拟信号采集方案需先将摄像头输出的复合视频信号进行分离，得到独立的同步信号和视频模拟量信号，接着根据同步信号对模拟视频信号进行 A/D 转换或者运用硬件二值化电路对模拟视频信号进行二值化。对模拟信号进行 A/D 转换这种方案往往需要一个高速的 A/D 转换器件和一个视频信号分离器件（通常使用 LM1881）。在对 A/D 转换精度要求不高的情况下，通过对 DG128/DG256 微控器进行超频，将其片内 A/D 超频至 8M 甚至更高的频率，再经过一系列的调整和设置，在 8－bit 精度下 A/D 转换时间可以低至 1.5μs 左右，通常每行图像可以采集到 40 到 80 个点（根据单片机频率而定），可以基本满足需要。这种方式的特点是硬件结构简单、通用，采集方法已有详细的资料，实现比较简单。但是缺点是由于使用了单片机内部 AD，图像的分辨率完全取决于 AD 的速度。但是单纯的靠超频来提高采集点数不但会带来系统不稳定的后果，更大的问题是由于超频是有极限的，这种方法已经没有了多少上升空间。在为了降低重心而将摄像头尽可能降低的大趋势下，图像质量日趋恶化，此种方案已经不可能满足图像采集对高分辨率的要求。

另一种通过硬件对模拟信号进行二值化的思路是将模拟信号通过专门设计的二值化电路进行二值化后，直接通过单片机 I/O 读取或者用单片机 ECT 模块进行捕捉。此种方案虽然解决了图像分辨率的问题，但是模拟信号二值化电路设计复杂，在硬件设计上往往需要考虑环境光线影响、动态选取阀值等一系列问题，而这些问题全部用硬件来做一是不如用软件灵活性大，二是对硬件设计人员模拟电路设计功底的一种考验。如果设计不好，硬件二值化的信号很容易受到干扰。

数字式图像采集方案则是利用 CMOS 图像传感器可以直接输出并行数字信号与时序信号的特性，直接读取传感器的数字输出。该方案性能稳定，不需要 A/D，也不需要额外的同步信号分离电路与升压电路。图像采集工作在单片机就变成了按照一定顺序将外部数据并行读入，因此程序简单，采集速度快。但是问题的难点在于，数字摄像头在输出场同步信号 VSYN 与行同步信号 HREF 的同时，还同时输出像素同步信号。虽然场行同步信号我们可以通过中断甚至查询去采集，但是像素同步信号 PCLK 由于其输出频率达到了 8MHz 甚至更高（视输出场频决定），导致单片机在无外围电路配合的情况下根本无法捕捉。解决这个问题的方法是通过合理设计相应的外围信号采集电路，配合单片机对高频图像信号进行采集。

2）基于 FIFO 的数字图像采集电路。

由于数字信号的像素输出频率极高，导致单片机无法直接捕捉，故必须设计特殊的采集电路进行处理。数字视频采集方案通常有以下三种：

第一种是双口 RAM 方式。双口 RAM 具有两套独立的地址、数据总线，可以同时对内存进行读写而不产生干扰，可以将视频信号从一个端口写入，另一个端口用来读出数据。双口 RAM 可以达到很高的速度，但由于大容量双口 RAM 价格昂贵，一般需要配合 FPGA 等才能实现。

第二种方式是利用 DMA 进行高速存储。DMA（Direct Memory Access）即直接内存访问，是一种高速数据传输操作。它允许外部设备和存储器之间直接进行数据交换，而不需要处理器的干预，因此可以达到很高的速度。这种方式在具有 DMA 功能的 DSP 处理器中有着成功的应用。

第三种方式是利用 FIFO 存储器。FIFO（First In First Out），即先入先出存储器。它没有地址线，写数据和读数据分别有独立的使能信号，可以同时对其中的内存进行读写，互不干扰。因为其没有地址线，所以数据只能够以先入先出的队列顺序进行读写，结构简单。

具体的采集思路如图 4-33 所示。

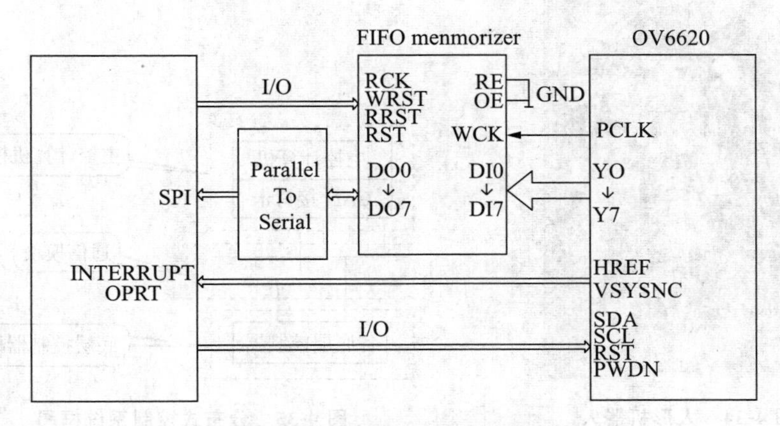

图 4-33　数字图像采集方案图

任务 4.2.2　双足机器人控制系统及接口部分设计

两足步行是步行方式中自动化程度最高、最为复杂的动态系统。两足步行系统具有非常丰富的动力学特性，对步行的环境要求很低，既能在平地上行走，也能在非结构性的复杂地面上行走，对环境有很好的适应性。与其他足式机器人相比，双足机器人具有支撑面积小，支撑面的形状随时间变化较大，质心的相对位置高等特点，是最复杂，控制难度最大的动态系统。但由于双足机器人比其他足式机器人具有更高的灵活性，因此具有自身独特的优势，更适合在人类的生活或工作环境中与人类协同工作，而不需要专门为其对这些环境进行大规模改造。例如代替危险作业环境中（如核电站内）的工作人员，在不平整地面上搬运货物等。此外将来社会环境的变化使得双足机器人在护理老人、康复医学以及一般家务处理等方面也有很大的潜力。

1. 控制系统结构

两足步行机器人的机构是所有部件的载体，也是设计双足步行机器人最基本和首要的工作。它必须能够实现机器人的前后左右以及爬斜坡和上楼梯等的基本功能，因此自由度的配置必须合理。

如图 4-34 所示的机器人共有 36 个自由度，分布在下肢、上肢、头部和手指等各关节。所有轴系均由 PWM 脉冲信号驱动控制，运动控制系统的任务就是对这些关节轴系进行控制，具体由各底层控制器实现。整个控制系统采用分布式控制，在结构上可分为 3 个层次，框图如图 4-35 所示。

（1）动力源的选择。

目前市场上，有很多种电动机向机器人提供能源：直流电机、交流电机、步进电机、伺服电动机。双足步行机器人要求的精度要求比较高，而交直流电机通电就转，断电就停，比较难进行机器人的位置控制；步进电机虽能按一定的精度工作，但它本身是一个开环系统，精度达不到要求。因此，一般常使用伺服电动机中的舵机。

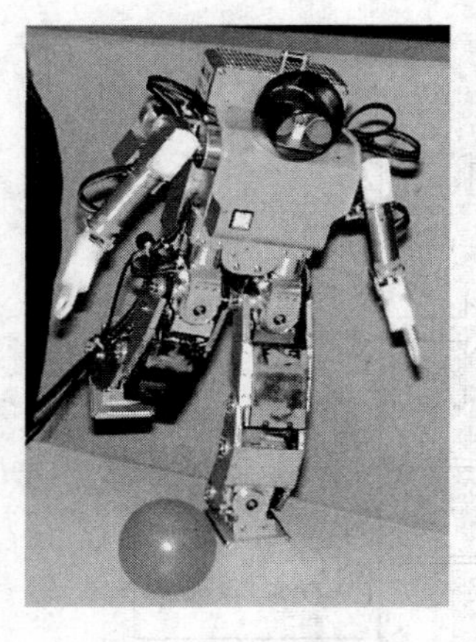

图 4-34　人形机器人

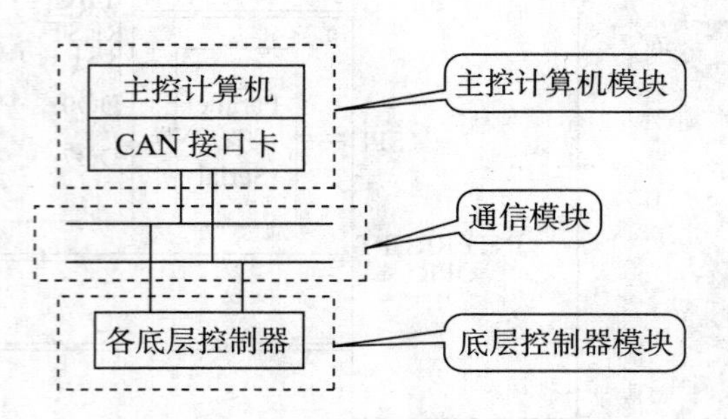

图 4-35　分布式控制系统框图

舵机最早出现在航模运动中，在航空模型中，飞行机的飞行姿态是通过调节发动机和各个控制舵面来实现的。电动舵机的工作原理如图 4-36 所示。其中，舵机控制器一般采用 PID 控制，以满足舵机动静态指标要求；伺服功率放大器一般由脉冲宽度调制器（PWM）和开关控制电路组成；直流伺服电机是电动舵机的执行元件，可采用有刷或无刷直流电机；减速机构一般采用蜗轮蜗杆或丝杠减速机构。

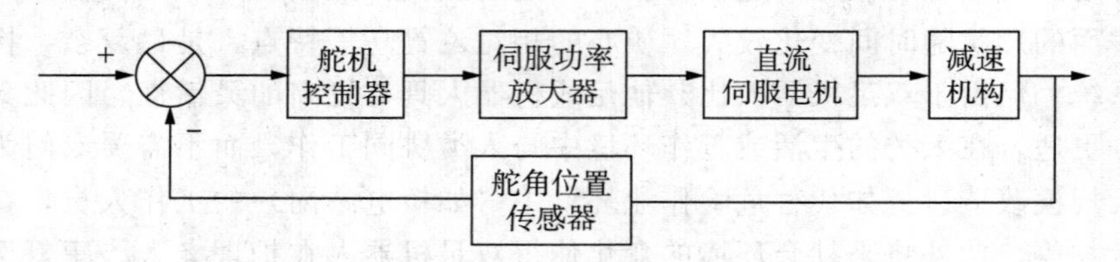

图 4-36　电动舵机工作原理方框图

（2）主控计算机模块。

主控计算机就是控制系统的“大脑”和司令部，负责整个系统的在线运动规划、动作及运动控制、语音交互控制、视觉导引控制以及人机交互等功能。主控计算机要求体积小、运算速度快、实时控制，通常采用高性能小板工业控制计算机。它通过 CAN 总线接口卡连接到通信总线上，与各底层控制器相连并交互信息。

（3）通信模块。

机器人控制的信息量大，对通信方面的要求很高，要保证各种信息在控制系统中及时准确传输，通信工具的选择十分重要，CAN（Controller Area Net－work）总线是当前流行的通信标准，也是目前为止唯一有国际标准的现场总线，相对于一般通信总线，它的数据通信具有突出的可靠性、实时性和灵活性等特点。具体连接方式为：主控计算机通过 CAN 总线接口卡连接到总线上，各底层控制器通过总线收发器挂接到总线上。只要所有器件都遵守相同的通信协议，就可以稳定可靠地进行信息传输。

（4）底层控制器模块。

控制器处于整个控制系统的最底层，主要用来控制各运动关节轴系的具体执行过程。

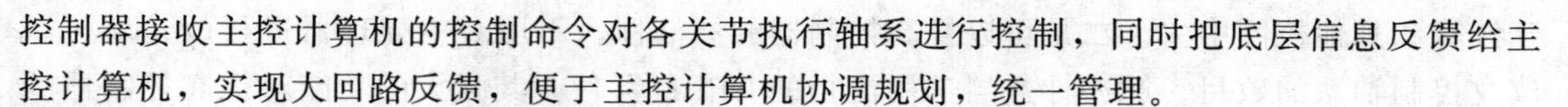

控制器接收主控计算机的控制命令对各关节执行轴系进行控制，同时把底层信息反馈给主控计算机，实现大回路反馈，便于主控计算机协调规划，统一管理。

2. 主处理器与外围器件单元

DSP 主处理器是整个控制器的核心，其运算速度、对信息的处理能力等直接影响控制器的性能。例如 TI 公司的 TMS320LF2407A 芯片，它是 TI 家族 C2000 系列中的高档产品，集实时处理能力和控制器外设于一身，非常适用于工业控制。其主要特点有：

（1）3.3V 电压，功耗极低且具有 3 种低功耗模式。

（2）内部采用哈佛结构体系，程序与数据存储器分开，采用专用的程序总线和数据总线进行访问，取指和执行可同时进行，有效提高了存取速度。

（3）流水线指令技术，多条指令可同时进行，平均每条指令大约只需一个指令周期，大大提高了指令执行速度，指令周期可达 ns 级，在 40MHz 主频下每条指令只需 25ns。

（4）专用硬件乘法器，运算速度大大提高，运算能力明显增强。

（5）地址和数据总线都是 16 位，片内有高达 32K 的 FLASH 程序存储器，2.5K 字的数据/程序 RAM，544 字的双端口 RAM（DARAM），2K 字的单端口 RAM（SARAM），外部存储器可扩展 64K 字的程序存储器空间、64K 字的数据存储器空间和 64K 字的 I/O 空间。

（6）自带看门狗定时器、串行通信接口（SCI）模块，16 位串行外设接口（SPI）模块，SCI/SPI 引导 ROM，16 通道的 10 位 ADC 转换器，5 个外部中断、基于锁相环（PLL）的时钟发生器，41 个可单独编程或复用的通用输入/输出（GPIO）引脚。

（7）2 个事件管理器模块，每个事件管理器包括 2 个 16 位通用定时器、8 个 16 位脉宽调制（PWM）通道、可编程的 PWM 死区控制、3 个外部事件定时捕获单元、片内光电编码器接口电路。

（8）内部带有 CAN2.0B 控制器模块。TMS320LF2407A 通过位置传感器实时监控各关节轴系的运行情况，并通过总线与主控计算机交互信息。利用其多个 PWM 脉冲通道直接产生控制轴系需要的 PWM 脉冲信号，其 CAN 总线控制器模块可以直接与主控计算机进行通信而不需要增加 CAN 总线控制器。

TMS320LF2407A 的软件开发也十分容易，可以反复编程。只要在其专用的集成开发环境 CCS（Code Composer Studio）中编译好程序，用一根下载线通过标准的 JTAG 接口就可以把程序烧录到 DSP 的程序存储器中，还可以在线修改和调试。整个过程简单方便，只需一根下载线就可完成，大大简化了软件的开发过程，明显提高了开发效率。同时外部看门狗电路还可以对控制器电压进行实时监控，当电压出现异常可迅速复位主处理器。外部存储器中存放控制算法所需的必要参数，通过 SPI 串行外设接口与 TMS320LF2407A 相连。

3. 反馈与执行单元

光电码盘传感器把轴系的位置信息转换成两路宽度相同但相位相差 90°的脉冲信号，脉冲的数目与轴系的转角成正比，相位差的符号代表了轴系转动的方向。因此，通过对两路脉冲进行计数就可以得到轴系的实际位置。脉冲信号经过光电隔离器件隔离后送入专用脉冲计数器，计数后的信息送入 DSP 主处理器。

这里没有使用 DSP 进行计数，一是为了节省 DSP 的资源，使其可以把更多的时间用于计算和其他控制中去。二是可以提高控制器的灵活性，不用对主处理器进行改动就可以改变控制轴系的数目。脉冲计数器选用流行的CPLD器件，其强大的功能对提高控制器的性能有很大的帮助，同时还可以作为译码电路的一部分为主处理器提供译码信号。主处理器对接收的轴系位置信息进行计算和分析，结合新的控制命令产生相应的PWM脉冲控制信号，经过光电隔离和功率放大后送给执行轴系控制轴系的运行。

项目 4.3　PLC 在自动化设备中的应用

项目目标

（1）了解PLC的概念、特点、种类以及与其他控制系统相比较的优缺点。

（2）理解PLC在数控机床中和搬运机械手中的应用。

（3）了解PLC的编程语言。

（4）掌握PLC的应用实例及设计过程。

项目要求

通过教师讲授以及学生查阅资料，使学生系统掌握PLC的基础知识，并能自主进行PLC型号选择、系统设计以及常用PLC系统的分析，为今后综合项目制作打下良好的基础。

任务 4.3.1　PLC 在数控机床中的应用

目前，可编程控制器（PLC）广泛应用于数控机床等工业控制中。数控机床的控制部分可分为数字控制和顺序控制两部分，数字控制部分包括对各坐标轴位置的连续控制，而顺序控制包括对主轴正/反转和启动/停止、换刀、卡盘夹紧和松开、冷却、尾架、排屑等辅助动作的控制。现代数控机床采用PLC代替继电器控制来完成逻辑控制，使数控机床结构更紧凑，功能更丰富，响应速度和可靠性大大提高。数控机床的辅助装置主要用于：控制机床的冷却，润滑的起停，控制工件和机床部件的松开、夹紧，控制主轴的正反转及停止，控制分度工作台的转位等，对于加工中心类的数控机床还包括选刀和换刀控制。

PLC是在微处理器的基础上发展起来的一种新型的控制器，是一种基于计算机技术、专为在工业环境下应用而设计的电子控制装置，它采用存储器存储用户指令，通过数字或模拟的输入输出完成一系列逻辑、顺序、定时、计数、运算等功能，控制各种类型的机电一体化设备和生产过程。

1. PLC 与继电器—接触器控制系统相比较的优点

继电器—接触器控制系统自上世纪二十年代问世以来，一直是机电控制的主流。由于它的结构简单、使用方便、价格低廉，所以使用广泛。它的缺点是动作速度慢，可靠性差，采用微电脑技术的可编程顺序控制器的出现，使得继电接触式控制系统更加逊色。

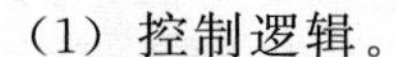

（1）控制逻辑。

继电接触式控制系统采用硬接线逻辑，连线复杂、体积大、功耗也大。当一个电气控制系统研制完后，要想再做修改都要随着现场接线的改动而改动。特别是想要增加一些逻辑时就更加困难了，这都是硬接线的不足。所以，继电接触式控制系统的灵活性和扩展性较差。

可编程控制器采用存储逻辑。它除了输入端和输出端要与现场连线以外，控制逻辑是以程序的方式存储在 PLC 的内存当中的。若控制逻辑复杂时，程序会长一些，输入输出的连线并不多。若需要对控制逻辑进行修改时，只要修改程序就行了，而输入输出的连接线改动不多，并且也容易改动，因此，PLC 的灵活性和扩展性强。而且 PLC 是由中大规模集成电路组装成的，因此，功耗小，体积小。

（2）控制速度。

继电器接触式控制系统的控制逻辑是依靠触电的动作来实现的，工作频率低。触点的开闭动作一般是几十毫秒数量级。而且使用的继电器越多，反应速度越慢，还容易出现触点抖动和触点拉弧问题。而可编程控制器是由程序指令控制半导体电路来实现控制的，速度相当快。通常，一条用户指令的执行时间在微秒数量级。PLC 内部有严格的同步，不会出现抖动问题，更不会出现触点拉弧问题。

（3）定时控制和计数控制。

继电接触式控制系统利用时间继电器的延时动作来进行定时控制。用时间继电器实现定时控制会出现定时的精度不高，定时时间易受环境的湿度和温度变化影响。有些特殊的时间继电器结构复杂，维护不方便。而可编程程序控制器使用半导体集成电路作为定时器，时基脉冲由晶体振荡器产生，精度相当高并且定时时间长，定时范围广。用户可以根据需要在程序中设定定时值。PLC 为用户提供了若干个定时器和计数器，并设置了定时计数功能指令。定时值和计数值可由用户编程时设定，并可在运行中被读出和修改。

（4）设计与施工。

使用继电接触式控制系统完成一项控制工程，设计施工，调试必须顺序进行，周期长，而且修改困难。而使用 PLC 来完成一项控制工程，设计完成以后，现场施工和控制逻辑的设计可以同时进行，周期短，而且调试和修改均很方便。

（5）可靠性和维护性。

继电接触式控制系统使用了大量的机械触点，连线也多。触点在开闭时会受到电弧的损坏，寿命短。因而可靠性和维护性差。PLC 采用微电子技术，大量的开关动作由无触点的半导体电路来完成，可靠性高。PLC 还配备了自检和监控功能，能自诊断出自身的故障，并随时显示给操作人员，还能动态地监视控制程序的执行情况，为现场调试和维护提供了方便。

总之，PLC 在性能上均优越于继电接触式控制系统，特别是控制速度快，可靠性高，设计施工周期短，调试方便，控制逻辑修改方便，而且体积小，功耗低。

2. PLC 与单片机比较

单片机具有结构简单，使用方便，价格比较便宜等优点，一般用于数据采集和工业控制。但是，单片机不是专门针对工业现场的自动化控制而设计的，所以它与 PLC 比较起来有以下缺点：

（1）单片机不如 PLC 容易掌握。

使用单片机来实现自动控制，一般要使用微处理器的汇编语言编程。这就要求设计人员有一定的计算机硬件和软件知识。对于那些只熟悉机电控制的技术人员来说，需要进行相当长一段时间单片机知识的学习才能掌握。而 PLC 采用了面向操作者的语言编程，如梯形图、状态转移图等，对于使用者来说，无需了解复杂的计算机知识，而只要用较短时间去熟悉 PLC 的简单指令系统及操作方法，就可以使用和编程。

（2）单片机不如 PLC 使用简单。

使用单片机来实现自动控制，一般要在输入输出接口上做大量的工作。例如，要考虑工程现场与单片机的连接，输出带负载能力、接口的扩展、接口的工作方式等。除了要进行控制程序的设计，还要在单片机的外围进行很多硬件和软件工作，才能与控制现场连接起来，调试也较烦琐。而 PLC 的输入/输出接口已经做好，输入接口可以与无外接电源的开关直接连接，非常方便。输出接口具有一定的驱动负载能力，能适应一般的控制要求。而且，在输入接口、输出接口，因光电耦合器件，使现场的干扰信号不容易进入 PLC。

（3）单片机不如 PLC 可靠。

使用单片机进行工业控制，突出的问题就是抗干扰性能较差。而 PLC 是专门用于工程现场环境中自动控制的，在设计和制造过程中采取了抗干扰性措施，稳定性和可靠性较高。

3. PLC 的常见应用类型

（1）顺序控制和开关逻辑控制类型。这是最基本的控制方式，已取代了传统的继电器逻辑控制，用于单机、多机群控和生产自动线。它首先对输入的开关量或模拟量进行采样，然后按用户编制的顺序控制程序进行运算，再通过输出电路去驱动执行机构实现顺序控制。

（2）一个具有 PID（比例、微分、积分）控制能力的 PLC 可用于过程控制，把变量保持在设定值上。

（3）组合数字控制类型。在机械加工中，将具有数据处理功能的 PLC 和 CNC 组成一体，实现数字控制。

（4）组成多级控制系统类型。在分层分布式控制的全自动化系统，如 PMC、FMS、CIMS 中，基层由中小型 PLC 和 CNC 等控制设备组成，中层由大型 PLC 进行单元控制与监督，上层由上位计算机做总体管理。PLC 之间、PLC 与上级计算机之间采用快速光纤数字通信。为适应多任务、多微处理器并进行处理，实现实时控制，协调梯形图和 BASIC 程序之间的相互关系，以及位、字处理和 I/O 中断处理，还增设有联机文件管理和对执行出错的恢复等功能。

（5）控制机器人的类型。选用 PLC 可对具有 3～6 个自由度的机器人进行控制。

4. PLC 在数控系统中应用的几种方案

方案一：通用 PLC 带数控功能。

这对于需要逻辑控制又需要相对简单的位置控制的用户来说是一个很好的选择，无论是成本和开发都有很多优势，不过通用型的 PLC 大多没有联动和插补指令（部分产品有），并且不支持 G 代码，无法与 CAD 软件进行接口。

方案二：专用的数控系统。

这种系统有很多使用PLC的平台加DSP加FPGA实现，这种系统可以与CAD软件无缝连接，从CAD导出来的G代码下载到控制器内就可以执行。该种系统对于多轴联动控制和插补G代码均有很强的支撑能力，同时一般带有显示，可以在运行时同步在显示屏上显示运动的轨迹。

方案三：IPC＋数控板卡。

这是国内数控厂商的主要形态，有灵活性高的优点，但很多系统不支持标准的G代码，而是要用户使用C、C＋＋语言或者VC去编写对应的控制程序，由板卡厂商提供函数库。当然，目前大多数情况下是由数控厂商代用户完成这一部分编程的。

这种开发方式的优点是显而易见的，厂商的开发成本低，灵活度高，但是需要厂商提供相当多的技术支持，如果客户数量大后很难有足够的支持能力，所以这类厂商大多都在开发通用的数控平台，并仍然使用IPC平台在上面开发通用型的数控系统。

在中、高档数控机床中，PLC是CNC装置的重要组成部分。其作用是：接收来自零件加工程序的开关功能信息（辅助功能M、主轴转速功能S、刀具功能T）、机床操作面板上的开关量信号及机床侧的开关量信号，进行逻辑处理，完成输出控制功能，实现各功能及操作方式的联锁。

5. PLC在位置控制中的应用

PLC制造厂商提供驱动步进电动机或伺服电动机的单轴或多轴位置控制模块。用户只需通过PLC向位置控制模块设置参数及发出某种命令，位置控制模块即可根据来自现场的监测信号和PLC的命令来调整控制输出，移动一轴或数轴到达目标位置，实现准确定位。当每个轴移动时，位置控制模块能使其保持适当的速度和加速度，确保运动平滑。

位置运动的编程可用PLC语言完成，通过编程器输入。用程序设定速度和加速度参数，控制系统可自动实现阶梯式加减速。可多点定位，并有原点补偿和间隙补偿功能，提高定位精度。可进行手动操作，实现高速点动、低速点动或微动。PLC的位置控制，特别适用于机床的点位直线伺服控制，常称为辅助坐标运动控制。

6. PLC的编程语言

PLC的编程语言与一般计算机语言相比，具有明显的特点，它既不同于高级语言，也不同于一般的汇编语言，它既要满足易于编写，又要满足易于调试的要求。目前，还没有一种对各厂家产品都能兼容的编程语言。如三菱公司的产品有它自己的编程语言，OMRON公司的产品也有它自己的语言。但不管什么型号的PLC，其编程语言都具有一些共同的特点。

（1）图形式指令结构。

程序由图形方式表达，指令由不同的图形符号组成，易于理解和记忆。系统的软件开发者已把工业控制中所需的独立运算功能编制成象征性图形，用户根据自己的需要把这些图形进行组合，并填入适当的参数即可。在逻辑运算部分，几乎所有的厂家都采用类似于继电器控制电路的梯形图，很容易被接受。西门子公司还采用控制系统流程图来表示，它沿用二进制逻辑元件图形符号来表达控制关系，很直观易懂。较复杂的算术运算、定时计数等，一般也参照梯形图或逻辑元件图给予表示，虽然象征性不如逻辑运算部分，但也受用户欢迎。

（2）明确的变量常数。

图形符相当于操作码，规定了运算功能，操作数由用户填入，如：K400，T120 等。PLC 中的变量和常数以及其取值范围有明确规定，由产品型号决定，可查阅产品目录手册。

（3）简化的程序结构。

PLC 的程序结构通常很简单，典型的块式结构，不同块完成不同的功能，使程序的调试者对整个程序的控制功能和控制顺序有清晰的概念。

（4）简化应用软件生成过程。

使用汇编语言和高级语言编写程序，要完成编辑、编译和连接三个过程，而使用编程语言，只需要编辑一个过程，其余由系统软件自动完成，整个编辑过程都在人机对话下进行，不要求用户有高深的软件设计能力。

（5）强化调试手段。

无论是汇编程序，还是高级语言程序调试，都是令编辑人员头疼的事，而 PLC 的程序调试提供了完备的条件，使用编程器，并在软件支持下，诊断和调试操作都很简单。

PLC 最常用的两种编程语言，一是梯形图，二是助记符语言表。采用梯形图编程，因为它直观易懂，但需要一台个人计算机及相应的编程软件；采用助记符形式便于实验，因为它只需要一台简易编程器。虽然一些高档的 PLC 还具有与计算机兼容的 C 语言、BASIC 语言、专用的高级语言（如西门子公司的 GRAPH5、三菱公司的 MELSAP）等。不管怎么样，各厂家的编程语言都只能适用于本厂的产品。

（1）编程指令：指令是 PLC 被告知要做什么，以及怎样去做的代码或符号。从本质上讲，指令只是一些二进制代码，这点 PLC 与普通的计算机是完全相同的。同时 PLC 也有编译系统，它可以把一些文字符号或图形符号编译成机器码，所以用户看到的 PLC 指令一般不是机器码而是文字代码或图形符号。常用的助记符语句用英文文字（可用多国文字）的缩写及数字表示。常用的图形符号即梯形图，易为电气工作人员所接受。

（2）指令系统：PLC 的指令系统包含着指令的多少，各指令都能干什么工作，代表着 PLC 的功能和性能。一般功能强、性能好的 PLC，其指令系统必然丰富，所能干的工作也就多。我们在编程之前必须弄清 PLC 的指令系统。

（3）程序：PLC 指令的有序集合，PLC 运行它，可进行相应的工作，当然，这里的程序是指 PLC 的用户程序。用户程序一般由用户设计，PLC 的厂家或代销商不提供。用语句表达的程序不大直观，可读性差，特别是较复杂的程序，更难读，所以多数程序用梯形图表达。

（4）梯形图：梯形图是通过连线把 PLC 指令的梯形图符号连接在一起的连通图，用以表达所使用的 PLC 指令及其前后顺序，它与电气原理图很相似。它的连线有两种：一为母线，另一为内部横竖线。内部横竖线把一个个梯形图符号指令连成一个指令组，这个指令组一般总是从装载（LD）指令开始，必要时再继以若干个输入指令（含 LD 指令），以建立逻辑条件。最后为输出类指令，实现输出控制，或为数据控制、流程控制、通信处理、监控工作等指令，以进行相应的工作。母线是用来连接指令组的。

梯形图与助记符的对应关系：助记符指令与梯形图指令有严格的对应关系，而梯形图的连线又可把指令的顺序予以体现。一般讲，其顺序为：先输入，后输出（含其他处理）；

先上，后下；先左，后右。有了梯形图就可将其翻译成助记符程序。反之根据助记符，也可画出与其对应的梯形图。

梯形图与电气原理图的关系：如果仅考虑逻辑控制，梯形图与电气原理图也可建立起一定的对应关系。如梯形图的输出（OUT）指令，对应于继电器的线圈，而输入指令（如 LD，AND，OR）对应于接点，互锁指令（IL、ILC）可看成总开关，等等。这样，原有的继电控制逻辑，经转换即可变成梯形图，再进一步转换，即可变成语句表程序。有了这个对应关系，用 PLC 程序代表继电逻辑是很容易的。这也是 PLC 技术对传统继电控制技术的继承。

7. 应用实例

在加工中心上，刀库选刀控制（T 指令）和刀具交换控制（M06 指令）是 PMC 控制的重要部分，通常使用刀套编码方式和随机换刀方式。后者使刀库上的刀具能与主轴中的刀具任意地直接交换。用 PMC 控制时，首先要在 PMC 内部设置一个模拟刀库的数据表，其长度和表内设置的数据与刀库的容量和刀具号相对应。图 4-37 所示为带有 8 把刀的刀库示意图，CW 表示顺时针旋转，CCW 表示逆时针旋转，换刀位置刀套为 5 号，刀具号为 18 号，主轴上的刀套设为 0 号，刀具号为 12 号。

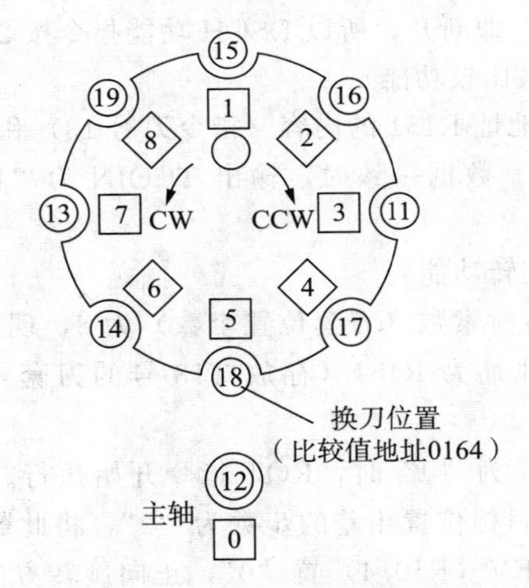

图 4-37　8 把刀的刀库示意图

表 4-7 为刀号数据表，数据表的数据序号与刀库刀套编号相对应，每个数据序号中的内容就是对应刀套中所放的刀具号，图 4-37 中的 0～8 为刀套号，也是数据表序号。

表 4-7　刀号数据表

数据表地址	数据序号（刀套号）（BCD 码）	刀具号（BCD 码）
D172	0（00000000）	12（00010010）
D173	1（00000001）	15（00010101）
D174	2（00000010）	16（00010110）
D175	3（00000011）	11（00010001）
D176	4（00000100）	17（00010111）

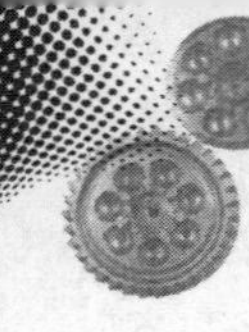

续前表

数据表地址	数据序号（刀套号）（BCD码）	刀具号（BCD码）
D177	5（00000101）	18（00011000）
D178	6（00000110）	14（00010100）
D179	7（00000111）	13（00010011）
D180	8（00001000）	19（00011001）

例如，加工中心在执行“M06 T13”换刀指令时的换刀结果是：刀库中的T13刀装入主轴，主轴中原T12刀插入刀库7号刀套内（T13原来位置），其控制梯形图如图4-38所示。

（1）DSCH功能指令（检索功能）。

当CNC读到T13指令代码信号时，将此信息送入PMC。当PMC接到寻找新刀具的指令T13后（T指令信号TF为“1”），在模拟刀库的刀号数据表中开始T代码数据检索，即将T指令中的13号刀从数据表中检索出来并存入R117地址单元中。然后将13号刀所在数据表中的序号7存入到检索结果输出地址R151中，同时TERR为“1”。由于机床上电后，常闭触点A（R10.1）即断开，所以DSCH功能指令按2位BCD码处理数据。

（2）TCOIN功能指令（比较功能）。

当TERR为“1”时，地址R151的内容（指令刀号13）和地址R164（当前刀套数据表序号7）的内容进行比较。数据一致时，输出TCOIN为“1”；不一致时，TCOIN为“0”。

（3）ROT功能指令（旋转功能）。

ROT功能指令中，旋转检索数（刀套位置个数）为8，现在位置地址为R164（存放当前刀套号5），目标位置地址为R151（存放T13号的刀套号7），计算结果输出地址为R152。

当刀具判别指令TCOIN为“0”时，ROT指令开始执行。根据ROT控制条件的设定，计算出刀库现在位置与目标位置相差的步数为“2”，将此数据存入R152地址中，并选择出最短旋转路径，使REV（R10.4）置“0”，正向旋转方向输出。通过CW.M正向旋转继电器，驱动刀库正向旋转“2”步，即找到了7号刀位。

刀库旋转后，TCOIN输出为“1”时，即识别了所要寻找的新刀具，刀库停转并定位，等待换刀。

在执行M06指令时，机床主轴准停，机械手执行换刀动作，将主轴上改过的旧刀和刀库上选好的新刀进行交换。与此同时，修改现在位置地址中的数据，确定当前换刀的刀套号。

（4）MOVE功能指令（传送功能）。

在图4-38中，MOVE功能指令的作用是修改换刀位置的刀套号。换刀的刀套5已由换刀后的刀套号7替代，所以必须将地址R151内的数据传送到R164地址（始终存放换刀位置的刀具号）中。

当刀库正转“2”步到位后，ROT指令完毕，T功能完成信号。TFIN的常开触点使MOVE指令开始执行，完成数据传输任务。

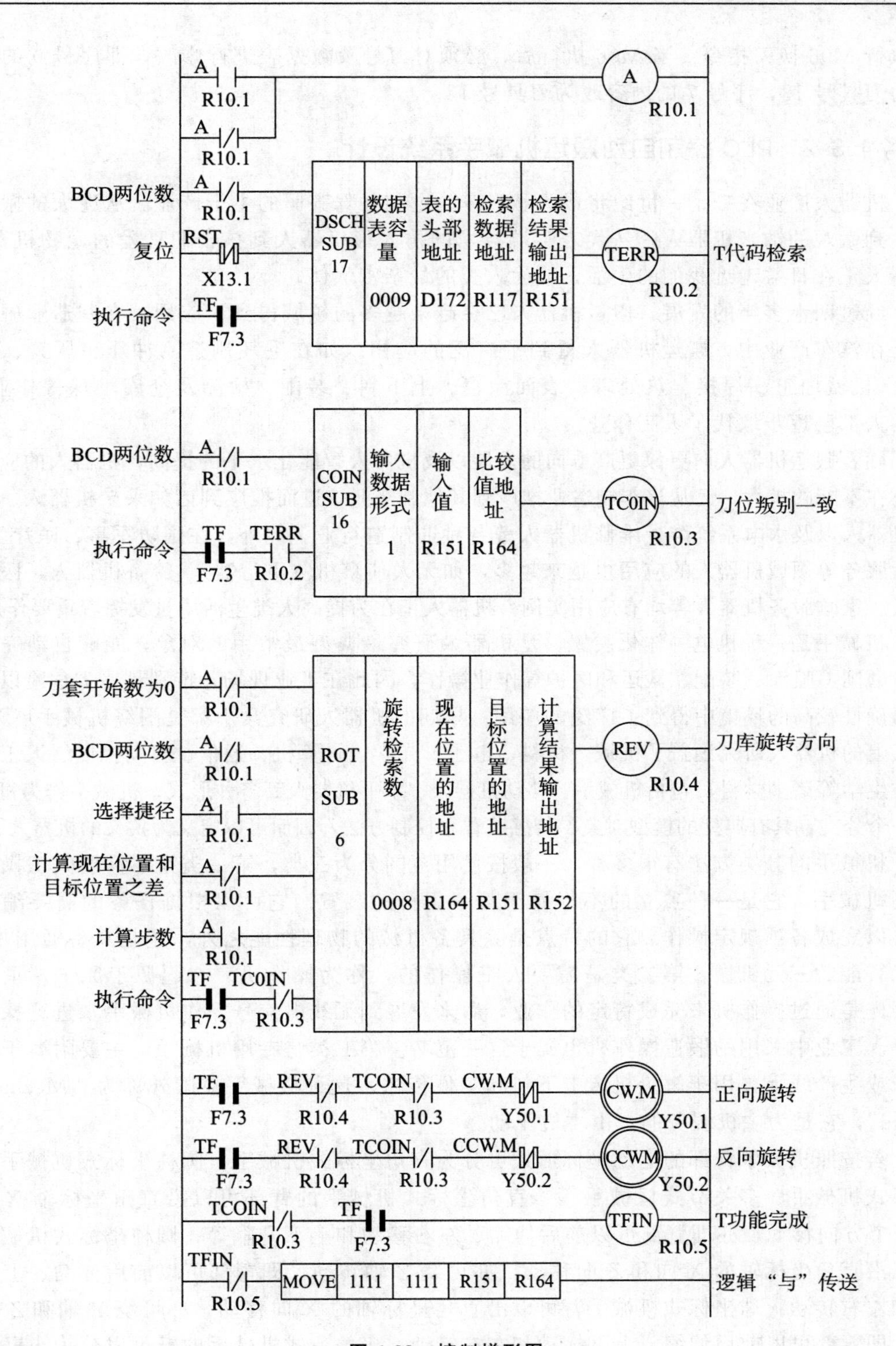

图 4-38　控制梯形图

在下一扫描周期，COIN 判别执行结果，当两者相等时，使 TCION 置“1”，切断 ROT 指令和 CW. M 控制，刀库不再旋转，同时给出 TFIN 信号，报告 T 功能已完成，可

以执行 M06 换刀指令。当 M06 执行后，必须对刀号及数据表进行修改，即序号 0 的内容改为刀具号 13，序号 7 的内容改为刀具号 12。

任务 4.3.2　PLC 控制自动搬运机械手系统设计

机器人产业在二十一世纪将成为和汽车、电脑并驾齐驱的主干产业。从庞大的搬运机器人到微观的纳米机器人，从代表尖端技术的仿人形机器人到孩子们喜爱的宠物机器人，机器人正在日益走近我们的生活，成为人类的最亲密伙伴。

经过四十多年的发展，搬运机器人已在越来越多的领域得到了应用。在制造业中，尤其是在汽车产业中，搬运机器人得到了广泛的应用。如在毛坯制造（冲压、压铸、锻造等）、机械加工、焊接、热处理、表面涂覆、上下料、装配、检测及仓库堆垛等作业中。机器人都已逐步取代了人工作业。

随着搬运机器人向更深更广方向的发展以及机器人智能化水平的提高，机器人的应用范围还在不断的扩大，已从汽车制造业推广到其他制造业，进而推广到诸如采矿机器人、建筑业机器人以及水电系统维护维修机器人等各种非制造行业。此外，在国防军事、医疗卫生、生活服务等领域机器人的应用也越来越多，如无人侦察机（飞行器）、警备机器人、医疗机器人、家政服务机器人等均有应用实例。机器人正在为提高人类生活质量发挥着重要作用。

机械手是一种机电一体化装置，是机器人研究最典型最常用的对象，能够自动完成焊接、磨削、喷涂、装配、搬运和医护等作业操作，因此在工业现场，特别是恶劣危险以及要求精确性较高的环境中得到了广泛的应用。早期的机器人研究几乎都是围绕机械手展开的。广义上的机器人研究涵盖了机械、材料、电子、光学、计算机、通信、自动控制、人工智能和仿生学等诸多学科，包括机械手、移动机器人、水下机器人等多种形式。机械手作为机器人的一个分支，具有典型的模型对象、传感装置和控制方法，因而可以定义为狭义的机器人。

机械手的分类方法有很多种，一般按使用范围分为三类，第一类是不需要人工操作的通用机械手。它是一种独立的不附属于某一主机的装置。它可以根据任务的需要编制程序，以完成各项规定操作。它的特点是除具备机械的物理性能之外，还是具备通用机械、记忆智能的三元机械。第二类是需要人工操作的，称为操作机。它起源于原子、军事工业，先是通过操作机来完成特定的作业，后来发展到无线电信号操作机械手来进行探测月球等。工业中采用的锻造操作机也属于这一范畴。第三类是专用机械手，主要附属于自动机床或生产线上，用于解决机床上下料和工件传送。这种机械手在国外称为“Mechanical Hand”，它是为主机服务的，由主机驱动。

若按照机械手臂部的运动坐标形式可分为直角坐标式机械手、圆柱坐标式机械手、球坐标式机械手、多关节式机械手等。直角坐标式机械手的臂部可以沿直角坐标轴 X、Y、Z 三个方向移动，亦即臂部可以前后伸缩、左右移动和上下升降等；圆柱坐标式机械手臂可以沿直角坐标轴的 X 向和 Z 向移动，亦可绕 Z 轴转动，即臂部可以前后伸缩、上下升降和左右转动；球坐标式机械手臂可以沿直角坐标轴的 X 向移动，亦可绕 Y 轴和 Z 轴转动，即臂部可以前后伸缩、上下摆动和左右转动；多关节式机械手的臂可以分为小臂和大臂，其大小臂的连接以及大臂和机体的连接均为关节式连接，亦即小臂对大臂可绕肘部上下摆动，大臂可绕肩部摆动，手臂还可以左右转动。

若按机械手的驱动方式分类可有液压驱动机械手、气压驱动机械手、电力驱动机械手、机械驱动机械手等几种。若按机械手的比例大小分类可有微型机械手（臂力小于1kg）、小型机械手（臂力1～10kg）、中型机械手（臂力小于10～30kg）和大型机械手（臂力大于30kg）等几种。

现需设计一个自动搬运零件的机械手，外形图如图4-39所示。

此搬运机器人完成的基本动作顺序如下：垂直气缸向下、抓取零件、气爪夹子关5秒、垂直气缸向上、水平气缸向左、垂直气缸向下、夹子开5秒、放开零件、垂直气缸向上、水平气缸向右、循环。

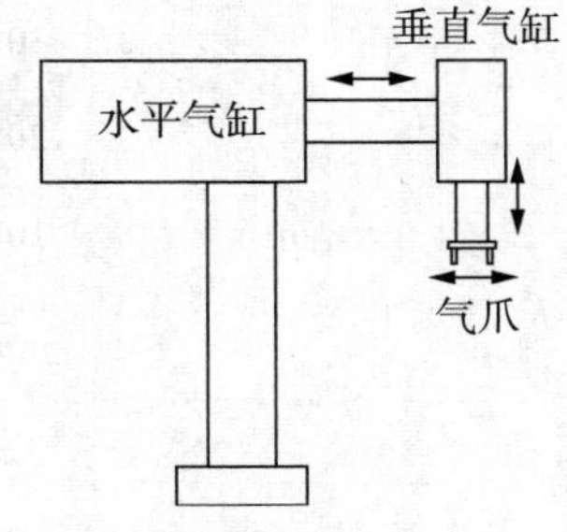

图 4-39　机械手气缸布置图

1. 运动自由度的选择

(1) 自由度。

物体上任何一点都与坐标轴的正交集合有关。物体能够对坐标系进行独立运动的数目称为自由度，如图4-40所示六个自由度，三个平移自由度和三个旋转自由度。

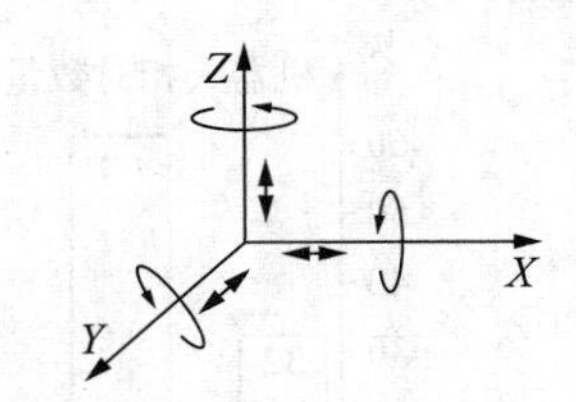

图 4-40　刚体的六个自由度

(2) 机器人自由度的选择。

机器人要完成空间作业也需要6个自由度，工业搬运机器人的运动由手臂和手腕的运动组成。通常手臂部分有3个关节，用以改变手腕参考点的位置，手腕部分也有3个关节，通常这3个关节轴线相交，用以改变末端手爪的姿态，表4-8列出了常见机器人的空间运动形式。

表 4-8　工业机器人工作空间的坐标形式

机器人种类	关节1	关节2	关节3	旋转关节数
直角坐标式	移动	移动	移动	0
圆柱坐标式	转动	移动	移动	1
球坐标式	转动	转动	移动	2
SCARA	转动	转动	移动	2
关节坐标式	转动	转动	转动	3

2. 主要技术参数确定

(1) 抓取质量。

抓取质量是机械手所能抓取或搬运物体的最大质量，它是机械手规格中的主要参数。机械手数量与抓取质量的关系如图4-41所示，根据关系图本任务可选择小型机械手。

(2) 运动速度。

机器人的运动速度反映了机器人的作业水平，应根据生产节拍、生产过程平稳性、定位精度等要求来确定。目前机器人的最大速度统计如图4-42所示。

(3) 定位精度。

机械手机械系统的精度涉及位置精度、重复位置精度和系统分辨率。位置精度和重复位置精度决定了操作机械臂端的最大位置误差。位置精度指操作机械臂端定位误差的大小，它

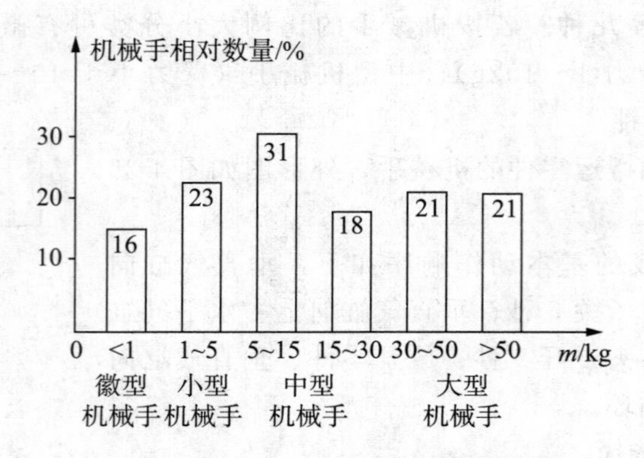

图 4-41 机械手数量与抓取质量的关系

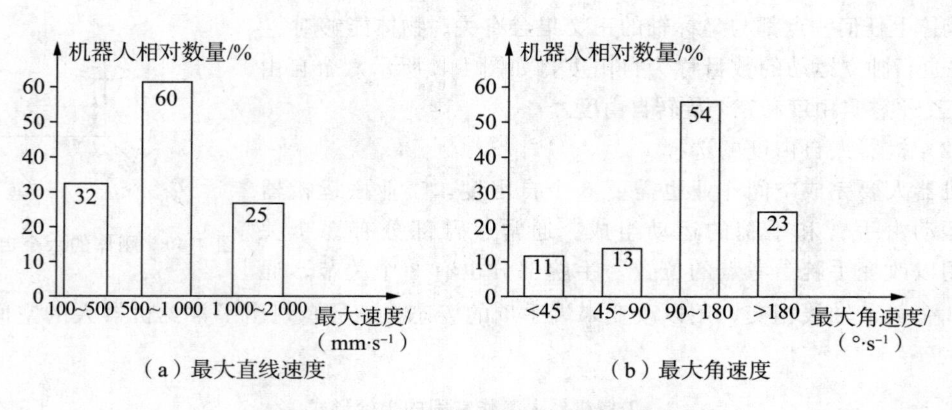

（a）最大直线速度 （b）最大角速度

图 4-42 机械手臂运动最大速度统计图

是手臂端点实际到达位置分布曲线的中心和目标点之间坐标距离的大小。重复位置精度是指手臂端点实际到达点分布曲线的宽度。操作机械臂的重复位置精度一般都高于位置精度，所以定位精度一般指重复定位精度，它取决于位置控制方式及机器人本体部件的结构刚度与精度，以及抓取质量、运动速度、定位方式等，定位精度较高的可达±0.02mm，一般机械手常用定位精度约为±1mm，伺服控制系统的最高定位精度可达到0.01mm。

（4）工作空间。

工作空间是指机器人臂杆的末端或手腕中心在一定条件下所能达到的空间位置集合。因为末端执行器的形状和尺寸是多种多样的，为了真实反映机器人的特征参数，所以工作空间是指不安装末端执行器时的工作区域。工作空间的形状和大小是十分重要的。机器人在执行某一作业时，可能存在手部不能达到的作业死区而不能完成任务。本任务中由于作业简单，所以要求工作范围在条件允许下就可以了，不要求太大。

（5）经济性指标。

机器人的经济性指标也是一项极为重要的指标，决定机器人的经济性指标的因素包括初始投资和运行成本两大部分。初始投资取决于对机器人的性能要求以及对结构形式和复杂程度的要求。运行成本包括运行时的能量消耗、非故障停机时间、工作的可靠性和维修的方便性等，但满足所期望的技术指标并尽量使其结构简单和成本低廉才是设计的主要原则。

3. 材料选择

机器人手臂的材料应根据手臂的工作状况来选择，并满足机器人的设计及制作要求。从设计的思想出发，机器人的手臂要求完成各种运动。因此，对材料的一个要求是作为运动的部件，它应是轻型材料，另一方面，手臂在运动过程中往往会产生振动，这必然大大降低它的运动精度。所以在选择材料时，需要对质量、刚度、阻尼进行综合考虑，以便有效提高手臂的动态性能。此外，机器人手臂选用的材料与一般的结构材料不同。机器人手臂是一种伺服机构，要受到控制，必须考虑它的可控性。可控性还要与材料的可加工性、结构性、质量等性质一起考虑。总之，选择机器人手臂材料时，要考虑强度、刚度、重量、弹性、抗振性、外观及价格等多方面因素，下面为几种常见机器人手臂材料：

（1）碳素结构钢和合金结构钢等高强度钢。这类材料强度好，尤其是合金结构钢强度增加了 4～5 倍，弹性模量大、抗变形能力强，是应用最广泛的材料。

（2）铝、铝合金及其他轻合金材料。其共同特点是重量轻、弹性模量不大，但是材料密度小，则 E/P 之比仍可与钢材相比。

（3）纤维增强合金。如硼纤维增强合金、石磨纤维增强镁合金，其 E/P 比高达 $11.4\times10^7 m^2/s$ 和 $8.9\times10^7 m^2/s$。这种纤维增强合金属材料具有非常高的 E/P 比，而且没有无机材料的缺点，但是价格较昂贵。

（4）陶瓷。陶瓷材料具有良好的品质，但是脆性较大，可加工性不好，与金属等零件连接的接合部需要特殊设计。然而，日本已试制了在小型高速机器人上使用的陶瓷机器人手臂样品。

（5）纤维增强复合材料。这类材料具有极好的 E/P 比，且重量轻、刚度大、阻尼大等优点，但是存在老化、蠕变、高温热膨胀以及与金属连接困难等缺点。在机器人上应用复合材料的实例越来越多。

（6）黏弹性大阻尼材料。增大机器人连杆件的阻尼是改善机器人动态特性的有效方法。目前有许多方法用来增加结构件的阻尼，其中最适合机器人采用的一种方法是用黏弹性大阻尼材料对原构件进行约束层阻尼处理。

从本任务的机械手来看，在选用材料时不需要很大的负载力，也不需要很高的弹性模量和抗变形能力，综合考虑材料的成本、可加工性及工作状况等条件下，初步选用铝合金作为机械臂的构件。

4. PLC 模块设计

设计 PLC 控制系统时，要全面了解被控对象的机构和运行过程，明确动作的逻辑关系，最大限度地满足生产设备和生产过程的控制要求，同时力求使控制系统简单、经济、使用及维护方便，并保证控制系统安全可靠。

（1）PLC 控制系统设计的基本原则。

1）完全满足被控制对象的工艺要求。

2）在满足控制要求和技术指标的前提下，尽量使控制系统简单、经济。

3）控制系统安全可靠。

4）在设计时要给控制系统的容量和功能预留一定的裕度，便于以后的调整和扩充。

（2）PLC 控制系统的设计步骤。

1）详细了解和分析被控制对象的工艺条件，根据生产设备和生产过程的控制要求，分析被控制对象的机构和运行过程，明确动作的逻辑关系和必须要加入的联锁保护及系统的操作方式等。

2）根据被控制对象对 PLC 控制系统的技术指标要求，确定所需输入/输出信号的点数，选配适当的 PLC。

3）根据控制要求有规则、有目的地分配输入/输出点（I/O 分配），设计 PLC 的 I/O 电气接口图，绘出接线图并接线施工，完成硬件设计。

4）根据生产工艺的要求画出系统的工艺流程图。

5）根据系统的工艺流程图设计梯形图，同时可进行电气控制柜的设计和施工。

6）如用编程器，需将梯形图转换成相应的指令并输入到 PLC 中。

7）调试程序，先进行模拟调试，然后进行系统调试。

8）程序模拟调试通过后，接入现场实际控制系统与输入输出设备联机调试，如不满足要求，再修改程序或检查更换接线，直至满足要求。

9）编写有关技术文件（包括 I/O 电气接口图、流程图、程序及注释文件、故障分析及排除方法等），完成整个 PLC 控制系统的设计。

（3）PLC 型号的选择。

对于只含有开关量控制的系统，一般的小型 PLC 即可满足要求。综合考虑 PLC 选用目前较流行的日本松下 FP0－C32CT，该系列 PLC 具有如下优点：

1）超小型尺寸，具有世界上最小的安装面积，长宽高 60mm×25mm×90mm。2）轻松扩展，扩展单元可直接连接到控制单元上，不需任何电缆。3）从 I/O10 点到最大 I/O128 点的选择空间。4）拥有广泛的应用领域。5）采用通信模块插件充实通信功能。6）可以实现最大 100Hz 的位置控制。7）体现免维护性及考虑数据备份的结构。8）高速、丰富的实数运算功能。9）大幅度充实通信功能、大幅度提升位置控制性能。

FP0－C32CT 参数表如表 4-9 所示，控制单元的基本规格如表 4-10 所示，I/O 点及单元组合情况见表 4-11。

表 4-9　　FP0－C32CT 参数表

额定操作电压	24VDC
操作电压范围	21.6～26.4V
额定电流损耗	不大于 300mA
允许瞬时掉电时间	10ms
环境温度	0°～＋55°
储存温度	－20°～＋70°
环境湿度	30％～85％相对湿度
储存湿度	30％～85％相对湿度
击穿电压	在外部直流端子与地之间承受 500VAC
绝缘电阻	最小 100MΩ

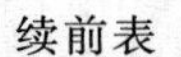

续前表

额定操作电压	24VDC
抗振动	10～55Hz，1 循环/分；0.75mm 双幅度，在 3 个轴方向上各 10 分钟
抗冲击	≥98m/s²，在三个轴方向上各四次
抗扰度	脉宽 50ns，1000V 峰—峰值，1 微秒
操作条件	无腐蚀性气体及过多灰尘
重量	120 克

表 4-10　　控制单元的基本规格

部件名称	程序容量	I/O 点	连接方法	操作电压	输入类型	输出类型
FP0－C32CT	5K 步	32	MIL 连接器型	24VDC	24VDC	晶体管 NPN

表 4-11　　I/O 点及单元组合情况

I/O 点数					控制单元			扩展单元
总数	输入	输入编号	输出	输出编号	系列	输入	输出	
32	16	X0－XF	16	Y0－YF	C32	16	16	——

（4）该机械手完成的基本动作过程如图 4-43 所示。

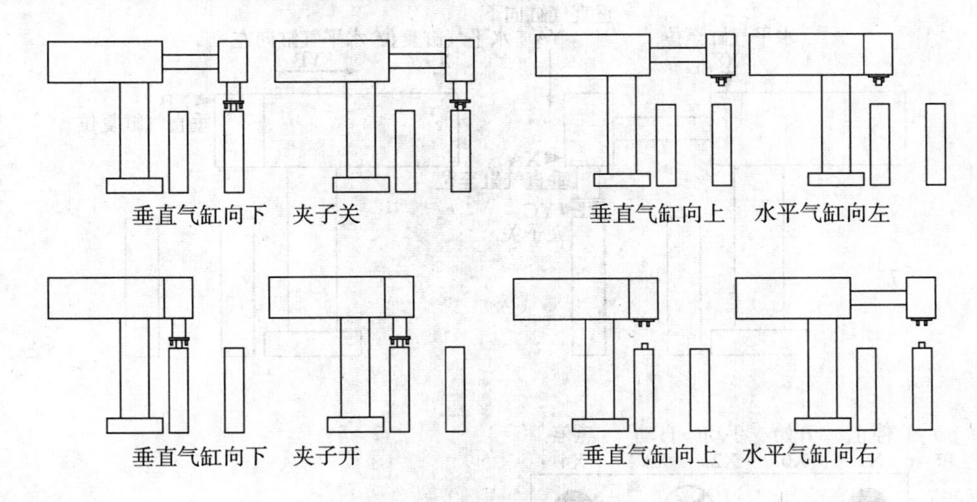

图 4-43　机械手完成的基本动作过程

通过以上的基本动作设计控制要求：首先开机复位，水平气缸（至右）和垂直气缸（至上）回原位。然后垂直气缸向下到达限位点后，电磁阀动作，夹子关；垂直气缸向上到达限位点后水平气缸向左到达限位点，紧接着垂直气缸向下到达限位点后，电磁阀动作，夹子开；垂直气缸向上到达限位点完成工件搬运。根据以上的控制要求绘制 I/O 地址分配表 4-12。

表 4-12 I/O 地址分配表

输入		输出	
地址	功能	地址	功能
X0	启动按钮（绿）	Y8	工作指示灯（绿）
X1	停止按钮（红）	Y9	停止指示灯（红）
X2	手动选择开关	YA	垂直气缸至下
X3	自动选择开关	YB	垂直气缸至上
X4	急停按钮	YC	夹子关
X5			
X6			
X7			
X8	水平气缸至左		
X9	水平气缸至右		
XA	垂直气缸至下		
XB	垂直气缸至上		

根据 I/O 地址分配表 4-12 绘制机械手工作台平面图如图 4-44 所示。

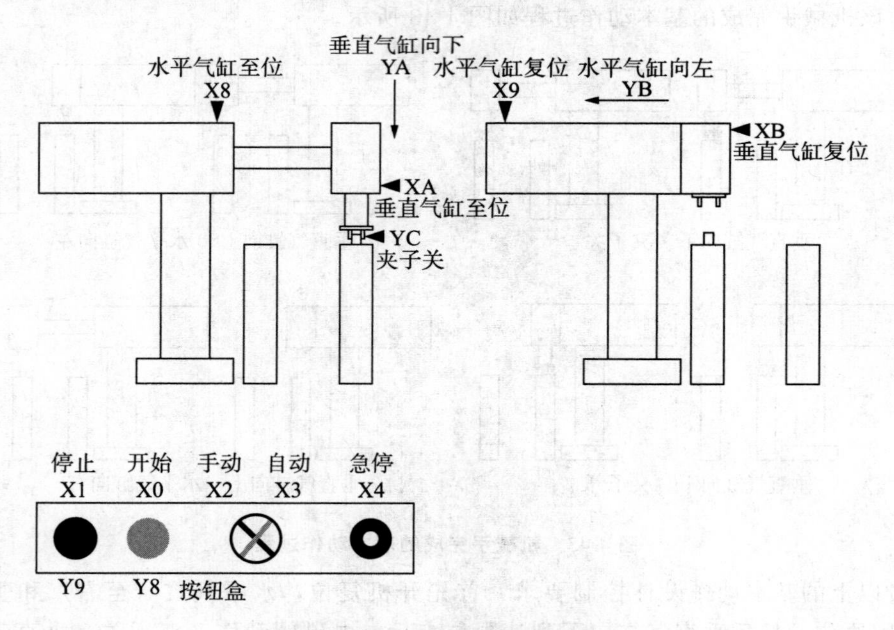

图 4-44 机械手工作台平面图

根据控制要求绘制顺序功能图如图 4-45 所示，然后根据顺序功能图绘制梯形图如图 4-46 所示。

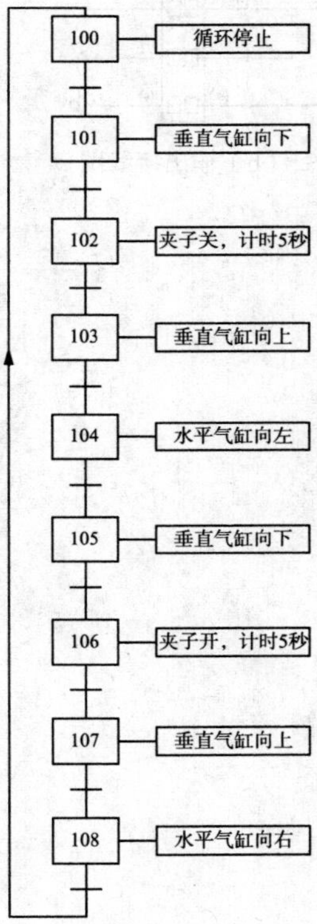

100 循环停止
101 垂直气缸向下
102 夹子关，计时5秒
103 垂直气缸向上
104 水平气缸向左
105 垂直气缸向下
106 夹子开，计时5秒
107 垂直气缸向上
108 水平气缸向右

图 4-45　顺序功能图

R108 X9 R100
R100 R101
R100 X0 R101
R101 R102
R101 XA R102
R102 R103
R102 TMY 36, K5
R102 T32 R103
R103 R104
R103 XB R104
R104 R105
R104 X8 R105
R105 R106
R105 XA R106
R106 R107
R106 TMY 36, K5
R106 T36 R107
R107 R108
R107 XB R108
R108 R100
R101 YA
R102
R105
R106
R104 YB
R105
R106
R107
R102 YC
R103
R104
R105

图 4-46　梯形图

（5）部分子程序梯形图如图 4-47 所示。

R101 YA
R102
R105
R106
垂直气缸向下
R104 YB
R105
R106
R107
水平气缸向左
R102 YC
R103
R104
R105
夹子关
R102 TMX K5
R106 TMX K5
夹子关计时5秒
夹子开计时5秒

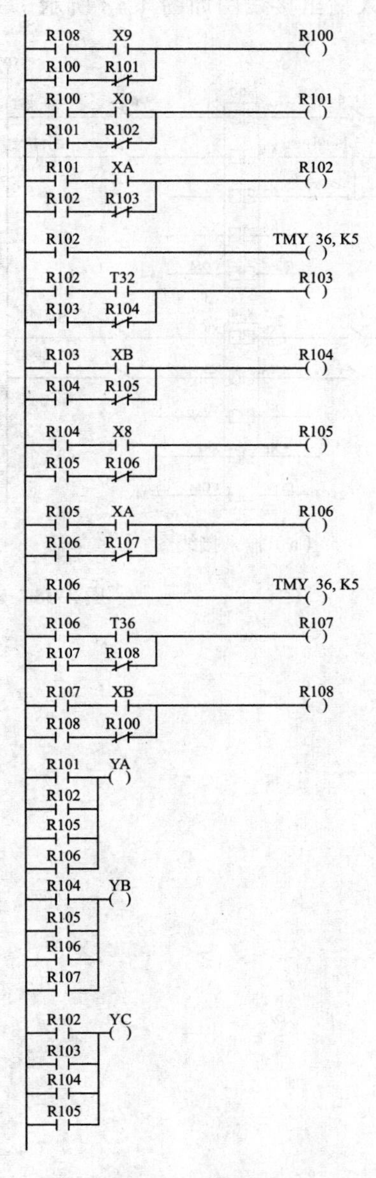

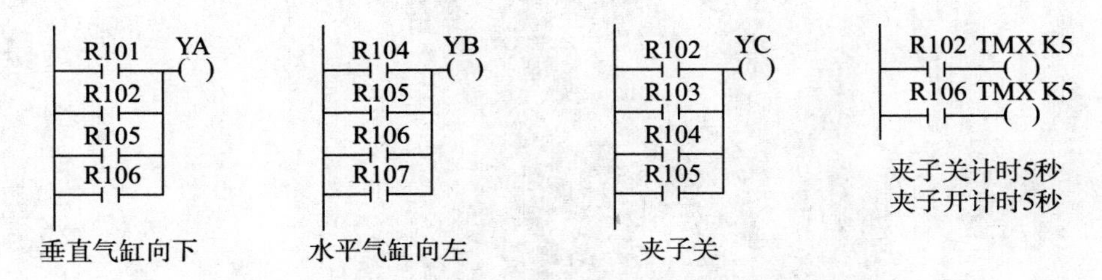

图 4-47　部分子程序梯形图

（6）输入输出接线图如图 4-48 所示。

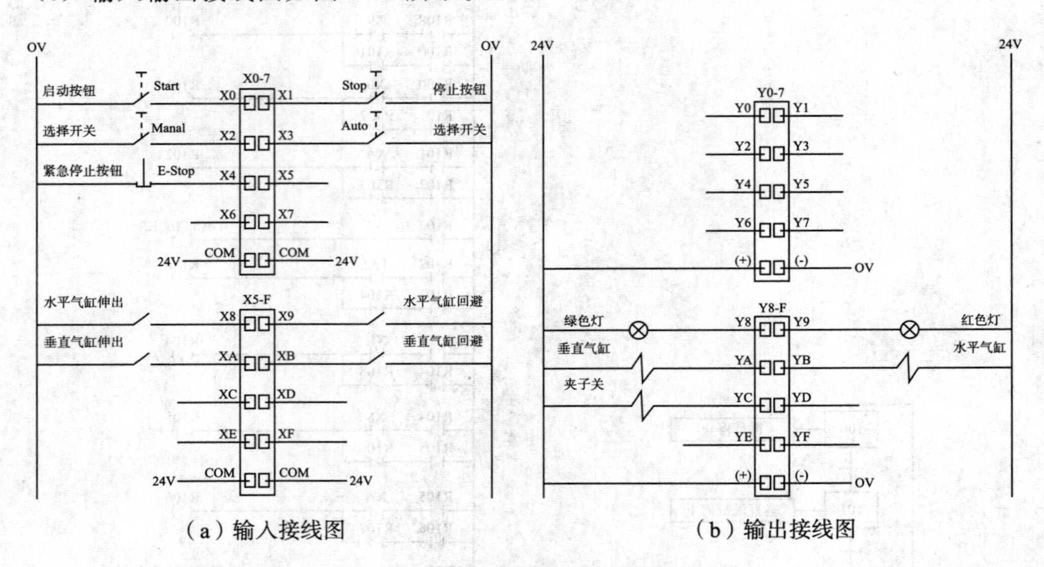

（a）输入接线图　　（b）输出接线图

图 4-48　输入输出接线图

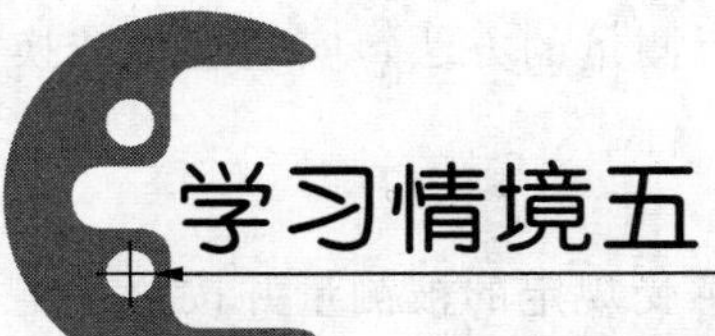

学习情境五 检测与传感装置选择与设计

内容提要：

本学习情境主要讲述了机电一体化系统的检测与传感装置的选择与设计，并通过自动生产线、数控机床及工业机器人的传感检测系统分析使学生将基本知识点融入到实际应用中，不但掌握了设计方法，而且解决了工程实际问题，为下面的综合项目制作打下良好的基础。

知识目标：

（1）掌握自动生产线、数控机床及工业机器人的传感检测系统中常用的传感器类型及原理。

（2）了解传感器的定义、组成、分类及性能指标。

（3）理解接近开关、光电传感器、脉冲编码器、光栅、磁尺、感应同步器、旋转编码器、测速发电机，以及获取触觉、视觉信息的传感器的应用方法。

能力目标：

（1）具备分析自动生产线、数控机床及工业机器人的传感检测系统的能力。

（2）具备基本自主选择自动生产线、数控机床及工业机器人的传感检测系统中传感器的能力。

（3）具备基本自主查阅中、外资料的能力。

科学技术的迅猛发展，使当今世界进入了信息化的时代。信息技术融入到机电设备当中，造就了机电一体化技术。这就大量涉及许多通过物理量的测量来判断系统中机电设备的运行状态，从而对其进行调节，使之达到人们所期望的结果，以使机电设备运行在正常的工作状态或最佳的工作状态的情况。机电设备中被测量的物理量种类很多，但根据物理量的特性来分，可分为两大类：电量和非电量。电量是指物理学中的电学量，如电压、电流、电阻、电容、电感等；非电量是指电量之外的一些物理量，如速度、加速度、转速、温度、湿度、压力、流量、位移、重量、位置、色彩等。电量的测量比较容易，使用电工仪表和电子仪器就可以对一般的电量直接进行测量。对于非电量可采用传感技术的电测方法，就是把被测非电量转换成与之有一定关系的电量，再进行测量的方法，实现这种转换技术的器件就是传感器。

（1）传感器的定义及组成。

国家标准 GB/T 7665－2005 对传感器下的定义是："能感受规定的被测量并按照一定的规律转换成可用信号的器件或装置，通常由敏感元件和转换元件组成"。此定义需要明确以下几点：

1）传感器是一种能够检测被测量的器件或装置；

2）被测量可以是物理量、化学量或生物量等；

3）输出信号要便于传输、转换、处理和显示等，一般是电参量；

4）输出信号要正确地反映被测量的数值和变化规律等，即两者之间要有确定的对应关系，且应具有一定的精确度。

典型的传感器一般由敏感元件、转换元件、转换电路三部分组成，其组成框图如图 5-1所示。

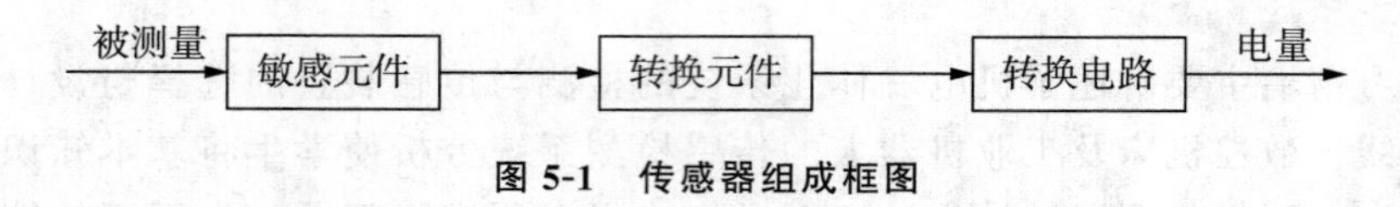

图 5-1　传感器组成框图

敏感元件：它是直接感受和响应被测量，并输出与被测量有一定对应关系的某一物理量的元件。

转换元件：敏感元件的输出量就是它的输入量，它把输入量转换成电路参数量。但这个电路参数量往往需经转换后，才能被后续电路所应用。

转换电路：它接受转换元件所转换成的电路参数量，并把它转换成后续电路所能应用的电信号。

（2）传感器的分类。

传感器技术涉及许多学科，它的分类方法很多，但在机电系统中常用的分类方法有两种，一种按被测的物理量来分；另一种是按传感器的工作原理来分。

1）按被测物理量划分的传感器常见的有：温度传感器、速度传感器、加速度传感器、压力传感器、位移传感器、流量传感器、液位传感器、力传感器、扭矩传感器等。

2）按传感器的工作原理来分。

①电学式传感器：常用的有电阻式传感器、电容式传感器和电感式传感器等。

电阻式传感器：是利用变阻器将被测非电量转换为电阻信号的原理制成的，一般有电位器式、触点变阻式、电阻应变式以及压阻式传感器。

电容式传感器是利用改变电容的几何尺寸或改变介质的性质和含量，从而使电容量发生变化的原理制成的。

电感式传感器是利用改变磁路几何尺寸、磁体位置来改变电感或互感的电感量的原理而制成的。

②光电式传感器：它是利用光电器件的光电效应和光学原理制成的，它在非电量测量中占有重要的地位。主要用于光强、位移、转速等参数的测量。

③热电式传感器：它是利用某些物质的热电效应制成的，主要用于温度的测量。

④压电式传感器：它是利用某些物质的压电效应制成的。它是一种发电式的传感器，主要用于力加速度和振动等参数的测量。

⑤半导体式传感器：半导体式传感器是利用半导体的压阻效应、内光电效应、磁电效应等原理而制成的，主要用于温度、湿度、压力、加速度、磁场等的测量。

⑥其他原理的传感器：有些传感器的工作原理具有两种以上原理的复合形式，如不少半导体式传感器就是几种不同原理传感器的复合形式。有的传感器不属于前5类，则可列入第6类。如微波式、射线式传感器等。

3）按传感器转换能量的情况分类。

①能量转换型：又称发电型，不需外加电源而将被测能量转换成电能输出，这类传感器有压电式、热电偶、光电池等。

②能量控制型：又称参量型，需外加电源才能输出电能量。这类传感器有电阻、电感、霍尔式、热敏电阻、光敏电阻、湿敏电阻等。

4）按传感器输出信号的形式分类。

传感器输出为模拟量的模拟式和传感器输出为数字量的数字式传感器。

(3) 传感器的特性。

传感器所要测量的信号可能是恒定量或缓慢变化的量，也可能随时间变化较快，无论哪种情况，使用传感器的目的都是使其输出信号能够准确地反映被测量的数值或变化情况。对传感器的输出量与输入量之间对应关系的描述就称为传感器的特性。输入量恒定或缓慢变化时的传感器特性称为静态特性；输入量变化较快时的传感器特性称为动态特性。

1）静态特性。

传感器的静态特性是指传感器的被测量数值处于稳定状态时，传感器输出与输入的关系。传感器静态特性的主要技术指标有：线性度、灵敏度、迟滞和重复性。

①线性度。

传感器的输出与输入的关系在不考虑迟滞、蠕变等因素的情况下，可用下面线性方程式来表示：

$$Y=a_0+a_1x+a_2x^2+a_3x^3+\cdots+a_nx^n$$

式中：Y——输出量；

x——输入量；

a_0——零点输出；

a_1——理论灵敏度；

a_2、a_3、a_4、…、a_n——非线性项系数。

各项系数不同，决定了特性曲线的具体形式。但是传感器的输出与输入的关系都存在着非线性问题，它用线性度来表示这一特性。传感器线性度是指输出—输入特性曲线与理论直线之间的最大偏差与输出满度值之比，即：

$$r_L=\pm\frac{\Delta_{max}}{Y_m}\times100\%$$

式中：r_L——线性度；

Δ_{max}——最大非线性绝对误差；

Y_m——输出满度值。

线性度又称为非线性误差。我们通常总是希望传感器的输出—输入特性曲线为线性，但实际的输出—输入特性只能接近线性，实际曲线与理论之间存在的偏差就是传感器的非线性误差。

②灵敏度。

传感器的灵敏度是指传感器在稳定条件下，输出变化量 ΔY 和输入变化量 ΔX 的比值，其表达式为：

$$K = \Delta Y/\Delta X$$

式中：K——灵敏度，线性传感器的灵敏度是个常数；

ΔY——输出变化量；

ΔX——输入变化量。

③迟滞。

传感器输入量增大行程期间（正行程）和输入量减小行程期间（反行程），输出—输入特性曲线不重合称为迟滞。迟滞误差一般以正反行程间输出的最大偏差与满量程输出的百分数来表示，其表达式为：

$$r_H = \pm\left(\frac{1}{2}\right)\left(\frac{\Delta H_{max}}{Y_m}\right) \times 100\%$$

迟滞误差又叫回程误差，它是由于传感器机械部分不可避免地存在着间隙、摩擦及松动等原因所产生的。

④重复性。

重复性是指传感器输入量按同一方向做全量程重复测量所得的输出—输入特性曲线不一致的程度。设正行程的最大重复性偏差为 ΔR_{max1}，反行程的最大重复性偏差为 ΔR_{max2}，重复性偏差取这两个最大偏差中的较大者 ΔR_{max}，则重复性以 ΔR_{max} 与满量程输出 Y_m 之比的百分数来表示，即

$$r_R = \pm\frac{\Delta R_{max}}{Y_m} \times 100\%$$

2）动态特性。

在实际的测量过程中，大量的被测物理量是随时间变化的动态信号。这就要求传感器的输出不仅能精确地反映被测量的大小，还要能正确地表现出被测量随时间变化的规律。这就要求了解传感器的动态特性。传感器的动态特性是指在测量动态信号时传感器的输出反映被测量的大小和随时间变化的特性。总的说来，传感器的动态特性取决于传感器本身，另一方面也与被测量的变化形式有关。一般来说，传感器的动态特性的主要技术指标有：频率特性、响应时间、临界速度等。

①传感器的频率响应特性。

由控制理论可知，在初始条件为零时，传感器及系统输出的傅里叶变换和输入的傅里

叶变换之比，即为传感器及系统的频率响应函数。这样传感器及系统的频率响应函数为

$$G(j\omega)=\frac{b_m(j\omega)^m+b_{m-1}(j\omega)^{m-1}+\cdots+b_1(j\omega)+b_0}{a_n(j\omega)^n+a_{n-1}(j\omega)^{n-1}+\cdots+a_1(j\omega)+a_0}$$

式中，a_0、a_1、…、a_n；b_0、b_1、…、b_m 是与传感器及系统结构特性有关的常数。它表示将各种频率不同而幅值相等的正弦信号输入传感器，其输出正弦信号的幅值、相位与频率之间的关系，简称频率特性。

幅频特性：频率特性 $G(j\omega)$ 的模，亦即输出与输入的幅值比。$A(\omega)=|G(j\omega)|$，以 ω 为自变量，以 $A(\omega)$ 为因变量的曲线称为幅频特性曲线。

相频特性：频率特性 $G(j\omega)$ 的相角 $\varphi(\omega)$，亦即输出与输入的相角差。$\varphi(\omega)=-\arctan G(j\omega)$，以 ω 为自变量，以 $\varphi(\omega)$ 为因变量的曲线称为相频特性曲线。

由于相频特性与幅频特性之间有一定的内在关系，因此表示传感器的频响特性及频域性能指标时主要用幅频特性。工程上通常将±dB 所对应的频率范围称为频响范围，又称通频带。对于传感器，则常根据所需测量精度来确定正负分贝数，所对应的频率范围，称为工作频带。

②传感器的阶跃响应特性。

当给静止的传感器输入一个单位阶跃信号时

$$u(t)=\begin{cases}0(t\leqslant 0)\\1(t>0)\end{cases}$$

其输出信号称为阶跃响应，阶跃响应如图 5-2 所示。

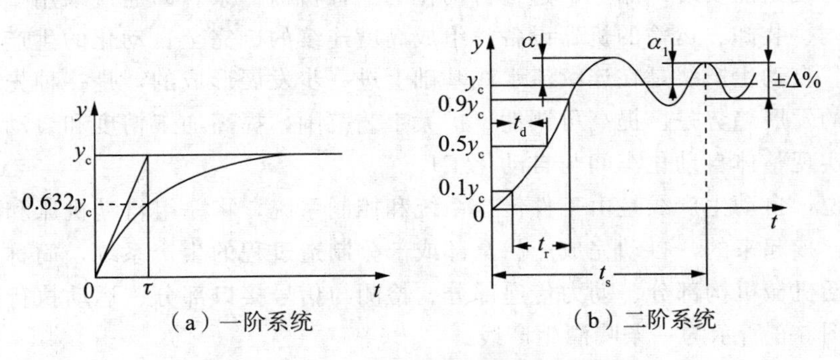

(a) 一阶系统　　(b) 二阶系统

图 5-2　一阶、二阶系统的阶跃响应曲线

衡量阶跃响应的指标如下：

时间常数 τ：传感器输出值上升到稳态值 y_c 的 63.2%所需的时间。

上升时间 t_r：传感器输出值由稳态值的 10%上升到 90%所需的时间。

响应时间 t_s：输出值达到允许误差范围±Δ%所经历的时间。

超调量 α：输出第一次超过稳态值之峰高，即 $\alpha=y_{max}-y_c$，常用 $\alpha/y_c\times100\%$ 表示。

衰减度 ψ：指相邻两个波峰（或波谷）高度下降的百分数 $(\alpha-\alpha_1)/\alpha\times100\%$。

延迟时间 t_d：响应曲线第一次达到稳定值的一半所需的时间。

其中，时间常数 τ、上升时间 t_r、响应时间 t_s 表征系统的响应速度性能；超调量 α、衰减度

φ则表征传感器的稳定性能。通过这两个方面就完整地描述了传感器的动态特性。

项目 5.1　自动生产线上传感器的选择与设计

项目目标

(1) 了解自动生产线上常用传感器的特点、种类。
(2) 掌握接近开关和光电传感器的工作原理。
(3) 掌握自动生产线上各种传感器的选型方法。

项目要求

通过教师讲授以及学生查阅资料，使学生系统掌握传感器的基础知识，并能自主进行自动生产线传感器的选择以及分析，为今后综合项目制作打下良好的基础。

自动生产线由自动执行装置（包括各种执行器件、机构，如电机、电磁铁、电磁阀、气动、液压等），经各种检测装置（包括各种检测器件、传感器、仪表等），检测各装置的工作进程、工作状态，经逻辑、数理运算、判断，按生产工艺要求的程序，自动进行生产作业的流水线。

自动生产线是能实现产品生产过程自动化的一种机器体系。即通过采用一套能自动进行加工、检测、装卸、运输的机器设备，组成高度连续的、完全自动化的生产线，来实现产品的生产。自动生产线是在连续流水线基础上进一步发展形成的，是一种先进的生产组织形式。它的发展趋势是：提高可调性，扩大工艺范围，提高加工精度和自动化程度，同计算机结合实现整体自动化车间与自动化工厂。

简单地说，自动生产线是由工件传送系统和控制系统，将一组自动机床和辅助设备按照工艺顺序连接起来的，自动完成产品全部或部分制造过程的生产系统，简称自动线。生产线一般包括机械机构部分、动力传递部分、检测与信号接口部分、运动执行部分和控制部分等。如图 5-3 所示为一条啤酒生产线。

传感器像人的眼睛、耳朵、鼻子等感官器件，是生产线中的检测元件，能感受规定的被测量并按照一定的规律转换成电信号输出。目前生产线中常用到的传感器有：接近开关和光电传感器等。

任务 5.1.1　接近开关

接近开关（即接近传感器）是代替限位开关等接触式检测方式，以无需接触检测对象进行检测的传感器的总称。能将检测对象的移动信息和存在信息转换为电气信号，在转换为电气信号的方式中，包括捕捉电磁感应引起的检测对象的金属体中产生的涡电流的方式、捕捉检测体的接近引起的电气信号的容量变化的方式、利用磁石和引导开关的方式等。常见的感应类型有感应型、静电容量型、超声波型、光电型、磁力型等。接近开关的

图 5-3　某啤酒生产线

特点如下：

(1) 由于能以非接触方式进行检测，所以不会磨损和损伤检测对象物。限位开关等是与物体接触后进行检测的，但接近传感器则对物体的存在进行电气性检测，所以无需接触。

(2) 由于采用无接点输出方式，因此寿命延长（磁力式除外）。采用半导体输出，对接点的寿命无影响。

(3) 与光检测方式不同，适合在水和油等环境下使用。检测时几乎不受检测对象的污渍和油、水等的影响。

(4) 与接触式开关相比，可实现高速响应。

(5) 能对应广泛的温度范围，有些传感器能在－40℃和在＋200℃的环境下使用。

(6) 不受检测物体颜色的影响。对检测对象的物理性质变化进行检测，所以几乎不受表面颜色等的影响。

(7) 与接触式不同，会受周围温度、周围物体、同类传感器的影响。包括感应型、静电容量型在内，传感器之间相互影响。因此，对于传感器的设置，需要考虑相互干扰。此外，在感应型中，需要考虑周围金属的影响，而在静电容量型中则需考虑周围物体的影响。

1. 磁性开关

生产线中大量使用的气缸都是带磁性开关的气缸，这些气缸的缸筒采用导磁性弱、隔磁性强的材料，如硬铝、不锈钢等。在非磁性体的活塞上安装一个永久磁铁的磁环，这样就提供了一个反映气缸活塞位置的磁场。而安装在气缸外侧的磁性开关则是用来检测气缸活塞位置，即检测活塞的运动行程的，当有磁性物质接近磁控开关时，磁性开关被磁化而使得接点吸合在一起，从而使回路接通，如图 5-4（a）所示为中心型磁性开关内部结构图，图 5-4（b）所示为偏置型磁性开关，图 5-4（c）为磁性开关实物图，图 5-4（d）为电气符号图。

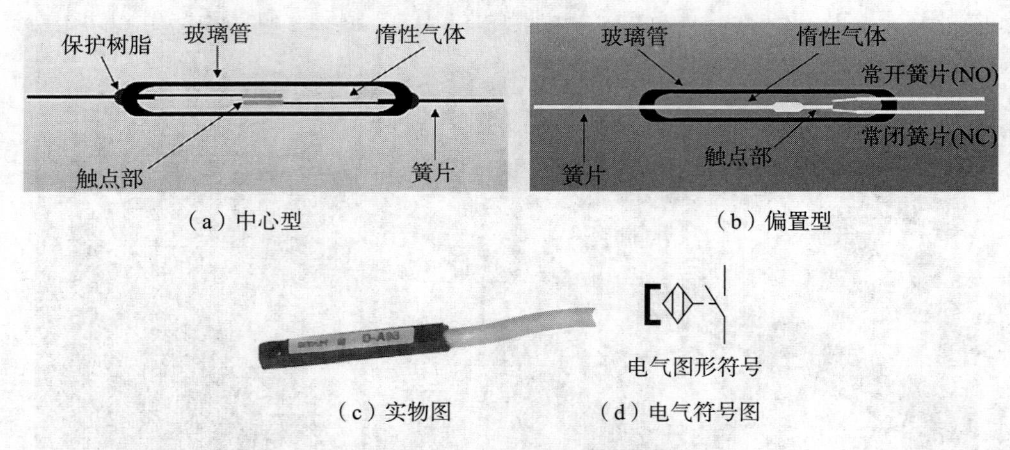

（a）中心型　（b）偏置型

（c）实物图　（d）电气符号图

图 5-4　磁性开关内部结构图

有触点式的磁性开关用舌簧开关作磁场检测元件。舌簧开关成形于合成树脂块内，一般动作指示灯、过电压保护电路也塑封在内。图 5-5 是带磁性开关气缸的工作原理图。当气缸中随活塞移动的磁环靠近开关时，舌簧开关的两根簧片被磁化而相互吸引，触点闭合；当磁环移开开关后，簧片失磁，触点断开。触点闭合或断开时发出电控信号，在 PLC 的自动控制中，可以利用该信号判断推料及顶料缸的运动状态或所处的位置，以确定工件是否被推出或气缸是否返回。

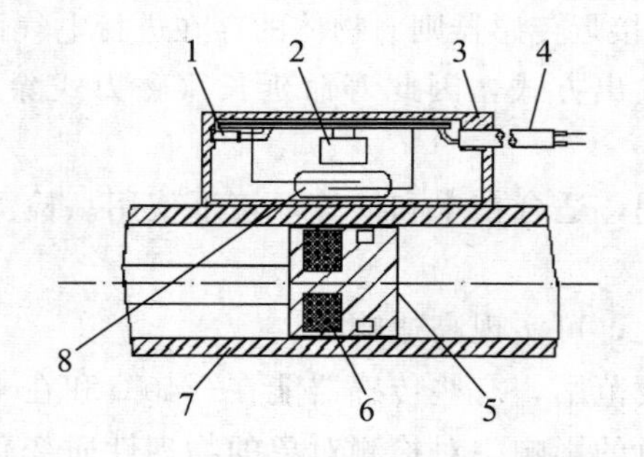

图 5-5　带磁性开关气缸的工作原理图

1—动作指示灯；2—保护电路；3—开关外壳；4—导线；5—活塞；
6—磁环（永久磁铁）；7—缸筒；8—舌簧开关

在磁性开关上设置的 LED 灯用于显示其信号状态，供调试时使用。磁性开关动作时，输出信号“1”，LED 亮；磁性开关不动作时，输出信号“0”，LED 不亮。磁性开关的安装位置可以调整，调整方法是松开它的紧定螺栓，让磁性开关顺着气缸滑动，到达指定位置后，再旋紧紧定螺栓。如图 5-6 所示为用 2 个磁性开关检测水平气缸伸缩位置的工作示意图，图（a）所示为水平气缸伸出到位时，外侧的磁性开关动作指示灯亮，内侧的磁性开关不动作；图（b）所示为水平气缸缩回到位时，外侧的磁性开关不动作，内侧的磁性开关检测到动作，指示灯亮。

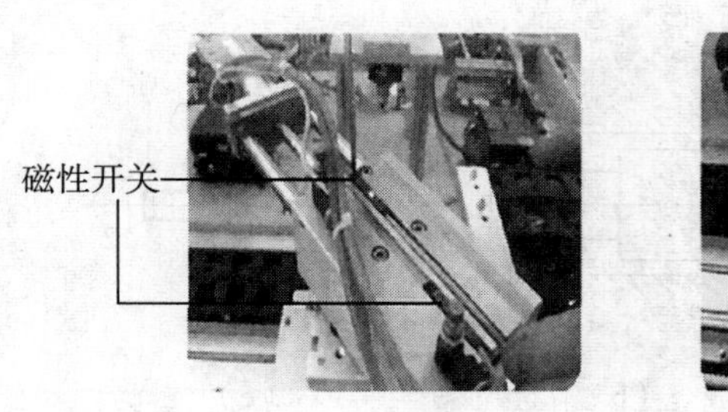

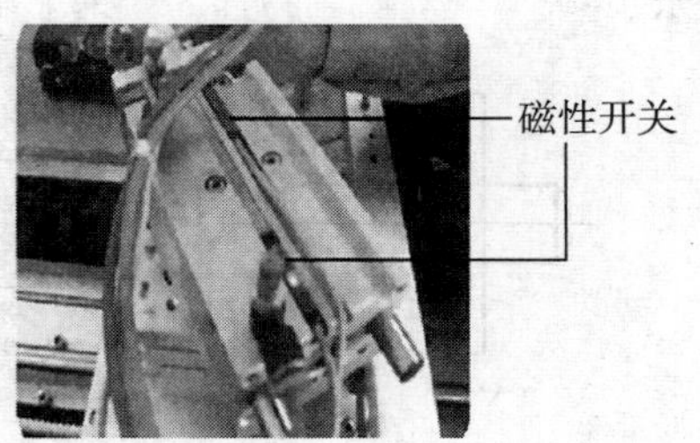

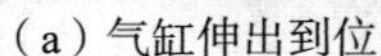

（a）气缸伸出到位　　（b）气缸缩回到位

图 5-6　磁性开关应用实例

2. 电感式接近开关

电涡流接近开关属于电感式传感器的一种，是利用电涡流效应制成的有开关量输出的位置传感器。根据法拉第电磁感应原理，成块的金属导体置于变化着的磁场中时，金属导体内就要产生感应电流，这种电流的流线在金属导体内自动闭合，通常称为电涡流，以上现象称为电涡流效应。

根据电涡流效应制成的传感器称为电涡流式传感器。按照电涡流在导体内的贯穿情况，此传感器可分为高频反射式和低频透射式两类，但从基本工作原理上来说仍是相似的。电涡流式传感器最大的特点是能对位移、厚度、表面温度、速度、应力、材料损伤等进行非接触式连续测量，另外还具有体积小、灵敏度高、频率响应宽等特点，应用极其广泛。

电感式接近开关的工作原理如图 5-7 所示，金属物体在接近这个能产生电磁场的振荡感应头时，物体内部产生电涡流。这个电涡流反作用于接近开关，使接近开关振荡能力衰减，内部电路的参数发生变化，由此识别出有无金属物体接近，进而控制开关的通和断。这种接近开关所能检测的物体必须是金属物体。

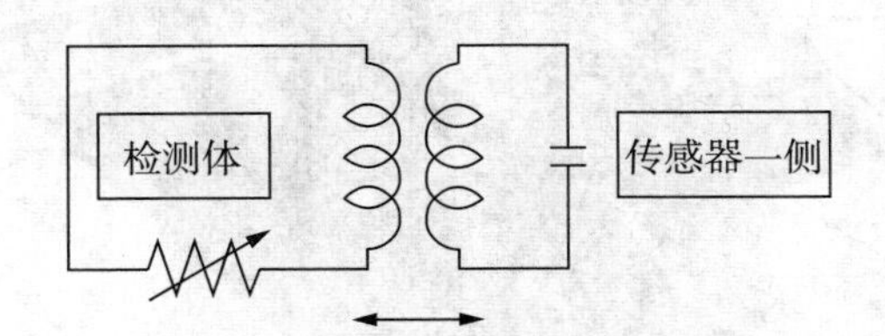

图 5-7　电涡流接近开关工作原理图

电感式接近开关的实物和电气符号如图 5-8 所示。

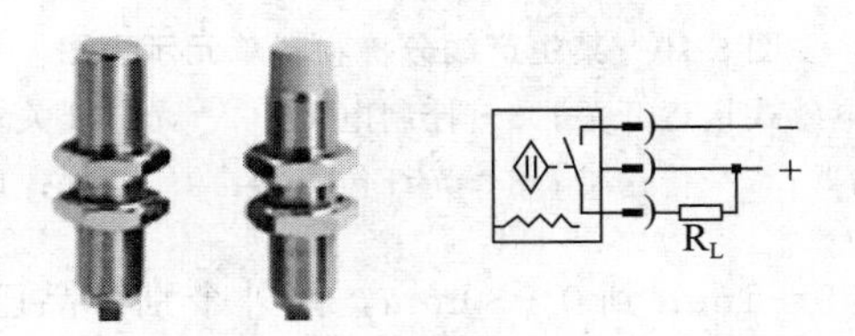

图 5-8　电感式接近开关的实物和电气符号图

电感式接近开关用来测量各种形状试件的位移量。例如，汽轮机主轴的轴向位移如

图 5-9（a）所示；磨床换向阀、先导阀的位移如图（b）所示；金属试件的热膨胀系数如图（c）所示。

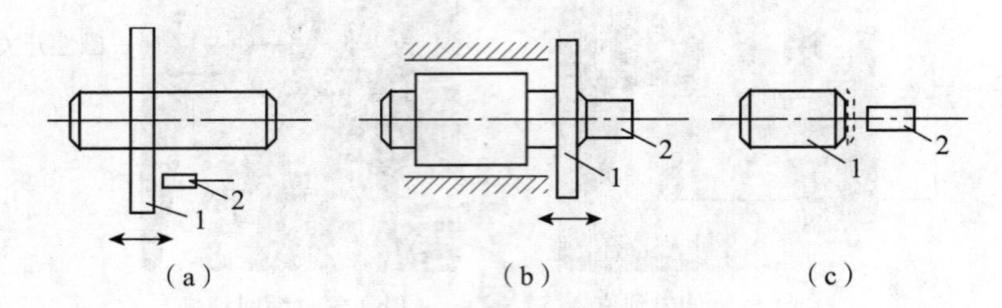

图 5-9　电感式接近开关的应用

1—被测试件；2—电感式接近开关

如图 5-10 所示为某生产线分拣物料单元的组成图，没有物料时，电机不转，传送带不动。当物料进入到如图 5-10 所示位置 5 时，漫反射光电开关 4 先检测到并将信号传送给 PLC，PLC 启动变频器，电机 3 转动驱动传送带 7 工作并将物料传递到电感式接近开关 2 前，若物料为金属，开关动作并启动 1 号气缸 9 的推杆将物料推入 1 号料槽内；若物料为非金属，开关不动作，物料继续前进到达 2 号气缸上方的光纤传感器 8 的检测头处，若为白色物料就被推入 2 号料槽，若为黑色物料就继续前进进入 3 号气缸上方的光纤传感器的检测头处并被推入 3 号料槽内，至此分拣完毕，图中 3 个气缸的位置检测分别由各自的磁性开关 10 完成。

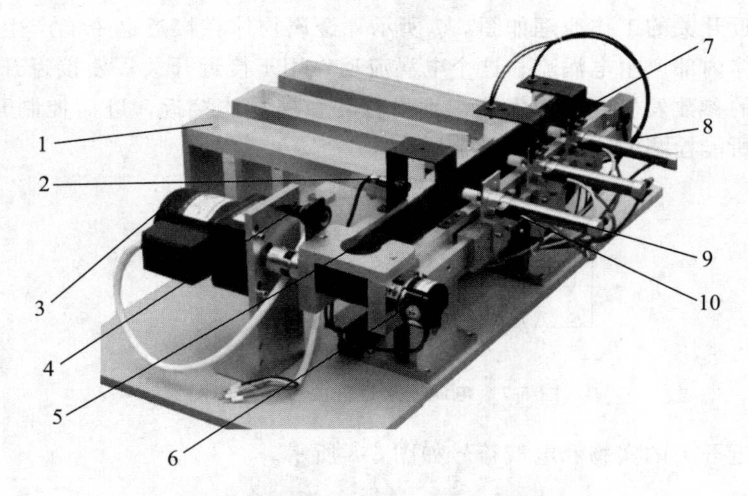

图 5-10　某生产线分拣物料单元示意图

1—料槽；2—电感式接近开关；3—控制电机；4—光电开关；5—物料入口；
6—光电编码器；7—传送带；8—光纤传感器；9—气缸；10—磁性开关

测量位移的范围可从 0～1mm 到 0～30mm，国外个别产品已达 80mm，一般的分辨率为满量程的 0.1%，也有分辨力达 0.05μm 的。凡是可变位移量均可用这种传感器测量，如钢水液位、纱线的张力、流体压力等。我国有实验证明，用电涡流传感器测 600mm 以上的炉衬厚度也是可行的。

3. 电容式接近开关

电容式传感器是将被测量转换为电容量变化，再经过转换电路转换为电信号（电压或电流）输出的一种传感器。它具有结构简单、灵敏度高、动态响应特性好等特点，因此不但广泛应用于位移、振动、加速度等机械测量，而且还应用于压力、液面、料面等方面的测量。但是它也有漏电阻和非线性等缺点，随着电子技术的发展，这些缺点将逐渐得到克服。

电容式传感器是一个具有可变参数的电容器。多数场合下，电容由两个金属平行板组成并且以空气为介质，如图 5-11 所示。由两个平行板组成的电容器的电容量为

$$C=\frac{\varepsilon A}{d}$$

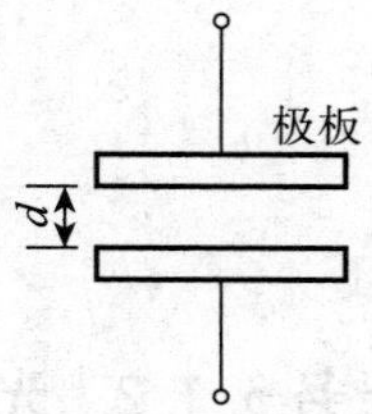

式中：ε——电容极板间介质的介电常数，对于真空 $\varepsilon=\varepsilon_0$；

A——两平行板所覆盖的面积；

d——两平行板之间的距离；

C——电容量。

图 5-11　平行板电容器

当被测参数使得上式中的 A、d 或 ε 发生变化时，电容量 C 也随之变化。如果保持其中两个参数不变而仅改变另一个参数，就可把该参数的变化转换为电容量的变化。因此，电容量变化的大小与被测参数的大小成比例。在实际使用中，电容式传感器常以改变平行板间距 d 来进行测量，因为这样获得的测量灵敏度高于改变其他参数的电容传感器的灵敏度。改变平行板间距 d 的传感器可以测量微米量级的位移，而改变面积 A 的传感器只适用于测量厘米量级的位移。

一般电容式传感器可分为变面积型、变间隙型和变介质型三种类型。电容式传感器的原理、结构形式如图 5-12 所示。

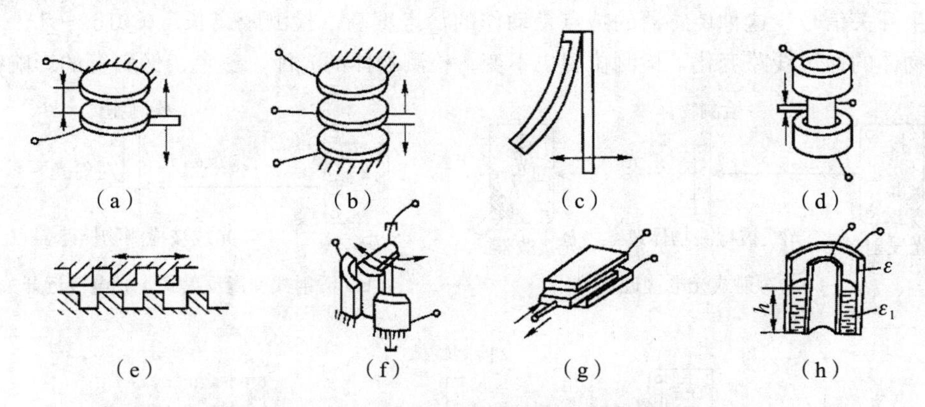

图 5-12　几种不同的电容式传感器的原理结构图

其中图（a）、（b）为变间隙式；图（c）、（d）、（e）和（f）为变面积式；图（g）、（h）为变介电常数式。变间隙式一般用来测量微小位移（0.01μm～10^2μm）；变面积式一般用于测量角位移（1″～100°）或较大线位移；变介电常数式常用于物位测量及介质温度、密度测量等。其他物理量须转换成电容器的 A、d 或 ε 的变化再进行测量。

如图 5-13 所示为电容式接近开关在液位测量控制中的应用。

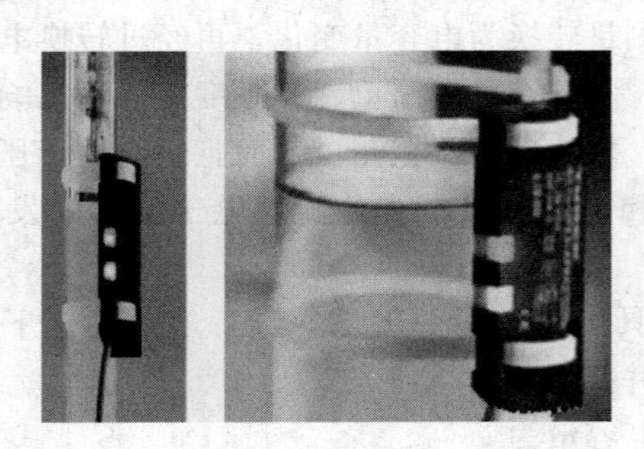

图 5-13 电容式接近开关在液位测量控制中的应用

任务 5. 1. 2 光电开关

1. 光电接近开关

“光电传感器”是利用光的各种性质，检测物体的有无和表面状态的变化等的传感器。其中输出形式为开关量的传感器为光电式接近开关。

光电式接近开关主要由光发射器和光接收器构成。如果光发射器发射的光线因检测物体不同而被遮掩或反射，到达光接收器的量将会发生变化。光接收器的敏感元件将检测出这种变化，并转换为电气信号，进行输出。光源大多使用可视光（主要为红色，也用绿色、蓝色来判断颜色）和红外光。按照接收器接收光的方式的不同，光电式接近开关可分为对射式、反射式和漫射式 3 种，如图 5-14 所示。

（1）对射式光电接近开关。

对射式光电接近开关也称遮断式光电开关，它由相互分离且相对安装的光发射器和光接收器组成。当被检测物体位于发射器和接收器之间时，光线被阻断，接收器接收不到红外线而产生开关信号。这种传感器的特点是动作的稳定度高，检测距离长（0.01m～几十 m）；即使检测物体的通过线路变化，检测位置也不变；检测物体的光泽、颜色、倾斜等的影响很少。

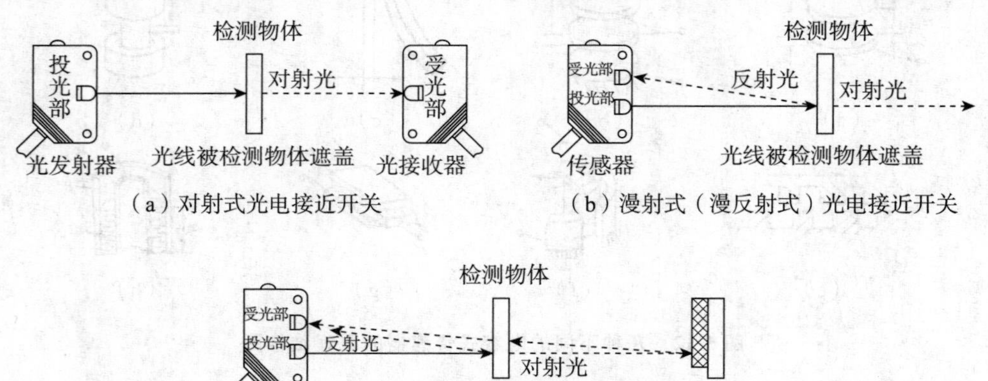

图 5-14 光电式接近开关

如图 5-15 所示为对射式光电接近开关在流水线中的应用实例。图中所示为咖啡灌装的流水线，储料仓内咖啡通过落料口进入空咖啡罐，装满后咖啡罐随流水线进入检测区域。咖啡罐上方为定区域光电开关主要检测罐的高度，罐的左右两侧为对射式光电接近开关，发射部发光，若罐遮住，接收部接收不到红外线而产生开关信号。

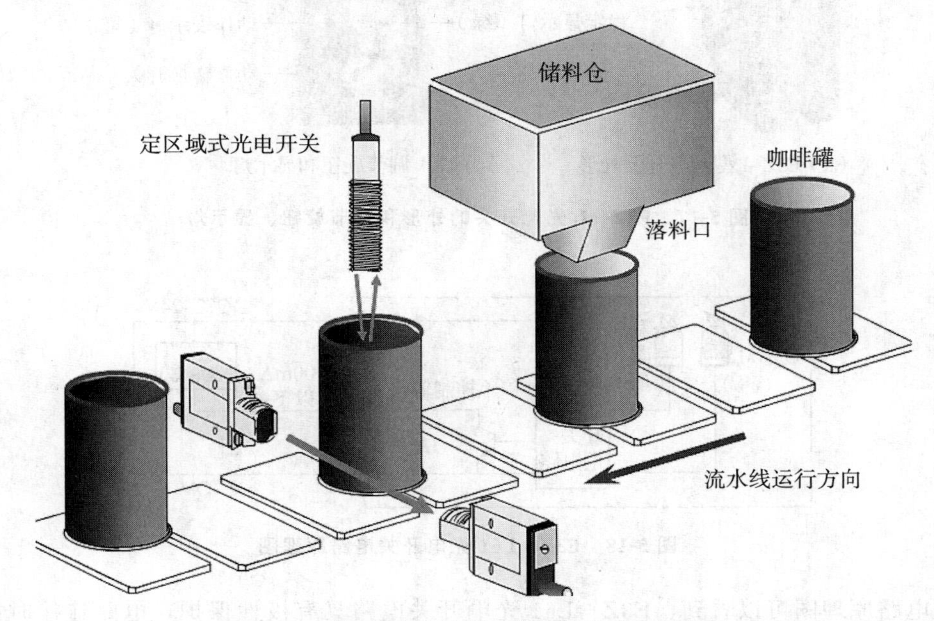

图 5-15　对射式光电接近开关在流水线中的应用

（2）漫射式光电接近开关。

漫射式光电接近开关是利用光照射到被测物体上后反射回来的光线而工作的，由于物体反射的光线为漫射光，故称为漫射式光电接近开关。它的特点是检测距离为数厘米至数米；便于安装调整；在检测物体的表面状态（颜色、凹凸）中光的反射光量会变化，检测稳定性也变化。它的光发射器与光接收器处于同一侧位置，且为一体化结构。在工作时，光发射器始终发射检测光，若接近开关前方一定距离内没有物体，则没有光被反射到接收器，接近开关处于常态而不动作；反之若接近开关的前方一定距离内出现物体，只要反射回来的光强度足够，则接收器接收到足够的漫射光就会使接近开关动作而改变输出的状态。图 5-16为漫射式光电接近开关的工作原理示意图。

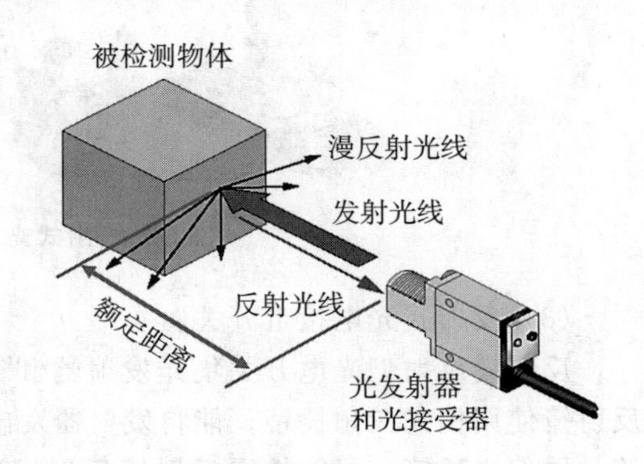

图 5-16　漫射式光电接近开关的工作原理

如图 5-17 所示为用来检测工件不足或工件有无的 OMRON 公司的 E3Z－L61 型放大器内置型光电开关（细小光束型，NPN 型晶体管集电极开路输出），图 5-18 给出了该光电开关的内部电路原理框图。

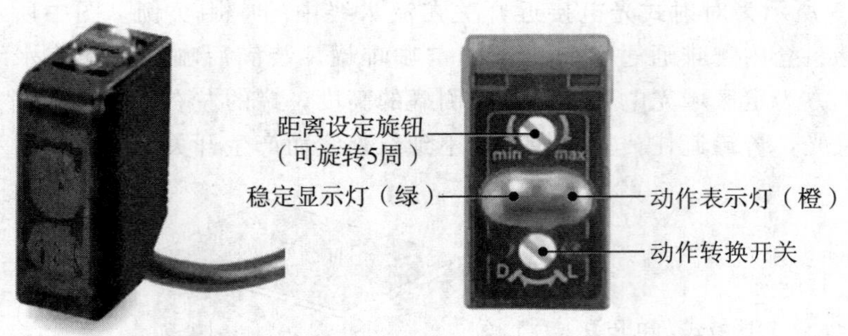

（a）E3Z–L型光电开关外形　　（b）调节旋钮和显示灯

图 5-17　E3Z－L 光电开关的外形和调节旋钮、显示灯

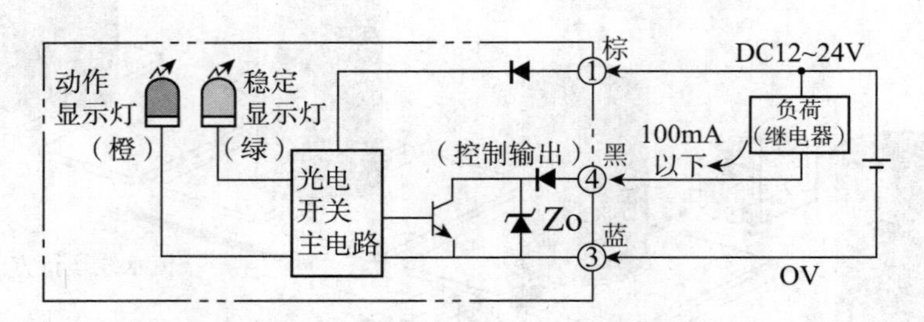

图 5-18　E3Z－L61 光电开关电路原理图

从电路原理图可以看到，E3Z－L61 光电开关电路具有极性保护，电路连接时如果极性接反，不会损坏器件，但光电开关不能正常工作。切勿把光电开关的信号输出线直接连接到＋24V 电源端，这样会造成器件的损坏。

如图 5-19 所示为漫射式光电接近开关的应用实例，左图为感应式水龙头，右图为工件检测。

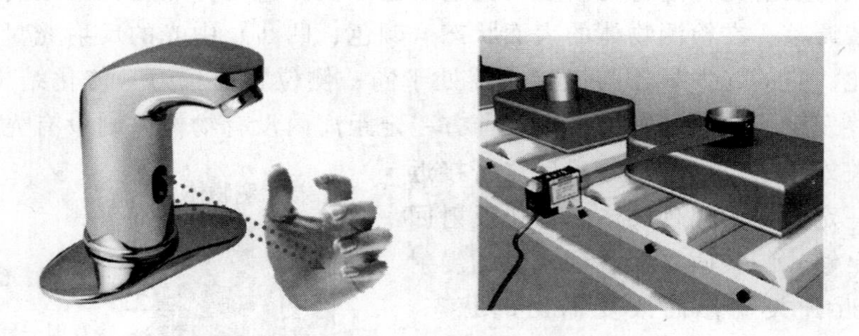

图 5-19　射式光电接近开关的应用实例

（3）反射式光电接近开关。

反射镜反射型光电开关集光发射器和光接收器于一体，与反射镜相对安装配合使用。反射镜使用偏光三角棱镜，能将发射器发出的光转变成偏振光反射回去，光接收器表面覆盖一层偏光透镜，只能接受反射镜反射回来的偏振光，工作原理如图 5-20 所示。它的特点是检测距离为数 cm～数 m；布线、光轴调整方便（可节省工时）；检测物体的颜色、倾斜等的影响很少；光线通过检测物体 2 次，所以适合透明体的检测；检测物体的表面为镜面体的情况下，根据表面反射光的受光不同，有时会与无检测物体的状态相同，无法检测。

(4) 光幕。

两个柱形结构相对而立，每隔数十毫米安装一对发光二极管和光敏接收管，形成光幕，当有物体遮挡住光线时，传感器发出报警信号。如图 5-21 (a) 所示为仓库报警装置，当有人拿取物料时，光线被遮挡，传感器发出报警信号；图 (b) 所示为自动生产线上产品三维尺寸测量系统，通过长度、宽度、高度方向放置的光幕检测产品尺寸；图 (c) 所示为木材外形截面积检测，通过横纵两向光幕来测定木材横截面积；图 (d) 所示为带材纠偏装置，光幕可检测出带材在卷曲过程中的偏移，经控制器和执行机构使带材向正确的方向运动。

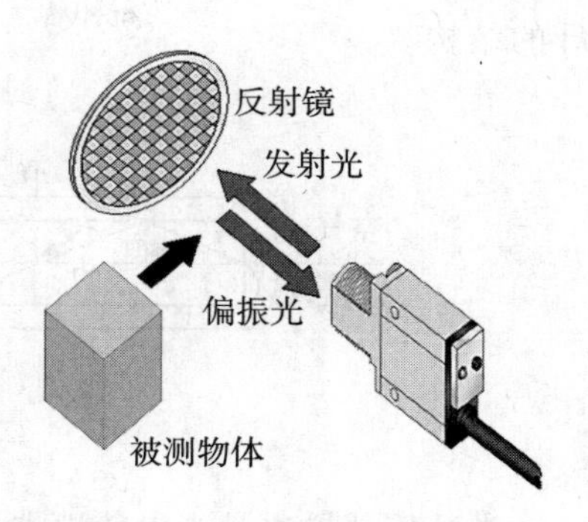

图 5-20　反射式光电开关原理

(a) 仓库报警系统

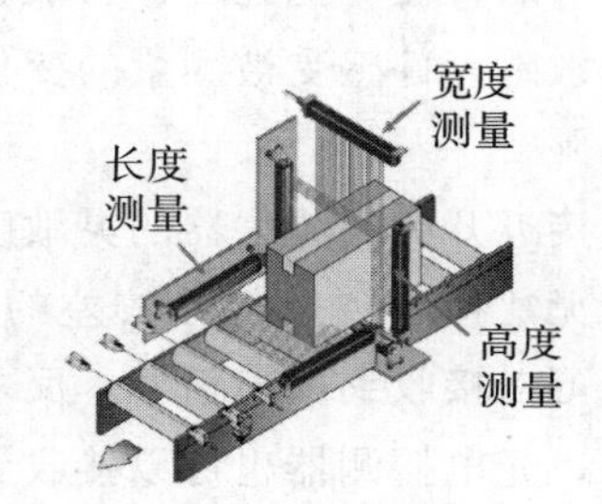

(b) 产品三维尺寸测量系统

(c) 木材截面积测量

(d) 带材纠偏装置

图 5-21　光幕应用实例

2. 光纤式传感器

光纤式传感器由光纤检测头、光纤放大器两部分组成，放大器和光纤检测头是分离的两个部分，光纤检测头的尾端部分分成两条光纤，使用时分别插入放大器的两个光纤孔。光纤传感器组件如图 5-22 所示。

光纤是用光透射率高的电介质（如石英、玻璃、塑料等）构成的光通路。它由折射率 n_1 较大（光密介质）的纤芯和折射率 n_2 较小（光疏介质）的包层构成双层同心圆柱结构。如图 5-23 所示为光

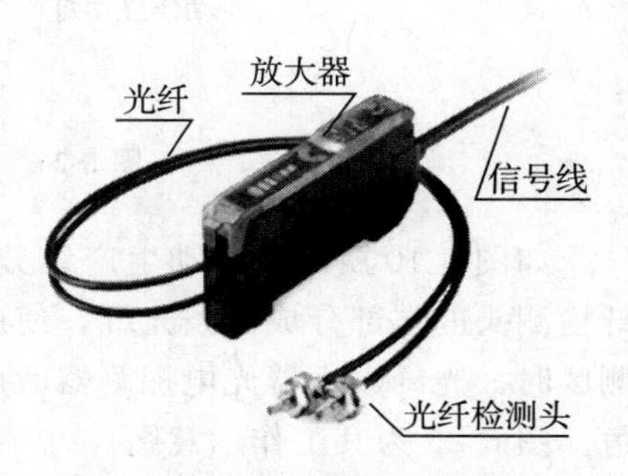

图 5-22　光纤式传感器的组成

纤的结构。

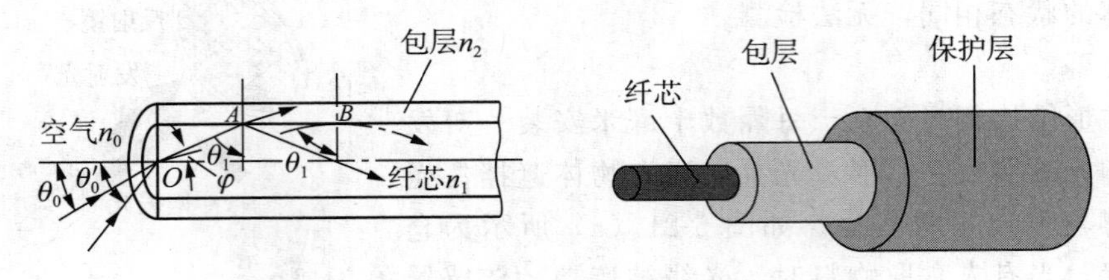

图 5-23　光纤结构

光纤传感器也是光电传感器的一种。光纤传感器具有下述优点：抗电磁干扰、可工作于恶劣环境，传输距离远，使用寿命长。此外，由于光纤头具有较小的体积，所以可以安装在空间很小的地方。光纤传感器分为功能型传感器和非功能型传感器两大类。功能型传感器利用光纤本身的特性，把光纤作为敏感元件，所以也称传感型光纤传感器；非功能型传感器利用其他敏感元件感受被测量的变化，光纤仅作为光的传输介质，所以也称传光型光纤传感器。

光纤式光电接近开关的放大器的灵敏度调节范围较大。当光纤传感器灵敏度调得较小时，光电探测器无法接收到反射性较差的黑色物体的反射信号；而反射性较好的白色物体，光电探测器可以接收到反射信号。反之，若调高光纤传感器灵敏度，则即使对反射性较差的黑色物体，光电探测器也可以接收到反射信号。

图 5-24 给出了放大器单元的俯视图，调节其中部的 8 旋转灵敏度高速旋钮就能进行放大器灵敏度调节（顺时针旋转灵敏度增大）。调节时，会看到“入光量显示灯”发光的变化。当探测器检测到物料时，“动作显示灯”会亮，提示检测到物料。

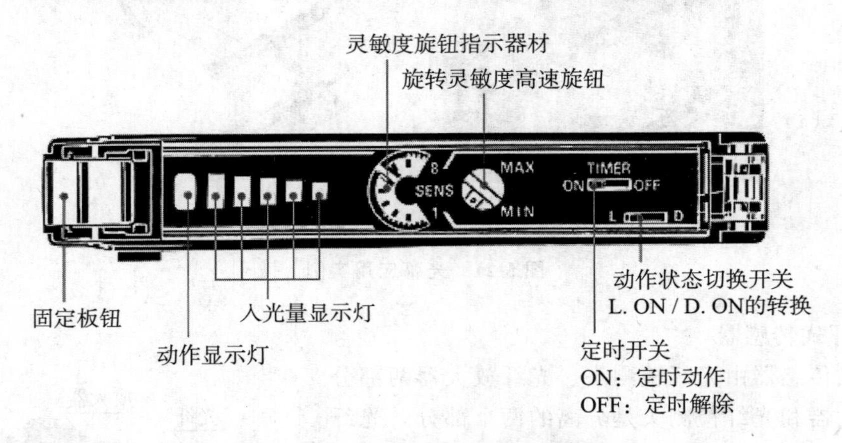

图 5-24　光纤传感器放大器单元的俯视图

如图 5-10 所示的自动生产线分拣单元，传送带上方分别装有两个光纤光电开关，光纤检测头的尾部分成两条光纤，使用时分别插入放大器的两个光纤孔。当白色物料进入检测区时，光纤放大器光电探测器就可以收到反射信号，而黑色物料就收不到，进而区分颜色。图 5-25 为其工作示意图。

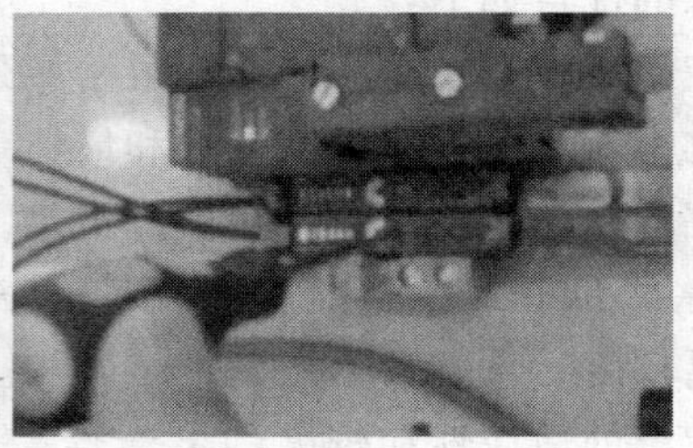

图 5-25　光纤传感器在自动生产线中的应用

项目 5.2　数控机床上检测元件的选择与设计

项目目标

（1）了解数控机床的组成、分类及特点。

（2）掌握数控机床常用的数字式传感器的种类、原理、特点。

（3）掌握数控机床常用的模拟式传感器的种类、原理、特点。

项目要求

通过教师讲授以及学生查阅资料，使学生系统掌握数控机床常用传感器的基础知识，并能自主进行检测元件选择以及常用数控机床的伺服驱动模块的分析，为今后综合项目制作打下良好的基础。

数控机床是一种综合了微电子技术、计算机技术、自动控制、精密测量和机床等方面的最新成就而发展起来的高效自动化精密机床。如图 5-26 所示为数控机床的实物图。数控机床无论是在日常使用中，还是在国际贸易中，已成为衡量一个国家工业化水平和综合实力的重要标志。

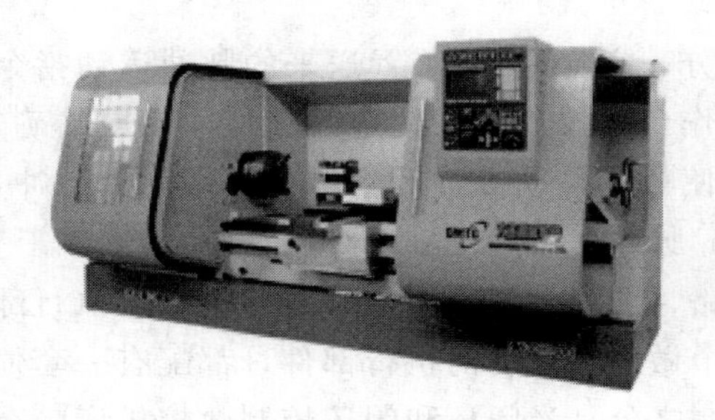

（a）CKA6136数控车床

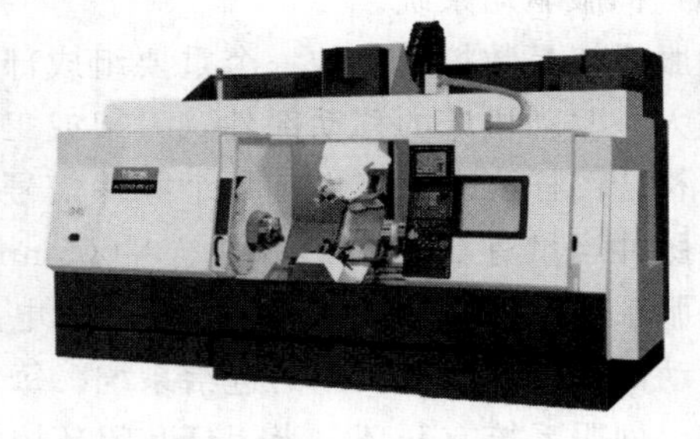

（b）车铣复合加工中心

图 5-26　数控机床实物图

数控机床的优点如下：

(1) 生产率高。数控机床能缩短由于换刀、转换速度等所消耗的辅助时间，增加切削加工时间的比率，采用最佳切削参数和最佳走刀路线，缩短加工时间，从而提高生产率。

(2) 零件的加工精度高，产品质量稳定。由于它是按照程序自动加工，不需要人工干预，其加工精度还可以利用软件进行校正与补偿，故可以获得比机床本身精度还要高的加工精度和重复精度。

(3) 有广泛的适应性和较大的灵活性。只需要改变程序，就可以加工不同的产品零件，能够完成很多普通机床难以完成或者无法完成的复杂型面的加工。

(4) 可以实现一机多用。有的数控机床如镗铣加工中心，可以代替镗床、铣床和钻床，工件一次装夹后，几乎能完成箱体类零件的全部加工部位的加工。

(5) 不需要专用夹具。采用通用夹具就能够满足数控加工的要求，节省了专用夹具设计制造和存放的费用。

(6) 大大减轻了工人的劳动强度。

数控机床一般由控制介质、数控装置、伺服系统、测量反馈装置和机床本体所组成。

(1) 控制介质。

数控机床加工时，不需要人参与直接操作，所需的各种控制信息要靠某种中间载体携带和传输，控制介质就是人们控制数控机床的中间媒介，即程序载体。在使用数控机床之前要根据零件图和技术要求，将加工时刀具相对于工件的位置，相对运动轨迹、工艺参数、辅助运动等全部动作及顺序，按规定的格式和代码编写出工件的加工程序，并存储在一种载体上，需要加工时再通过输入装置将存储在控制介质上的加工程序输入到数控机床的数控装置中。

现在大部分的数控机床不用任何程序载体而采用手动 MDI 方式，通过数控系统操作面板上的按键直接键入程序，或采用通信接口，由编程计算机以通信方式直接输入。

(2) 数控装置（CNC）。

CNC 是数控机床的中枢，它由输入装置、输出装置、运算器、控制器、存储器等组成。它接受由控制介质输入的加工信息代码（加工程序），经识别、译码后送到相应的存储区，作为控制和运算的原始数据，再经过数据运算处理，由输出装置以脉冲的形式向辅助控制装置和伺服系统发出控制指令和运动指令。

(3) 伺服驱动系统。

伺服系统是数控系统的一个重要组成部分，它将 CNC 装置送来的脉冲运动指令信息进行放大，驱动机床的移动部件（刀架或工作台）按规定的轨迹和速度移动或精确定位，加工出符合图样要求的工件。每个脉冲信号使机床移动部件产生的位移量称为脉冲当量，常用的脉冲当量有 0.01mm/脉冲、0.005mm/脉冲、0.001mm/脉冲。

伺服系统由伺服驱动电路、功率放大电路、控制电机等组成，并与机床上执行部件和机械传动部件组成数控机床的进给系统。每个做进给运动的执行部件，都配有一套伺服驱动系统。伺服系统有开环、半闭环和闭环控制之分，半闭环和闭环控制数控机床带有位置检测反馈系统，它将机床移动的实际位置、速度参数检测出来，转换成电信号，反馈到 CNC 装置与指令位移进行比较，并由 CNC 装置发出相应的指令，控制进给运动，修正偏差，提高加工精度。

（4）辅助控制装置。

辅助控制装置即强电控制装置，是介于数控装置和机床机械、液压部件之间的控制系统。它把 CNC 送来的辅助控制指令信号经必要的编译、逻辑判断、功率放大后，直接控制主电机的启动、停止和调速，冷却泵的启动和停止以及工作台的转位和换刀等动作。此外，行程开关的监控检测等开关信号也要经过强电控制装置送到 CNC 装置进行处理。

（5）机床本体。

数控机床是高精度、高效率的自动化加工机床，其机械部件的组成与普通机床相似，但传动结构要求更为简单，在精度、刚度、抗振性、抗热变形、减小摩擦系数、消除传动间隙等方面要求更高，而且其传动和变速系统要便于实现自动化控制。

数控机床有很多分类方法，主要分类如下：

（1）按工艺用途分。

一般数控机床：例如，数控车床、数控铣床、数控镗床、数控钻床、数控磨床等。它们和普通机床的工艺用途相似，但生产率和自动化程度比普通机床高，都适合加工单件、小批量、多品种和复杂形状的工件。

数控加工中心：一般是在数控机床上加装一个刀库和自动换刀装置，构成一种带自动换刀装置的数控机床。在一次装夹后，可以对工件的大部分表面进行加工，而且具有两种以上的切削功能。例如以钻削为主兼顾铣、镗的钻削中心；以车削为主兼顾铣、钻的车削中心；集铣、钻、镗所有功能于一体的数控机床称为加工中心。

（2）按控制运动轨迹分类。

点位控制数控机床：点位控制数控机床的特点是机床的运动部件只能够实现从一个位置到另一个位置的精确运动，在运动和定位过程中不进行任何加工工序。数控系统只需要控制行程起点和终点的坐标值，而不控制运动部件的运动轨迹。多用于数控钻床、数控镗床和数控电焊机等。

直线控制数控机床：直线控制数控机床的特点是机床的运动部件不仅能实现一个坐标位置到另一个坐标位置的精确移动和定位，而且能实现平行于坐标轴的直线进给运动或控制两个坐标轴实现斜线的进给运动。用于数控镗床可以在一次安装中对棱柱形工件的平面与台阶进行加工，然后进行点位控制的钻孔、镗孔加工，有效地提高了加工精度和生产率。直线控制还可以用于加工阶梯轴或盘类工件的数控车床。

轮廓控制数控机床：轮廓控制数控机床能够对两个或两个以上的坐标轴进行连续的切削加工控制，它不仅能控制机床移动部件的起点和终点坐标，而且能按需要严格控制刀具移动的轨迹，以加工出任意斜率的直线、圆弧、抛物线及其他函数关系的曲线或曲面。

（3）按控制方式分。

开环控制数控机床：它的特点是系统只按照数控装置的指令脉冲进行工作，而对执行的结构，即移动部件的实际位移不进行检测和反馈。这种系统结构简单，调试方便，价格低廉，易于维修，但机床的位置精度完全取决于步进电机的步距角精度和机械部分的传动精度，所以很难达到较高的位置精度。目前开环控制系统主要用于经济型数控机床上。

闭环控制数控机床：它的特点是在机床最终的运动部件的相应位置安装直线位置检测装置，当数控装置发出位移指令脉冲，经过伺服电机、机械传动装置驱动运动部件移动时，直线位置检测装置将检测到的位移量反馈给数控装置比较器，与输入指令进行比较，用差值控制运动部件，使运动部件严格按实际需要的位移量运动。闭环控制系统的加工精度高、移动速度快，但机械传动装置的刚度、摩擦阻尼特性和反向间隙等非线性因素，对系统的稳定性有很大影响，造成闭环控制系统安装调试比较复杂。而且直线位移检测装置造价比较高，因此闭环控制系统多用于高精度数控机床和大型数控机床。

半闭环控制数控机床：半闭环控制系统是在开环控制伺服电机轴上装有角位移检测装置，通过检测伺服电机的转角间接地检测出运动部件的位移（或角位移），并反馈给数控装置的比较器，与输入指令比较，用差值控制运动部件。由于半闭环控制的运动部件的机械传动链不包括在闭环之内，所以机械传动链的误差无法得到校正或消除。惯性较大的机床运动部件不包括在闭环之内，控制系统的调试非常方便，并具有良好的系统稳定性，因此广泛使用。

数控机床中常用的测量反馈装置有脉冲编码器、旋转变压器、感应同步器、光栅尺、磁尺和激光测量仪等，具体如表 5-1 所示。

表 5-1　　数控机床检测元件分类

<table>
<tr><th colspan="2">分类</th><th>增量式</th><th>绝对式</th></tr>
<tr><td rowspan="2">位移传感器</td><td>回转式</td><td>脉冲编码器、自整角机、旋转变压器、圆感应同步器、光栅角度传感器、圆光栅、圆磁栅</td><td>多级旋转变压器、绝对脉冲编码器、绝对值光栅、三速圆感应同步器、磁阻式多级旋转变压器</td></tr>
<tr><td>直线式</td><td>直线感应同步器、光栅尺、磁栅尺、激光干涉仪、霍尔传感器</td><td>三速感应同步器、绝对值磁尺、光电编码尺、磁性编码尺、磁性编码器</td></tr>
<tr><td>速度传感器</td><td colspan="2">交、直流测速发电机，数字脉冲编码式速度传感器，霍尔速度传感器</td><td>速度—角度传感器、数字电磁传感器、磁敏式速度传感器</td></tr>
<tr><td>电流传感器</td><td colspan="2">霍尔电流传感器</td><td></td></tr>
</table>

数控机床对传感器的基本要求如下：

（1）精度。

符合输出量与输入量之间特定的函数关系的准确程度要高，数控机床传感器必须满足高精度和高速实时测量的要求。

（2）分辨率。

应适应机床精度和伺服系统的要求。分辨率的提高对提高系统性能指标及运行平稳性都很重要。高分辨率传感器已能满足亚微米和秒（角度）级精度设备的要求。

（3）灵敏度。

实时测量装置不但要灵敏度高，而且输出、输入关系中各点的灵敏度应该一致的。

（4）迟滞。

对某一输入量，传感器的正行程的输出量与反行程的输出量不一致，称为迟滞，数控伺服系统要求传感器迟滞小。

（5）测量范围和量程。

传感器的测量范围要满足系统要求并留有余地。

（6）零漂与温漂。

传感器的漂移量是其重要标志，它反映了传感器随时间和温度的变化情况，以及传感器测量精度的微小变化。

任务 5.2.1　数字式传感器

1. 脉冲编码器

脉冲编码器是一种旋转式脉冲发生器，其作用是把机械转角变成电脉冲，是一种常用的角位移检测元件，同时也是数控机床上广泛使用的位置检测装置和速度检测装置。它具有分辨率高、精度高、结构简单、体积小、使用可靠、易于维护、性价比高等优点。在数控机床、机器人、雷达、光电经纬仪、地面指挥仪、高精度闭环调速系统、伺服系统等诸多领域中得到了广泛的应用。

脉冲编码器分为光电式、接触式和电磁感应式三种，数控机床上常使用光电式脉冲编码器。光电编码器按输出信号与对应位置的关系，通常分为增量式光电编码器、绝对式光电编码器和混合式光电编码器三种。图 5-27为光电脉冲编码器实物图。

图 5-27　光电脉冲编码器实物图

增量式脉冲编码器能够把回转件的旋转方向、旋转角度和旋转角速度准确测量出来。绝对式光电脉冲编码器可将被测角转换成相应的代码来指示绝对位置而没有累积误差，是一种直接编码式的测量装置。增量式光电脉冲编码器的型号由每转发出的脉冲数来区分。数控机床上常用的脉冲编码器有 2000 脉冲/r、2500 脉冲/r 和 3000 脉冲/r 等；在高速、高精度数字伺服系统中，应用高分辨率的脉冲编码器，如 20000 脉冲/r、25000 脉冲/r 和 30000 脉冲/r 等；现在已有每转发出 10 万个脉冲，乃至几百万个脉冲的脉冲编码器，该编码器内部用了微处理器。

(1) 增量式光电脉冲编码器。

增量式光电脉冲编码器由光源、聚光透镜、光电码盘、光栅板、光敏元件和信号处理电路组成，其工作示意图如图 5-28 所示。

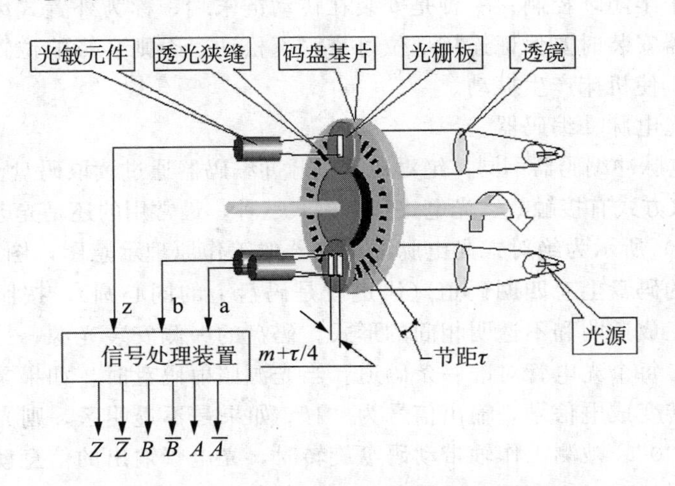

图 5-28　增量式光电脉冲编码器工作示意图

当光电码盘随工作轴一起转动时，光源通过聚光透镜透过光电码盘和光栅板形成忽明忽暗的光信号，光敏元件将光信号变成电信号，然后通过信号处理电路的整形、放大、分频、计数、译码后输出或显示。

为了判别方向，光栅板的两个狭缝距离应为 $m\pm\tau/4$（τ 为节距即为光电码盘两个狭缝之间的距离，m 为任意整数），这样两个光敏元件的输出信号 A 信号和 B 信号相差 90°相位，经放大和整形电路处理后变成方波，如图 5-29 所示。若 A 相超前于 B 相，对应电动机正向旋转，反之，电动机反转。若以该方波的前沿或后沿产生计数脉冲，可以形成代表正向位移和反向位移的脉冲序列。

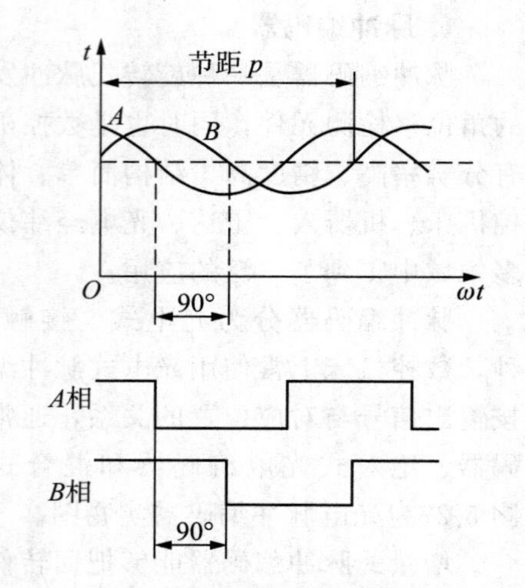

图 5-29　脉冲编码器输出波形

脉冲编码器除有 A 相和 B 相输出信号外，还有 Z 相输出信号，它是用来产生机床的基准点的，如图 5-28所示。通常，数控机床的机械原点与各轴的脉冲编码器 Z 相输出信号的位置是一致的。

光电脉冲编码器按每转发出脉冲数的多少分，有多种型号，数控机床上最常用的型号如表 5-2 所示，脉冲编码器的选择是根据数控机床滚珠丝杠的螺距来确定的。

表 5-2　数控机床常用光电脉冲编码器的型号

型号	每转移动量 mm/r
2000 脉冲/r	2，3，4，6，8
2500 脉冲/r	5，10
3000 脉冲/r	3，6，12

光电脉冲编码器的安装有两种形式：一种是安装在伺服电动机的非输出轴端，称为内装式编码器，用于半闭环控制；一种是安装在传动链末端，称为外置式编码器，用于闭环控制。光电编码器安装时要保证连接部位可靠、不松动，否则会影响位置检测精度，引起进给运动不稳定，使机床产生振动。

（2）绝对式光电脉冲编码器。

与增量式光电脉冲编码器不同，绝对式光电脉冲编码器通过读取码盘上的图案确定轴的位置。码盘的读取方式有接触式、光电式和电磁式三种，最常用的还是光电式脉冲编码器。

如图 5-30（a）所示为绝对式光电脉冲编码器的工作原理示意图，图（b）为编码器的结构图。编码器的码盘上有四圈码道（码道就是码盘上的同心圆），按照二进制的分布规律将每圈码道加工成透明和不透明相间的形式。码盘的一侧安装光源，另一侧安装一排径向排列的光电管，每个光电管对准一条码道。当光源照射码盘时，如果是透明区，则光线被光电管接收并转变成电信号，输出信号为“1”；如果是不透明区，则光电管接收不到光线，输出信号为“0”。被测工作轴带动码盘旋转时，光电管输出的信息就代表了轴的对应位置，即绝对位置。

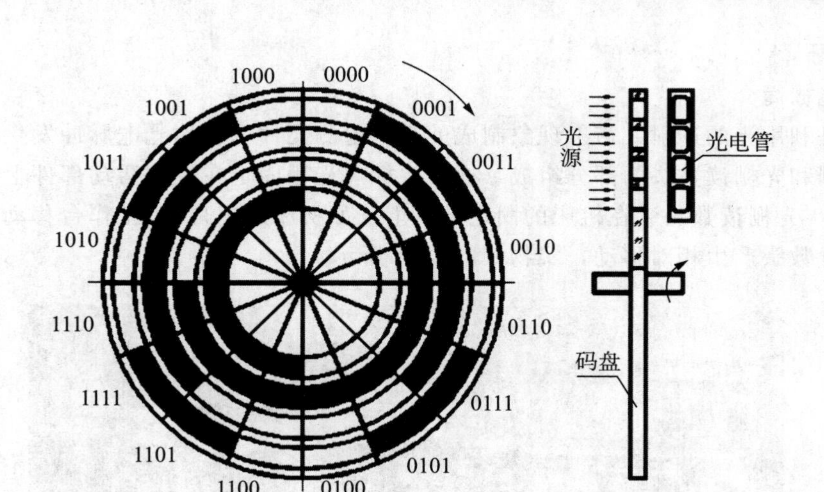

图 5-30　绝对式光电脉冲编码器的工作原理示意图

绝对式光电脉冲编码器大多采用格雷码编码盘，格雷码数码见表 5-3。格雷码的特点是每一相邻数码之间仅改变一位二进制数，这样即使制作和安装不十分准确，产生的误差最多也只是最低位的一位数。码道越多，分辨率越高。目前，码盘码道可以做成十八条，能分辨的最小角度 $\alpha \approx 0.0014°$。

四位二进制码盘能分辨的最小角度（分辨率）为

$$\alpha = \frac{360°}{2^4} = 22.5°$$

表 5-3　　编码盘的数码表

角度	二进制数码	格雷码	对应十进制数
0	0000	0000	0
α	0001	0001	1
2α	0010	0011	2
3α	0011	0010	3
4α	0100	0110	4
5α	0101	0111	5
6α	0110	0101	6
7α	0111	0100	7
8α	1000	1100	8
9α	1001	1101	9
10α	1010	1111	10
11α	1011	1110	11
12α	1100	1010	12
13α	1101	1011	13
14α	1110	1001	14
15α	1111	1000	15

2. 光栅

（1）光栅简介。

光栅是利用光的透射、衍射现象制成的光电检测元件，也称光电脉冲发生器。它主要由标尺光栅和光栅读数头两部分组成。通常，标尺光栅固定在机床活动部件上（如工作台或丝杠上），光栅读数头装在机床的固定部件上（如机床底座）。当工作台移动时，标尺光栅和光栅读数头产生相对移动，实物如图 5-31 所示。

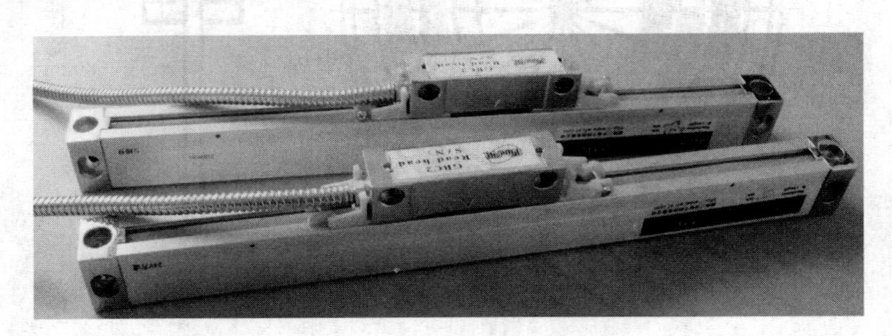

图 5-31　光栅实物图

按工作原理可将光栅分为物理光栅和计量光栅两种，前者的刻度比后者密。物理光栅主要利用光的衍射现象，通常用于光谱分析和光波测定等方面；计量光栅主要利用光栅的莫尔条纹现象，广泛用于位移的精密测量与控制中。计量光栅有长光栅和圆光栅两种，是数控机床和数显系统常用的检测元件。如图 5-31 所示为长光栅，长光栅一般用于测量直线位移量，如机床的 X、Y、Z、U、V、W 等直线轴的位移；圆光栅则用于旋转位移量的测量，如机床 A、B、C 等回转轴的角位移。

从光信号的获取原理来看，光栅可分为玻璃透射光栅和金属反射光栅。玻璃透射光栅是在透明玻璃片上刻制或腐蚀出一系列平行等间隔的密集线纹（圆光栅是同心线纹），利用光的透射现象形成光栅。金属反射光栅一般在不透明的金属材料上刻线纹，利用光的全反射或漫反射形成光栅。透射光栅的特点是：光源可以垂直入射，因此信号幅度大，读数头结构比较简单；刻线密度大，分辨率高。金属反射光栅的特点是：标尺光栅的线膨胀系数很容易与机床材料一致；易于接长或制成整根的长光栅；不易碰碎；分辨率比玻璃透射光栅低。

光栅安装在机床上，容易受到油雾、冷却液污染，致使信号丢失，影响位置测量精度，所以对光栅要经常维护，保持光栅清洁。另外，对于玻璃透射光栅要避免振动和敲击，以防止损坏光栅。

（2）玻璃透射直线光栅的工作原理。

透射光栅测量系统原理如图 5-32 所示，它由光源、透镜、标尺光栅、指示光栅、光敏元件和信号处理电路组成。信号处理电路又包括放大、整形和鉴向倍频等。通常情况下，标尺光栅与工作台装在一起随工作台移动，光源、透镜、指示光栅、光敏元件和信号处理电路均装在一个壳体内，做成一个单独部件固定在机床上，这个部件称为光栅读数头，其作用是将光信号转换成所需的电脉冲信号。

标尺光栅和指示光栅都是由窄的矩形不透明的线纹和与其等宽的透明间隔所组成的，如图 5-32 所示。假设标尺光栅固定不动，指示光栅沿着与线纹相垂直的方向移动，光源通过标尺光栅和指示光栅再由物镜聚焦射到光敏元件上。当指示光栅的线纹和标尺光栅的透明间隔完全重合时，光敏元件接收到的光最少，理论上等于0；当指示光栅的线纹和标尺光栅的线纹部分完全重叠时，光敏元件接收到的光最多。因此，当指示光栅沿着标尺光栅连续移动时，光敏元件所感应出来的光电流变化也是连续的，近似于正弦波。光电流变化的周期与光栅栅距（线纹宽度加间隔宽度）成比例。指示光栅每移动一个栅距，光电流变化一个周期。为了辨别运动方向，把指示光栅的线纹部分分成两相，每一部分的栅距和标尺光栅的栅距完全一致。当两相的指示光栅线纹彼此错开1/4栅距时，再配置两相物镜和光敏元件，使输出信号彼此在相位上差90°，如以其中一相作为参考信号，则另一相信号将超前或滞后于参考信号90°，由此来确定运动方向。

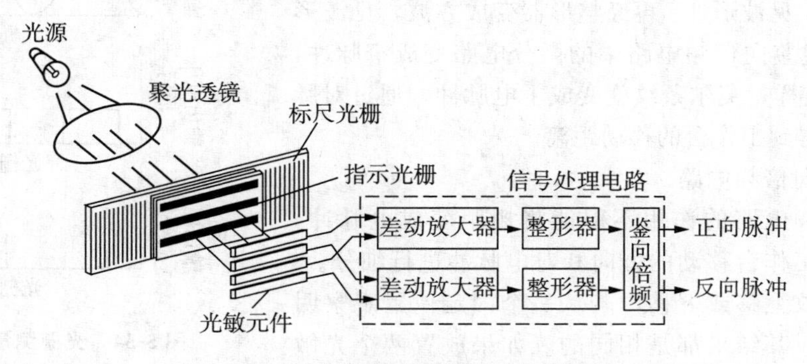

图 5-32　透射光栅测量系统工作原理图

（3）莫尔条纹原理。

光栅读数是利用莫尔条纹的形成原理进行的。图5-33是莫尔条纹形成原理图，将指示光栅和标尺光栅合在一起，中间保持0.01～0.1mm的间隙，并使指示光栅和标尺光栅的线纹相互交叉保持一个很小的夹角θ，如图5-33所示。当光源照射到光栅上时，在$a-a$线上，两块光栅的线纹彼此重合，形成一条横向透光亮带；在$b-b$线上，两块光栅的线纹彼此错开，形成一条不透光暗带。这些横向明暗相间出现的亮带和暗带就是莫尔条纹。

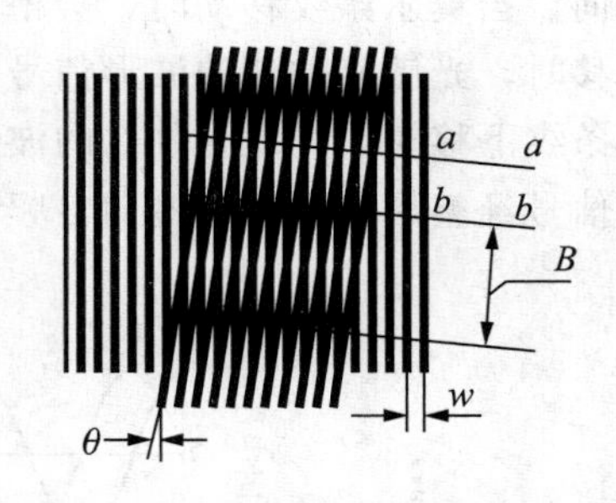

图 5-33　莫尔条纹形成原理图

两条暗带或两条亮带之间的距离叫莫尔条纹的间距B。设光栅栅距W，两光栅线纹的夹角θ，则它们之间的几何关系为

$B=\dfrac{W}{2\sin(\theta/2)}$ 因为夹角很小，可近似 $\sin(\theta/2)\approx\theta/2$，故上式可改写为$B=W/\theta$。

可见，θ越小B越大，相当于把栅距W扩大了$1/\theta$倍后，转化为莫尔条纹。例如，栅距$W=0.01$mm，夹角$\theta=0.001$rad，则莫尔条纹的间距B等于10mm。这说明，不需要复杂的光学系统和电子系统处理，就可以把光栅的栅距W放大1000倍并转变成横向移动的莫尔条纹。

如果两块光栅相对移动一个栅距，则光栅某一固定点的光强按明—暗—明规律变化一个周期，即莫尔条纹移动一个莫尔条纹的间距。因此，光电元件只需读出移动的莫尔条纹数目，就可以知道光栅移动了多少栅距，也就知道了运动部件的准确位移量。

光栅移动过程中位移量与各转换信号的相互关系如图 5-34所示。当光栅移动一个栅距 W 时，莫尔条纹便移动一个间距 B。假设通过一个窗口来观察莫尔条纹的变化，就会发现莫尔条纹移动一个间距，光强明暗变化一个周期，且光强变化近似一个正弦波，见波形Ⅰ。实际上使用硅光电池制作的光敏元件来观测窗口的变化，将近似正弦变化的光强信号变为同频率的电压信号，见波形Ⅱ。但由于硅光电池产生的电压信号较弱，所以经差动放大电路放大到幅值足够大（约 16 伏）的同频正弦波，见波形Ⅲ。再经整形器变成方波，见波形Ⅳ。最后通过鉴向倍频电路中的微分电路变成窄脉冲，见波形Ⅴ。这样，莫尔条纹就变成了电脉冲，通过对脉冲计数便可得到工作台的移动距离。

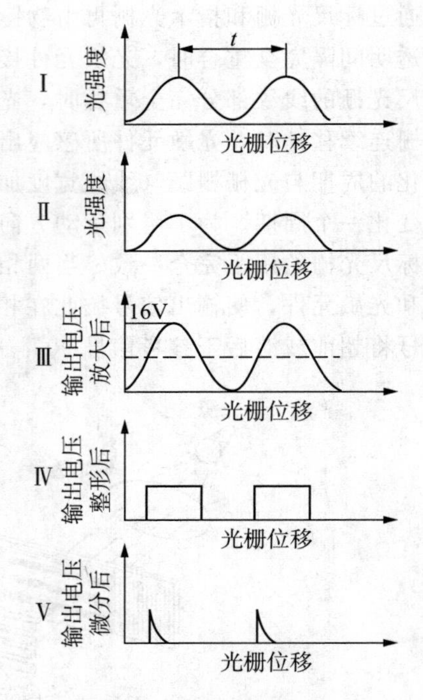

图 5-34　光栅测量信号

（4）鉴向倍频电路。

鉴向倍频电路的作用不但能将栅距变成电脉冲，还可以辨别工作台移动的方向和对电脉冲进行细分。

莫尔条纹上移或下移，若从一个固定位置观察明暗周期变化，其结果都是相同的。如果放置两个光敏元件，让二者保持 1/4 莫尔条纹间距，那么从这两个观察口同时观察，就可以看出莫尔条纹明暗变化的先后关系，从而可以确定光栅移动方向。当莫尔条纹移动时，会得到两路相位相差 90°的波形，如图 5-35 所示。当莫尔条纹上移时，光敏元件 2 的波形信号 S_2 比光敏元件 1 上得到的波形信号 S_1 超前；反之，当莫尔条纹下移时，光敏元件 2 的波形信号 S_2 比光敏元件 1 上得到的波形信号 S_1 滞后。这两路信号经整形放大后送鉴向倍频电路判别出光栅的移动方向。

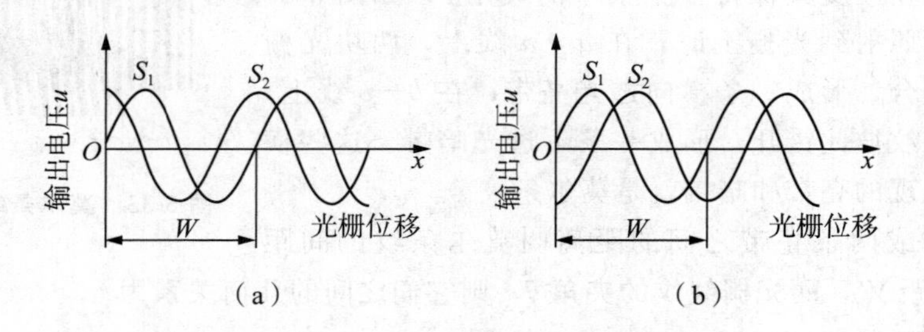

图 5-35　两个光敏元件的输出波形

光栅在栅式测量系统中的占有率已超过 80％，光栅长度测量系统的分辨率已覆盖微米级、亚微米级和纳米级，测量速度为 60～480m/min。测量长度从 1m 和 3m 到 30m 和 100m。现介绍几种其他测量方法：

1）四场扫描的影像测量原理（透射法）。

图 5-36 为其原理图，四场扫描的影像测量是将指示光栅（扫描掩膜）开 4 个窗口分为 4 相，每相栅线依次错位 1/4 栅距，在接收的 4 个光敏元件上可得到理想的 4 相信号，这称为具有四场扫描的影像测量原理。

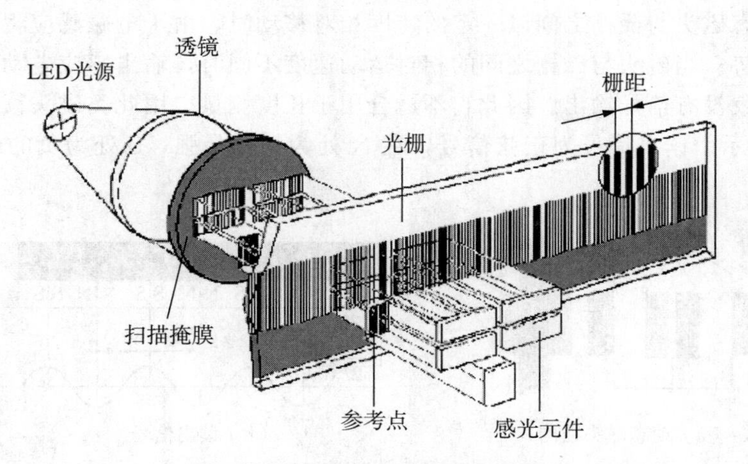

图 5-36　四场扫描的影像测量原理

2）准单场扫描的影像测量原理（反射法）。

反射标尺光栅采用 40μm 栅距的钢带，指示光栅用两个相互交错并有不同衍射性能的相位光栅组成，这样一个扫描场就可以产生相移为 1/4 栅距的 4 个图像，称此原理为准单场扫描的影像测量原理。

3）单场扫描的干涉测量原理。

对于栅距较小的光栅，指示光栅是一个透明的相位光栅，标尺光栅是自身反射的相位光栅，光束是通过双光栅的衍射，每一级的诸光束相互干涉，就形成了莫尔条纹，其中＋1 级和－1 级组干涉条纹是基波条纹，基波条纹变化的周期与光栅的栅距是同步对应的。光调制产生 3 个相位差 120°的测量信号，由 3 个光敏元件接收，随后又转换成通用的相位差 90°的正弦信号。

3. 磁栅

磁栅又称为磁尺，磁尺测量装置是将一定波长的方波或正弦波信号用记录磁头记录在用磁性材料制成的磁性标尺上，作为测量基准。在测量时，拾磁磁头相对磁性标尺移动，并将磁性标尺上的磁化信号转换成电信号，再送到检测电路中去，把拾磁磁头相对磁性标尺的位置或位移量用数字显示出来或转换成控制信号输送到数控装置。

磁尺测量装置由磁性标尺、拾磁磁头和检测电路组成。磁尺结构如图 5-37 所示。磁性标尺：在非导磁材料如铜、不锈钢、玻璃或其他合金材料的基体上，用涂敷、化学沉积或电镀等方法附上一层 10～20μm 厚的镍钴合金高导磁性材料，形成均匀磁性膜。磁性膜镀好后，用录磁磁头将电信号记录到磁性标尺，就可以在机床上使用了。通常在磁尺表面还涂上一层 1～2μm 厚的保护层，以防磁头接触磁尺时磁膜磨损。按照基体的形状，磁尺可以分为平面实体型磁尺、带状磁尺、线状磁尺和回转磁尺，前 3 种用于测量直线位移，后一种用于测量角位移。

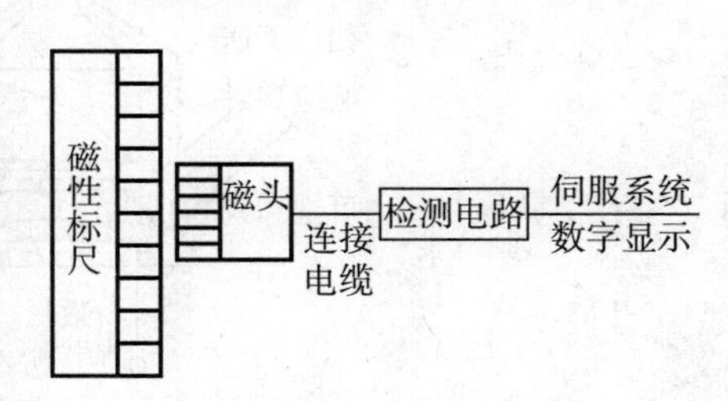

图 5-37　磁尺结构

磁尺上的磁信号由读取磁头读出，按读取信号方式的不同，磁头可分为动态磁头和静态磁头。当动态磁头与磁栅之间以一定的速度相对移动时，由于电磁感应将在磁头线圈中产生感应电动势。当磁头与磁栅之间的相对运动速度不同时，输出感应电动势的大小也不同，静止时，就没有信号输出。因此它不适合用于长度测量。用此类磁头读取信号的示意图如图 5-38 所示。读出信号为正弦信号，在 N 处为正的最强，S 处为负的最强。图中 W 为磁信号节距。

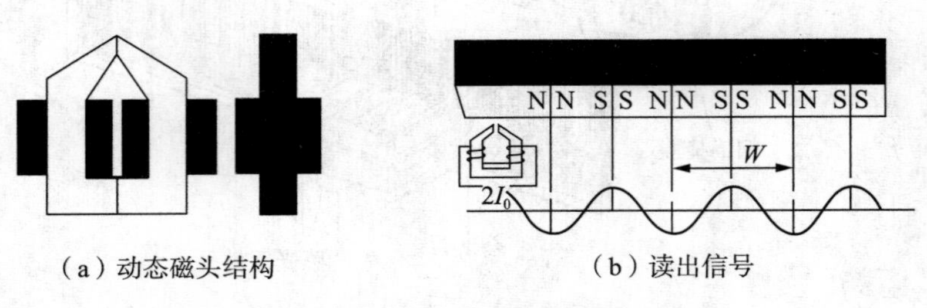

（a）动态磁头结构　　（b）读出信号

图 5-38　动态磁头结构与读出信号

静态磁头是调制式磁头，又称磁通响应式磁头。它与动态磁头的根本不同之处在于，在磁头与磁栅之间没有相对运动的情况下也有信号输出。如图 5-39 所示为磁通响应型拾磁磁头。它是利用可饱和铁芯的磁性调制器原理制成的。在普通录音磁头上加有励磁线圈的可饱和铁芯，用 5kHz 的励磁电流给该线圈励磁，产生周期性正反向饱和磁化。当磁头靠近磁尺时，磁通在磁头气隙处进入铁芯闭合，被 5kHz 的励磁电流产生的磁通调制，在线圈中得到该励磁电流的二次调制波电动势输出：

$$e = E_0 \sin \frac{2\pi x}{\lambda} \sin\omega t$$

式中，E_0 为系数，λ 为磁尺上磁化信号节距，x 为磁头在磁尺上的位移量，ω 为励磁电流的倍频。

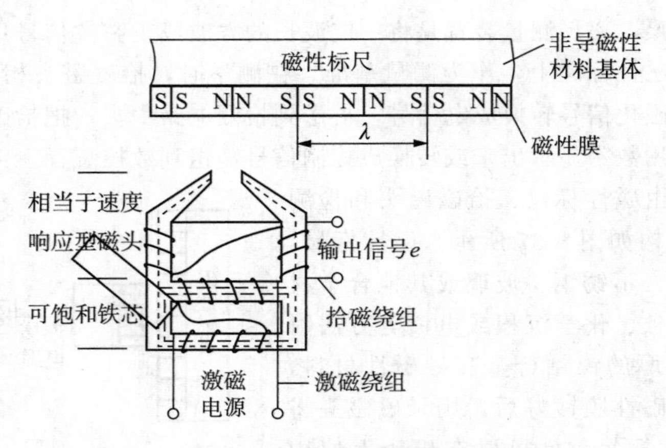

图 5-39　磁通响应型拾磁磁头

静态磁头的磁栅是利用它的漏磁通的变化来产生感应电动势的。静态磁头输出信号的频率为励磁电源频率的两倍，其幅值则与磁栅与磁头之间的相对位移成正弦（或余弦）关系。

任务 5.2.2　模拟式传感器

1. 感应同步器

感应同步器是一种电磁式位置检测元件。按其结构特点一般可分为直线式和旋转式两种。直线式感应同步器由定尺和滑尺组成，用于直线测量的检测；旋转式感应同步器由转子和定子组成，用于角度位移量的检测，具体结构如图 5-40 所示。感应同步器具有检测精度高、抗干扰性强、寿命长、维护方便、成本低、工艺性好等优点，广泛应用于高精度数控机床。

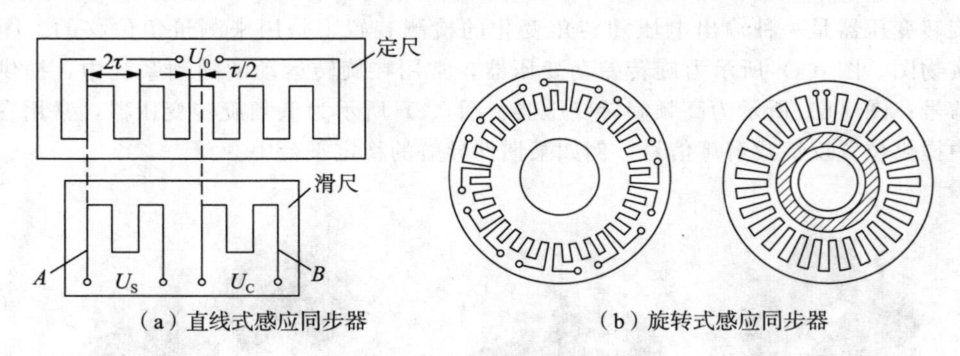

（a）直线式感应同步器　　（b）旋转式感应同步器

图 5-40　感应同步器结构图

A—正弦激磁绕组；B—余弦激磁绕组

如图 5-40（a）所示为直线式感应同步器的结构原理图，在定尺和滑尺上有印刷绕组，定尺为单相绕组，制成节距为 τ 的方齿形线圈；而滑尺上有两个绕组，相距 $(n+1/4)\tau$，构成正、余弦绕组。当在滑尺的某个绕组上加一个频率为 ω 的交流电压激磁时，定尺绕组就会产生感应电动势，大小与动、定绕组的相对位置有关。当动尺励磁绕组与定尺绕组同向对齐时（图 5-41（a）中正弦绕组），定尺上感应电动势为正向最大，如图 5-41（a）中的 a 点；滑尺相对定尺移动 1/4 节距后，两绕组的磁通不变，感应电动势为 0，如图 5-41

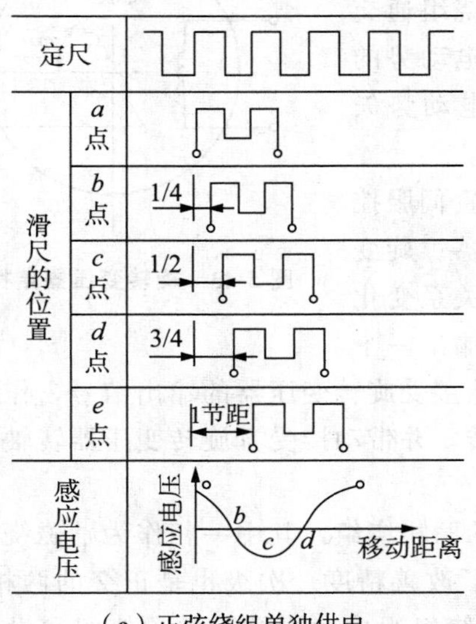

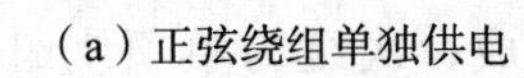
（a）正弦绕组单独供电

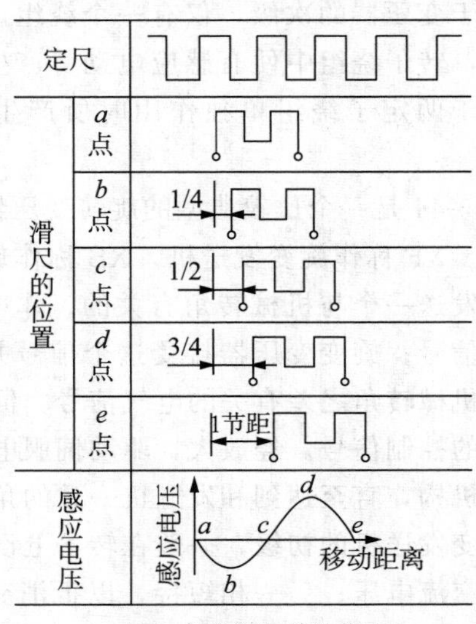

（b）余弦绕组单独供电

图 5-41　两相绕组单独供电感应电压与移动距离关系图

(a) 中的 b 点；再移动 1/4 节距，两绕组反向对齐，感应电动势为负向最大，如图 5-41 (a) 中的 c 点。以此类推，滑尺每移动一个节距，感应电动势的大小周期性地重复变化一次，同时，我们发现当正弦绕组单独供电时，感应电压与移动距离符合余弦关系。图 5-41 (b) 所示是当余弦绕组单独供电时，感应电压与移动距离的关系，从图中可看出完全符合正弦关系。由于当正弦绕组和定尺绕组对齐时，余弦绕组则错开 1/4 节距，因此，正、余弦绕组励磁后在定尺绕组中产生的感应电动势的相位是不同的，相位相差 90°。

2. 旋转变压器

旋转变压器是一种输出电压随转角变化的检测装置，是用来测量角位移的。图 5-42 为其实物图，图 (a) 所示为旋转差动变压器，常用在旋转运动的随动系统中，提供位置反馈信号；图 (b) 所示为高频旋转变压器、图 (c) 所示为低频旋转变压器，常用在随动系统中提供位置反馈或解算信号，例如某惯性导航的稳定平台中。

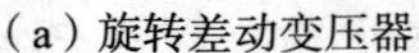

(a) 旋转差动变压器

(b) 高频旋转变压器

(c) 低频旋转变压器

图 5-42　旋转变压器实物图

旋转变压器的基本结构与交流绕线式异步电动机相似，由定子和转子组成。如图 5-43 所示，定子相当于变压器的初级，有两组在空间位置上相互垂直的励磁绕组；转子相当于变压器的次级，仅有一个绕组。当定子绕组通交流电时，转子绕组中便有感应电动势产生。感应电动势的大小等于两定子绕组单独作用时所产生的感应电动势矢量和。

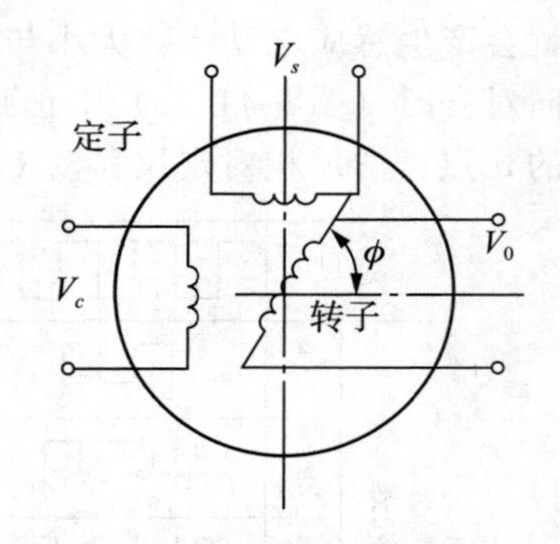

图 5-43　旋转变压器结构图

图 5-44 是一个比较典型的旋转变压器角度位置伺服控制系统。XF 称作旋变发送机，XB 称作旋变变压器。旋变发送机发送一个与机械转角有关的、作一定函数关系变化的电气信号；旋变变压器接受这个信号并产生和输出一个与双方机械转角之差有关的电气信号。伺服放大器接受旋转变压器的输出信号，作为伺服电动机的控制信号。经放大，驱动伺服电动机旋转，并带动接受方旋转变压器转轴及其他相连的机构，直至达到和发送机一致的角位移。

旋变发送机的初级，一般在转子上设有正交的两相绕组，其中一相作为励磁绕组，输入单相交流电压；另一相短接，以抵消交轴磁通，改善精度。次级也是正交的两相绕组。旋变变压器的初级一般在定子上，由正交的两相绕组组成；次级为单项绕组，没有正交绕组。

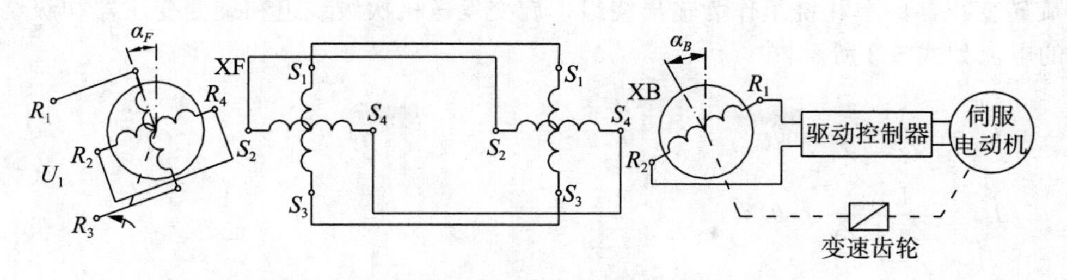

图 5-44　旋转变压器角度位置伺服控制系统

旋转变压器有旋变发送机和旋变变压器之分。作为旋变发送机它的励磁绕组由单相电压供电，电压可以写为式（5-1）：

$$U_1(t)=U_{1m}\sin\omega t \qquad \text{（式 5-1）}$$

式中：U_{1m}——励磁电压的幅值；

ω——励磁电压的角频率。

励磁绕组的励磁电流产生的交变磁通，在次级输出绕组中感生出电动势。当转子转动时，由于励磁绕组和次级输出绕组的相对位置发生变化，因而次级输出绕组感生的电动势也发生变化。又由于次级输出的两相绕组在空间成正交的 90°角，因而两相输出电压如式（5-2）所示：

$$\begin{aligned} U_{2Fs}(t) &= U_{2Fm}\sin(\omega t+\alpha_F)\sin\theta_F \\ U_{2Fc}(t) &= U_{2Fm}\sin(\omega t+\alpha_F)\cos\theta_F \end{aligned} \qquad \text{（式 5-2）}$$

式中：U_{2Fs}——正弦相的输出电压；

U_{2Fc}——余弦相的输出电压；

U_{2Fm}——次级输出电压的幅值；

α_F——励磁方和次级输出方电压之间的相位角；

θ_F——发送机转子的转角。

可以看出，励磁方和输出方的电压是同频率的，但存在着相位差。正弦相和余弦相在电的时间相位上是同相的，但幅值彼此随转角分别作正弦和余弦函数变化，如图 5-45 所示。

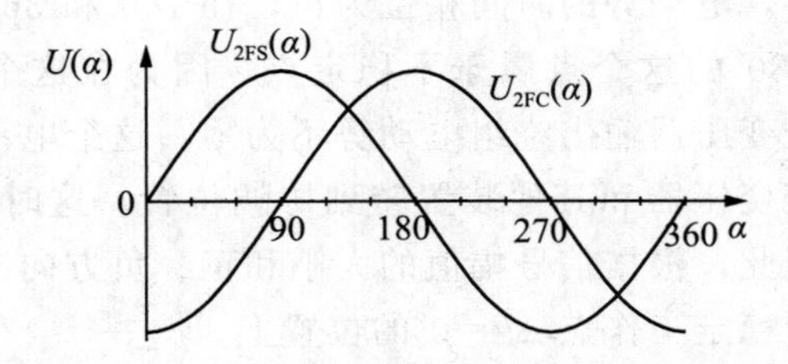

图 5-45　旋变发送机两相输出电压和转角的关系曲线图

旋变发送机的两相次级输出绕组和旋变变压器的两相励磁绕组分别相连。这样，式（5-2）所表示的两相电压，也就成了旋变变压器的励磁电压，并在旋变变压器中产生磁通

Φ_B。旋转变压器的单相绕组作为输出绕组，旋变发送机次级绕组和旋变变压器初级绕组中流过的电流如式 5-3 所示：

$$I_A = \frac{U_{2Fm}}{Z_F + Z_B}\sin\theta_F$$
$$I_B = \frac{U_{2Fm}}{Z_F + Z_B}\cos\theta_F \qquad \text{（式 5-3）}$$

由这两个电流建立的空间合成磁动势为：

$$F_F(x) = F_{2Fm}\left[\cos\theta_F\cos\frac{\pi}{\tau}x - \sin\theta_F\sin\frac{\pi}{\tau}x\right] = F_{2Fm}\cos(\theta_F + \frac{\pi}{\tau}x) \qquad \text{（式 5-4）}$$

式（5-4）表示在旋变发送机中，合成磁动势的轴线总是位于 θ_F 角上，亦即和励磁绕组轴线一致的位置上，和转子一起转动。可以知道，在旋变变压器中，合成磁动势的轴线相应地也在 θ_F 角的位置上。只是由于电流方向相反，其方向也和在旋变发送机中相差 180°。若旋变变压器转子转角为 θ_B，则其单相输出绕组轴线和励磁磁场轴线夹角相差 $\Delta\theta = \theta_F - \theta B$。那么，输出绕组的感应电动势应是：

$$U_{B2}(\Delta\theta) = U_{2Bm}\cos\Delta\theta \qquad \text{（式 5-5）}$$

将输出绕组在空间移过 90°。这样，在协调位置时，输出电动势为零。此时，输出电动势和失调角的关系成为正弦函数，关系如式 5-6 所示，曲线如图 5-45 所示：

$$U_{B2}(\Delta\theta) = U_{2Bm}\sin\Delta\theta \qquad \text{（式 5-6）}$$

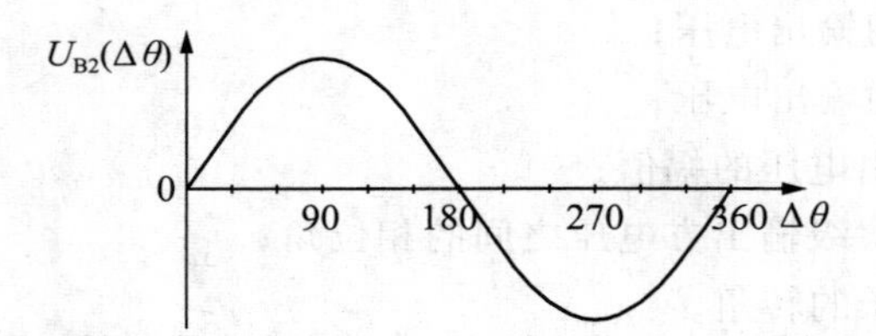

图 5-46　旋变变压器输出电动势和失调角的关系曲线

从图 5-46 和式（5-6）可以看出，输出电动势有两个为零的位置，即 $\Delta\theta$=0°和在 $\Delta\theta$=180°。在 0°和 180°范围内，电动势的时间相位为正，在 180°和 360°范围内，电动势的时间相位变化了 180°。$\Delta\theta$=180°的这个点属于不稳定点，因为在这个点上，电动势的梯度为负。当有失调角时，旋变变压器输出绕组电动势不为零，这个电动势控制伺服放大器去驱动伺服电动机，驱使旋变变压器和其他装置转到协调位置。这时，输出绕组的输出为零，伺服电动机停止工作。因此，根据信号幅值的大小和正、负方向工作的伺服电动机，总是把旋变变压器的转轴带到稳定工作点 $\Delta\theta$=0°的位置上。

3. 测速发电机

测速发电机是常用的一种模拟式速度传感器，图 5-47 为其实物图，它能将机械转速变换成电压信号，其输出电压与输入的转速成正比关系。在自动控制系统和计算装置中通常用作测速元件、校正元件、解算元件和角加速度信号元件等。

图 5-47　测速发电机实物图

测速发电机按输出信号的形式，可分为交流测速发电机和直流测速发电机两大类。交流测速发电机又有同步测速发电机和异步测速发电机两种。前者的输出电压虽然也与转速成正比，但输出电压的频率也随转速变化，所以只做指示元件用；后者是目前应用最多的一种，尤其是空心杯转子异步测速发电机性能较好。直流测速发电机有电磁式和永磁式两种。虽然它们存在机械换向问题，会产生火花和无线电干扰，但它的输出不受负载性质的影响，也不存在相角误差，所以在实际中的应用也较广泛。测速发电机在数控系统中常用来作为伺服系统中的校正元件，用来检测和调节电动机的转速。

直流测速发电机实际上是一种小型永磁式直流发电机，其工作原理是：当励磁磁通恒定时，其输出电压和转子转速成正比，即 $v=kn$。

式中，v 为测速发电机的输出电压；n 为测速发电机的转速；k 为比例系数。

当有负载时，电枢绕组流过电流，由于电枢反应而使输出电压降低。若负载较大，或测量过程中负载变化，则破坏了线性特性而产生误差，故在使用中应使负载尽可能小而性质不变。当测速发电机与驱动电动机同轴连接时，便可得出驱动电动机的瞬时速度。

异步测速发电机按其结构可分为鼠笼转子和空心杯转子两种。它的结构与交流伺服电动机相同。鼠笼转子异步测速发电机输出斜率大，但线性度差，相位误差大，剩余电压高，一般只用于精度要求不高的控制系统中。空心杯转子异步测速发电机的精度高，转子转动惯量小，性能稳定。

项目 5.3　机器人传感器选择与设计

项目目标

（1）了解工业机器人的特点、应用领域、发展历程。

（2）掌握机器人获取触觉及视觉信息的传感器的原理及应用。

（3）理解工业机器人的分类方法及感觉系统组成。

项目要求

通过教师讲授以及学生查阅资料，使学生系统掌握机器人传感器的基础知识，并能自主进行机器人传感器的选择以及常用机器人传感器系统的分析，为今后综合项目制作打下良好的基础。

机器人是20世纪出现的新名词，可以广义地把机器人理解为模仿人的机器。而工业机器人是用于生产的机器人。20世纪20年代出现了一种附属在自动机和自动生产线上，代替人传递和装卸工件的机械手。40年代出现了由作业者直接控制的半自动化操作机，60年代出现了自动控制的可以实现多种操作的工业机器人。

从20世纪下半叶开始，世界机器人工业一直保持着稳步增长的良好势头。进入20世纪90年代，机器人产品发展速度加快，年增长率达到10%左右。据联合国颁布的最新调查资料显示，2000年世界机器人工业增长率达到15%左右，一年增加了近10万台机器人，使世界机器人总拥有量达到75万台以上，现在，工作在世界各领域的工业机器人已突破百万台，其中，日本、美国、德国名列前茅。

由于为数众多的而且越来越多的工业机器人被用来代替工人从事各种体力劳动和部分脑力劳动，国际劳工组织甚至把它与“蓝领工人”和“白领工人”并列，称其为“钢领工人”。这支新的产业大军已成为人类的得力助手和朋友，对各国的经济和人类生活的各个领域产生越来越大的影响。

1. 工业机器人广泛的应用领域

现在工业机器人主要应用于汽车工业、机电工业、通用机械工业、建筑业、金属加工、铸造以及其他重型工业和轻工业部门。在制造业中，机器人可用于毛坯制造（冲压、压铸、锻造等）、机械加工、焊接、热处理、表面涂覆、装配及仓库堆垛等作业中。下面介绍几种常用的工业机器人。

（1）冲压机器人。

冲压机器人可用于汽车、电动机和家用电器等工业中，与冲压设备构成单机自动冲压机和多机冲压机自动生产线，如图5-48（a）所示为汽车生产线上的小型冲压机器人。

（2）焊接机器人。

焊接机器人是最大的工业机器人应用领域，它占工业机器人总数的25%左右。由于对许多构件的焊接精度和速度等提出越来越高的要求，一般工人已难以胜任这一工作；此外，焊接时的火花及烟雾等，对人体造成危害，因而，利用焊接机器人可有效提高产品质量、降低能耗和改善工人劳动条件。利用焊接机器人生产线对汽车驾驶室的自动焊接已在世界多家汽车制造厂得到应用，如图5-48（b）所示。

（3）喷涂机器人。

喷涂机器人在汽车、家用电器和仪表壳体制造中已发挥了重要作用，而且有向其他行业扩展的趋势，如陶瓷制品、建筑行业和船舶保护等。喷涂机器人早在1975年就已投入使用，它能避免危害工人健康、提高经济效益和喷涂质量。由于具有可编程序能力，所以喷漆机器人能适合于各种应用场合。例如，在汽车工业上，可把喷漆机器人用于对下车架和前灯区域、轮孔、窗口、下承板、发动机部件、门面以及行李箱等部分进行喷漆。由于喷漆机器人能够代替人在危险、恶劣的环境下进行喷漆作业，所以它正获得日益广泛的应用。如图 5-48（c）所示为一小型喷涂机器人。

（4）装配机器人。

装配机器人是工业机器人的另一重要领域，在电子产品装配中，由于电子元器件多、体积小、结构复杂，人工装配效率低，质量不易保证，使用装配机器人可以较好地改变这种状况。随着机器人智能程度的提高，使得有可能实现对复杂产品进行自动装配。如图 5-48（d）所示为装配机器人在汽车生产线中的应用。

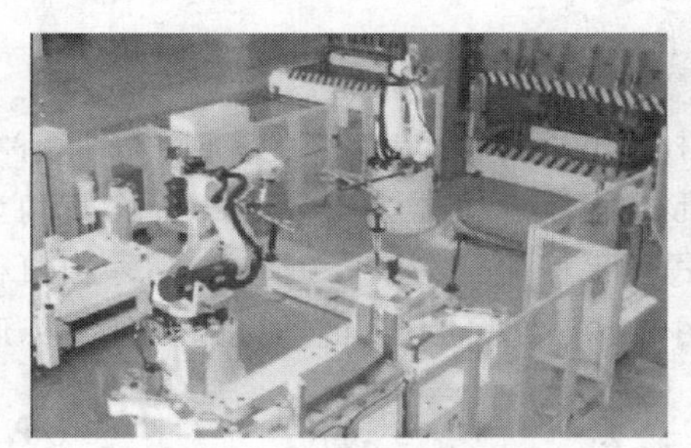

（a）冲压机器人

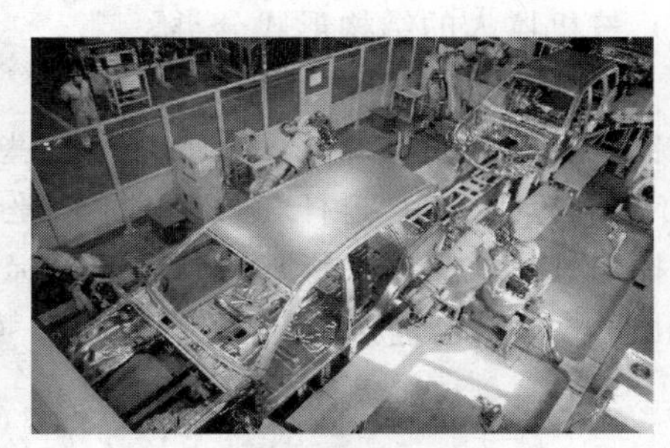

（b）焊接机器人

（c）喷涂机器人

（d）装配机器人

图 5-48　几种工业机器人

2. 工业机器人的特点

（1）可编程。

生产过程的进一步发展是柔性自动化。工业机器人可随其工作环境变化的需要而再编程，因此它在小批量多品种具有均衡高效率的柔性制造过程中能发挥很好的作用，是柔性制造系统中的一个重要组成部分。

（2）拟人化。

工业机器人在机械结构上有类似人的行走、腰转、大臂、小臂、手腕、手爪等部分，在控制上有电脑。此外，智能化工业机器人还有许多类似人类的“生物传感器”，如皮肤型接触传感器、力传感器、负载传感器、视觉传感器、声觉传感器、语言传感器等。传感器提高了工业机器人对周围环境的自适应能力。

（3）通用性。

除了专门设计的专用的工业机器人外，一般工业机器人在执行不同的作业任务时具有较好的通用性。比如，更换工业机器人手部末端操作器便可执行不同的作业任务。

(4) 机电一体化。

工业机器人技术涉及的学科相当广泛，但是归纳起来是机械学和微电子学的结合——机电一体化技术。第三代智能机器人不仅具有获得外部环境信息的各种传感器，而且还具有记忆能力、语言理解能力、图像识别能力、推理判断能力等人工智能，这些都和微电子技术的应用，特别是计算机技术的应用密切相关。

3. 工业机器人的分类

工业机器人的分类方法有很多种，常见形式如下：

(1) 按机器人的结构形式分类。

1) 5 种基本坐标式机器人。

机器人的机械结构部分可看成是由一些连杆通过关节组装起来的。通常有两种关节：转动关节和移动关节。连杆和关节按不同坐标形式组装，机器人可分成 5 种：直角坐标形式、圆柱坐标形式、球坐标形式、关节坐标形式及平面坐标形式。其坐标轴是指机械臂的 3 个自由度轴，并未包括手腕上的自由度。如图 5-49 所示为工业机器人的 4 种坐标形式。

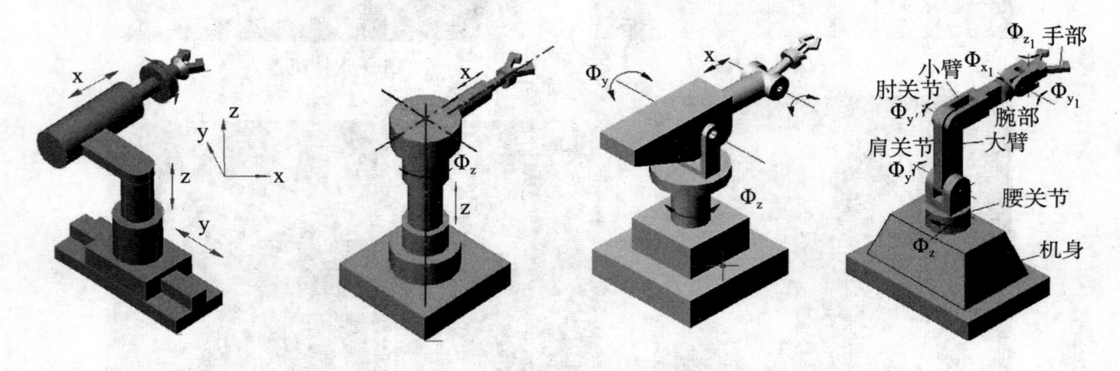

图 5-49 工业机器人的 4 种坐标形式

①直角坐标式机器人。

这类机器人具有三个移动关节，可以使手臂末端在空间三个相互垂直的方向 X、Y、Z 上做直线运动，运动是独立的。直角坐标式机器人控制简单，运动直观性强，易达到高精度，但操作灵活性差，运动的速度较低，操作范围较小而占据的空间相对较大。

②圆柱坐标式机器人。

这类机器人具有一个转动关节和两个移动关节，构成圆柱形的工作范围。操作机在水平转台上装有立柱，水平臂可沿立柱上下运动并可在水平方向伸缩。圆柱坐标式机器人工作范围较大，运动速度较高，但随着水平臂沿水平方向伸长，其线位移分辨精度越来越低。

③球坐标式机器人。

也称极坐标式机器人，具有两个转动关节和一个移动关节，构成球体形的工作范围。工作臂不仅可绕垂直轴旋转，还可绕水平轴做俯仰运动，且能沿手臂轴线做伸缩运动。球坐标式机器人操作比圆柱坐标式机器人更为灵活，并能扩大机器人的工作空间，但旋转关节反映在末端执行器上的线位移分辨率是一个变量。

④关节坐标式机器人。

这类机器人具有三个转动关节，其中两个关节轴线是平行的，这类操作机一般由多个关节连接的机座、大臂、小臂和手腕等构成，大小臂既可在垂直于机座的平面内运动，也可实现绕垂直轴的转动。关节坐标式机器人操作灵活性最好，运动速度较高，操作范围大，但精度受手臂位姿的影响，实现高精度运动较困难。

⑤平面关节式机器人。

平面关节式机器人可以看成是关节坐标式机器人的特例，它只有平行的肩关节和肘关节，关节轴线共面，如图 5-50 所示。它是一种装配机器人，也叫 SCARA（Selective Compliance Assembly Robot Arm）机器人，在垂直平面内具有良好的刚度，在水平面内具有较好的柔顺性，故在装配作业中能获得良好的应用，常常将它专门列为一类。

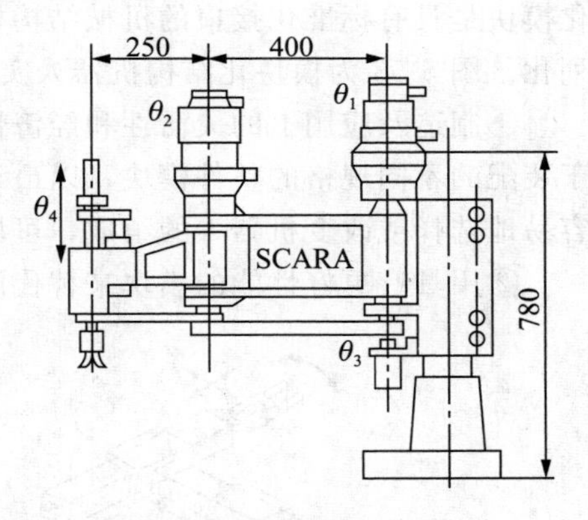

图 5-50　平面关节式机器人

2）两种冗余自由度结构机器人。

①体控制的柔软臂机器人。

体控制的柔软臂机器人也称象鼻子机器人，如图 5-51 所示。柔软臂是由若干驱动源整体控制的，控制凸面圆盘的相对滚动，手臂能产生向任何方向柔软的弯曲。由于凸面圆盘相对滚动的自由度很大，所以把这种柔软臂机器人归在冗余自由度结构机器人中。

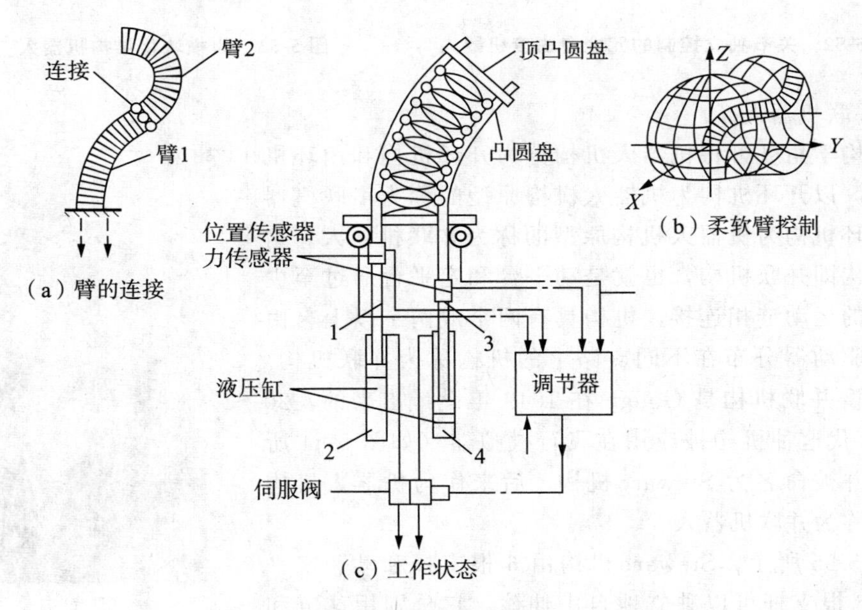

图 5-51　柔软臂机器人

1、3—活塞杆；2、4—液压缸

②每一关节独立控制的冗余自由度结构机器人。

如图 5-52 所示，直角坐标式机器人安放在一个转动平台上，增加了一个转动自由度，成为冗余自由度结构机器人，这种机器人很适合于机床上下料等应用场合。

3）模块化结构机器人。

模块化机器人是由一些标准化、系列化的模块件通过具有特殊功能的结合部用积木拼搭的方式组成的一个工业机器人系统。模块化设计是指基本模块设计和结合部设计。标准化模块是具有标准化接口的机械结构模块、驱动模块、控制模块、传感器模块，并已经系列化。图 5-53 为模块化结构机器人实物图。模块化机器人的主要优点如下：

①制造及应用上的灵活性和经济性。制造厂商能使用较大批量的先进制造技术生产易于装配的不同规格的整件模块，以最经济的价格供应给用户；用户能根据生产作业的需要容易地选择或改变机器人的组成，可增减机器人的自由度。

②用具有更好性能的模块来替代旧模块，使服役机器人容易地、经济地更新换代。

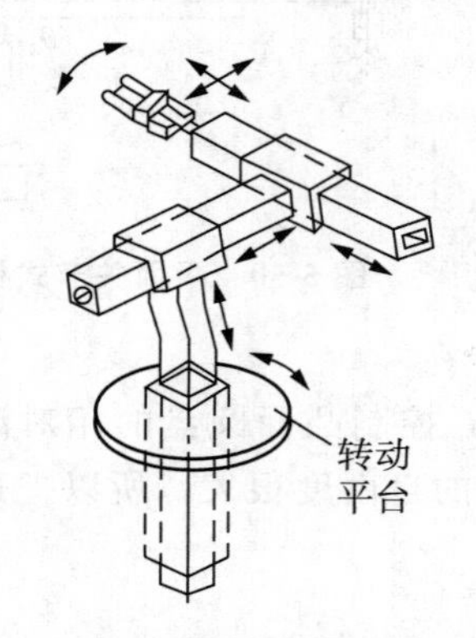

图 5-52　关节独立控制的冗余自由度机器人

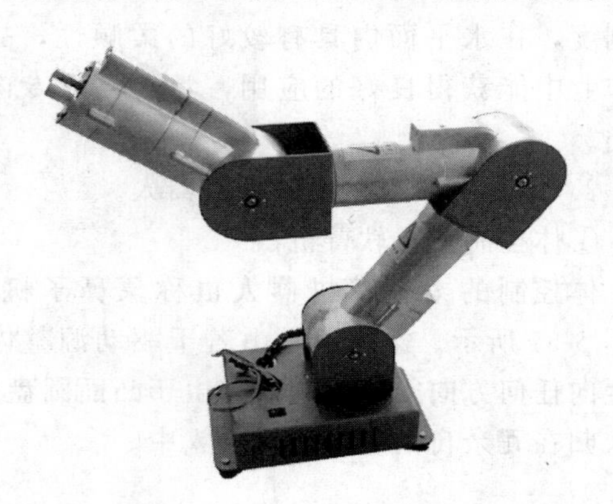

图 5-53　为模块化结构机器人

4）并联机器人。

从机构学角度可将机器人机构分为开环机构和闭环机构两大类，以开环机构为机器人机构原型的称为串联机器人，以闭环机构为机器人机构原型的称为并联机器人。这种闭环机构即并联机构，也就是动平台和定平台通过至少两个独立的运动链相连接，机构具有两个或两个以上自由度，且以驱动器分布在不同支路上的机构称为并联机构。而 6 自由度并联机构是 Gough 在 1949 年设计出来的，20 世纪 60 年代这种机构被应用在飞行模拟器（如图 5-54 所示）上，并被命名为 Stewart 机构，后来作为机器人机构使用，被称为并联机器人。

图 5-54　飞行模拟器

如图 5-55 所示，Stewart 机构由 6 根支杆和动、定平台组成，6 根支杆可以独立地自由伸缩，它分别用球链和虎克铰与上下平台连接，若将下平台作为基础，则上平台可获得 6 个独立的运动，即 6 个自由度，在三维空间中可以做任意方向的移动和绕任意方向的轴线转动。

并联机器人是一类全新的机器人，其机构问题属于空间多自由度、多机构学理论的新分支。并联机器人与串联机器人相比，没有那么大的活动空间，活动平台远远不如串联机器人的手部来得灵活。但并联机器人具有刚度大等优点，有特殊的应用领域，与串联机器人形成互补的关系，是机器人的一种拓展。

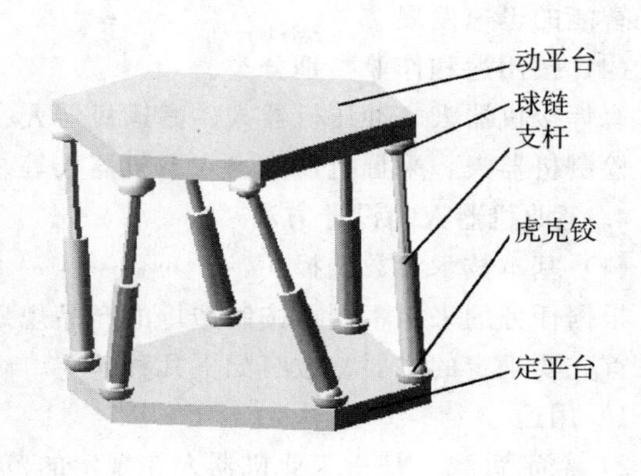

图 5-55　Stewart 机构

（2）按机器人的研究进程分类。

1）第一代机器人——示教再现机器人。

具有示教再现功能，或具有可编程的 NC 装置，但对外部信息不具备反馈能力。

2）第二代机器人——带感觉的机器人。

不仅有内部传感器，而且具有外部传感器，能获得外部环境信息。虽然没有应用人工智能技术，但是能进行机器人—环境交互，具备在线自适应能力。

3）第三代机器人——智能机器人。

具有多种智能传感器，能感知和领会外部环境信息，包括具有理解诸如人下达的语言指令这样的能力，能进行学习，具有决策上的自治能力。

（3）按机器人控制方式分类。

1）点位式。

许多工业机器人要求准确的控制末端执行器的工作位置，而路径却无关紧要。例如，在印刷电路板上安插元件、点焊、装配等工作，都属于点位式控制方式。一般来说，点位式控制比较简单，但精度不是很理想。

2）轨迹式。

在弧焊、喷漆、切割等工作中，要求工业机器人末端执行器按照示教的轨迹和速度进行运动。如果偏离预定的轨迹和速度，就会使产品报废。轨迹式控制方式类似于控制原理中的跟踪系统，可称之为轨迹伺服控制。

3）力（力矩）控制方式。

在完成装配、抓放物体等工作时，除要准确定位之外，还要求使用适度的力或力矩进行工作，这时就要利用力（力矩）伺服方式。这种方式的控制原理与位置伺服控制原理基本相同，只不过输入量和反馈量不是位置信号，而是力（力矩）信号，因此系统中必须有力（力矩）传感器。有时也利用接近、滑动等传感器能进行自适应式控制。

4）智能控制方式。

工业机器人的智能控制是通过传感器获得周围环境的知识，并根据自身内部的知识库做出相应的决策。采用智能控制技术，使得工业机器人具有较强的环境适应性及自学习能力。智能控制技术的发展有赖于近年来人工神经网络、基因算法、遗传算法、专家系统等人工智能的迅速发展。

（4）按用途和作业类别分类。

有焊接机器人、冲压机器人、搬运机器人、装配机器人、喷漆机器人、切削加工机器人、检测机器人、采掘机器人、水下机器人等。

4. 工业机器人的设计方法

（1）基本技术参数选择。

根据任务的来源不同，按制造厂的产品规划或用户订货要求来确定。在总体方案设计阶段首先要确定的主要参数有如下几种：

1）用途 。

2）额定负载。是指工业机器人在规定的范围内，机械接口处所能承受负载的允许值。它主要根据作用于机械接口处的力和力矩，包括机器人末端执行器的重力、抓取工件的重力及惯性力（力矩）、外界的作用力（力矩）来确定。

3）按作业要求确定工作空间，同时要考虑作业对象对机器人末端执行器的位置和姿态要求，以便为后续方案设计中的自由度设计提供依据。

4）额定速度。是指工业机器人在额定负载、匀速运动过程中，机械接口中心的最大速度。应综合考虑作业效率要求、作业线协调生产要求、惯性力、驱动与控制方式、定位方式和精度要求等各种因素来确定。

5）驱动方式的选择。目前所采用的方式有电动机、液压和气动三种类型。

6）性能指标。按作业要求确定。一般指位姿准确度及位姿重复性、轨迹准确度及轨迹重复性、最小定位时间及分辨率等。同时还可对机械结构的刚度、关节几何运动精度等提出要求。

（2）总体方案设计。

1）运动功能方案设计。该阶段的主要设计任务是确定机器人的自由度数、各关节运动的性质及排列顺序、在基准状态时关节轴的方向。

2）传动系统方案设计。根据动力及速度参数、驱动方式等，选择传动方式和传动元件。

3）结构布局方案设计。根据机器人的工作空间、运动功能方案及传动方案，确定关节的形式，各构件的大致形状和尺寸。

4）参数设计。确定在基本技术参数设计阶段尚无法考虑的一些参数，如单轴速度、单轴负载、单轴运动范围等。

5）控制系统方案设计。

6）总体方案评价。

5. 工业机器人的感觉系统

（1）工业机器人感觉系统的基本组成。

要机器人与人一样有效地完成工作，对外界状况进行判别的感觉功能是必不可少的。没有感觉功能的原始机器人，只能按预先的给定顺序，重复地进行一定的动作。加入感觉，就能够根据处理对象的变化而变更动作，例如排除混入的其他对象，对某种工作的零乱位置也可自适应而抓起对象等。同时，如果能用某种感觉功能感知自己执行的工作结果的信息，就可能凭经验学习更好的工作方法，从而对工作能熟悉起来。

人的感觉有视觉、听觉、触觉、嗅觉、味觉、平衡感觉等。人通过感觉器官获取周围环境的信息，通过对这些信息的分析、处理从而适应环境。与人相似，机器人也需要获得周围环境的信息才能灵活地适应环境。机器人感觉信息的取得是通过传感器来实现的。从传感器取得了环境的数据后，通过对这些数据的分析处理形成对客观世界的正确认识，从而为执行任务并正确处理突发事件提供依据。

(2) 工业机器人常用传感器的分类。

机器人传感器分为外部检测传感器和内部检测传感器两大类。外部检测传感器包括视觉、听觉、触觉、嗅觉、味觉、接近觉，以及温度、湿度、压力等传感器。通过各种外部检测传感器，机器人可从周围环境及目标物状况特征来获取信息，以便和外部环境发生交互作用进而产生自校正和自适应能力。表 5-4 为机器人常用外部检测传感器。内部检测传感器由位置、加速度、速度计压力传感器组成，以机器人的坐标来确定其位置，它被安装在机器人的内部，使机器人感知自己当前的状态。

表 5-4　　　　机器人常用外部检测传感器

传感器	检测内容	检测器件	应用
触觉	接触 把握力 荷重 分布压力 多元力 力矩 滑动	限制开关 应变片、半导体感压器件 弹簧变位、测量计 导电橡胶、感应高分子材料 应变计、半导体感压器件 压阻元件、马达电流计 光学旋转控制器、光纤	动作顺序控制 把握力控制 弹力控制、指压力控制 姿势，形状判别 装配力控制 协调控制 滑动控制、力控制
接近觉	接近	光电开关、LED、激光、红外光电晶体管、光电二极管、电磁线圈、超声传感器	动作顺序控制 障碍物躲避 轨迹移动控制
视觉	平面位置 距离 形状 缺陷	TV 摄像机、位置传感器 测距仪 线图像传感器 面图像传感器	位置决定、控制 移动控制 物体识别、判别 检查、异常检测
听觉	声音 超声波	麦克风 超声波传感器	语言控制 移动控制
嗅觉	气体成分	气体传感器、射线传感器	化学成分检测
味觉	味道	离子传感器、PH 计	化学成分检测
温度	温度	热敏电阻、热敏半导体	温度控制及检测
湿度	湿度	湿敏电阻	湿度控制及检测
角度	角度	编码盘、电位器	关节检测控制、移动控制

续前表

传感器	检测内容	检测器件	应用
方位	方位	磁敏方位传感器	方位检测控制
加速度	加速度	加速度传感器	加速度检测控制

（3）工业机器人传感器的要求与选择。

机器人传感器的选择完全取决于机器人的工作需要和应用特点，对机器人感觉系统的要求是选择机器人传感器的基本依据。机器人对传感器的一般性要求如下：

1）精度高、重复性好。机器人是否能够准确无误的正常工作，往往取决于其所用传感器的测量精度。

2）稳定性、可靠性好。保证机器人能够长期稳定可靠的工作，尽可能避免在工作中出现故障。

3）抗干扰能力强。工业机器人的工作环境往往比较恶劣，其所用传感器应能承受一定的电磁干扰、振动，能在高温、高压、高污染环境中正常工作。

4）质量轻、体积轻、安装方便。

5）适应加工任务要求。不同加工任务对机器人的感觉要求是不同的，可根据其工作特点进行选择。在现代工业中，机器人被用于执行各种加工任务中，其中比较常见的加工任务有物料搬运、装配、喷漆、焊接、检验等。不同的加工任务对机器人提出不同的感觉要求，选择传感器时要有针对性。

6）满足机器人控制要求。机器人控制需要采用传感器检测机器人的运动位置、速度和加速度。除了较简单的开环控制机器人外，多数机器人采用了位置传感器作为闭环控制中的反馈元件，机器人根据位置传感器的反馈信息对其运动误差进行补偿控制。不少机器人还装有速度传感器和加速度传感器，速度检测可用于预测机器人的运动时间，计算和控制离心力引起的变形误差，加速度检测可用于计算机器人构件收到的惯性力，便于控制系统补偿惯性力引起的变形误差。

7）还要注意满足机器人自身安全和机器人使用者安全的要求以及其他辅助工作的要求。

任务 5.3.1　获取触觉信息的传感器

机器人触觉是人的触觉的某些模仿。它是有关机器人和对象物之间直接接触的感觉。通常指以下几种：接触觉、压觉、滑觉、力觉、接近觉等。

1. 接触觉传感器

接触觉传感器是装于机器人手爪上，通过判断是否接触物体的测量传感器。接触觉传感器可检测机器人是否接触目标或环境，用于寻找物体或感知碰撞。如图 5-56 所示为按下开关就能进入电信号的简单微动开关机构，其中的接触觉传感器可接受由于接触产生的微小量并转换成电信号。

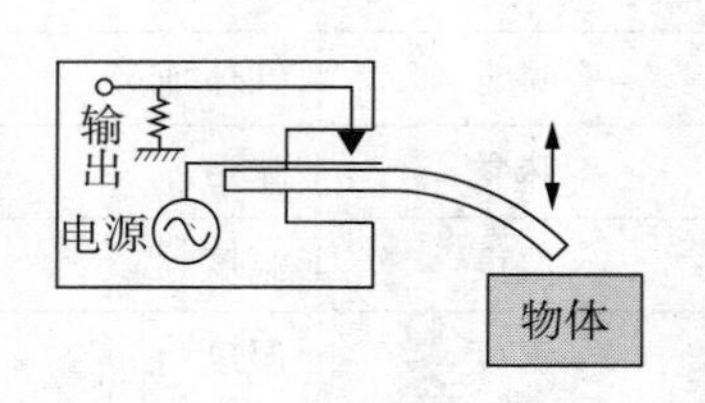

图 5-56　微动开关

如图 5-57 所示的接触觉传感器由微动开关组成，根据用途不同配置也不同，一般用于探测物体位置、探索路径和安全保护。这类配置属于分散装置，即把单个传感器安装在机械手的敏感位置上。

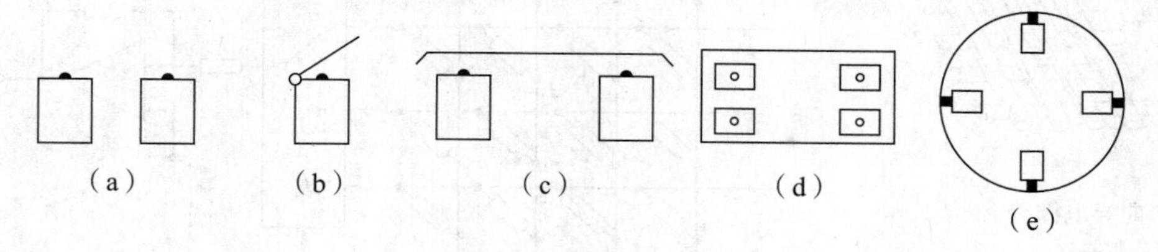

图 5-57　接触觉传感器

(a) 点式；(b) 棒式；(c) 缓冲器式；(d) 平板式；(e) 环式

接触觉是通过与对象物体彼此接触而产生的，所以最好使用手指表面高密度分布的触觉传感器阵列，它柔软易于变形，可增大接触面积，并且有一定的强度，便于抓握。如图 5-58 所示为二维矩阵接触觉传感器的配置方法，一般放在机器人手掌的内侧。图中柔软导体 1 可以使用导电橡胶、浸含导电涂料的氨基甲酸乙酯泡沫或碳素纤维等材料。阵列式接触觉传感器可用于测定自身与物体的接触位置、被握物体的中心位置和倾斜度，甚至还可以识别物体的大小和形状。

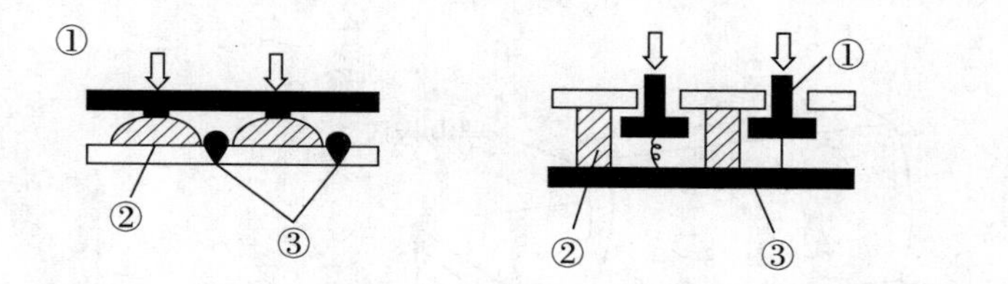

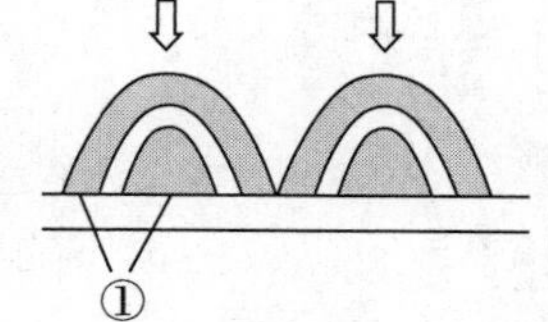

图 5-58　二维矩阵接触觉传感器

接触觉传感器研究的重点是：

(1) 选择更为合适的敏感材料，研究人工皮肤触觉传感器。现有的材料主要有导电橡胶、压电材料、光纤等。

(2) 将集成电路工艺应用到传感器的设计和制造中，使传感器和处理电路一体化，得到大规模或超大规模阵列式触觉传感器。

(3) 触觉传感器的重点集中在阵列式触觉传感器信号的处理上，这种信号的处理涉及信号处理、图像处理、计算机图形学、人工智能、模式识别等学科，是一门比较复杂、比较困难的技术，还很不成熟，有待于进一步研究和发展。

2. 压觉传感器

压觉传感器通常检测机器人与作业对象之间接触面法向压力值的大小，一般装于手爪内侧，用于握力控制与手的支撑力的检测。

目前压觉传感器是通过把分散敏感元件排列成矩阵式格子来设计的。常用的敏感元件阵列单元有：导电橡胶、感应高分子、应变计、光电器件和霍尔元件等。

如图 5-59 所示，图 (a) 由条状的导电橡胶排成网状，每个棒上附上一层导体引出，送给扫描电路；图 (b) 则由单向导电橡胶和印制电路板组成，电路板上附有条状金属箔，两块板上的金属条方向互相垂直；图 (c) 为与阵列式传感器相配的阵列式扫描电路。

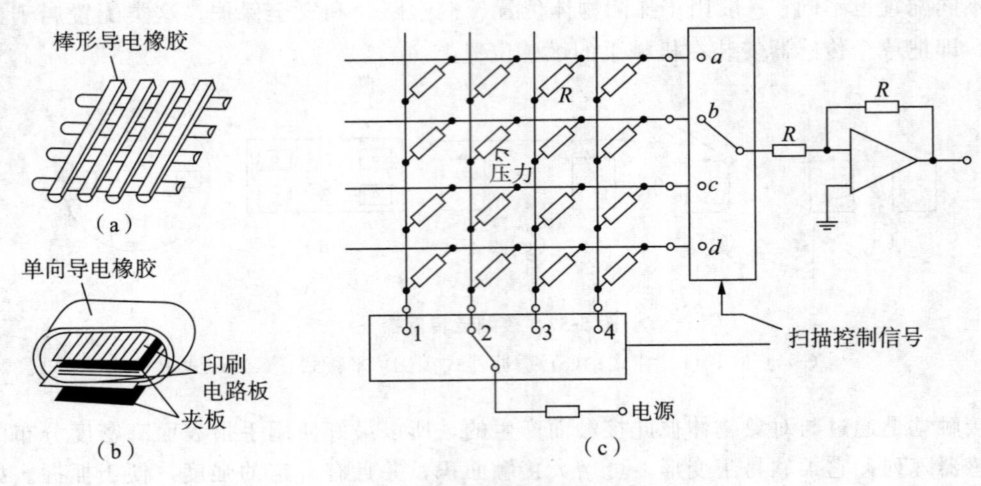

图 5-59　阵列式压觉传感器

(a) 网状排列的导电橡胶；(b) 单向导电橡胶和印刷电路板；(c) 阵列式扫描电路

比较高级的压觉传感器是在阵列式触点上附一层导电橡胶，并在基板上装有集成电路，压力的变化使各接点间的电阻发生变化，信号经过集成电路处理后送出，如图 5-60 所示。

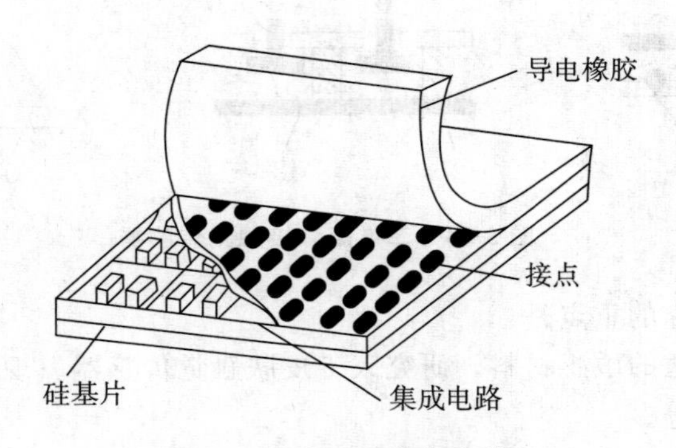

图 5-60　分布式压觉传感器

3. 滑觉传感器

机器人在抓取不知属性的物体时，其自身应能确定最佳握紧力的给定值。当握紧力不够时，要检测被握紧物体的滑动，考虑最可靠的夹持方法，实现此功能的传感器称为滑觉传感器。如果能在刚开始滑动之后便立即检测出物体和手指间产生的相对位移，且增加握力就能使滑动迅速停止，那么该物体就可用最小的临界握力抓住。

检测滑动的方法有以下几种：

(1) 根据滑动时产生的振动检测，如图 5-61 (a) 所示。

(2) 把滑动的位移变成转动，检测其角位移，如图 5-61 (b) 所示。

(3) 根据滑动时手指与对象物体间的动静摩擦力来检测，如图 5-61 (c) 所示。

(4) 根据手指压力分布的改变来检测，如图 5-61 (d) 所示。

如图 5-62 所示为利用振动来检测滑移的传感器，传感器尖端用一个 $\phi=0.05$mm 的钢

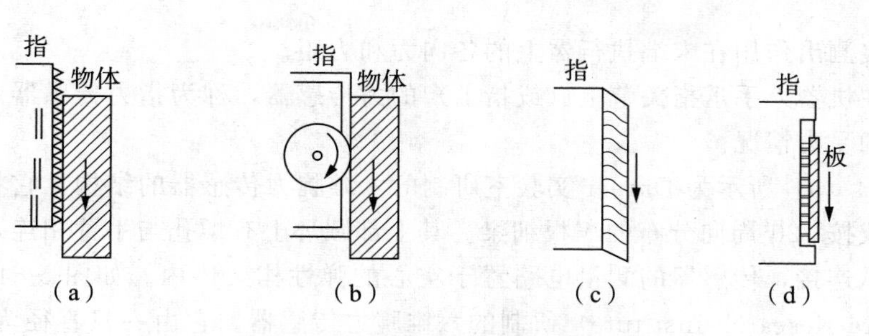

图 5-61　滑动引起的物理现象

球接触被握物体，振动通过杠杆传向磁铁，磁铁的振动在线圈中感应交变电流并输出。在传感器中设有橡胶阻尼圈和油阻尼器，滑动信号能清楚地从噪声中被分离出来。但其检测头需直接与对象物接触，在握持类似于圆柱体的对象物时，就必须准确选择握持位置，否则就不能起到检测滑觉的作用，而且其接触为点接触，可能因造成接触压力过大而损坏对象表面。这种传感器只能检测滑移的有无，不能判断滑移的方向。

如图 5-63 所示为机器人专用的球形滑觉传感器，它由一个金属球和触针组成，金属球表面分成许多个相间排列的导电和绝缘小格，触针头很细，每次只能触及一格。当工件滑动时，金属球也随之转动，在触针上输出脉冲信号，脉冲信号的频率反映了滑移速度，脉冲信号的个数对应滑移的距离。

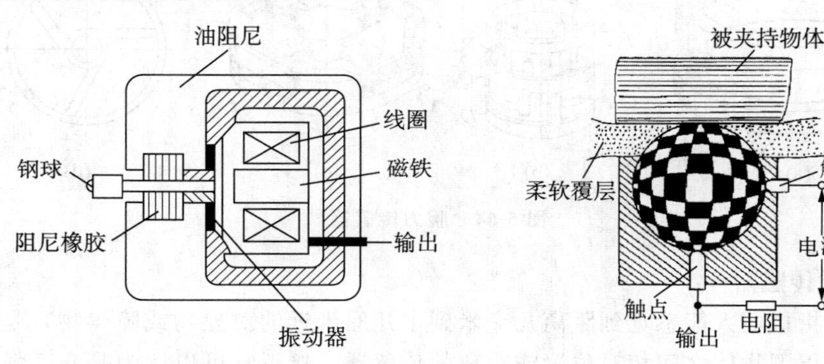

图 5-62　测振式滑觉传感器　　图 5-63 球形滑移传感器

4. 力觉传感器

力觉是指对机器人的指、肢和关节等运动中所受力的感知，主要包括腕力觉、关节力觉和支座力觉等。力觉传感器的作用如下：

(1) 感知是否夹起了工件或是否夹持在正确部位；

(2) 控制装配、打磨、研磨抛光的质量；

(3) 装配中提供信息以产生后续的修正补偿运动来保证装配质量和速度；

(4) 防止碰撞、卡死和损坏机件。

通常将机器人的力传感器分为以下三类：

(1) 装在关节驱动器上的力传感器，称为关节力传感器。它测量驱动器本身的输出力和力矩，用于控制运动中的力反馈。

(2) 装在末端执行器和机器人最后一个关节之间的力传感器，称为腕力传感器。腕力传感器能直接测出作用在末端执行器上的各向力和力矩。

(3) 装在机器人手爪指关节上（或指上）的力传感器，称为指力传感器。它用来测量夹持物体时的受力情况。

如图 5-64 (a) 所示为 Draper 实验室研制的六维腕力传感器的结构。它将一个整体金属环周壁铣成按 120°周向分布的三根细梁。其上部圆环上有螺孔与手臂相连，下部圆环上的螺孔与手爪连接，传感器的测量电路置于空心的弹性构架体内。如图 5-64 (b) 所示是 SRI（Stanford Research Institute）研制的六维腕力传感器。它由一只直径为 75 mm 的铝管铣削而成，具有八个窄长的弹性梁，每一个梁的颈部开有小槽以使颈部只传递力，扭矩作用很小，在梁的另一头两侧贴有应变片。如图 5-64 (c) 所示是日本 JPL 实验室研制的在腕力传感器基础上提出的一种改进结构。它是一种整体轮辐式结构，传感器在十字梁与轮缘连接处有一个柔性环节，在四根交叉梁上总共贴有 32 个应变片（图中以小方块表示），组成 8 路全桥输出，六维力的获得须通过解耦计算。如图 5-64 (d) 所示是一种非径向中心对称三梁腕力传感器，传感器的内圈和外圈分别固定于机器人的手臂和手爪，力沿与内圈相切的三根梁进行传递。每根梁的上下、左右各贴一对应变片，非径向的三根梁共粘贴 6 对应变片，分别组成六组半桥，对这六组电桥信号进行解耦可得到六维力（力矩）的精确解。

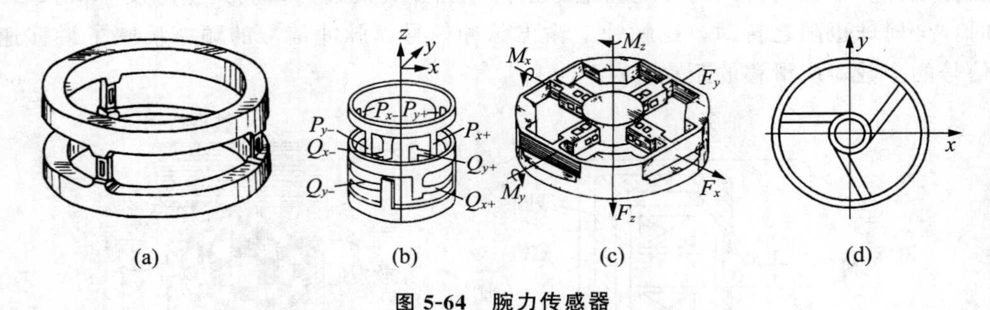

图 5-64　腕力传感器

5. 接近觉传感器

接近觉是指机器人能感觉到距离几毫米到十几厘米远的对象物或障碍物，是机器人用以检测自身与周围物体之间相对位置或距离的传感器。接近觉可以认为是介于触觉和视觉之间的感觉，但远比视觉系统简单。由于这种感觉是非接触的，因此，应用它对机器人工作过程中适时地进行轨迹规划以及防止事故发生是十分有意义的。

接近觉传感器可分为 6 种：电磁式（感应电流式）、光电式（反射或透射式）、静电容式、气压式、超声波式和红外线式，如图 5-65 所示为各种接近觉传感器检测的内涵。

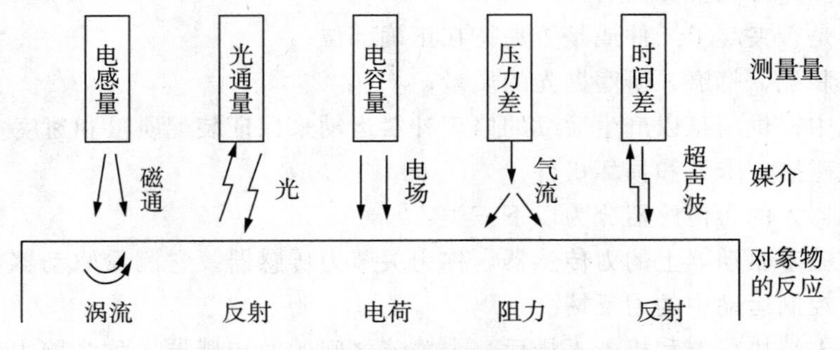

图 5-65　各种接近觉传感器检测的内涵

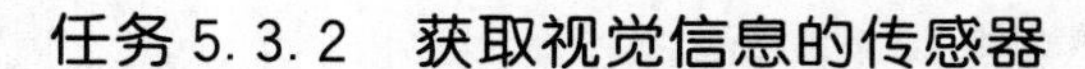

任务 5.3.2　获取视觉信息的传感器

每个人都能体会到眼睛对人来说是多么重要，可以说人类从外界获得的信息，大多数都是从眼睛得到的。研究结果表明，视觉获得的感知信息占人对外界感知信息的 80%，从这个角度也可以看出视觉系统的重要性。

如图 5-66 所示的视觉系统可以分为图像输入（获取）、图像处理和图像输出等几个部分。图中的视觉传感器是将景物的光信号转换成电信号的器件。

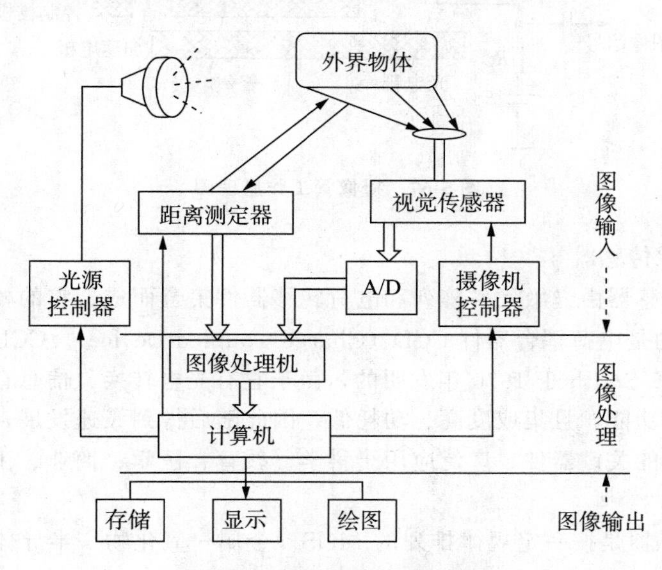

图 5-66　视觉系统的硬件组成

1. 视频摄像头

视频摄像头是一种广泛使用的景物和图像输入设备，它能将景物、图片等光学信号变为电视信号或图像数据。主要分为黑白摄像机和彩色摄像机两种，目前在工业视觉系统中，还常用黑白摄像机，主要原因是一般系统只需要具有一定灰度的图像，经过处理后变成二值图像，再进行匹配和识别，它的好处是处理数据快、数据量小。

电视摄像管是视频摄像头的关键部件，它利用光电效应，将成像面上空间二维景物光像转变为以时间为序的一维图像信号，因此具有将光信号转变为电信号的光电转换功能和将空间信息转变为时间信息的功能。

摄像管由密封在玻璃罩内的光电靶和电子枪组成，如图 5-67 所示。被摄的景物经过摄像机镜头在光电导层表面成像，光电靶面各个不同的点，随着照度的不同激励出不同的光电子，从而产生数值不同的光电导，进而产生高低不同的电位起伏，形成与光像对应的电位图像。由电子枪射出的电子束，在偏转系统形成的电场或磁场的作用下，从左到右、同时又从上到下的对靶面进行扫描，将按空间位置分布的电位图像转换成对应的时间信号。电子束通过扫描，把图像分解成数以十万计的像素。光电导层上与每一像素相对应的微小单元，都可以等效为一个电阻与电容并联的电路。摄像管输出的图像信号经前置放大器和预放器放大后，送到视频处理电路。

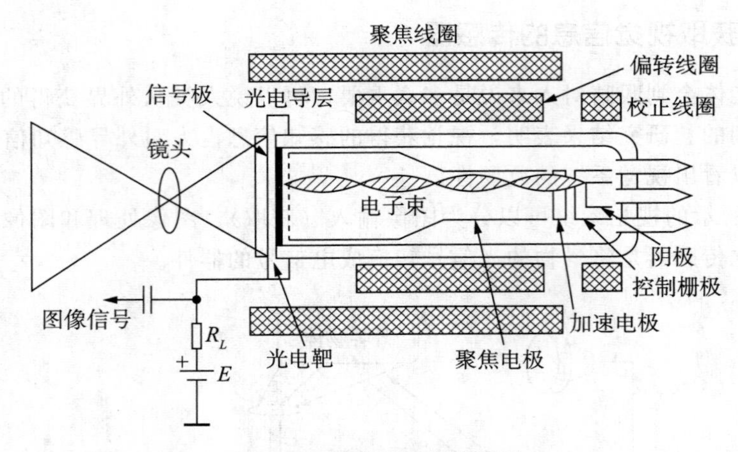

图 5-67 摄像管工作原理图

2. 光固态图像传感器

光固态图像传感器由光敏元件阵列和电荷转移器件集合而成。它的核心是电荷转移器件 CTD，最常用的是电荷耦合器件 CCD（Charge Coupled Device）。CCD 是贝尔实验室的 W. S. Boyle 和 G. E. Smith 于 1970 年发明的，由于它有光电转换、信息存储、延时和将电信号按顺序传送等功能，且集成度高、功耗低，因此随后得到飞速发展，是图像采集及数字化处理必不可少的关键器件，广泛应用于科学、教育、医学、商业、工业、军事和消费领域。

CCD 图像传感器是按一定规律排列的 MOS（金属—氧化物—半导体）电容器组成的阵列，其构造如图 5-68 所示。在 P 型或 N 型硅衬底上生长一层很薄的二氧化硅，再在二氧化硅薄层上依次序沉积金属或掺杂多晶硅电极（栅极），形成规则的 MOS 电容器阵列，再加上两端的输入及输出二极管就构成了 CCD 芯片。当向 SiO_2 表面的电极加正偏压时，P 型硅衬底中形成耗尽区，耗尽区的深度随正偏压升高而加大。其中的少数载流子（电子）被吸收到最高正偏压电极下的区域内（如图中 Φ_1 极下），形成电荷包。对于 N 型硅衬底的 CCD 器件，电极加正偏压时，少数载流子为空穴。

每个光敏元（像素）对应有三个相邻的转移栅电极 1、2、3，所有电极彼此间离得足够近，以保证使硅表面的耗尽区和电荷的势阱耦合及电荷转移。所有的 1 电极相连并施加时钟脉冲 Φ_1，所有的 2、3 也是如此，并施加时钟脉冲 Φ_2、Φ_3。这三个时钟脉冲在时序上相互交迭。

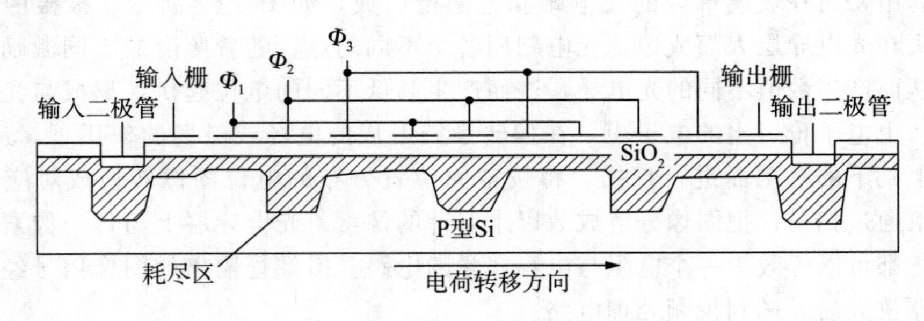

图 5-68 CCD 构造

（1）线型 CCD 图像传感器。

线型 CCD 图像传感器线型常应用于影像扫描器及传真机上，尤其是 1024、1728、2048 等像素的线型 CCD 传感器已得到广泛应用。由一列 MOS 光敏单元与一列 CCD 移位寄存器构成，在它们之间设有一个转移控制栅，如图 5-69（a）所示。在每一个光敏元件上都有一个梳状公共电极，由一个 P 型沟阻使其在电气上隔开。当入射光照射在光敏元件阵列上，梳状电极施加高电压时，光敏元件聚集光电荷进行光积分，光电荷与光照强度和光积分时间成正比。

在光积分时间结束时，转移栅上的电压提高（平时低电压），与 CCD 对应的电极也同时处于高电压状态。然后，降低梳状电极电压，各光敏元件中所积累的光电电荷并行地转移到移位寄存器中。当转移完毕，转移栅电压降低，梳妆电极电压回复原来的高电压状态，准备下一次光积分周期。同时，在电荷耦合移位寄存器上加上时钟脉冲，将存储的电荷从 CCD 中转移并由输出端输出。这个过程重复地进行就得到相继的行输出，从而读出电荷图形。

目前，实用的线型 CCD 图像传感器为双行结构，如图 5-69（b）所示。单、双数光敏元件中的信号电荷分别转移到上、下方的移位寄存器中，然后在控制脉冲的作用下，自左向右移动，在输出端交替合并输出，这样就形成了原来光敏信号电荷的顺序。

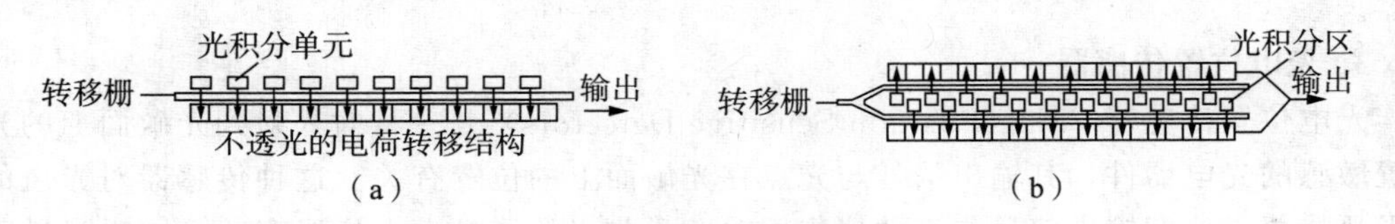

图 5-69　线型 CCD 图像传感器

（2）面型 CCD 图像传感器。

面型 CCD 图像传感器由感光区、信号存储区和输出转移部分组成。目前存在三种典型结构形式，如图 5-70 所示。图（a）所示结构由行扫描电路、垂直输出寄存器、感光区和输出二极管组成。行扫描电路将光敏元件内的信息转移到水平（行）方向上，由垂直方向的寄存器将信息转移到输出二极管，输出信号由信号处理电路转换为视频图像信号。这种结构易于引起图像模糊。图（b）所示结构增加了具有公共水平方向电极的不透光的信息存储区。在正常垂直回扫周期内，具有公共水平方向电极的感光区所积累的电荷同样迅速下移到信息存储区。在垂直回扫结束后，感光区回复到积光状态。在水平消隐周期内，存储区的整个电荷图像向下移动，每次总是将存储区最底部一行的电荷信号移到水平读出器，该行电荷在读出移位寄存器中向右移动以视频信号输出。当整帧视频信号自存储器移出后，就开始下一帧信号的形成。该 CCD 结构具有单元密度高、电极简单等优点，但增加了存储器。图（c）所示结构是用得最多的一种结构形式。它将图（b）中感光元件与存储元件相隔排列，即一列感光单元，一列不透光的存储单元交替排列。在感光区光敏元件积分结束时，转移控制栅打开，电荷信号进入存储区。随后，在每个水平回扫周期内，存储区中整个电荷图像一次一行地向上移到水平读出移位寄存器中。接着这一行电荷信号在读出移位寄存器中向右移位到输出器件，形成视频信号输出。

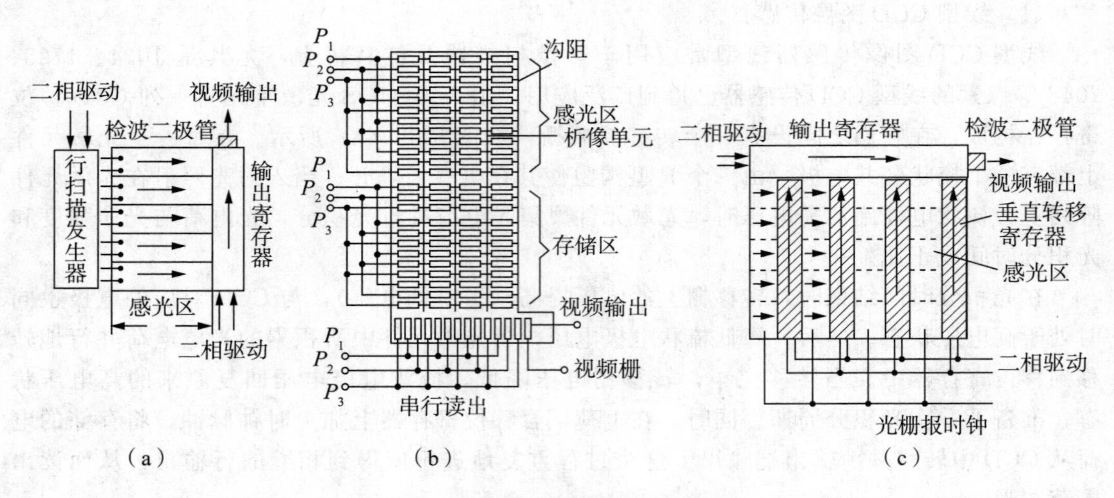

图 5-70　面型 CCD 图像传感器

目前，面型 CCD 图像传感器使用得越来越多，所能生产的产品的单元数也越来越多，最多已达 1024 像素×1024 像素。我国也能生产 512 像素×320 像素的面型 CCD 图像传感器。

3. 光电位置传感器

光电位置传感器 PSD（Position Sensitive Detectors）是一种对入射到光敏面上的光点位置敏感的光电器件，其输出信号与光点在光敏面上的位置有关。这种传感器对光斑的形状无严格要求，即输出信号与光的聚焦无关，只与光的能量中心位置有关；同时光敏面无需分割，消除了死区，可连续测量光斑位置，位置分辨率很高，一维可以达到 0.2μm，光谱响应宽，响应速度快，可靠性高；而且可以同时检测位置和光强信号。

如图 5-71 所示为 PSD 器件结构示意图，在 p 层电阻层相距 $2L$ 设两个电极，当光束入射到 PSD 器件光敏层上距中心点的距离为 x_A 位置时，在入射位置上产生与入射辐射线成正比的信号电荷，此电荷形成的光电流通过电阻 p 层分别由电极①与②输出。

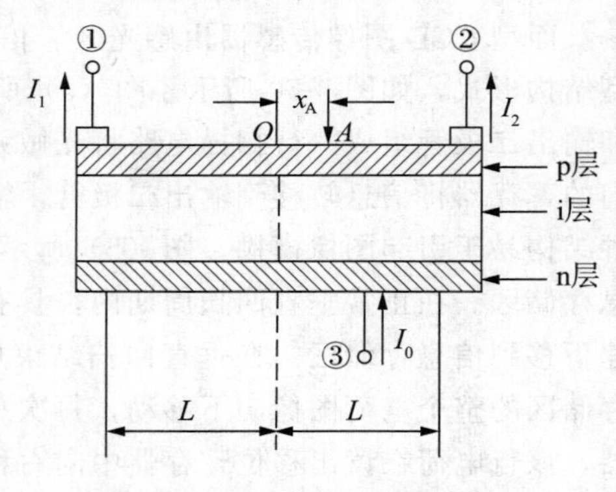

图 5-71　PSD 器件结构示意图

目前，PSD 图像传感器可应用于光学位置和角度检测、位移和振动测量，光学遥测系统，激光对中和校准，距离测试，人类运动姿态分析等领域。

4. 超声波传感器

振动在弹性介质内的传播称为波动，而声波是一种能在气体、液体、固体中传播的机械波。根据频率的范围可将声波分为次声波、声波和超声波，超声波就是频率高于 2×10^4 Hz 的机械波。超声波是由换能晶片在电压的激励下发生振动产生的，它具有频率高、波长短、绕射现象小，特别是方向性好、能够成为射线而定向传播等特点。超声波对液体、固体的穿透本领很大，尤其是在阳光不透明的固体中，它可穿透几十米的深度。超声波碰到杂质或分界面会产生显著反射形成回波，碰到活动物体能产生多普勒效应。因此超声波检测广泛应用在工业、国防、生物医学等方面。

利用超声波检测技术，将感受的被测量转换成可用输出信号的传感器称为超声波传感器，习惯上称为超声换能器，或者超声探头，如图5-72所示。超声波探头主要由压电晶片组成，既可以发射超声波，也可以接收超声波。小功率超声探头多作探测作用。它有许多不同的结构，可分直探头（纵波）、斜探头（横波）、表面波探头（表面波）、兰姆波探头（兰姆波）、双探头（一个探头反射、一个探头接收）等。

图5-72　超声波传感器

超声波传感器系统由发送传感器（或称波发送器）、接收传感器（或称波接收器）、控制部分与电源部分组成。发送传感器由发送器与使用直径为15mm左右的陶瓷振子换能器组成，换能器作用是将陶瓷振子的电振动能量转换成超能量并向空中辐射；而接收传感器由陶瓷振子换能器与放大电路组成，换能器接收波产生机械振动，将其变换成电能量，作为传感器接收器的输出，从而对发送的超声波进行检测。在实际使用中，发送传感器的陶瓷振子也可以用做接收传感器的陶瓷振子。控制部分主要对发送器发出的脉冲链频率、占空比、稀疏调制、计数及探测距离等进行控制。超声波传感器的电源（或称信号源）可使用DC12V±10%或24V±10%。

超声波传感器按其工作原理可分为压电式、磁致伸缩式、电磁式等，但以压电式最常用。压电式超声波发生器利用逆压电效应的原理将高频电振动转换成高频机械振动，从而产生超声波。当外加交变电压的频率等于压电材料的固有频率时会产生共振，此时产生的超声波最强。压电式超声波传感器可以产生几十千赫到几十兆赫的高频超声波，其声强可达几十瓦每平方厘米。压电式超声波接收器是利用正压电效应的原理进行工作的。当超声波作用到压电晶片上引起晶片伸缩，在晶片的两个表面上便产生极性相反的电荷，这些电荷被转换成电压经放大后送到测量电路，最后记录或显示出来。压电式超声波接收器的结构和压电式超声波发生器基本相同，有时就是用同一个传感器兼作发生器和接收器两种用途。

如图5-73所示为几种超声波传感器，单探头形式，即探头（换能器）既发射又接收超声波；双探头形式，发射和接收超声波各由一个探头承担。液介式探头既可以安装在液体介质的底部，亦可安装在容器外部。

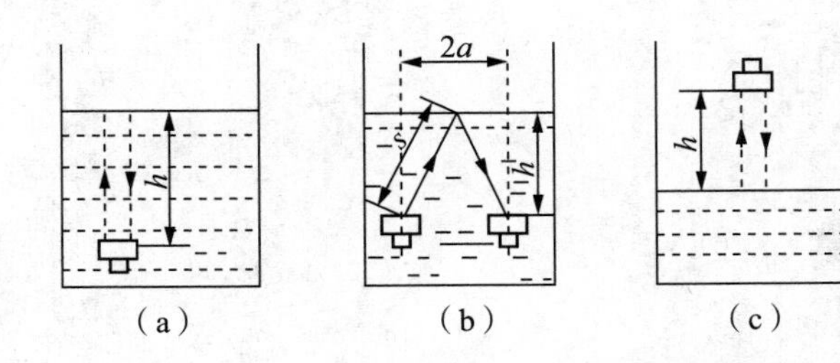

图5-73　几种超声波传感器

(a) 液介式单探头；(b) 液介式双探头；(c) 气介式单探头；(d) 气介式双探头

超声波探头也是一种声换能器。图5-74所示为声发射换能器和声接收换能器的结构原理图。在图 5-74（a）所示发射换能器的压电晶片 1 上粘一半球面音膜 2，用螺钉和压环将音膜和晶片一起固定在外壳 3 上。音膜起改善辐射阻抗匹配，提高辐射功率的作用。接收换能器如图 5-74（b）所示，压电晶片背面用弹簧 5 压紧。换能器的结构对电—声、声—电转换效率，传感器的作用距离及声束的方向性有较大影响。

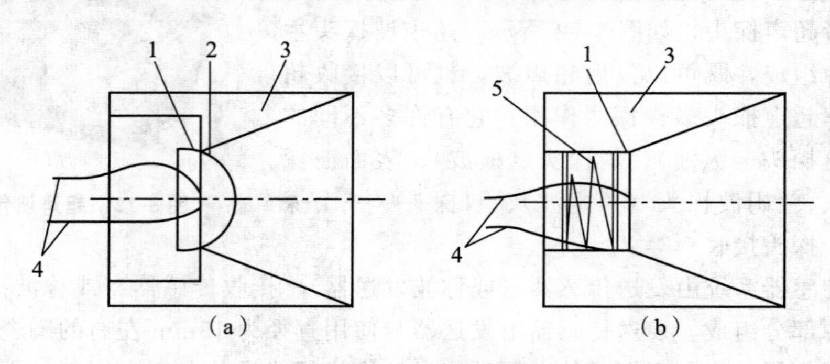

图 5-74　声换能器的结构原理图

(a) 发射换能器；(b) 接收换能器

1—压电晶片；2—音膜；3—钳形外壳；4—引线；5—弹簧

利用超声波物位传感器测量物位有许多优越性。超声波物位传感器可用于危险场所非接触检测物位，可以测量所有液体和固体的物位，它不仅可以定点和连续测量，而且能够很方便地提供遥控所需要的信号，测量精度高，换能器寿命长。传感器与物料不直接接触，安装维护方便，价格便宜。超声波不受光线、料度的影响，其传播速度并不直接与媒质的介电常数、电导率、热导率有关，因而超声传感器广泛应用于测量腐蚀性和侵蚀性及性质易变的物位。

超声波物位传感器测量物位也有其缺点。超声波物位传感器不能测量有气泡和有悬浮物的液位；当被测量液面有很大波浪时，在测量上会引起声波反射混乱，产生测量误差。

超声波物位传感器的检测范围为 10^{-2} m～10^{4} m，精度为 0.1%。

综合项目

内容提要：

本学习情境是综合项目应用，通过数控车床设计、智能车设计及自动生产线设计这些综合项目使学生将前面所学的知识有机地联系在一起，真正做到理实一体化。

知识目标：

(1) 了解数控机床、智能车的设计方法、设计步骤。
(2) 熟悉 CK3225 数控车床设计思路。
(3) 掌握 CA6140 卧式车床的数控化改造的整体设计。
(4) 了解避障机器车、智能机器车及 AGV 车的原理、特点、分类。
(5) 了解自动生产线概念、组成、分类。
(6) 理解自动生产线总体设计应考虑的问题。

能力目标：

(1) 具备分析数控机床、智能车、AGV 及自动生产线系统的能力。
(2) 具备基本自主设计数控车铣床、简易智能车的能力。
(3) 具备基本自主查阅中、外资料能力。

项目 6.1 数控车床设计

项目目标

(1) 了解数控机床设计应满足的要求、设计方法、设计步骤。
(2) 熟悉 CK3225 数控车床的设计思路。

（3）理解数控车床设计的关键性技术。

（4）掌握 CA6140 卧式车床数控化改造的整体设计。

项目要求

通过教师讲授以及学生查阅资料，使学生系统掌握数控机床设计的基础知识，并能自主进行数控机床设计分析以及简易数控机床设计。

任务 6.1.1 设计前准备

1. 数控机床设计应满足的基本要求

（1）工艺范围。

机床工艺范围是指机床适应不同生产要求的能力，也可称之为机床的加工功能。一般包括可加工的工件类型、加工方法、加工表面形状、材料、工件和加工尺寸范围、毛坯类型等。机床的工艺范围若是大批量生产模式，则工序分散，一台机床仅需对一种工件完成一道或几道工序加工，工艺范围窄，但要求加工效率高，自动化程度高，应采用专用机床。如是单件小批量生产模式，则工序集中，要求机床具有较宽的加工范围，对加工效率和自动化程度的要求相对低一些，应采用普通机床或通用机床。在多品种小批量生产模式，要求机床能适应多品种工件加工，具有一定的工艺范围，较高的加工效率和自动化程度，应采用专门化机床。

机床的工艺范围直接影响到机床结构的程度、设计制造成本、加工效率和自动化程度。对于生产率，就机床本身而言，工艺范围增加，可能会使加工效率下降，但就工件的制造全过程而言，机床工艺范围的增加，将会减少工件的装卸次数，减少安装、搬运等辅助时间，有可能使总的生产效率提高。数控机床的出现较好地解决了上述矛盾，万能数控机床是能进行自动化加工的通用机床，其工艺范围往往比普通机床还宽，专用数控机床的生产率和自动化程度却比普通专用机床还高，因此数控机床不仅可用于多品种小批量生产模式，而且已推广到大批量生产模式。

（2）柔性。

机床的柔性是指其适应加工对象变化的能力。随着市场经济的发展，对机床及其组成的生产线的柔性要求越来越高。传统的刚性自动生产线尽管生产效率高，但无法适应产品更新换代速度越来越快的要求。机床的柔性包括空间上的柔性和时间上的柔性。所谓空间柔性是指一台机床的工艺范围较广，机床能够在同一时期内完成多品种加工的能力。所谓时间上的柔性也就是结构柔性，指的是在不同时期，机床各部件经过重新组合，即通过机床重构，改变其功能，形成新的加工功能，以适应产品更新变化快的要求。为实现这项功能，在有的单件或极小批量生产 FMS 作业线上，可通过识别装置对待加工的工件识别，并根据其加工要求，在较短的时间内自动的对机床功能进行重构。

（3）与物流系统的可接近性。

可接近性是指机床与物流系统之间进行物料（工件、刀具、切屑等）流动的方便程度。对于自动化制造系统，是采用工件传送带、自动换刀系统和自动排屑系统等装置自动进行物料流动的，要求机床的结构便于物料的流动，可靠性好。

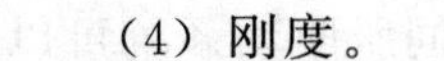

(4) 刚度。

机床的刚度是指加工过程中，在切削力的作用下，抵抗刀具相对于工件在影响加工精度方向变形的能力。刚度包括静态刚度、动态刚度、热态刚度。机床的刚度直接影响机床的加工精度和生产率，因此机床应有足够的刚度。

(5) 精度。

要保证能加工出一定精度的工件，作为工作母机的机床必须具有更高的精度要求。机床精度分为机床本身的精度，即空载条件下的精度（包括几何精度、运动精度、传动精度、定位精度等）和工作精度（加工精度）。

(6) 噪声。

噪声损坏人的听觉器官和生理功能，是一种环境污染。设计和制造过程中要设法降低噪声。

(7) 生产率。

机床的生产率通常是指单位时间内机床所能加工的工件数量。机床的切削效率越高，辅助时间越短，则它的生产率越高。它是衡量生产技术的先进性、生产组织的合理性和工人劳动积极性的重要指标之一。对用户而言，使用高效率的机床，可以降低工件的加工成本。

(8) 自动化。

自动化机床可在无人工干预的情况下，按规定的动作要求，通过机械、电子或计算机的控制，自动完成全部或部分的加工。机床的自动化程度越高，加工精度的稳定性越好，还可以有效地降低工人的劳动强度，便于一个工人看管多台机床，大大提高劳动生产率。成本概念贯穿在产品的整个生命周期内，包括设计、制造、包装、运输、使用维护、再利用和报废处理等费用，是衡量产品市场竞争力的重要指标，应尽可能在保证机床性能要求的前提下，提高其性能价格比。

(9) 生产周期。

生产周期（包括产品开发和制造周期）是衡量产品市场竞争力的重要指标，为了快速响应市场需求变化，应尽可能缩短机床的生产周期。这就要求尽可能采用现代设计方法，缩短新产品的开发周期，尽可能采用现代制造和管理技术，缩短制造周期。

(10) 可靠性。

应保证机床在规定的使用条件和时间内，完成规定的加工功能时，无故障运行的概率要高。

(11) 造型和色彩。

机床的外观造型与色彩，要求简洁明快、美观大方、宜人性好。应根据机床功能、结构、工艺及操作控制等特点，按照人机工程学的要求进行设计。

2. 数控机床设计方法

随着科学技术的进步和社会需求的变化，机床设计理论和技术也在不断的发展。计算机技术和分析技术的飞速进步，为机床设计方法的发展提供了有力的技术支撑。计算机辅助设计和计算机辅助工程已在机床设计的各个阶段得到了应用，改变了传统的经验设计方法，使机床设计由传统的人工设计向计算机辅助设计、由定性设计向定量设计、由静态和线性分析向动态和非线性分析、由可行性设计向最佳设计过渡。

数控技术的发展与应用，使得机床的传动与结构发生了重大变化。伺服驱动系统可以方便地实现机床的单轴运动及多轴联动，从而可以省去复杂笨重的机械传动系统，使其结构及布局产生很大变化。同时 FMS（柔性制造系统）的发展对机床提出了新的要求，要求机床设计向“以系统为主的机床设计”方向发展，即在机床设计时就要考虑它如何更好地适应 FMS 等先进制造系统的要求，例如要有时空柔性、与物流的可接近性等。

3. 数控机床的设计步骤

按新的原理进行加工的机床应按创新设计的步骤进行；成系列的机床产品应按系列化设计的步骤进行；通用化程度较高的机床产品，例如组合机床应按模块化设计的步骤进行。这些设计步骤如图 6-1 所示。

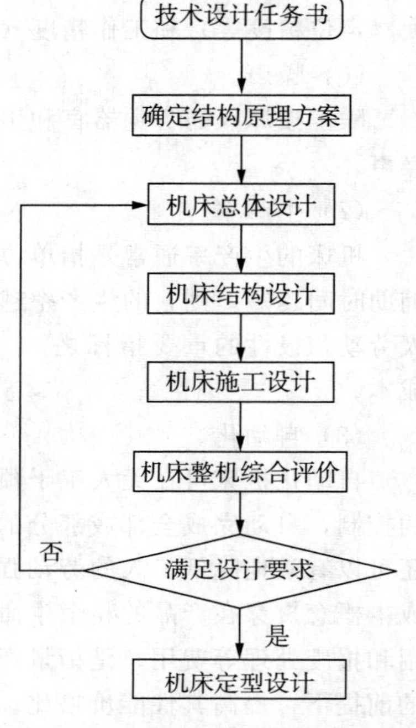

图 6-1　机床设计步骤

（1）确定结构原理方案。

根据初步设计方案，确定被设计机床的结构原理方案的主要内容包括：

1）用途：即机床的工艺范围，包括加工件的材料类型、形状、质量和尺寸范围等。

2）生产率：包括加工件的类型、批量及所要求的生产率。

3）性能指标：加工件所要求的精度或机床的精度、刚度、热变形、噪声等性能指标。

4）主要参数：即确定机床的加工空间和主要参数。

5）驱动方式：机床的驱动方式有电动机驱动和液压驱动方式。电动机驱动方式中又有普通电动机驱动、步进电动机驱动及伺服电动机驱动。驱动方式的确定不仅与机床的成本有关，还将直接影响到传动方式的确定。

6）结构原理：主要零部件应满足的要求和结构原理，有时还需要进行草图设计，确定关键零部件是自制还是外协。

7）成本及生产周期：无论是订货还是工厂规划产品，都应确定成本及生产周期方面的指标。

（2）总体设计。

1）总体设计内容。

运动功能设计包括确定机床所需运动个数、形式（直线运动、回转运动）、功能（主运动、进给运动、其他运动）及排列顺序，最后画出机床的运动功能图。基本参数设计包括尺寸参数、运动参数和动力参数设计。传动系统设计包括运动功能分配、总体布局结构形式及总体结构方案图设计。总体结构布局设计包括运动功能分配、总体布局结构形式及总体结构方案图设计。控制系统设计包括控制方式及控制原理、控制系统图设计。

2）总体方案综合评价与选择。

在总体方案设计阶段，对其各种方案进行综合评价，从中选择较好的方案。

3）总体方案的设计修改或优化。

对所选择的方案的设计修改或优化，确定最终方案。上述设计内容，在设计时要交叉进行。

(3) 结构设计。

设计机床的传动系统，确定各主要结构的原理方案，设计部件装配图，对主要零件进行分析计算或优化，设计液压原理图和相应的液压部件装配图，设计电气控制系统原理图和相应的电气安装接线图，设计和完善机床总装配图和总联系尺寸图。

(4) 工艺设计。

设计机床的全部自制零件图，编制标准件、通用件和自制件明细表，撰写设计说明书、使用说明书，制定机床的检验方法和标准等技术文档。

(5) 机床整机综合评价。

对所设计的机床进行整机性能分析和综合评价。可对所设计的机床进行计算机建模，得到所谓的数字化样机，又称虚拟样机（Virtual Prototype）。采用虚拟样机技术对所设计的机床进行运动学仿真和各项功能仿真，在实际样机试造出来之前对其进行综合评价，可以大大减少新产品研制的风险，缩短研制的周期，提高研制的质量。

任务 6.1.2　CK3225 数控车床设计思路分析

1. 概述

数控车床从总体上来看，没有脱离普通车床的结构形式。但由于数控车床具有较高的精度、刚度和自动化程度，因此，需要尽可能应用新技术，采用先进的结构，才能满足加工要求。特别是配备完善的自动点滴润滑系统，对数控车床来说很有必要。进给系统用伺服电机驱动，计算机控制，可使刀架的纵向和横向的运动轨迹能连续控制，从而完成对各类回转体零件内外表面的加工，如车削圆柱、圆、圆弧和各类螺纹等。由此看来，数控车床的进给系统和普通车床有本质区别。它没有刀架、溜板箱和挂轮架，而是由伺服电动机通过滚珠丝杠直接带动刀架，使进给系统结构大为简化。

(1) 数控车床的组成与主要功能。

CK3225 系列数控车床由床身、主轴箱、刀架、进给系统、液压系统、冷却、润滑等部件和数控系统组成。CK3225 系列数控车床分为三个品种：CK3225、CK3225×1000 和 CKA3225。前面两种以轴类件加工为主，最大加工长度为 400mm 和 1000mm，而后一种以盘类件加工为主。该系列三种机床配备先进的数控系统和直流无级调速主电机，由直流伺服电机通过滚珠丝杠带动刀架纵横方向进给而组成两坐标连续控制数控车床。依靠数控系统的基本功能，可车削内、外圆柱和圆锥及各种圆弧曲面，适用于形状复杂，精度高的轴类和盘类零件的加工，由于该机床精度高，刚性好，进给系统准确可靠，使之能适应高速强力切削，同时也能进行精加工，加工精度在纵向、横向均能保证在 0.01mm 以内。

该系列数控车床还能加工各类螺纹（米制、英制、锥螺纹、端面螺纹、多线螺纹和变螺距螺纹），因为在主轴箱上安装有与主轴同步运转的脉冲编码器，由脉冲编码器发出的脉冲信号控制伺服电机进给，可使刀架实现每转进给量，这是螺纹切削应满足的必要条件。同时，在车削螺纹过程中，为了防止乱扣，脉冲编码器发出进给脉冲时，还要发出同步脉冲（每转发一个脉冲），以保证刀具每次走刀都在工件的同一点切入。总之，与普通车床相比，数控车床有很大一部分功能是由电气系统实现的，简化了复杂的机械系统。

（2）主要技术参数。

三种型号机床的技术参数如表 6-1 所示。

表 6-1　　CK3225 系列数控车床主要参数表

机床型号		CK3225	CKA3225	CK3225×1000
卡盘直径（mm）		250	250	250
床身最大回转直径（mm）		400	400	400
轴类件最大切削长度（mm）		400		1000
盘类件最大切削直径（mm）			250	
滑鞍最大纵向行程（Z）（mm）		500	400	1045
滑板最大纵向行程（X）（mm）		+225 −12	+200 −20	+225 −12
主轴孔径（mm）		ϕ75	ϕ75	ϕ75
回转刀架工位		8	8	8
主轴每转刀架纵向进给量（mm）		0.01～60	0.01～60	0.01～60
主轴每转刀架横向进给量（mm）		0.01～45	0.01～45	0.01～45
加工螺纹螺距范围（mm）		0.01～60	0.01～60	0.01～60
最小输入当量（mm）	纵向	0.001	0.001	0.001
	横向	0.001	0.001	0.001
主轴转速范围（r/min）		45～3000	45～3000	45～3000
主电动机功率（kW）		23.5	23.5	23.5
滑鞍快移速度（m/min）	纵向	8	8	8
	横向	6	6	6
尾座套筒最大行程（mm）		80		80

2. 设计思想

（1）数控车床对机床布局的要求。

所谓机床布局，是根据工件的工艺分类所需运动及主要技术参数，而确定各部件的相对位置，并完成工件和刀具的相对运动，保证加工精度，方便操作调整和维修。无论采用哪种布局形式，都要求外形美观，并满足上述要求。由于现代数控机床一般均采用全封闭式防护装置，因此机床外形的美观性显得特别重要，而机床的结构、各部件的布局形式，将直接影响外形美观性。可以说，机床的布局确定了，外观造型也就基本确定了，布局必须使整机结构紧凑，以节省占地面积和空间。

（2）机床的结构布局。

床身是机床的主要承载部件，是机床的主体。按床身导轨面与水平面是否平行，可分为平床身、斜床身和直立床身，如图 6-2 所示。

一般来说，中小规格的数控车床采用斜床身较多，只有大型数控车床或小型精密数控车床采用平床身，直立床身采用较少。斜床身的优点如下：1）容易实现机电液一体化。2）机床外形整齐、美观，占地面积小。3）容易实现封闭式防护装置。4）容易排屑和安装自动排屑装置。5）从工件上切下的过热铁屑不易堆在导轨上，不致影响导轨精度。6）便于操作。7）便于安装机械手，实现单机自动化。

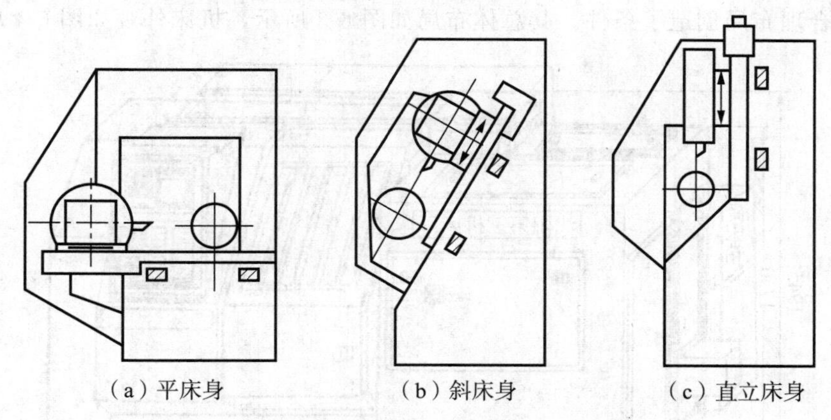

（a）平床身　　（b）斜床身　　（c）直立床身

图 6-2　床身结构形式

（3）床身结构的选择。

CK3225 采用斜床身，如图 6-3 所示。目前斜床身按与地面相交角度，一般分为 30°、45°、60°、75°等，其中 30°、45°形式多为小型数控车床采用，75°形式多为大型数控车床采用，而 60°形式则为大多数中等规格数控车床所采用。CK3225 系列车床从规格上说，应属中等常用规格，故初步选择 60°斜床身形式。采用 60°斜床身与 30°、45°相比，占地面积小，便于排屑；与 75°斜床身比，当用同样的材料、相同的筋板布置形式时，60°斜床身比 75°斜床身刚度可提高 25%～30%。另外，机床整体布局合理，长宽高比例适宜，故选择 60°床身结构是合适的。

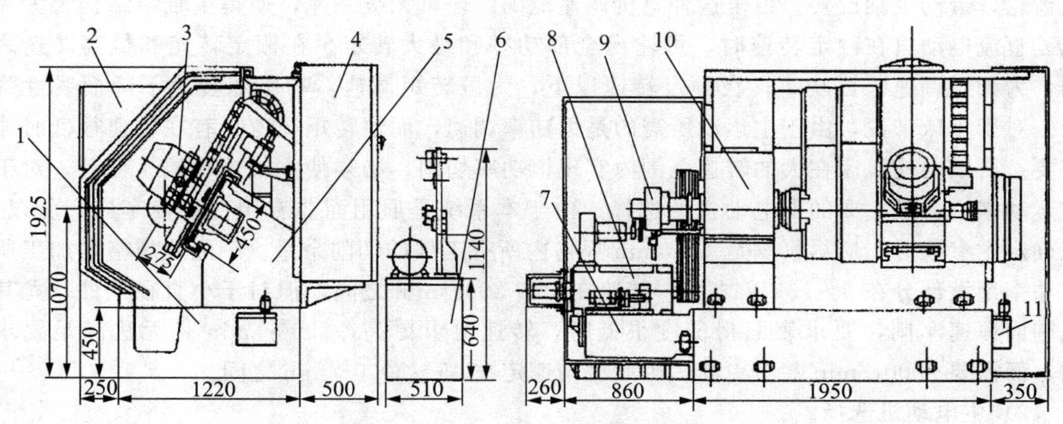

图 6-3　CKA3225 机床总体布局

1—底座；2—CRT 操作板；3—转塔刀架；4—电气控制箱；5—床身；6—液压箱；7—主轴润滑箱；8—主电动机；9—卡盘液压缸；10—主轴箱；11—导轨润滑箱

按标准选择导轨跨距为 450mm，因下导轨靠近主轴线，故选用下导轨作为导向和主要支承导轨。为降低扭矩，保证加工精度，使纵向滚珠丝杠位置在上下两导轨之间。其中

CK3225×1000 型数控机床由于加工工件较长，采用镶钢导轨，材料为 40Cr，淬火后用螺栓固定在床身上进行精密磨削加工。CK3225、CKA3225 机床导轨与床身为一体，材料为 HT200，经高频淬火后磨削加工。

总之，床身向后倾斜与地面成 60°角，集中了斜床身与平床身的优点，为机床实现机电一体化的合理布局创造了条件。其总体布局如图 6-3 所示，机床外观如图 6-4 所示。

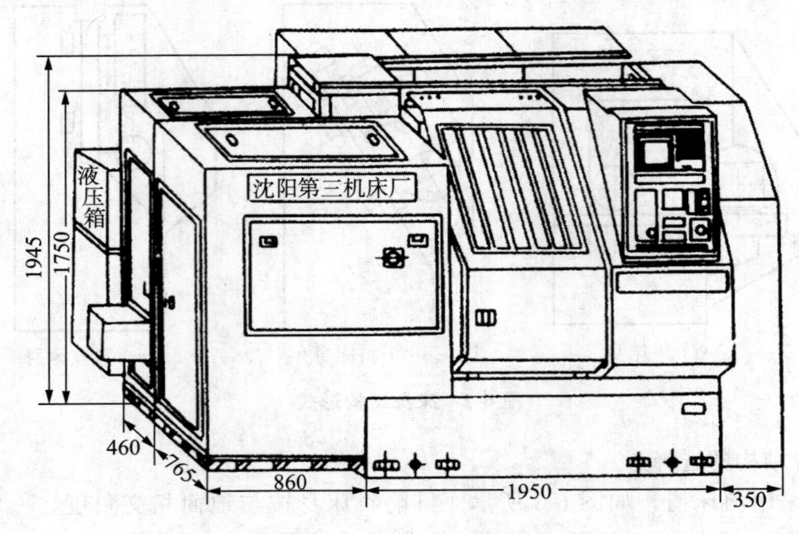

图 6-4　CKA3225 机床外观

3. 关键部件分析与关键技术

(1) 主传动系统。

1) 运动及动力参数的确定。

数控车床的主传动系统一般采用直流或交流调速电动机，通过带传动和主轴箱内的变速齿轮，带动主轴旋转。由于这种电机调速范围广，可无级调速，使得主轴箱结构大大简化。直流电动机在额定转速时，可输出全部功率和最大转矩。在额定转速和最高转速之间，为调压调速、恒功率；在额定转速以下，为恒转矩调速，功率随转速下降而线性降低。对于车床来说，由于主运动所需的是恒功率调速，而恒转矩调速只有在转速很低时才需要。所以要使机床在大的转速范围内实现恒功率切削，必须使主轴箱变挡。可见，对于主运动来说，最主要的是电动机的选择。由于本系统是通用而非专用性数控车床，所以，在确定主参数时，应尽量满足 ϕ250mm 规格内所有工件的切削余量。一般此规格内加工所需功率绝大部分在 9～16kW 之间，转速在 45～200r/min 之间，但对于小直径工件，尤其是端面恒速车削，要求表面粗糙度很低时，转速要求更高，2000r/min 是无法满足要求的，而需要 3000r/min 甚至更高。因此将转速定在 45～3000r/min 之间。

2) 主电动机选择。

如前所述，将车削功率定在 9～16kW 之间，电机功率

$$P = P_C/\eta$$

式中：P_C 为车削功率，取最大 16kW；η 为主传动系统总效率，一般取 80%。

代入后，$P=16/0.8=20$kW，因此选择电动机功率在 20kW 左右即可。查手册，得电

动机参数如表 6-2 所示。

表 6-2　　电动机参数表

主电动机功率（kW）	额定转速/最高转速（r/min）	效率（%）	恒功率转速比
22	1500/3000	83.59	2
22	1000/2000	82.4	2
22	750/1400	79.7	1.87
22	500/1350	78.64	2.7
22	600/1250	76.63	2.08
23.5	1350/3500	82.4	2.59
30	1500/3000	86.6	2
30	1000/2000	83.73	2

从功率方面看，22kW 完全能满足要求，但从转速上来看，恒功率范围很窄。如果主轴箱采用二级变速，则两挡之间恒功率切削肯定不是连续的，中间会有很大缺口，而且缺口处功率很低，无法保证切削要求；如果采用 30kW 主电动机，则上面缺口处功率就可以升高，但这样会使电动机功率绝大部分没有被充分利用；如果选用 23.5kW 主电动机，则可以避免两方面的缺点。因此，本系列选用功率为 23.5kW，额定转速为 1350r/min，最高转速为 3500r/min 的直流调速电动机。

3）主传动系统设计。

主轴箱传动系统如图 6-5 所示，该系列数控车床由于采用了无级调速主电动机，因而大大简化了主传动系统结构。

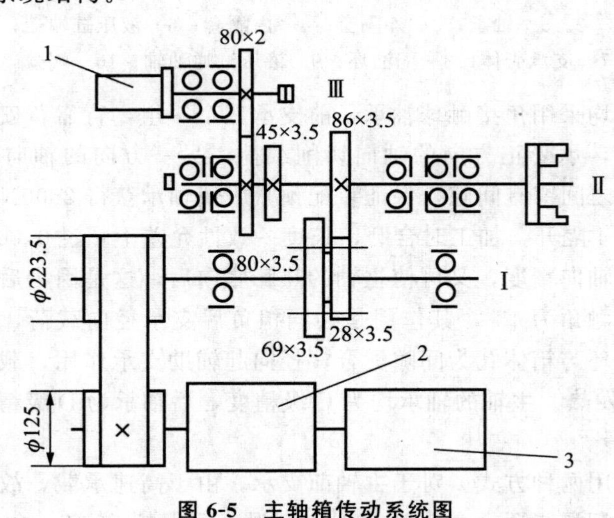

图 6-5　主轴箱传动系统图

1—脉冲编码器；2—直流电机；3—测速发电机

主轴箱内只有 2 根传动轴（轴Ⅱ、Ⅲ）和 1 根主轴（轴Ⅰ）以及三对齿轮，而其中的 1 根传动轴（轴Ⅲ）和 1 对齿轮（80/80）还起传递动力的作用。主轴箱一端经七根 V 带以 125/223.5 拖动主轴箱和轴Ⅰ，另一端带动测速发电机实现速度反馈。在主轴箱内，轴Ⅰ以 28/86 传动齿轮变速，使主轴Ⅱ获得 45～637r/min 的低速，另经 69/45 齿轮变速使主轴Ⅱ获得 212～3000r/min 的高速段。此外，主轴经 80/80 齿轮传动，再经轴Ⅲ将信号传给主轴脉冲编码器，实现主轴速度反馈。

4）主轴组件结构。

由于该机床的最大特点之一是转速高，所以如何选择主轴组件结构是设计成败的关键。本系列数控车床采用目前中等规格高转速数控车床常用的典型主轴组件结构，如图 6-6所示。

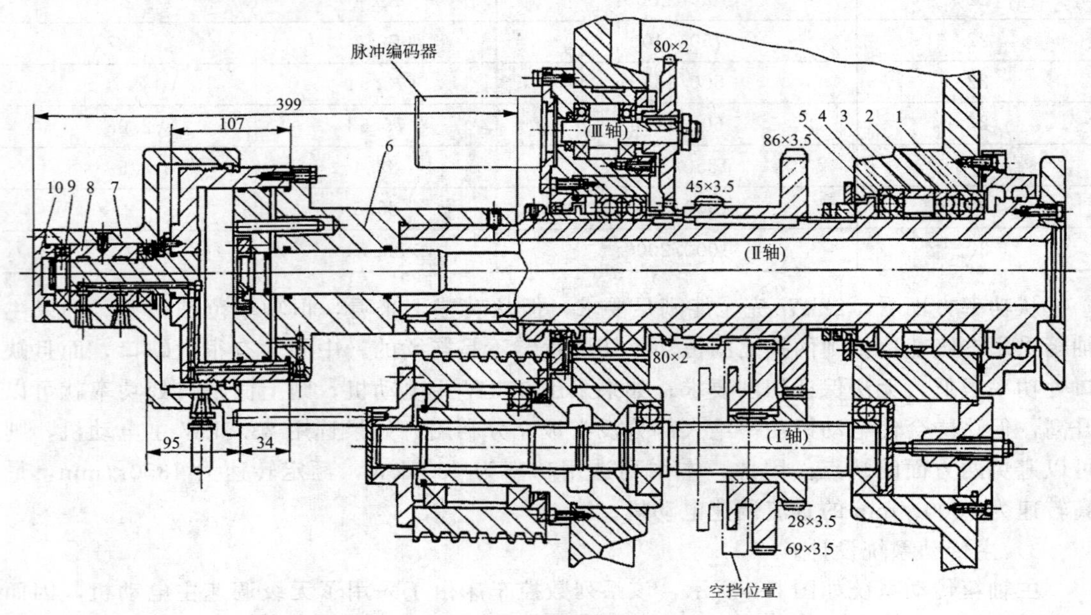

图 6-6 主轴箱结构图

1、2、5—轴承；3—外隔套；4—内隔套；6—液压缸端盖；
7—支承壳体；8—配油环；9—液压缸通油轴；10—端盖

主轴的前后支承均采用角接触球轴承，前支承三个一组，背靠背安装，前两个轴向受力方向朝向主轴端面，承受正方向的轴向切削载荷，另一方向的轴向载荷由后一轴承承受。轴承 2 和 5 内圈之间留有间隙，保证装配预紧后使轴承获得 2600N 的预紧力。两轴承之间用内外隔套 3 和 4 隔开，加工时合磨，长度一致性允差不超过 0.003mm。这种结构既可保证主轴前端部的轴向精度，又可使主轴的热膨胀向后，这是因为后支承为两个背靠背的角接触球轴承，接触角为 15°，其作用是共同担负后支承径向载荷，轴承外圈轴向不固定。另外，轴承 5 外环与箱体孔为间隙配合，径向起辅助支承作用，载荷主要由轴承 1 和 2 承受，目的是减少发热。主轴的轴承均为 C 级精度，后轴承为 D 级精度。

5）主轴箱的润滑。

主轴箱的润滑采用两种方式。对于主轴前支承，由于高速承载，故采用高级润滑脂润滑，迷宫式封闭。该润滑脂适合高速摩擦副的润滑，可保持 10 年，每个轴承只需轴承空间 1/3 的润滑脂，其他支承及齿轮齿面摩擦副均采用 2# 主轴油来强制润滑，由单独的主轴润滑箱供油，经分油器输送给各个润滑点。

（2）进给系统。

1）进给系统的特点及方式。

数控车床的进给系统是由伺服电动机驱动，通过滚珠丝杠带动刀架完成纵向和横向的进给运动。由于伺服电机调速范围广，进给和车螺纹的范围也较广，如配以 FANUC－6T/B 系统，一般进给量和车螺纹进给量范围为 0.001～500mm/r。快速移动和进给运动均为同一传动线路时，刀架的快移速度为 10～15m/min。由此看出，伺服电动机有较高的速度调整范围，能无级调速，同时还能实现准确定位，在进给和快移速度下停止。刀架的重复定位精度误差不超过 0.01mm。

进给系统的传动方式有两种，一种是滚珠丝杠与伺服电机轴端用锥套连接，利用内外锥面之间产生的摩擦力，传递转矩和轴向力。另一种是滚珠丝杠通过同步齿形带同伺服电机连接。由于同步齿形带传动不精确，会影响传动精度，因此将脉冲编码器安装在滚珠丝杠上，以对其旋转状态随时进行检测。这种结构在安装伺服电机时，轴端朝外，电机不向外伸，不影响机床的长度和高度尺寸，使机床外形美观，安装和维修都很方便。

2）进给系统的主要结构。

CK3225 系列三种机床进给系统结构形式相同，均由纵向进给（如图 6-7 所示）和横向进给两部分组成。由图中可以看出，丝杠 9 固定在两个支架 8 和 11 上，伺服电机 1 通过弹性联轴器 2 将动力传给滚珠丝杠 9，螺母 10 将滚珠丝杠的旋转运动转化为直线运动，带动滑鞍纵向（Z 轴）移动。伺服电机、滚珠丝杠和弹性联轴器是通过锥环 3 和 4 无键连接的，3 和 4 是相互配合的锥环，拧紧螺钉 5 经法兰环 6 压紧锥环使内锥环 3 的内孔收缩，外环 4 的外圆胀大，靠摩擦力连接电机轴、滚珠丝杠和联轴器。锥环的对数可根据所需传递的转矩选择。这种结构可以不开键槽，电动轴、滚珠丝杠与联轴器的角度位置可以任意调整，而且无间隙。横向进给系统的结构与纵向相同。

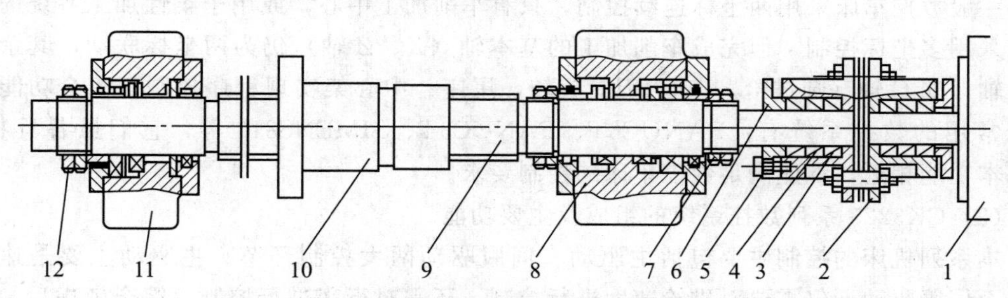

图 6-7 纵向进给结构图

1—伺服电机；2—弹性联轴器；3—内锥环；4—外锥环；5—螺钉；
6—法兰环；7、12—锁紧螺母；8、11—支架；9—滚珠丝杠；10—螺母

3）伺服电动机选择。

以 X 轴为例，由于本机床采用 60°斜床身，故 X 轴滑板是在与水平面成 60°角的滑鞍导轨上移动的。X 轴丝杠的最大转矩，一方面可能由重切时产生，另一方面也可能由于滑板上移时，由静止到最大快移速度时瞬间产生的。经过计算，瞬间产生的轴向力 $F=2893\text{N}$，而由重切时产生的轴向力 $F=4295\text{N}$，因此按重切时产生的轴向力计算电动机的转矩。丝杠的基本导程为 8mm。

- 丝杠传动效率 η

$$\eta=\frac{\tan\psi}{\tan(\psi+\rho)}$$

式中：螺旋升角 $\psi=2°55'$，当量摩擦角 $\rho=8'40''$，代入后 $\eta=95.3\%$。

• 丝杠预紧后传动效率 η_y

$$\eta_y=\frac{\eta}{1+\frac{1}{n_0}(1-\eta^2)}$$

式中：n_0 为预紧系数（$n_0=F/F_0$，F_0 为预紧力，大小为重切时产生的轴向力 F 的 1/3。）

$$n_0=F/F_0=4295/(4295/3)=3$$

代入后 $\eta_y=0.925$。

• 重切时丝杠所需传递的最大转矩 T_x

$$T_x=T_x'+T_x''$$

式中：重切削时移动部件所需转矩 $T_x'=\dfrac{FP}{2\pi\eta_y}=\dfrac{4295\times0.008}{2\pi\times0.925}=5.915\ \text{N}\cdot\text{m}$

预紧后附加转矩 $T_x''=\dfrac{F_0P(1-\eta^2)}{2\pi\eta}=\dfrac{1432\times0.008\times(1-0.953^2)}{2\pi\times0.925}=0.181\ \text{N}\cdot\text{m}$

因此 $T_x=T_x'+T_x''=6.096\text{N}\cdot\text{m}$

根据综合考虑选择 FANUC 型伺服电动机，其额定输出转矩为 11N · m，最高转速为 2000r/min，可以满足 X 轴的要求。

4. 数控系统

（1）数控车床采用的几种典型数控系统。

一般数控车床采用两坐标连续控制，只有车削加工中心，或用于柔性加工系统的数控车床采用多坐标控制，但完成车削加工的基本轴（X、Z 轴）仍为两坐标联动，其余均为附加轴，如 C 轴（圆进给），动力刀具旋转，尾座、中心架实现程序控制等。全功能数控车床常用的数控系统有：FANUC6T、FANUC3T、SIMENS810 等，它们虽各具特色，但基本功能相近，都能满足数控车床的控制要求。

（2）CK3225 系列数控系统的组成及主要功能。

本系列机床的控制主要包括主驱动、伺服驱动两大控制环节。主驱动主要是速度控制，而伺服驱动不仅需要对进给速度进行控制，还需对行程进行控制。综合考虑后，选用 FANUC－BESK 系统 3TA 型，机床电气型号为 CK3225－M3TAMN 型。数控系统的主要功能有：零件程序的存储与编辑；小数点编程；圆弧插补半径指定；固定循环；恒线速控制；米/英制转换；用 in/r 或 mm/r 直接编程；键盘手动数据输入和 CRT 字符显示；自动刀具补偿及刀尖半径补偿；精加工循环；Z 轴钻多次循环；绝对值编程和增量编程；自诊断功能。该系统主要参数如表 6-3 所示。

表 6-3　　CK3225－M3TAMN 型数控系统参数表

参数名称	参数值
控制坐标数	2（X、Z）
联动控制坐标数	2（手动时单坐标）
最小设定单位（mm）	0.001（0.0001in）
最大指令值（mm）	±9999.999（±999.9999in）

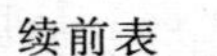

续前表

参数名称	参数值
最大快移速度（m/min）	15，设定值 8
快移倍率	100％、50％、25％，FO：设定 1m/min
进给速度倍率	0～150％
进给速度范围（mm/r）	0～150
单步进给量（mm）	分四档：0.001、0.01、0.1、1
JOG 进给速度（mm/min）	0～1260
反向间隙补偿（mm）	0～0.255
刀具偏移（mm）	±6 位数：0～±999.999
程序存储和编辑容量（MB）	10/20 纸带信息
子程序控制	二重循环
程序段号显示	4 位数字
返回参考点方式	手动、自动（G28）
程序输入/输出	RS232 接口
固定循环	G90、G92、G94
手摇脉冲发生器	倍数×1 或×10，每格 0.001mm

任务 6.1.3　CA6140 卧式车床数控化改造设计

1. 设计任务

普通车床（如 C616/C6132、C618/C6136、C620/C6140、C630 等）是金属切削加工最常用的一类机床。C6140 普通车床的结构布局如图 6-8 所示，图 6-9 为其实物图。当工件随主轴回转时，通过刀架的纵向和横向移动，能加工出内外圆柱面、圆锥面、端面、螺纹面等，借助成形刀具，还能加工各种成形回转表面。

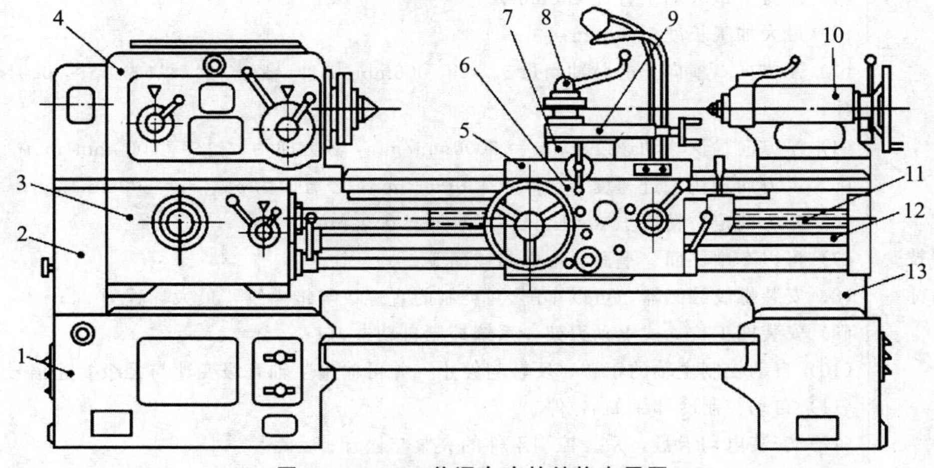

图 6-8　C6140 普通车床的结构布局图

1—床脚；2—挂轮；3—进给箱；4—主轴箱；5—纵溜板；6—溜板箱；7—横溜板 8—刀架；9—上溜板；10—尾座；11—丝杠；12—光杠；13—床身

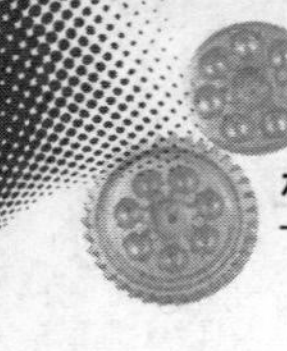

图 6-9　C6140 普通车床实体图

普通车床刀架的纵向和横向进给运动，由主轴回转运动经挂轮传递而来，通过进给箱变速后，由光杠或丝杠带动溜板箱、纵溜板以及横溜板产生移动。进给参数依靠手工调整，改变参数时需要停车。刀架的纵向进给和横向进给不能联动，切削次序需要人工控制。

对普通车床进行数控化改造，主要是将纵向和横向进给系统改成用微机控制的、能独立运动的进给伺服系统；将手动刀架换成能自动换刀的电动刀架。这样，利用数控装置，车床就可以按预先输入的加工指令进行切削加工。由于加工过程中的切削参数、切削次序和刀具都可按程序自动进行调节和更换，再加上纵、横向的联动进给功能，所以，改造后的车床就可以加工出各种形状复杂的回转零件，并能实现多工序集中车削，从而提高生产效率和加工精度。具体设计任务如表 6-4 所示。

表 6-4　　C6140 卧式车床数控化改造设计任务单

设计题目	C6140 卧式车床数控化改造
设计任务	将一台 C6140 普通车床改造成经济型数控车床
主要技术指标	（1）床身上最大加工直径 400mm； （2）最大加工长度 1000mm； （3）X 方向（横向）的脉冲当量 $a_{px}=0.005$mm/脉冲，Z 方向（纵向）$a_{pz}=0.01$mm/脉冲； （4）X 方向最快移动速度 $v_{x\max}=3000$mm/min，Z 方向为 $v_{z\max}=6000$mm/min； （5）X 方向最快工进速度 $v_{x\max F}=400$mm/min，Z 方向为 $v_{z\max F}=800$mm/min； （6）X 方向定位精度± 0.01mm，Z 方向± 0.02mm； （7）可以车削柱面、平面、锥面与球面等； （8）安装螺纹编码器，可以车削公/英制的直螺纹与锥螺纹，最大导程为 24； （9）安装四工位立式电动刀架，系统控制自动选刀； （10）自动控制主轴的正转、反转与停止，并可输出主轴有级变速与无级变速信号； （11）自动控制冷却泵的启/停； （12）安装电动卡盘，系统控制工件的夹紧与松开； （13）纵、横向安装限位开关； （14）数控系统可与 PC 机串行通信； （15）显示界面采用 LED 数码管，编程采用 ISO 数控代码。

2. 总体方案确定

总体方案应考虑车床数控系统的运动方式、进给伺服系统的类型、数控系统的选择，以及进给传动方式和执行机构的选择等。

(1) 普通车床数控化改造后应具有单坐标定位，两坐标直线插补、圆弧插补以及螺纹插补的功能。因此，数控系统应设计成连续控制型。

(2) 普通车床经数控化改造后属于经济型数控机床，在保证一定加工精度的前提下，应简化结构，降低成本。因此，进给伺服系统常采用步进电动机的开环控制系统。

(3) 根据技术指标中的最大加工尺寸、最高控制速度，以及数控系统的经济性要求，决定选用 MCS－51 系列的 8 位单片机作为数控系统的 CPU。MCS－51 系列 8 位机具有功能多、速度快、抗干扰能力强、性/价比高等优点。

(4) 根据系统的功能要求，需要扩展程序存储器、数据存储器、键盘与显示电路、I/O 接口电路、D/A 转换电路、串行接口电路等；还要选择步进电动机的驱动电源以及主轴电动机的交流变频器等。

(5) 为了达到技术指标中的速度和精度要求，纵、横向的进给传动应选用摩擦力小、传动效率高的滚珠丝杠螺母副；为了消除传动间隙提高传动刚度，滚珠丝杠的螺母应有预紧机构等。

(6) 计算选择步进电动机，为了圆整脉冲当量，可能需要减速齿轮副。

(7) 选择四工位自动回转刀架与电动卡盘，选择螺纹编码器等。

3. 机械系统改造设计方案

(1) 主传动系统的改造方案。

对普通车床进行数控化改造时，一般可保留原有的主传动机构和变速操纵机构，这样可减少机械改造的工作量。主轴的正转、反转和停止可由数控系统来控制。

若要提高车床的自动化程度，需要在加工中自动变换转速，可用 2～4 速的多速电动机代替原有的单速主电动机；当多速电动机仍不能满足要求时，可用交流变频器来控制主轴电动机，以实现无级变速（工厂使用情况表明，使用变频器时，若工作频率低于 70Hz，原来的电动机可以不更换，但所选变频器的功率应比电动机大）。

本例中，当采用有级变速时，可选用浙江超力电机有限公司生产的 YD 系列 7.5kW 变极多速三相异步电动机，实现 2～4 速变速；当采用无级变速时，应加装交流变频器，推荐型号为：F1000－G0075T3B，适配 7.5kW 电动机，生产厂家为烟台惠丰电子有限公司。

(2) 安装电动卡盘。

为了提高加工效率，工件的夹紧与松开采用电动卡盘，选用呼和浩特机床附件总厂生产的 KD11250 型电动三爪自定心卡盘。卡盘的夹紧与松开由数控系统发信控制。

(3) 换装自动回转刀架。

为了提高加工精度，实现一次装夹完成多道工序，将车床原有的手动刀架换成自动回转刀架，选用常州市宏达机床数控设备有限公司生产的 LD4B－CK6140 型四工位立式电动刀架。实现自动换刀需要配置相应的电路，由数控系统完成。

(4) 螺纹编码器的安装方案。

螺纹编码器又称主轴脉冲发生器或圆光栅。数控车床加工螺纹时，需要配置主轴脉冲发生器，作为车床主轴位置信号的反馈元件，它与车床主轴同步转动。本例中，改造后的车床能够加工的最大螺纹导程是 24mm，Z 向的进给脉冲当量是 0.01mm/脉冲，所以螺纹编码器每转一转输出的脉冲数应不少于 24mm/(0.01mm/脉冲) ＝2400 脉冲。考虑到编码器的输出为相位差为 90°的 A、B 相信号，可用 A、B 异或后获得 2400 个脉冲（一转内），这样编码器的线数可降到 1200 线（A、B 信号）。另外，为了重复车削同一螺旋槽时不乱扣，编码器还需要输出每转一个的零位脉冲 Z。

基于上述要求，本例选择螺纹编码器的型号为：ZLF－1200Z－05V0－15－CT。电源电压＋5V，每转输出 1200 个 A/B 脉冲与 1 个 Z 脉冲，信号为电压输出，轴头直径 15mm，生产厂家为长春光机数显技术有限公司。

螺纹编码器通常有两种安装形式：同轴安装和异轴安装。同轴安装是指将编码器直接安装在主轴后端，与主轴同轴，这种方式结构简单，但它堵住了主轴的通孔。异轴安装是指将编码器安装在床头箱的后端，一般尽量装在与主轴同步旋转的输出轴，如果找不到同步轴，可将编码器通过一对传动比为 1∶1 的同步齿形带与主轴连接起来。需要注意的是，编码器的轴头与安装轴之间必须采用无间隙柔性连接，且车床主轴的最高转速不允许超过编码器的最高许用转速。

（5）进给系统的改造与设计方案。

1）拆除挂轮架所有齿轮，在此位置寻找主轴的同步轴，安装螺纹编码器。

2）拆除进给箱总成，在此位置安装纵向进给步进电动机与同步带减速箱总成。

3）拆除溜板箱总成与快走刀的齿轮齿条，在纵溜板的下面安装纵向滚珠丝杠的螺母座与螺母座托架。

4）拆除四方刀架与上溜板总成，在横溜板上方安装四工位立式电动刀架。

5）拆除横溜板下的滑动丝杠螺母副，将滑动丝杠靠刻度盘一段锯断保留，拆掉刻度盘上的手柄，保留刻度盘附近的两个推力轴承，换上滚珠丝杠副。

6）将横向进给步进电动机通过法兰座安装到横溜板后部的纵溜板上，并与滚珠丝杠的轴头相连。

7）拆去三杠（丝杠、光杠与操纵杠），更换丝杠的右支承。

4. 进给部分详细设计

纵、横向进给传动部件的计算和选型主要包括：确定脉冲当量、计算切削力、选择滚珠丝杠螺母副、设计减速箱、选择步进电动机等。以下详细介绍纵向进给机构，横向进给机构与纵向类似，在此从略。

（1）脉冲当量的确定。

根据设计任务的要求，X 方向（横向）的脉冲当量 $a_{px}=0.005$mm/脉冲，Z 方向（纵向）$a_{pz}=0.01$mm/脉冲。

（2）切削力的计算。

以下是纵向车削力的详细计算过程：

设工件材料为碳素结构钢，$\sigma_b=650$MPa；选用刀具材料为硬质合金 YT15；

刀具几何参数为：主偏角 $k_r=60°$，前角 $\gamma_o=10°$，刃倾角 $\lambda_s=-5°$；

切削用量为：背吃刀量 $a_p=3$mm，进给量 $f=0.6$mm/r，切削速度 $v_c=105$m/min。

• 根据切削力计算公式估算主切削力 F_c：

$$F_c = C_{F_c} a_p^{x_{F_c}} f^{y_{F_c}} v_c^{n_{F_c}} K_{F_c}$$

式中：C_{F_c} 为被加工材料和切削条件相关的切削力系数，如表 6-5 所示，取$C_{F_c}=2795$；

x_{F_c}、y_{F_c}、n_{F_c} 分别为背吃刀量、进给量及切削速度的指数，如表 6-5 所示，根据已知条件取 $x_{F_c}=1.0$，$y_{F_c}=0.75$，$n_{F_c}=-0.15$。

K_{F_c} 为实际加工条件与经验公式的实验条件不相符时，各种影响因素对主切削力的修正系数的乘积，即 $k_{MF} k_{k_rF} k_{\gamma_oF} k_{\lambda_sF} k_{r_\varepsilon F}$，如表 6-6、6-7 所示。其中根据表 6-6，计算

$$k_{MF} = \left(\frac{\sigma_b}{650}\right)^{n_F} = \left(\frac{650}{650}\right)^{0.75} = 1$$

表 6-5　　车削力公式中的系数和指数

加工材料	刀具材料	加工形式	公式中的指数和系数											
			主切削力 F_c				背向切削力 F_p				进给切削力 F_f			
			C_{F_c}	x_{F_c}	y_{F_c}	n_{F_c}	C_{F_p}	x_{F_p}	y_{F_p}	n_{F_p}	C_{F_f}	x_{F_f}	y_{F_f}	n_{F_f}
结构钢及铸钢	硬质合金	外圆纵车、横车及镗孔	2795	1.0	0.75	−0.15	1940	0.9	0.6	−0.3	2880	1.0	0.5	−0.4
		切槽、切断	3600	0.72	0.8	0	1390	0.73	0.67	0				
	高速钢	外圆纵车、横车及镗孔	1770	1.0	0.75	0	1100	0.9	0.75	0	590	1.2	0.65	0
		切槽、切断	2160	1.0	1.0	0								
		成形车削	1855	1.0	0.75	0								
不锈钢	硬质合金	外圆纵车、横车及镗孔	2000	1.0	0.75	0								
灰铸铁	硬质合金	外圆纵车、横车及镗孔	900	1.0	0.75	0	530	0.9	0.75	0	450	1.0	0.4	0
	高速钢	外圆纵车、横车及镗孔	1120	1.0	0.75	0	1165	0.9	0.75	0	500	1.2	0.65	0
		切槽、切断	1550	1.0	1.0	0								
可锻铸铁	硬质合金	外圆纵车、横车及镗孔	795	1.0	0.75	0	420	0.9	0.75	0	375	1.0	0.4	0
	高速钢	外圆纵车、横车及镗孔	980	1.0	0.75	0	865	0.9	0.75	0	390	1.2	0.65	0
		切槽、切断	1375	1.0	1.0	0								

注：1. 成形切削深度不大、形状不复杂的轮廓时，切削力减小 10%～15%；

2. 钢和铸铁的力学性能改变时，切削力的修正系数 K_{MF} 可按照表 6-6 进行计算；

3. 车刀的几何参数改变时，切削力的修正系数如表 6-7 所示。

而查表 6-7 获得其他参数 $k_{k_r F}=0.94, k_{\gamma_o F}=k_{\lambda_s F}=k_{r_\varepsilon F}=1.0$，代入后

$$K_{F_c}=k_{MF}k_{k_r F}k_{\gamma_o F}k_{\lambda_s F}k_{r_\varepsilon F}=0.94$$

则 $F_c=C_{F_c}\alpha_P^{x_{F_c}}f^{y_{F_c}}V_c^{n_{F_c}}K_{F_c}=2795\times3^1\times0.6^{0.75}\times105^{-0.15}\times0.94=2673.4\text{N}$。

- 根据同样的方法计算得纵向进给切削 F_f=935.69N，F_p 背向力=1069.36N。

表 6-6　钢和铸铁的强度或硬度改变时切削力的修正系数 K_{MF}

加工材料	结构钢和铸钢	灰铸铁	可锻铸铁
系数 K_{MF}	$K_{MF}=(\frac{\sigma_b}{650})^{nF}$	$K_{MF}=(\frac{HBW}{190})^{nF}$	$K_{MF}=(\frac{HBW}{150})^{nF}$

上列公式中的指数 n_F

加工材料		车削时的切削力						钻孔时的轴向力 F_f 及转矩 M_c		铣削时的圆周力 F_c	
		F_c		F_p		F_f					
		刀具材料（1—硬质合金，2—高速钢）									
		1	2	1	2	1	2	1	2	1	2
		指数 n_F									
结构钢 铸铁	$\sigma_b\leqslant$600MPa	0.75	0.35	1.35	2.0	1.0	1.5	0.75		0.3	
	$\sigma_b>$600MPa		0.75								
灰铸铁、可锻铸铁		0.4	0.55	1.0	1.3	0.8	1.1	0.6		1.0	0.55

表 6-7　加工钢或铸铁刀具几何参数改变时切削力的修正系数

参数		刀具材料	修正系数			
名称	数值		名称	切削力		
				F_c	F_p	F_f
主偏角 k_r/(°)	30	硬质合金	$k_{k_r F}$	1.08	1.30	0.78
	45			1.0	1.0	1.0
	60			0.94	0.77	1.11
	75			0.92	0.62	1.13
	90			0.89	0.50	1.17
	30	高速钢		1.08	1.63	0.7
	45			1.0	1.0	1.0
	60			0.98	0.71	1.27
	75			1.03	0.54	1.51
	90			1.08	0.44	1.82

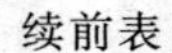

续前表

参数		刀具材料	修正系数			
名称	数值		名称	切削力		
				F_c	F_p	F_f
前角 $\gamma_o/(°)$	−15	硬质合金	$k_{\gamma_o F}$	1.25	2.0	2.0
	−10			1.2	1.8	1.8
	0			1.1	1.4	1.4
	10			1.0	1.0	1.0
	20			0.9	0.7	0.7
	12～15	高速钢		1.15	1.6	1.7
	20～25			1.0	1.0	1.0
刃倾角 $\lambda_s/(°)$	5	硬质合金	$k_{\lambda_s F}$	1.0	0.75	1.07
	0				1.0	1.0
	−5				1.25	0.85
	−10				1.5	0.75
	−15				1.7	0.65
刀尖圆弧半径 r_ε/(mm)	0.5	高速钢	$k_{r_\varepsilon F}$	0.87	0.66	1.0
	1.0			0.93	0.82	
	2.0			1.0	1.0	
	3.0			1.04	1.14	
	5.0			1.1	1.33	

（3）滚珠丝杠螺母副的计算和选型（纵向）。

1）工作载荷 F_m 的计算。

工作载荷 F_m 是指滚珠丝杠副驱动工作台时所承受的最大轴向力，也叫进给牵引力。它包括滚珠丝杠的进给力、移动部件的重力和作用在导轨上的切削分力所产生的摩擦力。表6-8给出了不同导轨组合形式下 F_m 的计算公式。

表 6-8　　F_m 的计算公式

导轨类型	计算公式	K	f
矩形导轨	$F_m = KF_f + f(F_c + F_p + G)$	1.1	0.15
燕尾导轨	$F_m = KF_f + f(F_c + 2F_p + G)$	1.4	0.2
三角形或综合导轨	$F_m = KF_f + f(F_c + G)$	1.15	0.15～0.18

已知本设计中的移动部件总重量约为 G＝1300N；主车削力 F_c＝2673.4N，F_p＝1069.36N，F_f＝935.69N。选用矩形—三角形组合滑动导轨，查表6-8，取 K＝1.15，f＝0.16，代入公式

$$F_m = KF_f + f(F_c + G) = 1712\text{N}$$

2）计算额定动载荷 C_a'（单位 N）。

已知工作载荷 F_m＝1712N，使用寿命 L'_h＝15000h，丝杠材料 CrWMn 钢，滚道硬度

为 58～62HRC。

根据任务要求 Z 方向最快工进速度 $v_{zmaxF}=800\text{mm/min}$；假定丝杠导程 $P=6\text{mm}$，则平均转速 $n_m=v_{zmaxF}/P=133\text{r/min}$。

$$额定动载荷\ C_a'=K_F K_H K_A F_m \sqrt[3]{\frac{n_m L_h'}{1.67\times10^4}}$$

查表 2-8 得 $K_F=1.2$，$K_H=1.0$，$K_A=1.0$（数控机床的精度等级取 D 级）。

$$C_a'=1.2\times1.0\times1.0\times1712\times\sqrt[3]{\frac{133\times15000}{1.67\times10^4}}\approx10118\text{N}$$

3）根据额定动载荷选择滚珠丝杠副的相应参数。

依据 $C_a\geqslant C_a'$ 的原则，选择某厂滚珠丝杠副规格尺寸如下（参见表 2-9）：丝杠工作长度 $L=1.7\text{m}$，$C_a=13200\text{N}$，$D_0=40\text{mm}$，$P=6\text{mm}$，$\psi=2°44'$，$d_b=3.969\text{mm}$。

参照式（2-2）、（2-3）、（2-4）计算其余参数如下：

螺纹滚道半径 $R=0.52d_b=0.52\times3.969=2.064\text{mm}$

偏心距 $e=(R-\frac{d_b}{2})\sin45°=0.707\times(2.064-\frac{3.969}{2})=5.63\times10^{-2}\text{mm}$

丝杠内径 $d_1=D_0+2e-2R=50+2\times5.63\times10^{-2}-2\times2.064=35.98\text{mm}$

4）验算稳定性：

临界载荷 $F_{cr}=\frac{\pi^2 EI_a}{(\mu L)^2}$（取 $\mu=1$）

式中：$E=206\times10^9\text{Pa}$（丝杠材料为钢）；

丝杠危险截面的轴惯性矩 $I_a=\frac{\pi d_1^4}{64}=\frac{3.14\times(35.98\times10^{-3})^4}{64}=0.822\times10^{-7}\text{m}^4$

$$F_{cr}=\frac{3.14^2\times206\times10^9\times0.822\times10^{-7}}{(1\times1.7)^2}\approx57770\text{N}$$

安全系数 $S=\frac{F_{cr}}{F_m}=\frac{57770}{1712}=33.74$，许用安全系数 $[S]=2\sim4$，而 $S=33.74>[S]$，所以丝杠工作安全。

5）验算刚度：

导程的每米的变形量 $\Delta L=\pm\frac{F}{EA}\pm\frac{PT}{2\pi GJ_c}$

式中：丝杠截面积 $A=\frac{\pi d_1^2}{4}=\frac{3.14\times(35.98\times10^{-3})^2}{4}\approx1.02\times10^{-3}\text{m}^2$

丝杠切变模量 $G=83.3\times10^9\text{Pa}$

转矩 $T=F_m\frac{D_0}{2}\tan(\psi+\rho)$（摩擦系数 ρ 取 0.003，$\rho=10'$）

$T=1712\times\frac{40}{2}\times10^{-3}\times\tan(2°44'+10')=1.734\text{N}\cdot\text{m}$

丝杠的极惯性矩 $J_C=\frac{\pi d_1^4}{32}=\frac{3.14\times(35.98\times10^{-3})^4}{32}=1.64\times10^{-7}\text{m}^4$

则 $\Delta L=\frac{1712}{206\times10^9\times1.02\times10^{-3}}+\frac{6\times10^{-3}\times1.734}{2\times3.14\times83.3\times10^9\times1.64\times10^{-7}}$

$\approx8.3\times10^{-6}\text{m}$

查表 2-6 数控机床取 D 级精度，查表 2-7 可知任意 300mm 内导程公差为 10μm，每米公差为 $33.3\times10^{-6}\text{m}>\Delta L$，所以刚度验算合格。

6）验算效率：

$$\eta=\frac{\tan\psi}{\tan(\psi+\rho)}=\frac{\tan2°44'}{\tan(2°44'+10')}=94.2\%>90\%\text{符合要求。}$$

综上所述，初选的滚珠丝杠副满足使用要求。

（4）同步带减速箱的设计（纵向）。

为了满足脉冲当量的设计要求和增大转矩，同时也为了使传动系统的负载惯量尽可能地减小，传动链中常采用减速传动。本设计中，Z 向减速箱选用同步带传动，设计同步带减速箱需要的原始数据有：带传递的功率 P、主动轮转速 n 和传动比 i、传动系统的位置和工作条件等。

根据改造经验，C6140 车床 Z 向步进电动机的最大静转矩通常在 15～25N·m 之间选择。今初选电动机型号为 130BYG5501，五相混合式，最大静转矩为 20N·m，转子转动惯量为 $33\text{kg}\cdot\text{cm}^2$，十拍驱动时步距角为 0.72°。该电动机的详细技术参数见表 3-2，运行矩频性曲线见图 6-10。

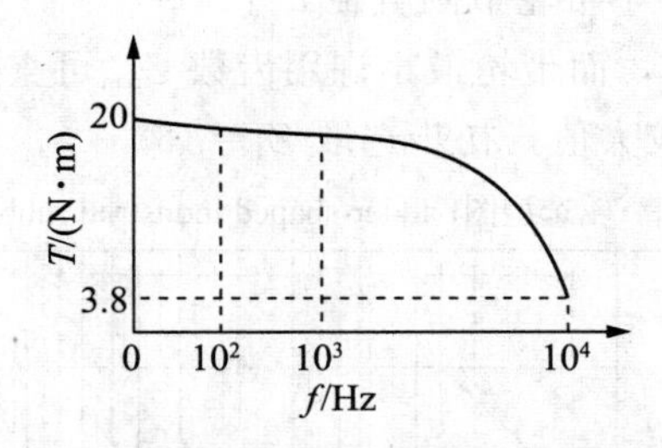

图 6-10　130BYG5501 步进电机运行矩频特性

1）传动比 i 的确定。

已知电动机的步距角 $\alpha=0.72°$，任务单中 Z 向脉冲当量 $a_p=0.01$mm/脉冲，滚珠丝杠导程 $P=6$mm。根据下面公式计算传动比 i：

$$i=\frac{\alpha P}{360°a_p}=1.2$$

2）主动轮最高转速 n_1。

由任务单中要求的 Z 向拖板的最快移动速度 $v_{zmax}=6000$mm/min，可以算出主动轮最高转速 $n_1=(v_{zmax}/\alpha_p)\times\alpha/360°=1200$r/min。

3）确定带的设计功率 P_d：

预选的步进电动机在转速 n 为 1200r/min 时，对应的步进脉冲频率 f_{max} 为：

$$f_{max} = 1200\times360^\circ/(60\times\alpha)=10000\text{Hz}$$

从图 6-10 查得，当脉冲频率为 10000Hz 时，电动机的输出转矩 T 约为 3.8N·m，则对应的输出功率 $P_{OUT} = n\times T/9.55 = 1200\times3.8/9.55\approx478\text{W}$。

带的设计功率 $P_d=K_A P$，查表 6-9 取工作情况系数 $K_A=1.2$，代入后

$$P_d=K_A P=1.2\times0.478\text{kW}=0.574\text{kW}$$

表 6-9　　同步带工作情况系数 K_A

载荷性质		每天工作小时数/h		
变化情况	瞬时峰值载荷及额定工作载荷	≤10	10～16	＞16
平稳		1.20	1.40	1.50
小	≈150％	1.40	1.60	1.70
较大	≥150％～200％	1.60	1.70	1.85
很大	≥250％～400％	1.70	1.85	2.00
大而频繁	≥250％	1.85	2.00	2.05

4）选择带型和节距：

根据前面所计算的带的设计功率 $P_d=0.574\text{kW}$ 和主动轮最高转速 $n_1=1200\text{r/min}$，从图 6-11 中选择同步带，图中横坐标为设计功率，纵坐标为主动轮最高转速，横纵坐标的交点为带轮型号 L 型，在根据表 6-10 查得节距为 $P_b=9.525\text{mm}$。

5）确定小带轮齿数 Z_1 和小带轮节圆直径 d_1：

应使小带轮齿数 $Z_1\geqslant Z_{min}$，而带轮最小许用齿数 Z_{min} 可查表 6-11 获得。在带速和安装尺寸允许时，Z_1 尽可能选用较大值，初步选取 $Z_1=15$。

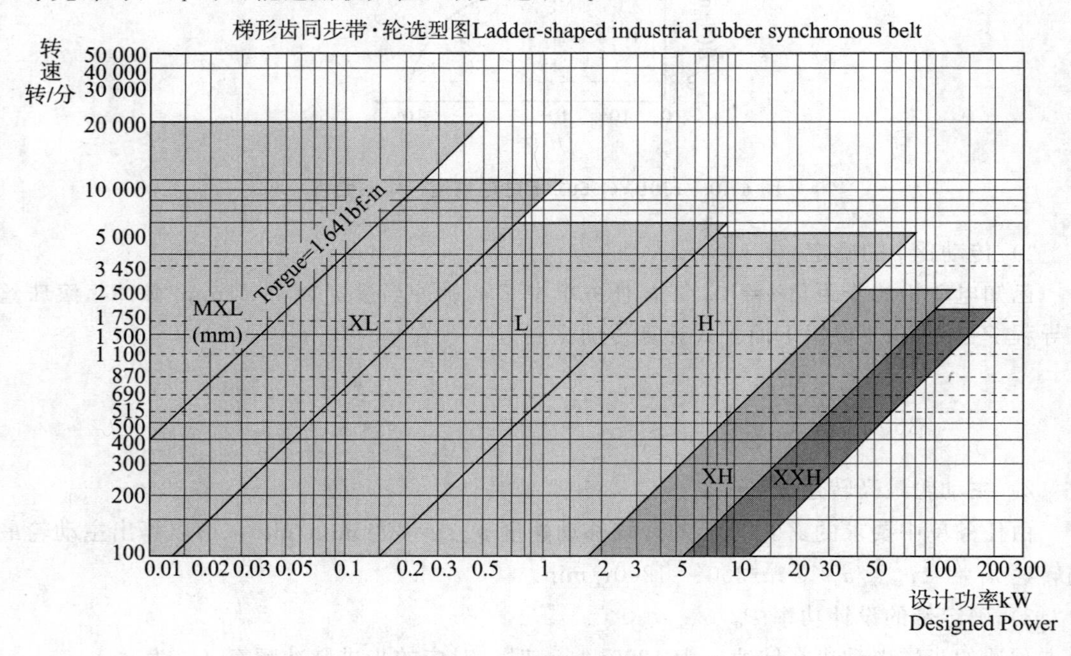

图 6-11　同步带选型图

表 6-10　　　　**同步带型号**

型号	节距 P_b/mm	基准带宽所传递功率/kW	基准带宽 b_{s0}/mm
MXL（最轻型）	2.032	0.0009～0.15	6.4
XXL（超轻型）	3.175	0.002～0.25	6.4
XL（特轻型）	5.080	0.004～0.573	9.5
L（轻型）	9.525	0.05～4.76	25.4
H（重型）	12.700	0.6～55	76.2
XH（特重型）	22.225	3～81	101.6
XXH（最重型）	31.750	7～125	127

表 6-11　　　　**带轮最小许用齿数 Z_{min}**

小带轮转速/(r/min)	带轮最小许用齿数 Z_{min}						
	MXL	XXL	XL	L	H	XH	XXH
<900			10	12	14	22	22
900～1200	12	12	10	12	16	24	24
1200～1800	14	14	12	14	18	26	26
1800～3600	16	16	12	16	20	30	
3600～4800	18	18	15	18	22		

小带轮节圆直径 $d_1=\dfrac{P_b Z_1}{\pi}=45.50\text{mm}$。

根据小带轮节圆直径 d_1 验算带速是否合格，不合适就重新选取。

当 n_1 达最高转速 1200r/min 时，同步带的速度为 $v=\dfrac{\pi d_1 n_1}{60\times 1000}=2.86\text{m/s}$。

常用极限带速 v_{max} 为：MXL、XXL、XL 型，v_{max} 为 40～50m/s；L、H 型，v_{max} 为 35～40m/s；XH、XXH 型，v_{max} 为 25～30m/s；因此没有超过 L 型带的极限速度 35 m/s。

6）确定大带轮齿数 Z_2 和小带轮节圆直径 d_2：

大带轮齿数 $Z_2=iZ_1=1.2\times 15=18$，节圆直径 $d_2=id_1=1.2\times 45.5=54.6\text{mm}$。

7）初选中心距 a_0、带的节线长度 L_{OP}、带的齿数 Z_b：

若中心距 a_0 未给定，则可根据下式进行初选：

$$0.7(d_1+d_2)\leqslant a_0\leqslant 2(d_1+d_2)$$

初选中心距 $a_0=1.1(d_1+d_2)=1.1\times(45.5+54.6)=110.11\text{mm}$，圆整后取 $a_0=110\text{mm}$。

则带的节线长度为 $L_{OP}\approx 2a_0+\dfrac{\pi}{2}(d_1+d_2)+\dfrac{(d_2-d_1)}{4a_0}=377.33\text{mm}$。

根据表 6-12 选取接近的标准节线长度 $L_P=381\text{mm}$，相应齿数 $Z_b=40$。

表 6-12　　　　同步带节线长度

长度代号	节线长 L_P/mm		型号			
			MXL	XL	L	H
	基本尺寸	极限偏差	齿数 Z_b			
110	279.4			55		
112.0	284.48		140			
120	304.8			60		
124	314.33	±0.46				
124.0	314.96		155			
130	330.2			65		
140.0	355.6		175	70		
150	381			75	40	
160.0	406.4			200	80	
170	431.8			85		
180.0	457.2	±0.51	225	90		
187	476.25				50	
190	482.6			95		
200.0	508		250	100		

8）计算实际中心距 a：

设计同步带传动时，中心距 a 应该可以调整，以便获得适当的张紧力。

实际中心距 $a \approx a_0 + \dfrac{L_P - L_{OP}}{2} = 110 + \dfrac{381 - 377.33}{2} = 111.835\text{mm}$。

9）校验带与小带轮的啮合齿数 Z_m：

$$\text{啮合齿数}\ Z_m = \text{ent}\left[\frac{\pi}{2} - \frac{P_b Z_1}{2\pi^2 a}(Z_2 - Z_1)\right]$$

式中 ent（x）为取整函数。一般情况下，应保证 $Z_m \geqslant Z_{mmin} = 6$。

$$Z_m = \text{ent}\left[\frac{Z_1}{2} - \frac{P_b Z_1}{2\pi^2 a}(Z_2 - Z_1)\right] = \text{ent}\left[\frac{15}{2} - \frac{9.525 \times 15}{2 \times 3.14^2 \times 111.835}(18 - 15)\right] = 7。$$

10）计算基准额定功率 P_0：

$$P_0 = \frac{(T_a - mv^2)v}{1000}$$

式中：T_a——基准带宽 b_{s0} 时的许用工作拉力，由表 6-13 查得 $T_a = 244.46\text{N}$；

m——基准带宽 b_{s0} 时的单位长度的质量，由表 6-13 查得 $m = 0.095\text{kg/m}$；

v——同步带的带速，由上述 5）可知 $v = 2.86\text{m/s}$。

$$P_0 = \frac{(T_a - mv^2)v}{1000} = \frac{(244.46 - 0.095 \times 2.86^2) \times 2.86}{1000} = 0.697\text{kW}。$$

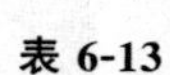

表 6-13　　　　同步带在基准带宽下的许用工作拉力和线密度

带型号	基准带宽 b_{s0}/mm	许用工作拉力 T_a/N	单位长度的质量 m（线密度）/(kg/m)
MXL	6.4	27	0.007
XXL	6.4	31	0.010
XL	9.5	50.17	0.022
L	25.4	244.46	0.095
H	76.2	2100.85	0.448
XH	101.6	4048.90	1.484
XXH	127.0	6398.03	2.473

11）确定实际所需同步带宽度 b_s

$$b_s \geqslant b_{s0}\left(\frac{P_d}{K_z P_0}\right)^{1/1.41}$$

式中：b_{s0}——选定型号的基准宽度，由表 6-13 查得 $b_{s0}=25.4\text{mm}$；

K_z——小带轮啮合齿数系数，由表 6-14 查得 $K_z=1$。

表 6-14　　　　小带轮啮合齿数系数

Z_m	⩾6	5	4	3	2
K_z	1.00	0.80	0.60	0.40	0.20

代入后 $b_{s0}\left(\frac{P_d}{K_z P_0}\right)^{1/1.41}=25.4\times\left(\frac{0.574}{1\times0.697}\right)^{1/1.41}=22.13$，由上式算得 $b_s\geqslant22.13\text{mm}$，再根据表 6-15 选定最接近的带宽 $b_s=25.4\text{mm}$。

表 6-15　　　　同步带齿形与齿宽尺寸

型号	节距 P_b	齿形角 $2\beta/(°)$	齿根厚 S	齿高 h_t	齿根圆角半径 r_r	齿根圆角半径 r_r	带高 h_s	带宽 b_s			
MXL	2..032	40	1.14	0.51	0.13		1.14	基本尺寸	3.0	4.8	6.4
								代号	012	019	025
XXL	3.175	50	1.73	0.76	0.2	0.3	1.52	基本尺寸	3.0	4.8	6.4
								代号	012	019	025
XL	5.080		2.57	1.27	0.38		2.3	基本尺寸	6.4	7.9	9.5
								代号	025	031	037
L	9.525	40	4.65	1.91	0.51		3.60	基本尺寸	12.7	19.1	25.4
								代号	050	075	100
H	12.700		6.12	2.29	1.02		4.30	基本尺寸	19.1	25.4	38.1
								代号	075	100	150
XH	22.225		12.57	6.35	1.57	1.19	11.20	基本尺寸	50.8	76.2	101.6
								代号	200	300	400
XXH	31.750		19.05	9.53	2.29	1.52	15.70	基本尺寸	76.2	101.6	127
								代号	300	400	500

12）带的工作能力验算：

根据下式计算同步带额定功率 P 的精确值，若结果满足 $P \geqslant P_d$（带的设计功率），则带的工作能力合格：

$$P=(K_z K_w T_a-\frac{b_s}{b_{s0}} m v^2) v \times 10^3$$

式中：K_Z 为啮合系数，如前 11）得 $K_Z=1.0$；

K_W 为齿宽系数，$K_w=(b_s/b_{s0})^{1.41}=1$

经计算得 $P=0.697\text{kW}$，而 $P_d=0.574\text{kW}$，满足 $P \geqslant P_d$。因此，带的工作能力合格。

5. 步进模块设计

(1) 计算加在步进电动机转轴上的总转动惯量 J_{eq}。

经前面计算得到的已知条件：滚珠丝杠副的公称直径 $D_0=40\text{mm}$，总长（带接杆）$L=1700\text{mm}$，导程 $P=6\text{mm}$，材料密度 $\rho=7.85\times10^{-3}\text{kg/cm}^3$；纵向移动部件总重量 $G=1300\text{N}$；同步带减速箱大带轮宽度 28mm，节径 48.51mm，孔径 30mm，轮毂外径 42mm，宽度 14mm；小带轮宽度 28mm，节径 40.43mm，孔径 19mm，轮毂外径 29mm，宽度 12mm；传动比 $i=1.2$。

计算各个零部件的转动惯量如下：

1）滚珠丝杠的转动惯量 J_s：

$$J_s=\frac{mD_0^2}{8}$$

式中：m 为丝杠质量（kg），$m=\rho\times\pi(D_0/2)^2\times L=16.761\text{kg}$，代入上式后 $J_s=33.52\text{kg}\cdot\text{cm}^2$。

2）工作台折算到丝杠上的转动惯量 J_w：

$$J_w=(\frac{P}{2\pi})^2 m$$

将 $m=16.761\text{kg}$，$P=0.6\text{cm}$，代入上式后 $J_w=0.15\text{kg}\cdot\text{cm}^2$。

3）小带轮的转动惯量 J_{z1}：

$$J_{z1}=\frac{md_1^2}{8}$$

小带轮的体积 $V_1=\pi/4(4.548^2\times2.8+2.9^2\times1.2-1.9^2\times4.0)=42.07\text{cm}^3$；

小带轮的质量 $m=\rho\times V_1=0.33\text{kg}$；

$J_{z1}=(0.33\times4.548^2)/8=0.85\text{kg}\cdot\text{cm}^2$。

4）大带轮的转动惯量 J_{z2}：

$$J_{z2}=\frac{md_2^2}{8}$$

小带轮的体积 $V_2=\pi/4(5.457^2\times2.8+4.2^2\times1.4-3.0^2\times4.2)=55.20\text{cm}^3$；

小带轮的质量 $m=\rho\times V_2=0.433\text{kg}$；

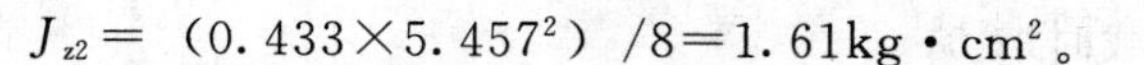

$J_{z2}=(0.433\times5.457^2)/8=1.61\text{kg}\cdot\text{cm}^2$。

5）步进电动机转子转动惯量 J_m：

在设计减速箱时，初选的 Z 向步进电动机型号为 130BYG5501，则查表知转子转动惯量为 $33\text{kg}\cdot\text{cm}^2$。

则加在步进电动机转轴上的总转动惯量为：

$$J_{eq}=J_m+J_{z1}+(J_{z2}+J_w+J_s)/i^2=59.09\text{kg}\cdot\text{cm}^2。$$

（2）计算加在步进电动机转轴上的等效负载转矩 T_{eq}。

T_{eq} 分快速空载启动和承受最大工作负载两种情况进行计算。

1）快速空载启动时电动机转轴所承受的负载转矩 T_{eq1}。

T_{eq1} 包括三部分：快速空载启动时折算到电动机转轴上的最大加速转矩 T_{amax}，移动部件运动时折算到电动机转轴上的摩擦转矩 T_f，滚珠丝杠预紧后折算到电动机转轴上的附加摩擦转矩 T_0。因为滚珠丝杠副传动效率很高，T_0 相对于 T_{amax} 和 T_f 很小，可以忽略不计。则有：

$$T_{eq1}=T_{amax}+T_f$$

①计算快速空载启动时折算到电动机转轴上的最大加速转矩 T_{amax}：

$$T_{amax}=\frac{2\pi J_{eq1}n_m}{60t_a}\times\frac{1}{\eta}$$

式中：n_m——对应 Z 向空载最快移动速度的步进电动机最高转速，单位为 r/min；

t_a——步进电动机由静止到加速至 n_m 转速所需的时间，单位为 s。

其中：$$n_m=\frac{v_{max}\alpha}{360^\circ a_p}$$

式中：v_{max}——Z 向空载最快移动速度，任务书指定为 6000mm/min；

α——Z 向步进电动机步距角，为 0.72°；

a_p——Z 向脉冲当量，本例 $a_p=0.01$mm/脉冲。

将以上各值代入式后算得 $n_m=1200$ r/min。

设步进电动机由静止到加速至 n_m 转速所需时间 $t_a=0.4$s（一般为 0.3～1s），Z 向传动链总效率 $\eta=0.7$（一般为 0.7～0.85）。则求得 T_{amax}：

$$T_{amax}=\frac{2\pi\times59.09\times10^{-4}\times1200}{60\times0.4\times0.7}\approx2.65(\text{N}\cdot\text{m})$$

②计算移动部件运动时，折算到电动机转轴上的摩擦转矩 T_f 为：

$$T_f=\frac{\mu(F_c+G)P_h}{2\pi\eta i}$$

式中：μ——导轨的摩擦系数，本例选滑动导轨，取 0.16（一般滑动导轨为 0.15～0.18；滚动导轨为 0.003～0.005）；

F_c——垂直方向的工作负载，空载时取 0；

η——Z 向传动链总效率，取 0.7。

则计算得：

$$T_f = \frac{0.16\times(0+1300)\times0.006}{2\pi\times0.7\times1.2} \approx 0.24(\mathrm{N\cdot m})$$

最后将 T_{amax} 和 T_f 代入公式，求得快速空载启动时电动机转轴所承受的负载转矩 T_{eq1} 为：

$$T_{eq1} = T_{amax} + T_f = 2.89\ \mathrm{N\cdot m}$$

2）最大工作负载状态下电动机转轴所承受的负载转矩 T_{eq2}。

T_{eq2} 包括三部分：折算到电动机转轴上的最大工作负载转矩 T_t，移动部件运动时折算到电动机转轴上的摩擦转矩 T_f，滚珠丝杠预紧后折算到电动机转轴上的附加摩擦转矩 T_0。T_0 相对于 T_t 和 T_f 很小，可以忽略不计。则有：

$$T_{eq2} = T_t + T_f$$

①计算式中折算到电动机转轴上的最大工作负载转矩 T_t。

$$T_t = \frac{F_f P}{2\pi\eta i}$$

本例中在对滚珠丝杠进行计算的时候，已知进给方向的最大工作载荷 $F_f = 935.69\mathrm{N}$，则：

$$T_t = \frac{F_f P}{2\pi\eta i} = \frac{935.69\times0.006}{2\pi\times0.7\times1.2} \approx 1.06\mathrm{N\cdot m};$$

②再计算承受最大工作负载（$F_c = 2673.4\mathrm{N}$）情况下，移动部件运动时折算到电动机转轴上的摩擦转矩 T_f：

$$T_f = \frac{\mu(F_c+G)P_h}{2\pi\eta i} = \frac{0.16\times(2673.4+1300)\times0.006}{2\pi\times0.7\times1.2} \approx 0.72\ \mathrm{N\cdot m}$$

最后代入式中求得最大工作负载状态下电动机转轴所承受的负载转矩 T_{eq2}

$$T_{eq2} = T_t + T_f = 1.78\mathrm{N\cdot m}$$

经过上述计算后，得到加在步进电动机转轴上的最大等效负载转矩 T_{eq}

$$T_{eq} = \max\{T_{eq1}, T_{eq2}\} = \max\{2.89, 1.78\} = 2.89\mathrm{N\cdot m}。$$

（3）步进电动机最大静转矩 T_{jmax} 的选定。

考虑到步进电动机采用的是开环控制，当电网电压降低时，其输出转矩会下降，可能造成丢步，甚至堵转。因此，根据 T_{eq} 来选择步进电动机的最大静转矩时，需要考虑安全系数。本例中取安全系数 $K = 4$（一般为 2～4），则步进电动机的最大静转矩应满足：

$$T_{jmax} \geqslant 4T_{eq} = 4\times2.89\mathrm{N\cdot m} = 11.56\mathrm{N\cdot m}$$

对于前面预选的 130BYG5501 型步进电动机，由表 3-2 可知，其最大静转矩 $T_{jmax} =$

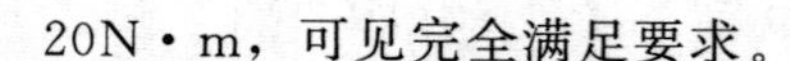

20N·m，可见完全满足要求。

（4）步进电动机的性能校核。

1）最快工进速度 v_{zmaxF} 时电动机输出转矩 T_{maxF} 校核。

任务书给定 Z 向最快工进速度 $v_{zmaxF}=800\text{mm/min}$，脉冲当量 $a_p=0.01\text{mm}$/脉冲，求出电动机对应的运行频率 $f_{maxF}=v_{zmaxF}/60\times a_p=800/(60\times0.01)\approx1333$（Hz）。

根据 130BYG5501 的运行矩频特性图 6-10 可以看出，在此频率下，电动机的输出转矩 $T_{maxF}\approx17\text{N}\cdot\text{m}$，远远大于最大工作负载转矩 $T_{eq2}=1.78\text{N}\cdot\text{m}$，因此满足要求。

2）最快空载移动 v_{zmax} 时电动机输出转矩 T_{max} 校核。

任务书给定 Z 向最快空载移动速度 $v_{zmax}=6000\text{mm/min}$，求出电动机对应的运行频率 $f_{max}=6000/(60\times0.01)=10000$（Hz）。

从图 6-10 查得，在此频率下，电动机的输出转矩 $T_{max}=3.8\text{N}\cdot\text{m}$，大于快速空载启动时的负载转矩 $T_{eq1}=2.89\text{N}\cdot\text{m}$，因此满足要求。

3）最快空载移动时电动机运行频率校核。

最快空载移动速度 $v_{zmax}=6000\text{mm/min}$ 对应的电动机运行频率 $f_{max}=10000\text{Hz}$。查表 3-2 可知 130BYG5501 的极限运行频率为 20000Hz，可见没有超出上限。

4）启动频率 f_L 的计算。

$$f_L=\frac{f_q}{\sqrt{1+J_{eq}/J_m}}$$

查表 3-2 可知电动机转轴不带任何负载时的最高空载启动频率 $f_q=1800\text{Hz}$，将前面所计算的数据代入公式求出步进电动机克服惯性负载的启动频率 f_L 为：

$$f_L=\frac{f_q}{\sqrt{1+J_{eq}/J_m}}=\frac{1800}{\sqrt{1+59.09/33}}=1078\text{Hz}$$

上式说明，要想保证步进电动机启动时不失步，任何时候的启动频率都必须小于 1078Hz。实际上，在采用软件升降频时，启动频率选得很低，通常只有 100Hz（即 100 脉冲/s）。

综上所述，本例中 Z 向进给系统选用 130BYG5501 步进电动机，可以满足设计要求。

6. 同步带传递功率的校核

分两种工作情况，分别进行校核。

（1）快速空载启动。

电动机从静止到加速至 $n_m=1200$ r/min，同步带传递的负载转矩 $T_{eq1}=2.89\text{N}\cdot\text{m}$，传递的功率为 $P=n_m\times T_{eq1}/9.55=1200\times2.89/9.55\approx363.1\text{W}$。

（2）最大工作负载、最快工进速度。

带传递需要的最大工作负载转矩 $T_{eq1}=1.78\text{N}\cdot\text{m}$，而任务书给定最快工进速度 $v_{zmaxF}=800\text{mm/min}$，对应电动机转速 $n_{maxF}=(v_{zmaxF}/a_p)\times\alpha/360=160\text{r/min}$。

传递的功率为 $P=n_{maxF}\times T_{eq2}/9.55=160\times1.78/9.55\text{W}\approx29.8\text{W}$。

可见，两种情况下同步带传递的负载功率均小于带的额定功率 0.697kW。因此，选择的同步带功率合格。

7. 绘制进给传动机构的装配图

在完成滚珠丝杠螺母副、减速箱和步进电动机的计算、选型后，就可以着手绘制进给传动机构的装配图了。

8. 控制系统设计

（1）控制系统硬件电路设计。

根据任务书的要求，设计控制系统的硬件电路时主要考虑以下功能：接收键盘数据，控制 LED 显示；接收操作面板的开关与按钮信号；接收车床限位开关信号；接收螺纹编码器信号；接收电动卡盘夹紧信号与电动刀架刀位信号；控制 *X*、*Z* 向步进电动机的驱动器；控制主轴的正转、反转与停止；控制多速电动机，实现主轴有级变速；控制交流变频器，实现主轴无级变速；控制冷却泵启动/停止；控制电动卡盘的夹紧与松开；控制电动刀架的自动选刀；与 PC 机的串行通信。

图 6-12 为控制系统的原理框图。CPU 选用 ATMEL 公司的 8 位单片机 AT89S52；由于 AT89S52 本身资源有限，所以扩展了一片 EPROM 芯片 W27C512 用作程序存储器，存放系统底层程序；扩展了一片 SRAM 芯片 6264 用作数据存储器，存放用户程序；键盘与 LED 显示采用 8279 来管理；输入/输出口的扩展选用了并行接口 8255 芯片，一些进/出的信号均做了隔离放大；模拟电压的输出借助于 DAC0832；与 PC 机的串行通信经过 MAX233 芯片。

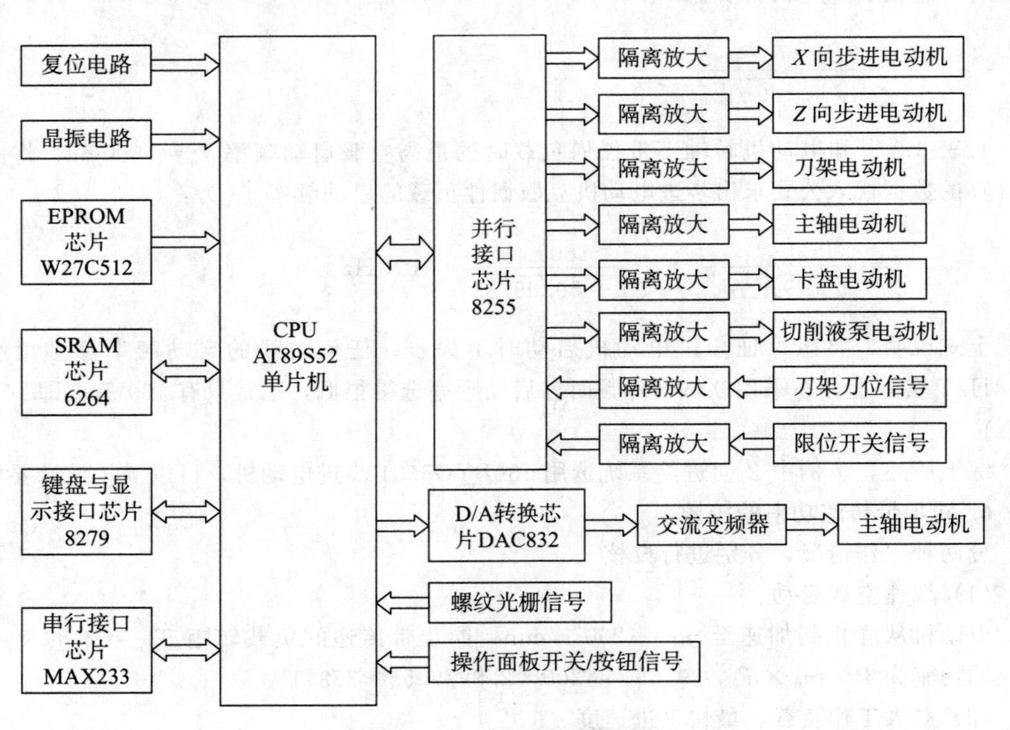

图 6-12　控制系统的原理框图

（2）控制系统部分软件设计。

1）控制系统的监控管理程序。

系统设有 7 挡功能可以相互切换，分别是“编辑”、“空刀”、“自动”、“手动 1”、“手动 2”、“手动 3”和“回零”。选中某一功能时，对应的指示灯点亮，进入相应的功能处理。控制系统的监控管理程序流程如图 6-13 所示。

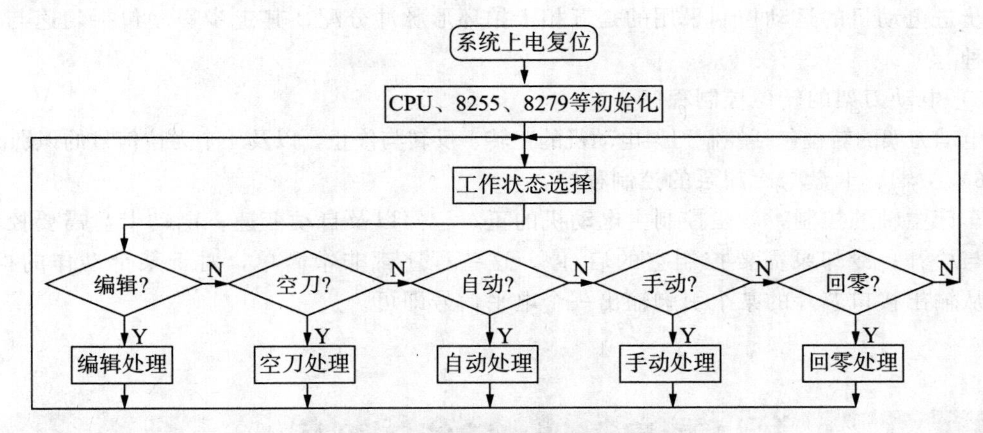

图 6-13　系统监控管理程序流程图

2）8255 芯片初始化子程序。

```
B255：MOV   DPTR，#3FFFH；      指向 8255 的控制口地址
      MOV   A，#10001001B；     PA 口输出，PB 口输出，PC 口输入均为方式 0
      MOVX  @DPTR，A；          控制字被写入
      MOV   DPTR，#3FFCH ；     指向 PA 口
      MOV   A，#0FFH；          预置 PA 口全“1”
      MOVX  @DPTR，A；          输出全“1”到 PA 口
      MOV   DPTR，#3FFDH；      指向 PB 口
      MOV   A，#0FFH；          预置 PB 口全“1”
      MOVX  @DPTR，A；          输出全“1”到 PB 口
      RET
```

3）8279 管理键盘子程序。

当矩阵键盘有键按下时，8279 即向 CPU 的 INT1 申请中断，CPU 随即执行中断服务程序，从 8279 的 FIFO 中读取键值，程序如下：

```
CLR  EX1；                      关 CPU 的 INT1 中断
MOV  DPTR，#5FFFH；             指向 8279 控制口地址
MOV  A，#01000000B；            准备读 8279 FIFO 的命令
MOVX @DPTR，A；                 写入 8279 控制口
MOV  DPTR，#5FFEH；             指向 8279 数据口地址
MOVX A，@DPTR；                 读出键值
CJNE A，#KEY0，NEXT0；          依次进行判别
JMP _KEY0；                     对应键进行处理
NEXT0：CJNE  A，#KEY1，NEXT1
JMP   _KEY1
```

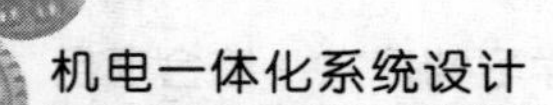

4）步进电动机的运动控制程序。

步进电动机的运动控制采用的是五相十拍环形脉冲分配，其走步程序包括匀速与升降速两种。

5）电动刀架的转位控制程序。

电动刀架的转位包括控制刀架电动机的正转、反转与停止，以及4个刀位信号的识别。

6）主轴、卡盘与冷却泵的控制程序。

车床主轴的控制，就是控制主电动机的正/反/停以及自动变速；电动卡盘需要控制其夹紧与松开；冷却泵需要控制它的启/停。这些程序都非常简单，对于某个动作的控制，只要从输出接口芯片的某个引脚输出一个电平信号即可。

项目6.2 智能车设计

项目目标

（1）了解避障机器车、智能机器车及AGV车的原理、特点、分类。

（2）掌握避障机器车、智能机器车的设计方法、设计要点及设计步骤。

项目要求

通过教师讲授以及学生查阅资料，使学生系统掌握智能车的基础知识，并能自主进行简易机器智能车的设计及复杂AGV车的分析。

任务6.2.1 简易机器车设计

1. 避障机器车设计

（1）设计任务。

本任务设计一辆自动避障机器车，外形如图6-14（a）所示，该机器车运动的要求是它达到障碍物前面后，绕障碍物一周折返，如此在障碍物之间不断反复穿行，具体动作如图6-14（b）所示。

（2）设计要点。

检测障碍物的方法是由机器人上的LED发出可见红光照射到障碍物上，光线通过漫反射返回来，利用光敏晶体管检测反射光线。由于距离越近反射回来的光量越强，因此，当受光量大于某个阈值后，就能判断障碍物已经处于某一个距离之内。图6-15所示为传感器部分，光敏晶体管安装在黑色的遮光筒内，它与照射角度很窄的高亮度LED绑在一起构成检测传感器。遮光筒的作用在于限制入射光线的范围，仅仅对小的光点敏感，同时还将旁边并列的LED的直射光线和散射光线遮蔽掉，机器车的两边分别安装了一个这样的传感器。

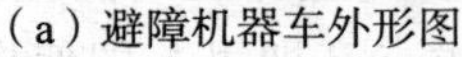
（a）避障机器车外形图

（b）避障机器车动作示意图

图 6-14 自动避障机器车

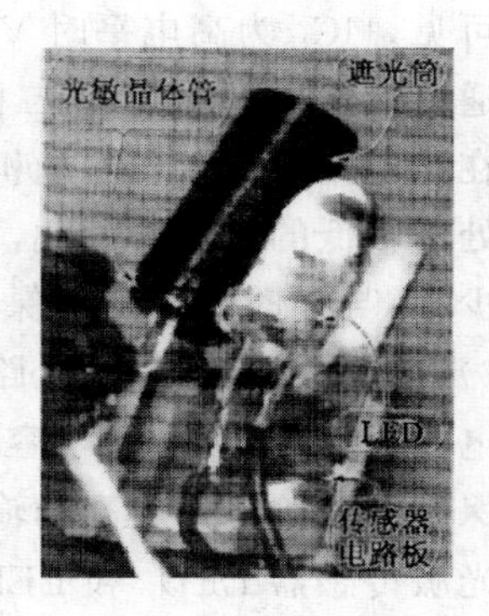

图 6-15 光传感器

（3）硬件电路设计。

自动避障机器车的电路如图 6-16 所示，图中 IC_{1f} 和 IC_{1e} 构成的振荡电路交替产生电机驱动脉冲，IC_{1f} 和 IC_{1e} 的电路用于记忆当前是顺时针回转还是逆时针回转，若某个光敏晶体管接收到了从障碍物反射回来的光线，且电流超过某一阀值，机器车便随即反向回转。电位器 VR_1 和 VR_2 分别设定 IC_{1f} 和 IC_{1e} 构成的振荡电路的占空比（高电平和低电平的时间比例），也就是利用 VR_1 和 VR_2 分别设定顺时针和逆时针旋转时的回转半径。

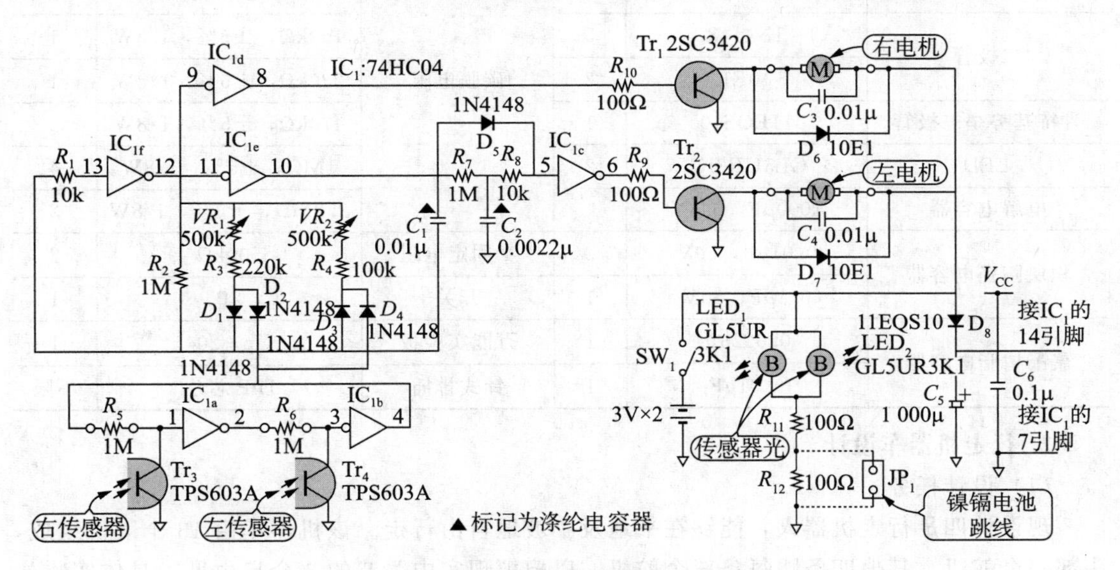

图 6-16 自动避障机器车的电路图

1）脉冲发生电路。

首先假设电路中的二极管 D_2 和 D_4 不存在，且在忽略与记忆电路相连接部分的条件下来分析电路。结果由于 D_2 和 D_3 的作用，流过 C_1 的电流路径随电流方向的不同而不同，从而使 IC_{1e} 输出为高电平的时间和低电平的时间分别可以通过 VR_1、VR_2 独立调整。

其次考虑没有 D_2 的情况。在 D_2 处，当 IC_{1b} 的输出为高电平时，对电路没有影响，IC_{1f} 的输出为高电平，当 IC_{1e} 的输出为低电平时，电流经由 $VR_1 \rightarrow R_3 \rightarrow D_1$ 流到 C_1；当 IC_{1b} 的输出为低电平时，流过 VR_1 和 R_3 的电流几乎都经由 IC_{1b} 输出，流过 C_1 的电流几乎为零。可见，IC_{1b}为高电平时 VR_1 有效，为低电平时无效，与没有 D_2 一样，仅仅构成 R_2 的电流通路。通过 VR_2 后，二极管的方向反过来，高电平和低电平都被反相。

在该电路图中，左右电机交替运转，两个电机不会出现停止时间的重叠，电池电压就始终处于较低的状态。为此，我们利用 R_7、C_2、R_8、D_5 构成的电路从 IC_{1e}脉冲输出中稍稍减少 T_{r2} 导通时间，来确保两个晶体管关闭的时间。

2）电源电压和 LED 电路。

电池经 D_8 与大容量电容器 C_5 相连充当 IC_1 的 V_{CC}电源，C_5 能吸收电池电压的微小变化，保证电池始终有较高的输出电压。D_8 采用正向电压降很低的肖特基势垒二极管。

光敏传感器 LED_1 和 LED_2 不必总是亮着，只要在必要的时候点亮即可。即使电池的消耗比较大，如果在每个电机停止期间，电池端子间的电压仍较高，仍能够点亮 LED，那么工作就不成问题。

如表 6-16 所示为避障机器车的元器件清单。

表 6-16　避障机器车的元器件清单

名称	规格/型号	数量	名称	规格/型号	数量
IC	74HC04	1	碳膜电阻	100Ω，±5%，1/8W	4
晶体管	2SC3420	2		10kΩ，±5%，1/8W	2
二极管	1N4148	5		100kΩ，±5%，1/8W	1
	10E1	2		220kΩ，±5%，1/8W	1
肖特基势垒二极管	11EQS10	1		470kΩ，±5%，1/8W	2
LED	GL5UR3K1	2		1MΩ，±5%，1/8W	4
电解电容器	1000μF，6.3V	1		2.2MΩ，±5%，1/8W	2
积层陶瓷电容器	0.01μF，50V	2	半固定电阻	500kΩ	2
	0.1μF，50V	1	开关	2P	1
聚酯树脂电容器	0.022μF	1	万能实验板	Up-204	1
	0.01μF	1	针式排插	DIP 芯片	不限

2. 行走机器车设计

（1）设计任务。

现设计四足行走机器人，能够在平地及小坡地自由行走。该机器车由 13 个舵机组成，头部一个舵机，其他四条腿每条三个舵机，以模拟现实中关节的 3 个自由度，具体实物如图 6-17 所示。

（2）硬件电路设计。

四足行走机器车的电路设计很简单，现以 AT89C52 单片机为例，简要介绍电路设计。

舵机只有一根信号控制线，信号是 TTL 电平，因此不需要驱动电路，可直接将信号线与 MCS－51 系列单片机的相应引脚相接。

单片机的 V_{CC}和 EA/V_{pp} 接 5V 高电平，晶振的连接如图 6-18 所示，X_1、X_2 接单片机引脚的 XTAL1、XTAL2。

单片机的复位电路如图 6-19 所示，RESET 端接单片机引脚的 RES/V_{pd}，手动复位后，程序重新从起始处运行。

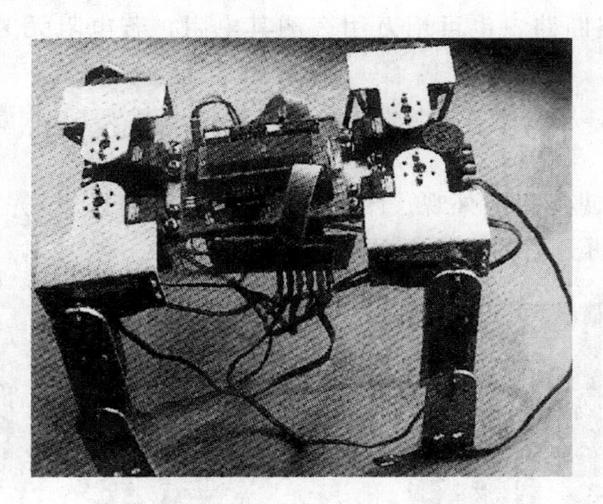

图 6-17　四足行走机器车实物图

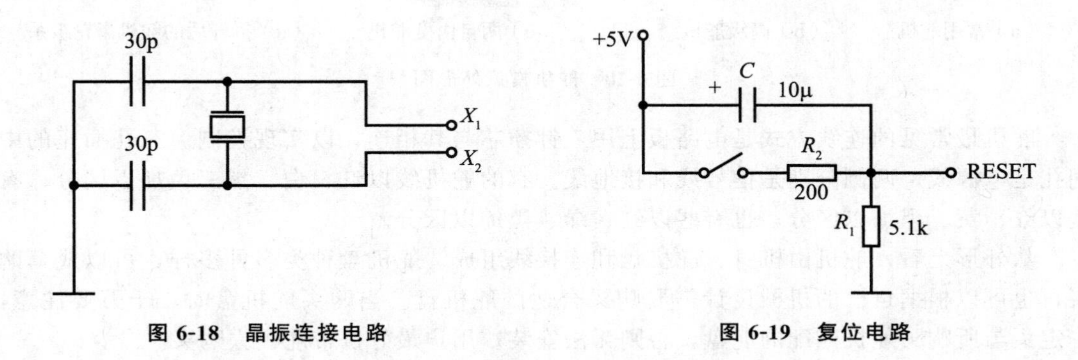

图 6-18　晶振连接电路

图 6-19　复位电路

13 组三插针式用于与四足行走机器车的 13 个舵机线相连，中间 2 针接电源线，两侧是接地线和信号线，其中 1 是信号线。单片机 P0 口的上拉电阻是为了提高 P0 口的驱动稳定性，LED 用于指示 P1.0～P1.3 的工作状态，当引脚输出为低电平时，指示灯亮，由此判断 MCU 工作是否正常。

电源通过芯片 7805，可将其变成 5V 来为 MCU 供电。

一般情况下，舵机可用 6V 电源供电，力矩较大。此时，可用高 8V 的电源通过芯片 7806 将其变为 6V 为舵机供电。实际上 7806 可通过的最大电流为 1A，当单个或几个舵机同时动作时，很可能没有任何问题，而当所有舵机或多个舵机同时动作时，则会出现动作过度缓慢，力矩过小或根本不动的情况。这时，极有可能的原因是流过 7806 的电流过大或电源额定电流过小，可应用多个 7806 稳压，为舵机分开供电或更换电源。

另外，CPU 芯片的引脚 EA/V_{pp} 接 5V 高电平，否则可能出现程序不能运行或混乱的情况。

在电路设计时应注意，每个电阻、电容等器件都有它的作用，切不可粗心遗漏，同时检查是否电源线与其他的线路短路，特别是信号线，切不可与其他线路相交，否则可能无法控制。常用的检测方法如下：

1）若怀疑某两线路之间因焊接或其他原因短路，不需通电，只需用万用表测量两线路之间的电阻即可，若电阻为 0，则为短路；否则，则没有短路。注意，测电阻之前应校零。

2）若怀疑某线路断路，也可用万用表测其电阻，若电阻无穷大，则是断路；否则，没有断路。

一般电路焊好后，用方法 2）检测是否有漏焊，用方法 1）检查是否有短路。

（3）舵机介绍。

图 6-20 是一些常见舵机的外观。图中（a）为常用舵机，（b）为高级舵机，（c）为两自由度舵机，（d）为拆开后的齿轮组系。

（a）常用舵机

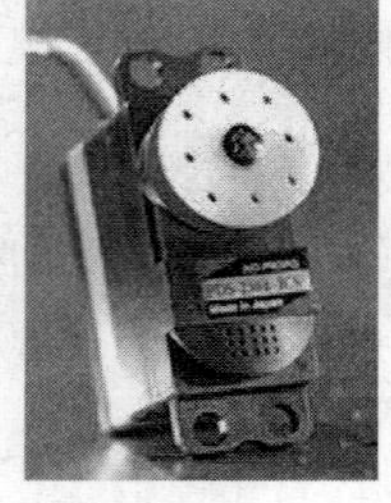

（b）高级舵机

（c）两自由度舵机

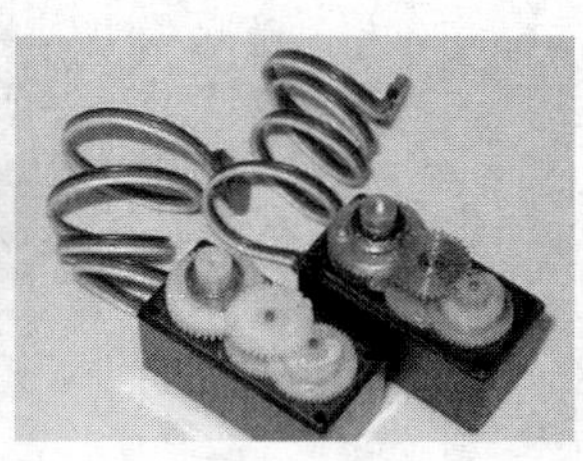

（d）拆开后的舵机齿轮组系

图 6-20　舵机常见外形图

舵机最常见的连线方式是电路板上用三针插芯与其相连，以实现控制。三孔插座的中间孔是电源线，两侧分别是信号线和接地线。有的舵机线以红、白、黑三色加以区分，有些以红、黄、黑加以区分，也有些以红、绿、黑加以区分。

从外形上看，舵机由机身、舵机盘和连接线组成。舵机盘种类多种多样，可以成套购买，也可以根据自己的机械设计需要购买合适的舵机盘。当购买舵机盘时，千万要注意，一定买与所购买舵机匹配的舵盘，否则无法安装。用户最好携带舵机去购买。

当安装使用舵机时，为了延长寿命，应注意不要经常拧舵机盘，舵机在转动时若受力过大，无法转动，应立即停止，避免内部齿轮损毁或打滑。

各种电机的控制原理是不同的，如直流电机通电转动，转动方向及转速靠电机两端的电压极性和电压高低控制；步进电机则是按某一确定的角度，一步又一步的转动，转多少可以由驱动脉冲的数目确定，而舵机则是一种伺服定位的电机。一般来讲，舵机主要由以下几个部分组成：舵机盘、减速齿轮组、位置反馈 5k 电位计、直流电机、控制电路板等。舵机内部结构如图 6-21 所示。

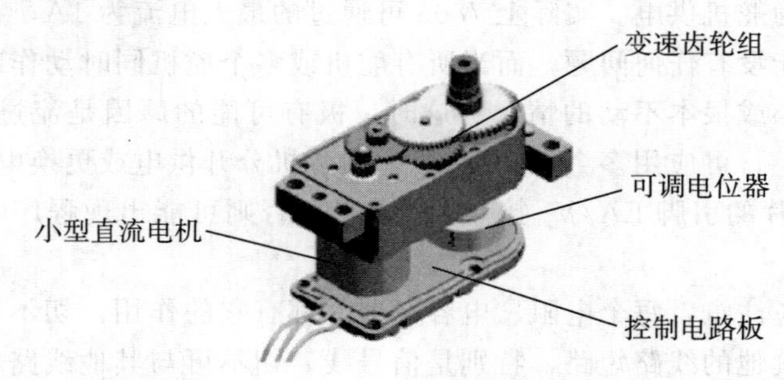

图 6-21　舵机机械结构图

控制电路板接受来自信号线的控制信号来控制电机转动，电机带动一系列齿轮组，减速后传动至输出舵机盘。舵机的输出轴和位置反馈电位计是相连的，舵机盘转动的同时，带动位置反馈计，电位计将输出一个电压信号到控制电路板，进行反馈，然后控制电路板根据所在位置来决定电机的转动方向和转速，达到目标后停止。

舵机的控制信号周期为20ms固定值，采用脉冲位置调制（PPM），其中脉冲宽度为0.5～2.5ms，相对应的舵盘位置为0°～180°，呈线性变化。也就是说，给它提供一定的脉宽，它的输出轴就会保持在一个相对应的角度上，无论外界转矩怎样改变，直到给它提供一个另外宽度的脉冲信号，它才会改变输出角度到新的对应位置上。舵机内部有一个基准电路，产生周期为20ms宽度为1.5ms的基准信号；有一个比较器，将外加信号与基准信号相比较，判断出方向和大小，从而产生电机的转动信号。由此可见，舵机是一种位置伺服的驱动器，转动范围不能超过180°。实际上，舵机可转动角度大于180°，读者可根据具体情况做一些灵活处理，但是，一般使用角度最好不要超过180°。

特别要注意：所有舵机的脉冲周期是固定的，即20ms。若20ms中有0.5ms的脉宽是高电平，则舵机转到0°；若有2.5ms的脉宽是低电平则舵机转到180°。可见，舵机实现的是一种“定位”的功能，这和直流电机及步进电机是不同的。它的定位功能和较大的力矩承受能力，适合行走机器人关节的设计。

舵机的频率是固定的，它不像直流电机，信号的占空比（所谓占空比，是指高电平与低电平持续时间之比）控制的是速度；也不像步进电机，可通过调整频率来改变速度。舵机信号的占空比是用来控制角度的。当角度为0°时，对应占空比0.5∶19.5；角度为180°时，对应占空比为2.5∶17.5。舵机的速度从硬件上来说是不可调的，可根据需要购买满足要求的舵机。

任务6.2.2 智能机器车设计

智能汽车是汽车电子、人工智能、模式识别、自动控制、计算机、机械多个学科领域的交叉综合的体现，具有重要的应用价值。本任务设计的智能机器车是基于飞思卡尔MC9S12DG128单片机开发实现的，该系统采用CCD传感器识别道路中央黑色的引导线，利用传感器检测智能车的加速度和速度，在此基础上利用合理的算法控制智能车运动，从而实现快速稳定的寻迹行驶，设计成品如图6-22所示。

图6-22 智能机器车实物图

1. 硬件系统设计

该系统硬件设计主要由MC9S12DG128控制核心、电源管理模块、直流电机驱动模块、转向舵机控制模块、CCD图像采集模块、编码器速度采集模块等组成，其结构框图如图6-23所示，各模块端口分配如表6-17所示。

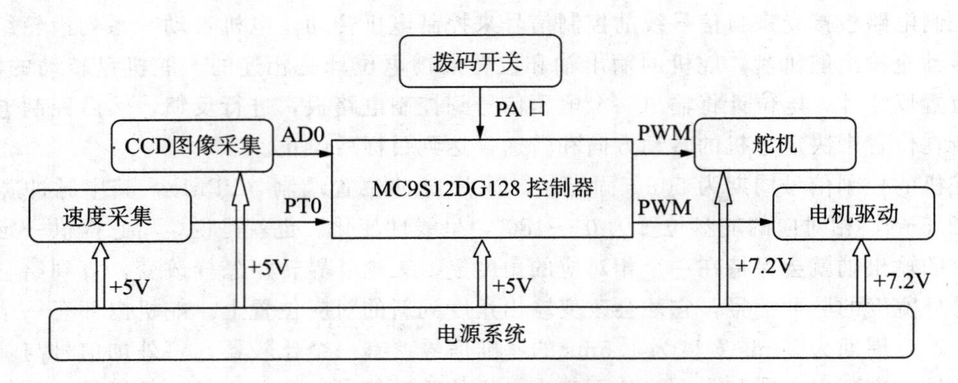

图 6-23 智能车硬件设计结构框图

表 6-17 智能车各功能端口分配表

功能模块名称	工作方式	使用端口
CCD图像采集	路况信息输入	AD0
编码器速度采集	速度信息输入	PT0
拨码开关	控制策略输入	PORTA
舵机	控制转角输出	PWM23
电机驱动	控制速度输出	PWM01、PWM45

（1）电源电路设计。

电源电路是整个电路正常工作的基础，因此设计稳定可靠的供电电路显得尤为重要。除了采用相应的稳压芯片对相应电路供电以外，电容的布局摆放也很重要。为了提高整体电路的供电品质，在电源入口处加一个 1500μF 的大电容。各模块供电情况如图 6-24 所示。

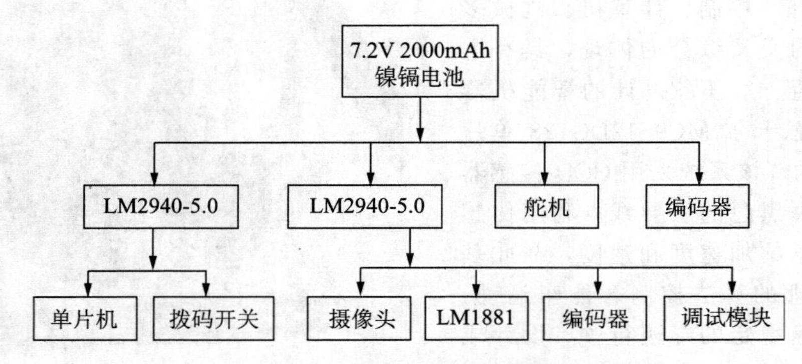

图 6-24 智能车电源电路设计框图

（2）视频信号采集电路设计。

在路况信息采集电路中本智能车选用深圳市国鼎科技有限公司的黑白 CMOS 模拟摄像头 GD－B160。GD－B160 面阵摄像头为单板摄像头，重量轻、成本低，其电路设计简单，并且容易对其供电电路进行改造，这是选用它的主要原因。视频信号分离采用

LM1881视频分离芯片，分离出模拟视频信号的行同步信号和场同步信号，单片机根据这些同步信号搭建控制时序，完成信号处理和各种控制。同时还设计了视频信号二值化电路，以使电路具有一定升级空间，其电路连接原理图如图6-25所示。

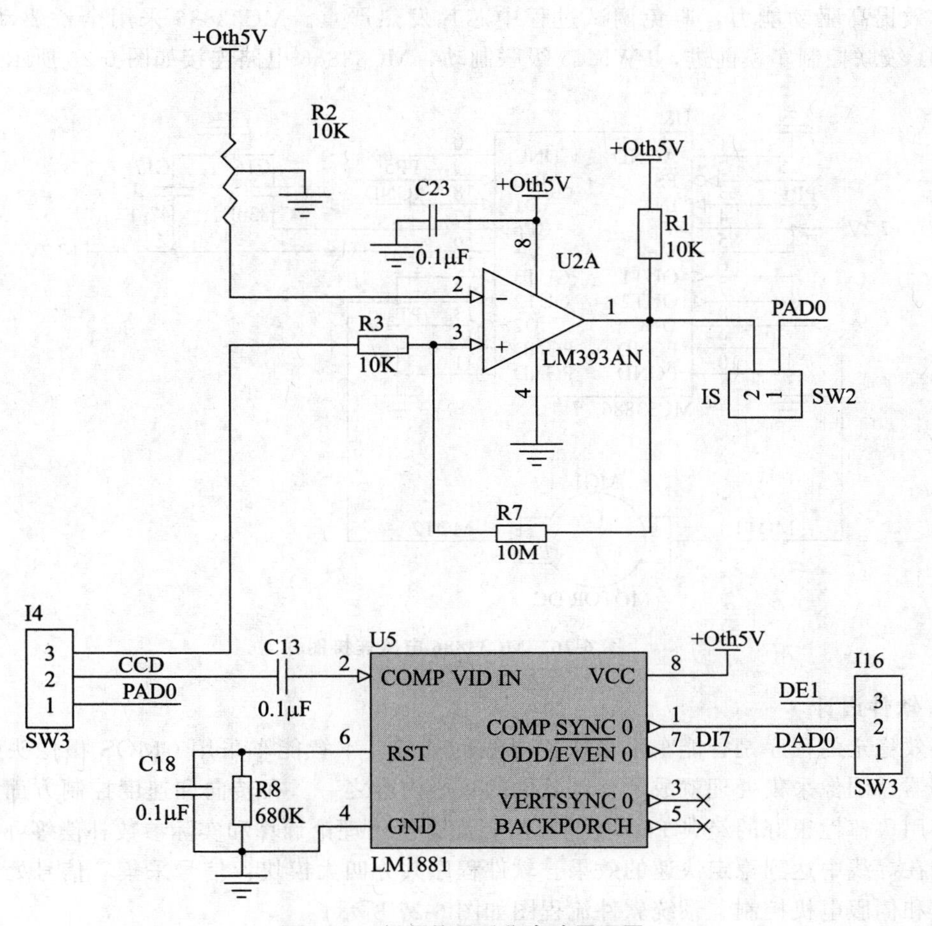

图6-25　视频信号采集电路原理图

为了充分利用现有硬件资源，采用单片机内部AD模块采集视频信号。AD模块初始化程序如下：

```
ATD0CTL2 = 0xC0; //A/D模块上电，每次读取结果寄存器自动清零
ATD0CTL3 = 0x08; //转换序列长度1，结果寄存器没有映射到转换序列
ATD0CTL4 = 0x80; //精度8位，AD分频到20M
ATD0CTL5 = 0xA0; //结果右对齐方式存放，连续转换模式，转换选择通道0
ATD0DIEN = 0xFE; //通道0禁止数字输入
```

（3）速度采集模块。

系统使用红外传感器检测直流电机的转速。在后轮减速齿轮上粘贴一个均匀分布有黑白条纹的编码盘。红外接收管接收与未接收红外光所表现的差别是阻抗变化，所以只需用一个电阻电压变换电路和比较电路便可将其模拟信号转换为数字信号，供单片机采集。

（4）电机驱动电路设计。

电机驱动使用集成驱动芯片 MC33886，其有短路保护、欠压保护和过温保护等功能。本智能车采用 4 片全桥并联方式，可以有效减小导通电阻。此方案电路设计简单、稳定，可以有效提高驱动能力，避免调试过程中芯片发热严重。MC33886 采用全桥驱动方式，PWM01 级联控制车模前进，PWM45 级联制动，MC33886 电路连接如图 6-26 所示。

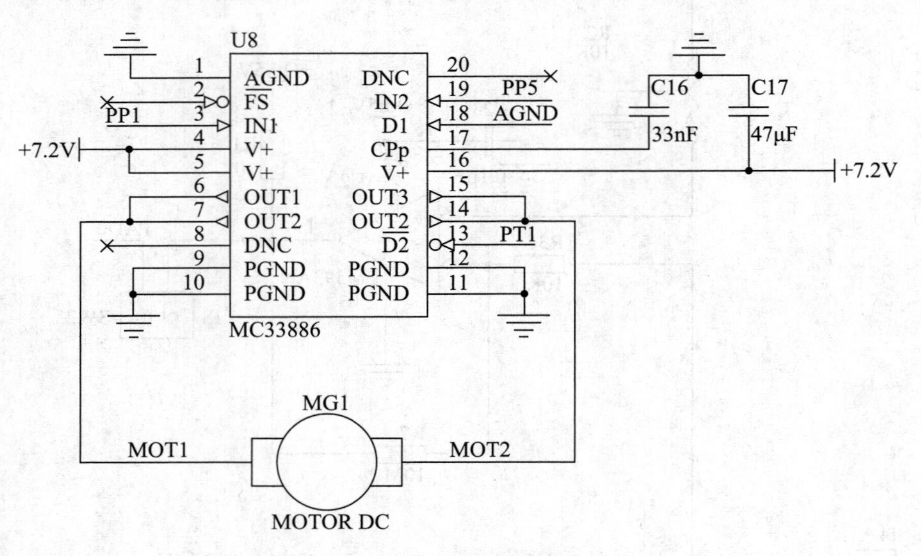

图 6-26　MC33886 电路连接图

2. 软件设计

高效稳定的程序是智能车平稳快速寻线的基础。本智能车采用 CMOS 摄像头作为寻线传感器，图像采集处理就成了整个软件的核心内容之一。在转向和速度控制方面，本智能车使用鲁棒性很好的经典 PID 控制算法，配合使用理论计算和实际参数补偿等办法，使智能车在寻线中达到稳定快速的效果。软件程序共分四大模块：信号采集、信号处理、速度调节和伺服电机控制。系统软件流程图如图 6-27 所示。

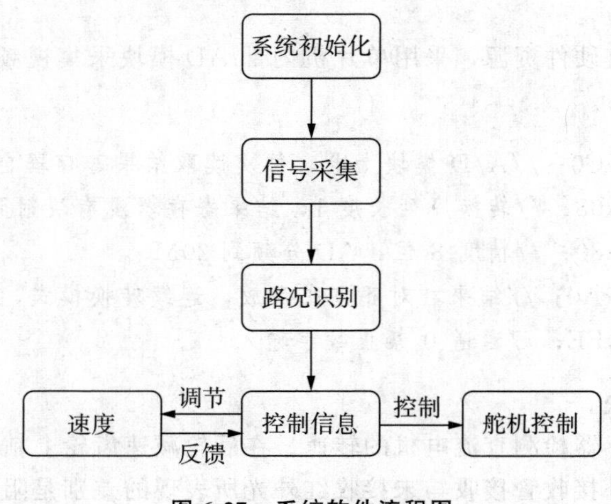

图 6-27　系统软件流程图

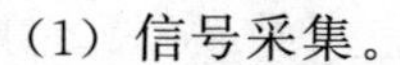

（1）信号采集。

CMOS 视频模拟信号经 LM1881 视频分离芯片分离出场信号和行信号，以场信号和行信号作为视频信号时序依据，使用 S12 单片机片内 AD 对模拟信号进行采集。本任务采用的 380Lines 的 CMOS 黑白摄像头每帧信息有 320 行，其中场头消隐 22 行，场尾消隐 11 行（以 LM1881 分离出来的场信号跳变沿作分界），即有效图像信息为 287 行。在单片机内存有限的情况下，如此大的信息量不可能完全被采集。根据摄像头安装位置和俯仰角度大小，以及考虑到图像畸变等因素，本智能车采取跳行采集，所跳行数从远到近逐渐增多，保证所采集到的信息与实际路面相符，在一定程度上纠正了图像畸变，使得对路面信息状况提取更加准确。根据需要共采集 30 行信息，每行采集 50 个点，从而形成 50 像素×30 像素的图像数组用于路况分析。为了更精准检测起始线，采集一帧的第 100 行到 260 行的奇数行作为起始线检测数据。按照本智能车摄像头安装方案，一帧的第 100 行到 260 行在路面上前后可覆盖 20cm，按照 4m/s 的速度计算，摄像头每采集一帧图像（20ms）小车可前进 8cm 。所以能覆盖 20cm 的检测方案足以完成对所经过路面路况的检测，不会漏掉起始线。

不进行隔行采集对起始线检测会更加保险，但由于单片机内存限制，且在有效信息范围内 2.5cm 的起始线宽度能采集到 10 行左右的信息，即使隔行采集也不会漏掉起始线。所以，本智能车通过采集一帧的第 100 行到 260 行的奇数行信息作为起始线检测数据。视频信号采集和起始线信息采集框图如图 6-28 所示。（跳行调整到偶数行避免与起始线信息采集冲突。）

（2）信息处理。

根据采集点电平高低（数值大小）提取前方路面黑线信息，低电平（数值小）表示黑线，高电平（数值大）表示白色路面，通过提取黑线位置来判断路况，测试赛道上黑白比在 50% 左右。本智能车通过片内 AD 每行采集 50 个有效点，其中赛道黑线采集 1 至 4 个有效点（最远处 1 个点最近处 4 个点），以第 25 个点为中心，提取每场采集到的 30 行信息，用于分析赛道类型。本智能车采集每帧信号的第 100 行至 260 行的奇数行信息作为起始线的检测数据。将采集到的相关信息存储到新二维数组里，根据对起始线特征（黑白黑白黑）的判断，当检测到某行电平有“低高低高低”特征时就认为是起始线。为了不产生误检测，通过判断连续 3 行以上起始线特征数据行才确认为起始线。当确认为起始线之后，马上屏蔽起始线检测 2 秒，以保证智能车顺利通过起始线而不重复检测，2 秒后重新开始检测下一圈起始线。起始线检测流程图如图 6-29 所示。

（3）部分程序（智能车巡黑线子程序）。

```
#define uchar unsigned char
#define uint unsigned int
void motor_r_z(void);//右边电动机正转
void motor_l_z(void);//左边电动机正转
void motor_r_f(void);//右边电动机反转
void motor_l_f(void);//左边电动机反转
void go(uchar,uchar);//小车前进
```

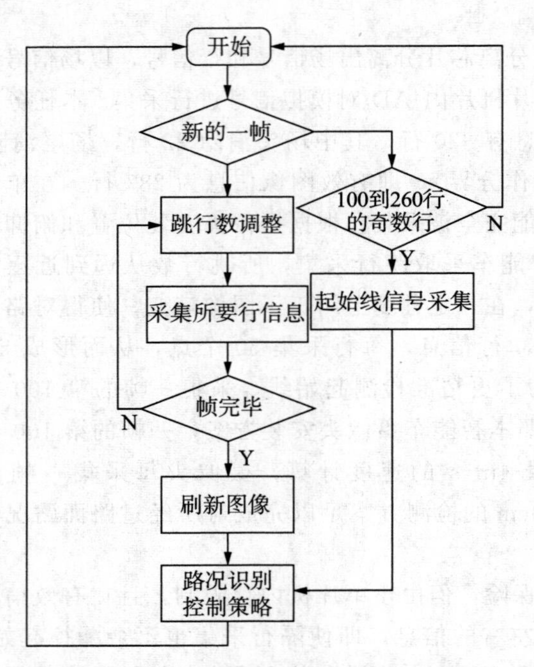

图 6-28　视频信号及起始线信息采集框图

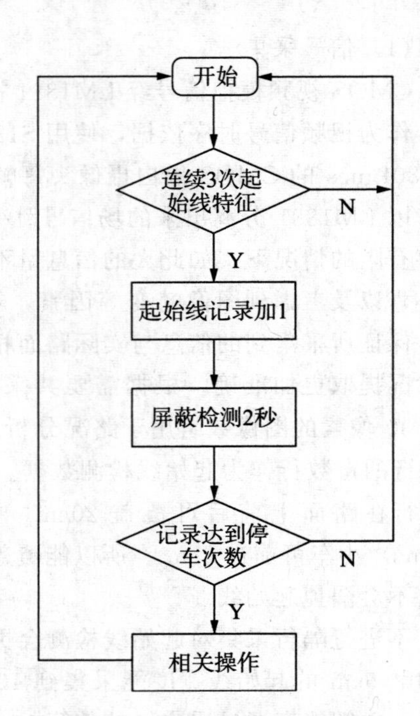

图 6-29　起始线检测流程图

```
void stop(void);//小车停止
sbit IN1=P2^5;//L298N 的 IN1 接到 P2.5
sbit IN2=P2^4;//L298N 的 IN2 接到 P2.4
sbit IN3=P2^1;//L298N 的 IN3 接到 P2.1
sbit IN4=P2^2;//L298N 的 IN4 接到 P2.2
sbit ENA=P2^0;//L298N 的 ENA 接到 P2.0
sbit ENB=P2^3;//L298N 的 ENB 接到 P2.2
sbit left_k=P0^5;//小车左转信号输入端为 P0.5,P0.5 为 1 时说明已经检测到黑线
sbit right_k=P0^4;//小车左转信号输入端为 P0.4,P0.4 为 1 时说明已经检测到黑线
sbit start_k=P3^2;//启动按键为 U2P32
sbit stop_k=P3^3;//停止按键为 U2P33
sbit sound=P2^7;//蜂鸣器接到了 P2.7 上,P2.7 为低电平的时候,蜂鸣器响
uchar data t_0;//每产生一次 T0 定时器中断的时候 t_0 加 1
uchar data motor_r;//motor_r 用于存放右边电机转速和转向的数据
uchar data motor_l;//motor_l 用于存放左边电机转速和转向的数据
uchar data Speed_Parameters;

//**延时子程序**///
void delay_1ms(uint n)
{
    uint i,j;
```

```
    for(j=n;j>0;j--)
    for(i=20;i>0;i--);
}
/*******初始化函数***********/
void ini(void)
{
////T0 初始化///
TMOD=0x01;//T0 工作在方式 1
TH0=0xff;//装入 T0 初值
TL0=0xf6;
TR0=1;//开 T0 中断
ET0=1;//T0 允许中断
EA=1;
//////////////////////
t_0=0;
/////////////////////
P2=0x00;
sound=0;
delay_1ms(100);//蜂鸣器响 100ms
sound=1;
}
///蜂鸣器响///
void Sound(void)
{
sound=0;
delay_1ms(60);
sound=1;
}
/****启动处理函数****/
void start(void)
{
    uchar a;
aa:while(start_k);//防抖程序
    for(a=0;a<50;a++)
    {
    delay_1ms(1);
    while(start_k)
    goto aa;
    }
```

```
        Sound();//调用蜂鸣器发音程序
        go(0x35,0x35);//全速直行
    }
    void go(uchar left_motor,uchar right_motor)//直行
    {
    Speed_Parameters=right_motor;//给速度参数赋值
    motor_r_z();//调用右边电机正转函数
    Speed_Parameters=left_motor;
    motor_l_z();//调用左边电机正转函数
    }
    void motor_r_z(void)//右边电动机正转
    {
      motor_r=0x64+Speed_Parameters;
      ENA=1;
    }
    void motor_l_z(void)//左边电动机正转
    {
      motor_l=0x64-Speed_Parameters;
      ENB=1;
    }
    void stop(void)
    {
    ENB=0;
    ENA=0;
    }
    /*********T0中断服务程序*****************/
    /*********PWM产生*************************/
    void time0(void) interrupt 1 using 2
    {
    TR0=0;//停止T0计数
    TH0=0xff;//当晶振频率是12M时,每隔0.01ms中断一次,200次中断为PWM信号
输出的周期
    TL0=0xf6;//PWM信号的频率=1000/(200*0.01ms)=500Hz
    ++t_0;//产生一次中断t_0加1
    ACC=t_0;//将t_0的值赋值给ACC
    CY=0;//清零CY
    ACC-=motor_r;//用ACC减去右边电动机的参数(此参数决定了右边电机的转向和
速度)
    if(CY==1)//判断CY是否置1,如果为1,说明ACC-motor_r已经为负数,置位了CY
```

```
    {
      IN1=1;//IN1 由原来的 0 变成了 1
      IN2=0;//IN2 由原来的 1 变成了 0
      goto PWM_2;
    }
    IN1=0;//如果 CY 不等于 1,IN1=0,IN2=1
    IN2=1;
    PWM_2:
    ACC=t_0;//重新将 t_0 的值赋值给 ACC
    CY=0;//清零 CY
    ACC-=motor_l;//用 ACC 减去左边电动机的参数(此参数决定了左边电机的转向和
速度)
     if(CY==1)//判断 CY 是否置 1,如果为 1,说明 ACC-motor_l 已经为负数,置位了 CY
     {
     IN3=1;//IN3 由原来的 0 变成了 1
     IN4=0;//IN4 由原来的 1 变成了 0
     goto HIGHT;
     }
     IN3=0;//如果 CY 不等于 1,IN3=0,IN4=1
     IN4=1;

    HIGHT:
    //ACC=t_0;//重新将 t_0 的值赋值给 ACC
    if(t_0! =0xc8)//判断 t_0 的值是否不等于 200
    goto EXIT;//如果不等于 200,程序指针指向 EXIT 执行程序
    ACC=0;//如果 t_0 的值等于 200,清零 ACC 和 t_0
    t_0=ACC;
    EXIT:
    TR0=1;//打开 TO 计数
    }
    void main(void)
    {
    uchar a;
    ini();//调用初始化函数
    start();//调用启动处理函数
    ////判断左传感器状态////
    while(1)
    {
    aa:
```

```
    while(!left_k)//判断左边传感器的值是否为0
    goto bb;//如果是0,程序指针指向标号bb,执行程序
    P1_0=0;//如果是1,点亮P1.0上连接的发光二极管
  // Sound();
  while(left_k)//如果left_k的值一直为1,不断的循环执行go(0x00,0x64);小车左转
直到left_k的值为0为止
  go(0x00,0x45);//0x00,0x64分别代表左右电动机的转速,两个值的取值为0x00到
0x64之间,0x00最慢,0x64最快
  //0x00,0x64这两个值不一样代表两个电机向前转的速度不同,小车将拐弯
  go(0x35,0x35);//执行到这句说明left_k已经为1,说明左传感器已经离开了黑线,小
车直线前进
  //0x40,0x40这连个值同表示小车执行这个函数时将向前走,用户可以自任意修改这
些数值,达到小车走黑线
  //最稳定的效果,建议不要取得太大(十六进制0x64是最大,其实也就是十进制数的
100),也就是速度等级
  //为0到100个等级
  P1_0=1;//关闭LED指示灯
  ////判断右传感器状态////
  bb:
  while(!right_k)//判断右传感器的值是否为0
  goto cc;//如果是0,程序指针指向标号cc,执行程序
  P1_1=0;//如果是1,点亮P1.1上连接的发光二极管
  // Sound();
  while(right_k)//如果right_k的值一直为1,不断的循环执行go(0x64,0x0);;小车右
转直到right_k的值为0为止
  go(0x45,0x0);
  go(0x35,0x35);//执行到这句说明right_k已经为1,说明左传感器已经离开了黑线。
小车直线前进
  P1_1=1;//关闭LED指示灯
  ////判断是否按下停止按钮////
  cc:
  while(stop_k)//判断停止键是否按下,按下的时候stop_k为1
  goto aa;//如果是1,程序指针指向标号aa,执行程序
  for(a=0;a<20;a++)//如果是0,进入防抖程序
  {
        delay_1ms(1);
        while(stop_k)//判断20次stop_k是否为1
        goto cc;//如果是1,程序指针指向标号cc,执行程序
  }
```

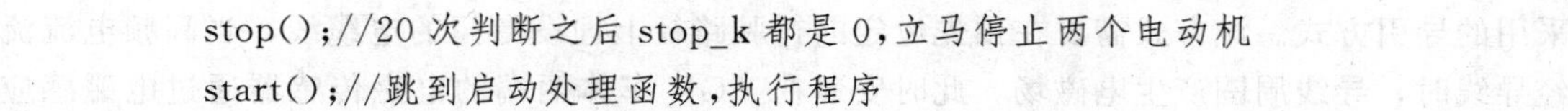

```
        stop();//20 次判断之后 stop_k 都是 0,立马停止两个电动机
        start();//跳到启动处理函数,执行程序
    }
}
```

任务 6.2.3　AGV 车设计

1. 简介

1953 年，美国 Barrett Electric 公司制造了世界上第 1 台采用埋线电磁感应方式跟踪路径的自动导向车，也被称作“无人驾驶牵引车”。20 世纪 60 年代和 70 年代初，AGV 仍采用这种导向方式。但是，20 世纪 70 年代中期，具有载货功能的 AGV 在欧洲得到了应用并被引入到美国。这些自动导向车主要用于自动化仓储系统和柔性装配系统的物料运输。在 20 世纪 70 年代和 80 年代初，AGV 的应用领域扩大而且工作条件也变得多样化，因此，新的导向方式和技术得到了更广泛的研究与开发。在最近的 10～15 年里，各种新型 AGV 被广泛地应用于各个领域。例如，自动导向叉车用于仓储货物的自动装卸和搬运；小型载货式 AGV 用于办公室信件的自动分发和电子行业的装配平台。除此以外，AGV 还用于搬运体积和重量都很大的物品，尤其是在汽车制造过程中用多个载货平台式 AGV 组成移动式输送线，构成整车柔性装配生产线。最近，小型 AGV 应用更为广泛，而且以长距离不复杂的路径规划为主。

AGV 是指装有电磁或光学等自动导引装置，能够沿规定的导引路径行驶，具有安全保护及各种移动功能的运输车辆。随着科学技术的发展，许多新技术都应用到 AGV 或 AGVS 上。例如，激光技术的应用使 AGV 实现虚拟路径的导航和安全保护；无线局域网的应用使 AGV 的调度实时性更强，是 AGV 调度技术的一场革命；现场总线的应用使 AGV 的可靠性和可维护性得到提高了 RFID 的应用使 AGV 与地面系统的信息交互量更大，自适应性更强。同时，随着智能交通系统研究的深入，无人驾驶智能车辆的研究也越来越受到人们的关注。

AGV 具有的工作特点如下：

(1) 能够自动沿着指定线路行驶，并能自动前进、后退、转弯和在任意位置停车。

(2) 能够对恶劣路面发出警告，并利用超声波或红外线查明前进路线上的障碍物，自动停车，排除障碍后，自动继续运行。

(3) 能呼叫正在待命的其他无人搬运车。

(4) 当搬运线上有多台无人搬运车同时工作时，具有防撞或自动避让功能。

(5) 具有物料自动装卸机构。

(6) 具有自动记录累计搬运物料质量及路程的功能。

AGV 按照其自动行驶过程中的导引方式，主要分为以下三款：电磁感应引导式 AGV、激光引导式 AGV 和视觉引导式 AGV，现对这三款 AGV 的设计思路和方案及特性进行简要介绍。

(1) 电磁感应引导式 AGV。

电磁感应式引导是最早成功应用于无轨 AGV 的导引方法，也是目前无轨 AGV 主要采用的导引方式。该方式需要在预先设定的行驶路径上埋设专门的电缆线，当高频电流流经导线时，导线周围产生电磁场，此时安装在AGV车体两端的电磁传感器通过电磁感应原理产生感应信号。由于根据传感器偏离轨迹的远近程度可产生强度不同的电磁信号，因此系统可以通过采样传感器的电磁信号，从而调节驱动机构，实现引导。该方法可靠性高，经济实用，主要问题是：AGV的行驶路径改变非常困难，而且埋线对地面要求较高，一旦电缆出现问题，维护非常困难。同时，该方式实现的成本也很高。

（2）激光引导式AGV。

这种方法是在AGV上安装有可旋转的激光扫描器，在运行路径沿途的特定位置处安装高反光性的反射镜面，AGV在运行途中，不断用激光扫描器发射的激光束照射这些镜面，利用入射光束与反射光束提供的夹角信息、入射光束与反射光束的时间差信息等，根据数学模型计算出AGV当前的位置以及运动的方向，通过和内置的数字地图进行对比来校正方位，从而实现引导。这种引导方式的特点是当提供了足够多反射镜面和宽阔的扫描空间后，AGV的引导与定位精度十分高，且提供了任意路径行走和规划的可能性。但是该方式成本昂贵，传感器电路、反射装置的安装都十分复杂，且算法也很复杂。

（3）视觉引导式AGV。

视觉引导方式是一种正在快速发展和成熟的AGV导引方式，这种方法在AGV上装备CCD摄像机和传感器，在AGV运行线路上建立色标，在主控芯片中存储有AGV欲行驶路径周围环境的图像数据库。在AGV行驶过程中，摄像机动态获取车辆周围环境图像信息，利用图像处理技术进行特征识别，并与图像数据库进行比较，从而确定当前位置，并对下一步行驶做出决策。这种AGV由于不要求人为设置任何物理路径，因此具有最佳的引导柔性，适应性非常强。但是该方法对照明和色标清洁度有一定要求，而且这类AGV造价非常昂贵，同时由于CCD传感器开发非常困难，算法复杂度高，一般的8位、16位MCU都无法进行开发。

2. AGV的功能模块组成

AGV主要由以下几个功能模块组成：主控单元、导引单元、驱动单元、通信单元、安全与辅助单元和供电单元等。其结构框图如图6-30所示。

（1）主控单元。

主控单元即AGV车载控制计算机，在硬件上一般用PLC控制器或单片机实现。它是小车行驶和进行作业的直接控制中枢，主要完成的功能为：接受主控计算机下达的命令、任务；向主控计算机报告小车自身状态（包括小车目前所处的位置，运行的速度、方向、故障状态等）；根据所接受的任务和运行路线自动运行到目的装卸站，在此过程中，自动完成运行路线的选择、运行速度的选择、自动装卸货物、运行方向上小车之间的避让和安全报警等。

（2）导引单元。

其功能是保证AGV小车沿正确路径行走，并保持一定的精度要求。AGV的制导方式按有无导引线路分为三种：一种是固定路线方式，包括电磁制导方式、光学控制制导方式、激光制导方式和超声波制导方式；二是半固定路线方式，包括标记跟踪方式和磁力制导方式；三是无路线方式，包括地面帮助制导方式、用地图上的路线指令制导方式和在地图上搜索最短路径制导方式。

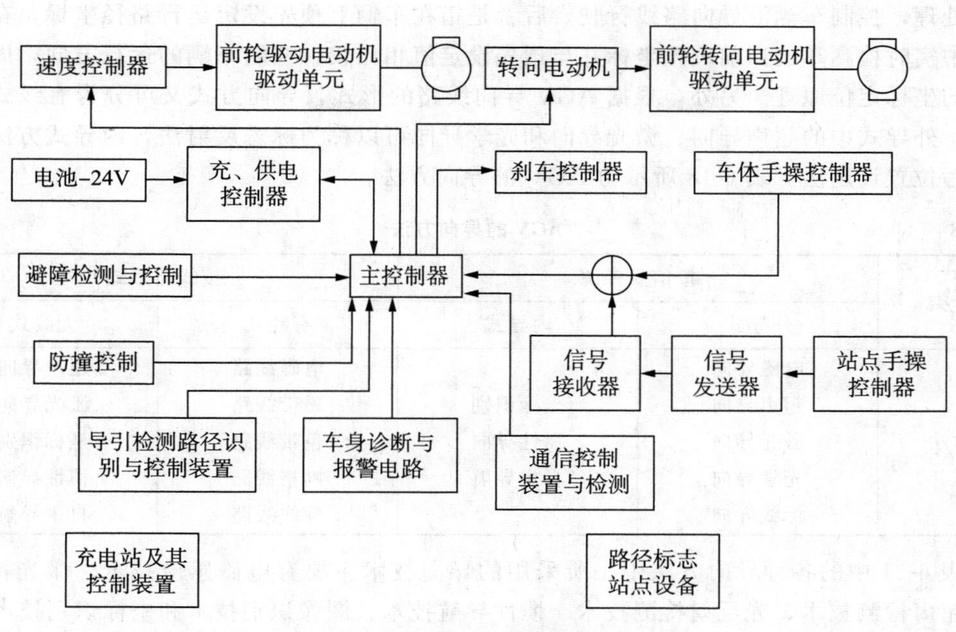

图 6-30 某 AGV 系统结构框图

（3）驱动单元。

该单元根据主控信号完成小车的加速、减速、启动、制动和转弯，主要由驱动单元和转向电动机组成，也可应用全方位轮实现。

（4）通信单元。

该单元实现控制台与 AGV 的信息交换。采用无线局域网通信方式。运行中的 AGV 通过无线局域网通信系统与 AGV 交换信息，实现 AGV 之间的避撞调度、工作状态检测和任务调度。

（5）安全与辅助单元。

为保护 AGV 自身及现场人员和运行环境设施的安全而采用的硬、软件安全措施。

（6）供电单元。

AGV 小车可随时检测自身的容量，当电池容量下降到一定值时，就会向系统发出充电需求的信号，由系统向该台 AGV 发出充电命令。当 AGV 到达充电站后，系统通过 I/O 接口控制地面充电设备，对其进行充电。充满后，充电需求信号消失，AGV 小车可继续接受其他任务。

3. AGV 的导向方法和技术

AGV 的导向方式不仅决定着由其组成的物流系统的柔性，也影响着系统运行的可靠性和组态费用。直到 20 世纪 80 年代，埋线电磁感应导向技术仍然只是可选择的导向技术之一。随着电子技术的发展，以及 AGV 导向技术的多样化和导向方式的多元化，使 AGV 的性能得到了进一步提高并能适应更复杂的工作环境，应用也更为广泛。

（1）各种导向技术原理。

根据 AGV 导向信息的来源，导向方式可分为外导式和内导式。前者是指车辆在运行路径上设置导向信息媒体（如带有变频感应电磁场的导线、磁带或色带等），再将此信息经过处理，控制车辆沿导向路线行驶。后者是指在车辆上预先设定运行路径坐标，在车辆运行中实时检测车辆当前位置坐标并与预先设定值相比较，控制车辆的运行方向，即采用所谓的坐标定位原理。另外，根据 AGV 导向线路的形式，导向方式又可分为有线式和无线式。外导式中的超声导向、激光导向和光学导向可以称为标志反射法，内导式方法可称为参考位置设定法。表 6-18 所示为 AGV 的导向方法。

表 6-18　　AGV 的导向方法

分类	按信息来源		按线路形式	
	外导式	内导式	有线式	无线式
方法	电磁导向 超声导向 激光导向 光学导向 标线导向	坐标识别 惯性导向 自主导航	电磁线路 磁带线路 色带线路 网格线路 标线线路	超声导向 激光导向 坐标识别 惯性导向 自主导航

表 6-21 中的各种导向方法中，所采用的导向技术主要有电磁感应技术、激光检测技术、超声检测技术、光反射检测技术、惯性导航技术、图像识别技术和坐标识别技术。

1）电磁感应技术。

电磁感应引导，也称为导线引导，是利用低频引导线形成的电磁场及电磁感应装置引导无人搬运车运行的。这种引导方式的基本原理是，交变电流流过导线时，在导线周围将产生电磁场，离导线越近，其场强越强，离导线越远，其场强越弱。

在 AGV 运行路径上，开设 1 条宽 5mm、深约 15mm 的敷线槽，并将导线通以 5～30kHz 的交变电流，形成沿导线扩展的交变磁场。车上对称设置两个电磁传感器，利用电磁感应原理，通过检测电磁信号的强度，引导车辆沿埋设的线路行驶。其工作原理如图 6-31 所示。

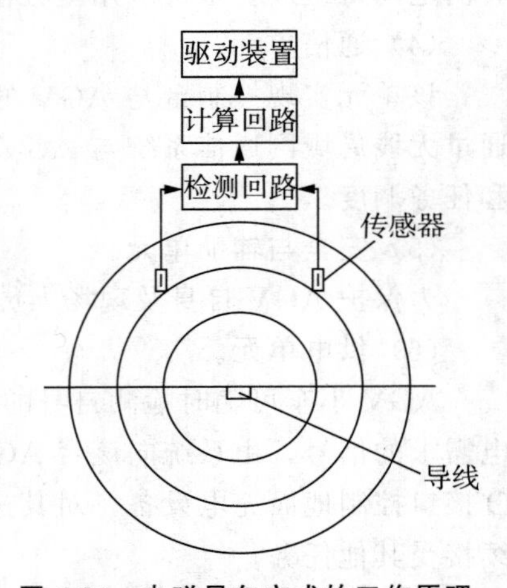

图 6-31　电磁导向方式的工作原理

电磁导向分单频制和多频制导向。前者是在整个线路上通以单频率电流，通过通断电流信号控制运行。这种方式要求设置集中控制站，并在各线路的交叉和分支处装设传感标志和分支路段的通断接口。后者是在每个环线或分支路线上通以不同频率的电磁信号，AGV 接收到相应频率的电磁信号时才能运行。此导向方法可靠性高，但是对地面的平整度要求高，改变运行路径困难。

除变频电磁感应埋线导向外，还有磁场强度固定的磁带和磁钉导向方式，其导向原理也是通过车上对称设置的两个电磁感应检测车辆相对运动路径的偏离程度来引导车辆。

这种导向技术优点是成本低，工作可靠；缺点是需要在运行路线地表埋设电缆，施工时间长，成本高，不易变更线路。适用于大、中型的 AGV。

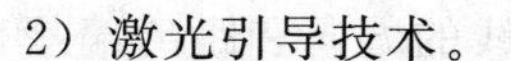

2）激光引导技术。

激光引导利用安装在无人搬运车上的激光扫描器识别路面引导标志来确定其坐标位置，从而引导 AGV 运行。

激光扫描器通过串行口连接到 AGV 的控制板上，一般安装在 AGV 的较高位置上，以便使其对引导标志具有较好的能见度。引导标志是由高反光材料制成的。AGV 在运行中保持能看到 5 个标志，每次至少要检测出 3 个标志。引导标志的可见距离通常在 30mm 以上，激光扫描器测出每个引导标志的距离和角度，计算出 X 和 Y 坐标。然后利用脉冲激光器发出激光并通过一个内部反射镜以 10r/s 的转速旋转扫描周围区域。

如图 6-32 所示，AGV 实时接收固定设置的 3 点定位激光信号，通过计算测定其瞬时位置和运行方向，然后与设定的路径进行比较，以引导车辆运行。激光引导装置可以采用标准器件、标准控制板和标准软件。这种引导方式的优点是容易安装，容易编程和性价比高，且导向与定位精度较高，提供了较较优化路径规划的可能性；缺点是比电磁感应式引导（导线引导）的成本高一些，传感器和发射装置的安装复杂，位置计算也复杂，而且在有些环境下易受干扰。

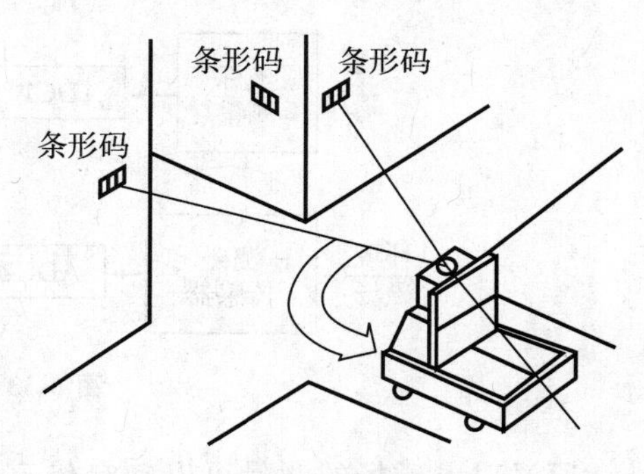

图 6-32　激光导向智能车

3）光学引导技术。

光学引导是利用铝或不锈钢带制成反光板，用光学开关和光电传感器件作为检测装置引导无人搬运车运行。采用这种方式引导 AGV 的运行方向，一般是在运行路径上铺设一条具有稳定反光率的色带。车上设有光源发射和接收反射光的光电传感器，通过对检测到的信号进行比较，调整车辆的运行方向。这种引导方式的优点是线路施工时间短，成本低，容易变更运行路线，可靠性高；缺点是对环境要求严格，不适合于室外搬运。一般用于小型 AGV。

4）超声检测技术。

该方法类似于激光引导方法，不同之处在于它不需要设置专门的反射镜面，而是利用墙面或类似物体对超声波的反射信号进行定位导向，因而在特定的环境下可以提高路径的柔性，也降低了导向成本。但是，当运行环境的反射情况比较复杂时，应用还十分困难。而且由于反射面大，在制造车间环境下应用常常有困难。

5）惯性导航技术。

采用陀螺仪检测 AGV 的方位角并根据从某一参考点出发所测定的行驶距离来确定当前位置，通过与已知的地图路线进行比较来控制 AGV 的运动方向和距离，从而实现自动导向。

6）图像识别技术。

图像识别技术有两种方法，其一就是利用 CCD 系统动态摄取运行路径周围图像信息，并与拟定的运行路径周围环境图像数据库中的信息进行比较，从而确定当前位置及对继续运行路线作出决策。这种方法不要求设置任何物理路径，因此，在理论上是最佳的柔性导向。但实际应用还存在问题，主要是实时性差和运行路径周围环境信息库的建立困难。其二就是标识线图像识别方法，它是在 AGV 运行所经过的地面上画一条标识明显的导向标线，利用CCD系统动态摄取标识线图像并识别出AGV相对于标线的方向和距离偏差，以控制车辆沿着设定的标识线运行。这种引导方式的优点是易于线路施工，易于线路变更和线路分流，可靠性高；缺点是成本较高，对环境要求严，不易维护。图像识别技术可适用于大、中、小型AGV。

7）坐标检测技术。

AGV导引无论采用什么方法，其核心都是进行坐标定位，当确定了起始点与目标点的坐标后，只要监视AGV按一定路径运动就可以了。采用微型电子坐标传感器，该传感器的结构如图6-33所示。

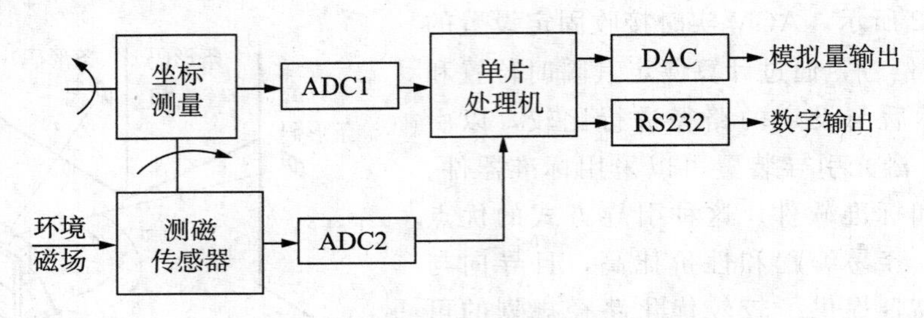

图6-33　坐标传感器结构图

通过对电磁场的测量可以确定传感器相对于起始点的两个转角，即横摆角和俯仰角，该数据传给与传感器集成在一起的ADC，转化成数字量，再送入单片机，由单片机对数据进行预处理后送出。由于工业现场存在各种干扰点电磁场，为了获得AGV准确角度信息，传感器必须随时测量周围干扰磁场的大小，利用单片机在最终输出的信号中校正这些干扰磁场的影响。AGV引导系统原理如图6-34所示。

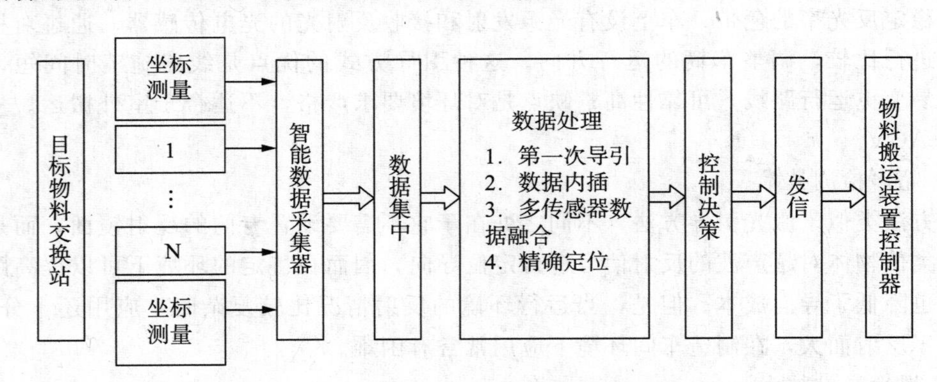

图6-34　AGV引导系统原理图

1个传感器只能测出相对于起始点的方位角，可以给出引导方向，但不能确定AGV离目标的距离。解决方案可以采用测距传感器与其配合使用，也可以再用一个传感器，即双坐标传感器进行定位。具体测量时，两个传感器垂直布置，原理图如图6-35所示。

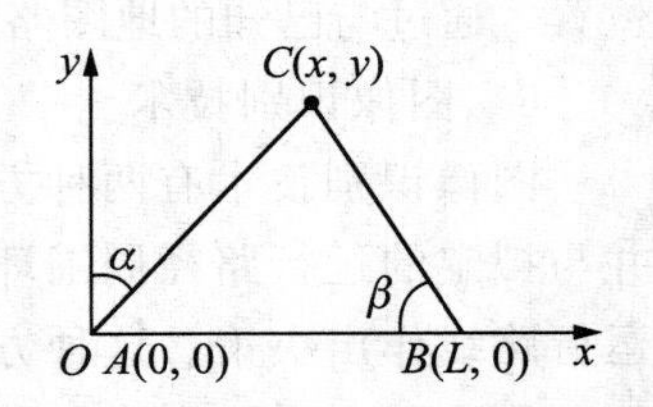

图6-35　AGV测角与定位原理

测量时，首先确定两个已知距离为L的参考点A和B，为便于计算，以其中一点为起点，在起点分别对两个传感器校零，当 AGV 运动到 C 点时，可以测出两个坐标传感器分别相对于 A、B 点的角度 α 和 β。利用三角测量原理，由 A 点的坐标可以计算出 C 点的坐标为

$$X = y\tan\alpha, y = L/(\tan\alpha + \cot\beta)$$

当 C 点不在第Ⅰ象限时，对角度进行象限修正可得到类似结论。因此，只要事先确定好 AGV 需要到达的位置，利用坐标传感器导引的方法可以实现 AGV 的无轨自由路径运行。当 AGV 运行距离较远时（如数百米），受坐标传感器自身精度的影响，AGV 与目标物料交换站之间存在距离误差（小于 100mm），故需第二次精定位。精定位可选择方案较多，考虑检测距离、精度、抗干扰等影响，利用霍尔传感器组成了精定位监测系统，实现 AGV 远距离运行的精定位。

8）其他引导技术。

除上述几种以外，还有其他的引导方式：

①金属引导。金属引导利用传感器识别特殊的金属材料，用此材料组成引导追踪线路。这种引导方式的优点是线路施工成本低、时间短，容易变更路线和分流；缺点是不能用引导线进行通信控制。适用于中、小型的 AGV。

②磁铁—陀螺引导。磁铁—陀螺引导是利用特制的磁性位置传感器检测安装在地面上的小磁铁，在利用陀螺仪技术连续控制 AGV 的运行方向。将小磁铁沿引导路径安装在地面上，每 5～10m 安装一对。陀螺传感器是一种固态、六轴角速率传感器，其输出电压与其敏感轴上的转速成正比，由此确定搬运车的方向。磁性传感器是一种利用霍尔元件检测磁场的基于微处理器的传感器，当 AGV 通过路面上的小磁铁时，传感器给出 AGV 的 X 和 Y 坐标。如果采用高质量元件，自由运动式磁铁—陀螺引导系统将具有很高的精度；如果采用标准元件，可以大幅度降低成本，但是比电磁感应式还要高一些。

（2）AGV 引导技术的技术要求。

根据车间内物料搬运任务的特点以及一般要求，不论是采用哪一种自动引导技术，AGV 自动引导系统都应具备以下几个能力：

1）在工作范围内可靠地引导 AGV 从 A 地到达 B 地，运行过程要有足够的精度，以避开工作环境中已知的各种固定障碍物（如墙、柱、机床等）。不论采用何种导向技术，从原理上来说，引导系统的工作范围都不应受到限制。

2）在物料装卸站点附近应该能达到较好的运行精度，以实现与其他自动物流系统的自动接口；车间中各物料装修站点的准确位置以及每一站点处的工作任务性质会随车间重组而相应改变，AGV 的导向系统应能适应这种变化。

3）在多台 AGV 同时工作时，应保证 AGV 的控制系统能有效地进行交通管理，从而使各台 AGV 以及生产系统中其他的设备具有较高的利用效率。

4）应满足各种安全要求，以保证 AGV 工作区间内的工作人员、生产设备、工件以及小车本身不受到损伤。

在设计 AGV 引导系统时，应综合考虑以上各项要求。

（3）AGV 引导技术的分析评价指标。

AGV 与其他物料搬运方式相比有很多优点，主要表现在导向柔性、空间利用、运行安全性以及使用费用等方面。AGV 引导技术的分析评价指标如下：

1）可靠性。对国外十几家 AGV 公司 27 个系列产品所采用的主要导向技术的统计结果显示，电磁感应、惯性导航、光学检测、位置设定、激光检测、图像识别所占比例分别为 32.3%、27.8%、16.9%、13.8%、7.69%和 1.54%。其中，电磁感应导向技术的应用比例最高，这表示该项技术已经十分成熟。而图像识别导向技术应用较少，说明该项技术还需要深入研究和不断完善。另外，自主导航技术仍然处在研究阶段，还有许多技术问题需要解决。

2）适应能力。适应能力是指 AGV 运行时所经过地面的整洁程度、空间无障碍程度以及广电干扰程度对导向技术的限制。由于不同的导向技术对应用环境的要求不同，因此，某种导向方法的实际应用有可能受到限制。

对于有线式导向技术，环境要求主要是指地面的平整和清洁程度。除了埋线电磁感应式对地面的平整程度要求较低外，其他几种方式都要求较高。

对于无线式所采取的激光导向技术而言，环境要求主要是指空间的无障碍程度。这是由于该种方法要在 AGV 运行所经过空间的特定位置处设置反射镜面。因此，需要提供足够的扫描空间，避免其他物体的干扰。

惯性导向和坐标识别导向技术对运行环境没有太多的要求。

3）路径柔性。由 AGV 组成的物料搬运系统有良好的柔性，但不同的导向技术其路径柔性有很大差别。无线式导向方法可以在很短的时间内改变运行路径，其中有些方法只需改变控制软件即可实现路径的变更。而有线式导向方法的路径柔性相对较差，其中电磁感应埋线导向技术导向路径的变更最困难，成本较高。

4）运行速度。AGV 的运行速度受导向技术的影响很大，主要取决于对导向路径识别的实时性。所采用的导向技术对路径的识别能力（如检测精确性、实时性和抗干扰性等）直接影响运行速度。有线式导向方法识别路径的速度快、实时性好，而无线式导向方法相对较差。

5）导向稳定程度。导向稳定程度是指为使 AGV 沿着规定的路线行驶单位时间内进行纠偏转向控制的次数和幅度。由于 AGV 在运行过程中，受某种因素的影响不可避免的产生偏离运动路径的状态，因此为了保证运动方向必须对车辆进行转向控制，引起车辆沿曲线运动，导致车辆摆动，甚至转向振荡。一般来讲，有线式导向方法对路径的跟踪能力强，行驶稳定性好，AGV 沿着规定路线行驶的稳定程度高。

6）定停精度。定停精度是指 AGV 在停车时与预定位置的偏差，它由方向偏差和距离偏差两部分组成。在物料搬运过程中，AGV 应能在所要求的工位或货位上与自动装料机构对接。

定停精度受导向技术的直接影响并且和控制技术相关。用标线图像识别技术不仅能识别路径标线，而且还可以识别停车标识信息，一次柔性定停精度可以达到±5mm。电磁感应埋线式导向技术的一次柔性定停精度为±20mm，而采用其他导向技术时，一般需要辅以二次刚性定位措施才能达到定停精度的要求。

7）信息容量。任何一种导向技术都以能获取定位信息为前提，但不同的导向技术所获取的相关信息的容量有很大差别。采用图像识别技术不仅可以获得路径信息，而且还可以获得工位编码以及加速、减速和停车标识等控制信息，获取的信息容量大，可提高路径导向以及控制柔性。

8）技术成本。导向技术的技术成本包括两个方面，即制造成本和使用费用。一般来讲，无线式导向方法的制造成本较高，而有线式导向方法的使用费用较高。

项目 6.3　自动生产线设计

项目目标

（1）了解自动生产线的概念、组成、分类。

（2）掌握自动生产线总体设计的内容和步骤。

（3）理解自动生产线总体设计应考虑的问题。

项目要求

通过教师讲授以及学生查阅资料，使学生系统掌握自动生产线设计的基础知识，并能自主进行自动生产线的设计与分析。

一、自动生产线的组成及分类

1. 自动生产线组成

在生产流水线的基础上，配以必要的自动检测、控制、调整补偿装置及自动供送资料装置，使物品在无须人工直接参与操作情况下自动完成供送、生产的全过程，并取得各机组间的平衡协调，这种工作系统就称为自动生产线。自动生产线除了具有生产流水线的一般特征外，还具有更严格的生产节奏和协调性。自动生产线主要由基本设备、运输储存装置和控制系统三大部分组成。其中自动生产机是最基本的工艺设备，而运输储存装置则是必要的辅助装置，它们都依靠自动控制系统来完成确定的工作循环。所以运输储存装置和自动控制系统，乃是区别流水线和自动生产线的重要标志。当今出现的自动生产线，逐渐采用了系统论、信息论、控制论和智能论等现代工程基础科学，应用各种新技术来检测生产质量和控制生产工艺过程的各个环节。

自动生产线的建立为产品生产过程的连续化、高速化奠定了基础。今后不但要求有更多的不同产品和规格的生产自动线，并且还要实现产品生产过程的综合自动化，即向自动化生产车间和自动化生产工厂方向发展。通常，在自动生产线的终端，由人驾驶运输工具（如铲车）将生产成品运往仓库或集装箱运输车上，个别的也有通过移动式堆码机来完成最后这一道工序的。

2. 自动线的分类

自动线根据各种不同的特征，可以有许多不同的分类方法。例如，根据工件的运输方式可分为：由料槽输送的自动生产线、用机械手输送的自动线、用传送带输送的自动线、带随行夹具的自动线等；根据布局形式可分为：直线排列的自动线、拆线排列的自动线、框形封闭式的自动线等；根据生产批量大小可分为：大批量生产的自动线和中小批量生产的自动线。大批量生产的自动线用于生产单一产品，其工艺装备和辅助装置都专用于这种产品，而中、小批量生产的自动线，绝大多数是根据某几种零件的工艺要求而设计的，结构上具有一定的可调性，可以在规定的范围内实现多种加工，故又称为多品种加工自动线或可调自动线。从自动线的结构特点出发，自动线可从以下两方面分类。

（1）按所用工艺设备类型分类。

1）通用机床自动线。这类自动线多数是在流水线的基础上，利用现有通用机床进行自动化改装后连成的。有时在这类自动线中，除了以通用机床为主外，也将少数专用机床连入自动线上。用通用的单轴或多轴自动机连成的自动线也应当归于这种类型，通常这类自动线多用以加工盘类、环类、轴、套、齿轮等中、小尺寸的零件。

2）专用机床自动线。这类自动线所采用的工艺设备以专用自动机床为主。由于专用自动机床是针对某一种（或某一组）产品零件的某一工序而设计制造的，因而费用较高。这类自动线主要针对结构比较稳定、生产纲领比较大的产品。

3）组合机床自动线。用组合机床连成的自动线，在大批量生产中得到普遍的应用。由于组合机床本身具有一系列优点，特别与一般专用机床相比较，其设计周期短、制造成本低且已经在生产中积累了较丰富的实践经验，因此组合机床自动线能收到较好的使用效果和经济效益。这类自动线在目前大多数用来进行钻、扩、铰、镗、攻螺纹和铣削等工序。

（2）根据自动线中有无储料装置分类。

1）刚性连接的自动线。在这类自动线中没有储料装置，机床按照工艺顺序依次排列，工件由运输装置强制性地从一个工位移动到下一个工位，直到加工完毕。自动化生产线的所有机床由运输设备和控制系统连成整体，工件的加工和输送过程具有严格的节奏性。当某一台机床发生故障而停歇时，就要引起全线停歇。因此，这种自动线中的机床和辅助设备数量越多，即自动线越长，因故障而停歇的时间损失就越大。刚性连接自动线采用的机床和各种辅助设备都要具有较好的稳定性和可靠性。

2）柔性连接的自动线。在这类自动线中设有必要的储料装置。根据实际需要可以在每台机床之间设置储料装置，也可以相隔若干台机床设置储料装置，将自动线分为若干工段。这样，在储存装置前、后的两台（或两段）机床就可以彼此独立地工作。储料装置中储备着一定数量的工件，当某一台机床（或某一段）因故停歇时，其余的机床可以在一定的时间内继续工作，或当前、后相邻两台机床的生产节拍相差较大时，储料装置可以在一定时间内起着调剂平衡的作用，不致使工作节拍快的机床总要停下来等候。

3）半刚半柔自动线。根据工作需要，可以结合上面两种生产线的优点，适当布置设备，组成半刚半柔自动线。在两台容易出现故障的设备之间安排储料装置，而在不容易损坏的设备之间按照刚性连接方式连接。

3. 自动线的控制系统

自动线为了按严格的工艺顺序自动完成加工过程，除了各台机床按照各自的工序内容自动完成加工循环以外，还需要有输送、排屑、储料、转位等辅助设备和装置配合并协调工作，这些自动机床和辅助设备依靠控制系统连成一个有机的整体，以完成预定的连续自动工作循环。自动线的可靠性在很大的程度上决定于控制系统的完善程度和可靠性。

自动线的控制系统可分为三种基本类型：行程控制系统、集中控制系统和混合控制系统。行程控制系统设有统一发出信号的主令控制装置，每一运动部件或机构在完成预定的动作后发出执行信号，启动下一个（或一组）运动部件或机构，如此连续下去直到完成自动线的工作循环。由于控制信号一般是利用触点式或无触点式行程开关，在执行机构完成预定的行程量或到达预定位置后发出，因而称为行程控制系统。在自动循环过程中，前一动作没有完成，后一动作就得不到启动信号，因而控制系统本身具有一定的工作节拍；同时，控制线路电器元件增多，接线和安装会变得复杂。

集中控制系统由统一的主令控制器发出各运动部件和机构顺序工作的控制信号。一般主令控制器的结构原理是在连续或间歇回转的分配轴上安装若干凸轮，按调整好的顺序依次作用在行程开关或液压（或气动）阀上；或在分配圆盘上安装电刷，依次接通电触点以发出控制信号。分配轴每转动一周，自动线就完成一个工作循环。集中控制系统是按预定的时间间隔发出控制信号的，所以也称为“时间控制系统”。集中控制系统电气线路简单，所用控制元件较少，但其没有行程控制系统那样严格的连锁性，后一机构按一定时间得到启动信号，与前一机构是否已完成了预定的工作无关，可靠性较差。集中控制系统适用于比较简单的自动线，在要求互锁的环节上，应设置必要的连锁保护机构。

混合控制系统综合了行程控制系统和集中控制系统的优点，根据自动线的具体情况，将某些要求互锁的部件或机构用行程控制，以保证安全可靠，其余无互锁关系的动作则按时间控制，以简化控制系统。混合控制系统大多数在通用机床自动线和专用（非组合）机床自动线中应用。

二、自动生产线总体设计应考虑的主要问题

1. 工件的几何形状、结构特征、材质、毛坯状况及工艺要求

工件的几何形状、结构特征基本上决定了生产线上下料装置的形式。形状规则、结构简单、易于定向的中小型旋转体工件，大多采用料斗式自动上下料装置。箱体、杂类工件和较大型旋转体工件都采用料仓式自动上下料装置。工件的几何形状决定了工件的传送方式。旋转体工件和箱体工件有着不同的传送方式。在选择排屑装置和切削液时，要考虑工件材质，对于韧性材质工件，如钢体，还要考虑断屑措施。毛坯的加工余量、工艺要求和加工部位的位置精度，直接影响生产线的动力部件的选择、工位数、节拍时间和换刀周期。

2. 生产纲领

生产线的总体布局和自动化程度与所要求的生产纲领有很大关系。生产纲领较大时，节拍时间就短。为平衡节拍时间，可适当地将加工时间较长的工序由多台机床并行进行加工；或分解成多个工序时间较短的工序，由多台机床顺序进行加工；或由一台并行加工的多工位机床进行加工。将加工时间较短的工序集中由一台顺序加工的多工位机床进行加工，同时还要考虑采用工件自动上下料装置，以减轻工人的劳动强度。在高生产率、工序较多的生产线上，为了避免线内装备停车影响全线的正常生产，可以将生产线分为几个工段，使线内装备的停车仅影响所在工段的生产。为了减少对相邻工段生产的影响，工段之间应设置储料装置。这类生产线还应设置监控系统以便能迅速诊断生产线故障所在，使之迅速恢复正常工作。

3. 使用条件

大多数生产线仅完成工件的部分工序，在拟定生产线布局时要考虑车间内部工件流动方向和前后工序的衔接，以求得综合的技术经济效益。对于通过技术改造增设的生产线，车间现有空余面积和位置往往是限制生产线布局的因素。若车间内有集中排屑设施，生产线的切屑传送方向及排屑装置要与之适应。箱体、杂类工件加工生产线的装料高度要求与车间内运输滚道的高度一致，以避免工件做不必要的升降。大批大量生产的产品车间一般不设吊车，要考虑装备安装和维修的可能性和方便性。在噪声严重的车间，要考虑设置"灯光扫描"或"闪光式"的报警系统。对于未配备压缩空气源的车间，生产线是否采用气动装置需慎重考虑。对生产线上采用的较复杂的专用复合刀具，要考虑后方车间的制造能力。

三、自动生产线总体设计的内容及步骤

（1）生产线工艺方案的制定。

（2）全线自动化方案的拟定。

（3）生产线通用装置的选型和提出专用物流传送装备的设计任务书。

（4）生产线物流传送装置的选型和提出专用物流传送装置的设计任务书。

（5）生产线辅助装置的选型和提出专用辅助装备的设计任务书。

（6）生产线总体布局设计，绘制生产线的总联系尺寸图。

（7）编制生产线周期表。

四、加工生产线的总体布局设计

机械加工生产线总体布局是指组成生产线的机床、辅助装备以及连接这些装备的工件传送装备的布置形式和连接方式。

1. 生产线的工件传送装备

工件传送装备是生产线中的一个重要组成部分，它将被加工工件从一个工位传送到下一工位，为保证生产线按规定节拍连续工作提供条件，并从结构上把生产线上众多加工装备连接成为一个整体。生产线的总体布局和结构形式往往取决于工件的输送方式。

（1）工件传送装备应满足的基本要求。

在设计和选择工件的传送装备时，除要满足结构简单、工作可靠和便于布置等要求外，还应注意以下几点：

1）传送速度要高，尽量减少生产线的辅助时间。

2）传送装备的工作精度要满足工件（或随行夹具）的定位要求。

3）传送过程中要严格保持工件预定的方位。

4）传送装备应与生产线的总体布局和结构形式相适应。

（2）常用工件传送装备的类型、特点及应用范围。

1）送料槽和送料道。在加工小型回转体零件的生产线中，常常采用送料槽或送料道作为工件传送装备。送料槽和送料道有工件自重传送和强制传送两类形式。利用工件自重传送工件，不需要动力源和驱动装置，结构简单。只有在无法用自重传送或为保证工件传送的可靠性时，才采用强制传送的送料槽和送料道。

2）步伐式传送装备。步伐式传送装备利用其上的刚性推杆来推动工件。可以采用机械驱动、气压驱动或液压驱动，常用于箱体类零件和带随行夹具的生产线中。常见的步伐式传送装备有棘爪步伐式、回转步伐式及抬起步伐式等。步伐式传送装备的结构比较简单，通用性较强，但由于受工件运动惯量的影响，当运动速度较高时，工件的传送精度不易保证。有些结构形式比较复杂的工件，没有可靠的支承面和导向面，直接用步伐式传送装备传送有困难，常将这类工件装夹在外形规则的随行夹具上，再用步伐式传送装备随行夹具连同工件一起传送到机床上加工。为使随行夹具反复应用，工件加工完毕并从随行夹具上卸下后，随行夹具必须重新返回装置。

3）转位装置。在生产线上，为改换工件的加工面或改变自动生产线的方向，常采用转位装置将工件绕水平轴、垂直轴或空间任一轴回转一定的角度。对转位装置的要求是转位时间短，转位精度高，工件送入转位装置和从转位装置送出的方位应分别与上、下工段工件的传送方式一致。

2. 生产线总体布局形式

机械加工生产线总体布局形式多种多样，它由生产类型、工件结构形式、工件传送方式、车间条件、工艺过程和生产纲领等因素决定。

（1）直接传送方式。

这种传送方式是工件由传送装置直接传送，依次传送到各工位，传送基面就是工件的某一表面。其可分为通过式和非通过式两种。通过式又分为：直接通过式、折线通过式、框形和并联支线形式。

1）直接通过式。直接通过式生产线如图 6-36 所示。工件的传送带穿过全线，由两个转位装置将其划分成三个阶段，工件从生产线始端送入，加工完后从末端取下。其特点是传送工件方便，生产面积可充分利用。

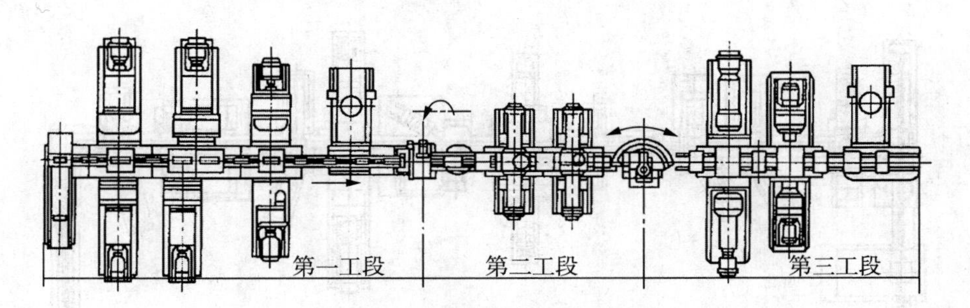

图 6-36　直线通过式生产线布局形式

2）折线通过式。当生产线的工位数多、长度较长时，直线布置常常受到车间布局的限制，或者需要工件自然转位，可布置成折线式，如图 6-37 所示。生产线在两个拐弯处工件自然地水平转位 90°，并且节省了水平转位装置。折线通过式可设计成多种形式，如图 6-38 所示。

3）并联支线形。在生产线上，有些工序加工时间特别长，采用在一个工序上重复配置几台同样的加工设备，可以平衡生产线的生产节拍。其布局形式示意图如图 6-39 所示。

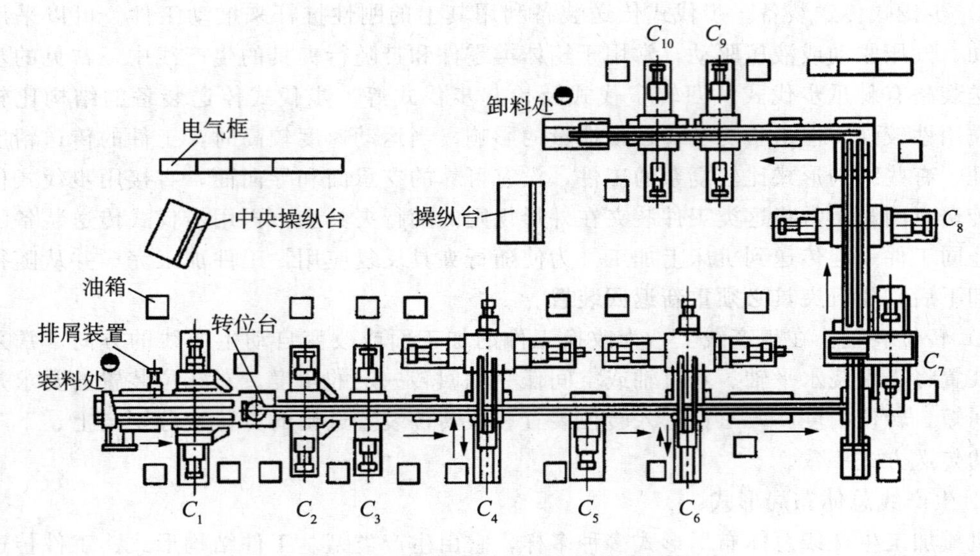

图 6-37 折线通过式生产线布局形式

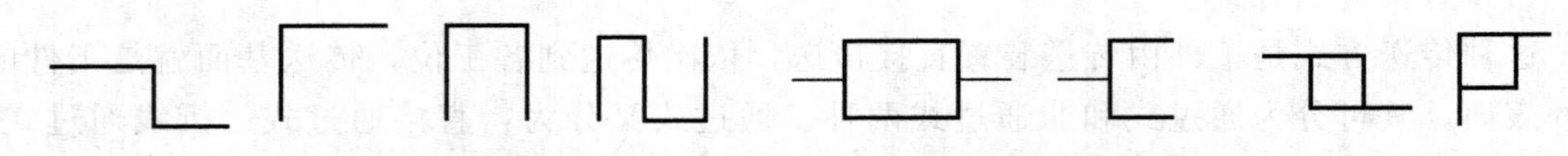

图 6-38 折线通过式生产线形式示意图　　图 6-39 折线通过式生产线形式示意图

4）框形。这种布局适用于采用随行夹具传送工件的生产线，随行夹具自然地循环使用，可以省去一套随行夹具的返回装置。图 6-40 所示为框形布局的生产线。

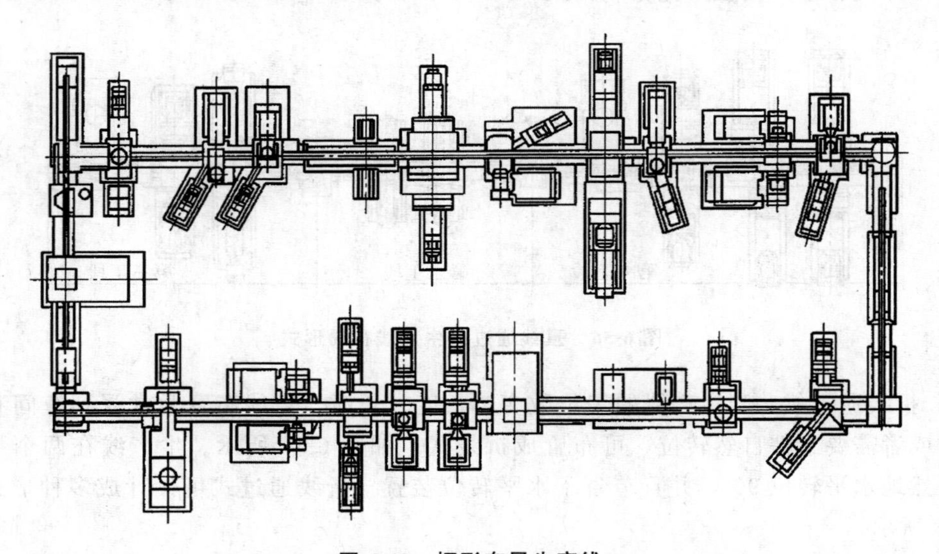

图 6-40 框形布局生产线

5）非通过式。非通过式生产线的工件传送装备位于机床的一侧，如图 6-41 所示。当工件在传输线上运行到加工工位时，通过移载装置将工件移入机床或夹具中进行加工，并将加工完毕的工件移至传送线上。该方式便于采用多面加工，保证加工面的相互位置精度，有利于提高生产率，但需要加横向运载机构，生产线占地面积较大。

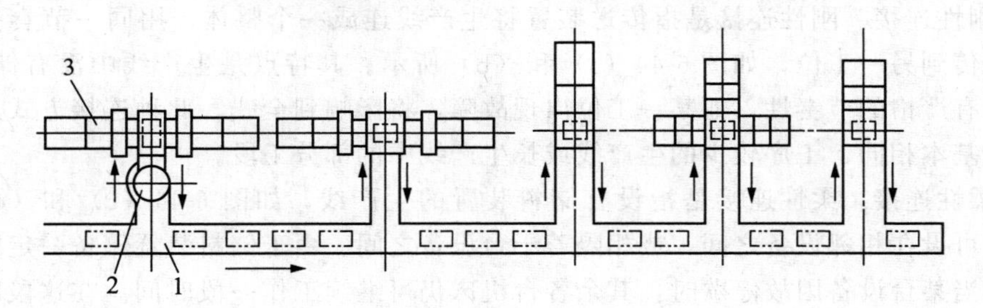

图 6-41　非通过式生产线的布局要求

(2) 带随行夹具方式。

带随行夹具方式生产线是将工件安装在随行夹具上，传送线将随行夹具依次传送到各工位。随行夹具的返回方式有：水平返回、上方返回和下方返回三种形式。另一类方式是由中央立柱带随行夹具，图 6-42 所示即为带中央立柱的随行夹具生产线。这种方式适用于同时实现工件两个侧面及顶面加工的场合，在装卸工位装上工件后，随行夹具带着工件绕生产线一周便可完成工件三个面的加工。

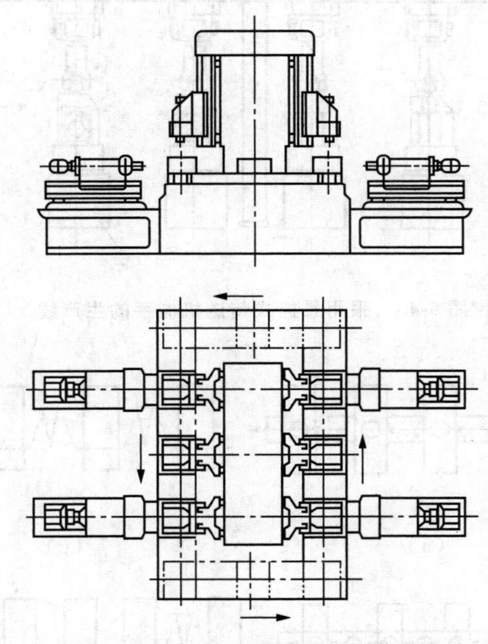

图 6-42　带中央立柱的随行夹具方式

(3) 悬挂传送方式。

悬挂传送方式主要适用于外形复杂及没有合适传送基准的工件及轴类零件。工件传送系统设置在机床的上方，传送机械手悬挂在机床上方的桁架上。各机械手之间的间距一致，不仅完成机床之间的工件传送，还完成机床的上下料。其特点是结构简单，适用于生产节拍较长的生产线，如图 6-43 所示。这种传送方式只适用于尺寸较小、形状较复杂的工件。

（4）生产线的连接方式。

1）刚性连接。刚性连接是指传送装置将生产线连成一个整体，用同一节奏把工件从一个工位传到另一工位，如图 6-44（a）和（b）所示。其特点是生产线中没有储料装置，工件传送有严格的节奏性，如某一工位出现故障，将影响到全线。此种连接方式适用于各工序节拍基本相同、工序较少的生产线或长生产线中的部分工段。

2）柔性连接。柔性连接是指设有储料装置的生产线，如图 6-44（c）和（d）所示。储料装置可设在相邻设备之间，或相隔若干台设备之间。由于储料装置储备一定数量的工件，因而当某台设备因故停歇时，其余各台机床仍可继续工作一段时间。在这段时间故障如能排除，可避免全线停产。另外，当相邻机床的工作循环时间相差较大时，储料装置又起到一定的调剂平衡作用。

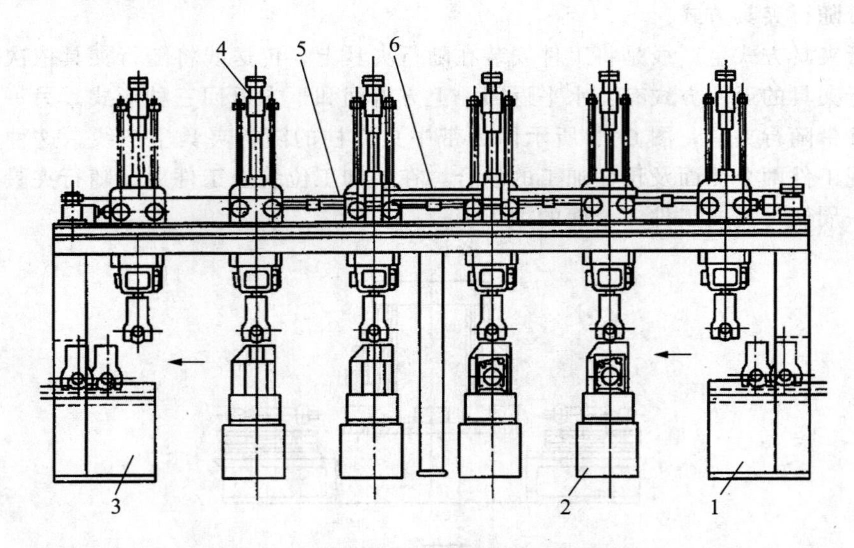

图 6-43　采用悬挂式传送机械手的生产线

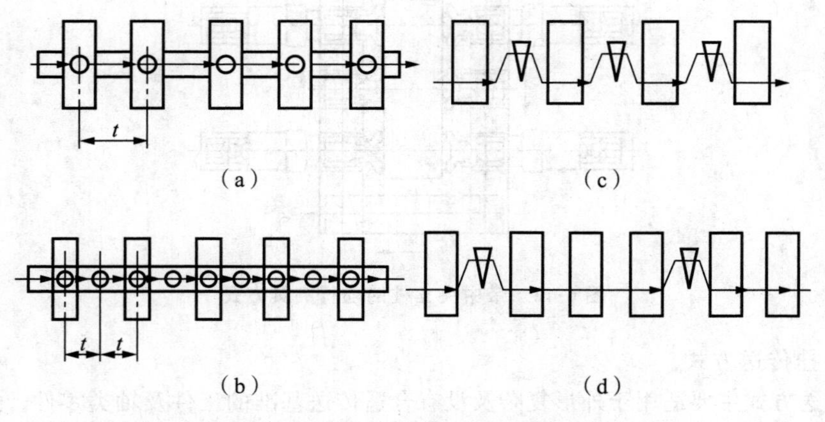

图 6-44　刚性连接与柔性连接生产线

（a）、（b）刚性连接生产线；（c）、（d）柔性连接生产线

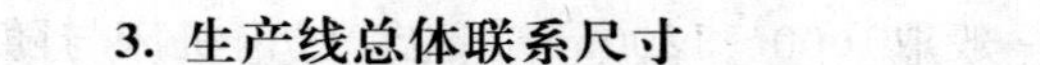

3. 生产线总体联系尺寸

生产线总体联系尺寸图用于确定生产线机床之间、机床与辅助装置之间、辅助装置之间的尺寸关系，是设计生产线各部件的依据，也是检查各部件相互关系的重要资料。当选用的机床和其他装备的形式和数量确定以后，根据拟定的布局就可以绘制生产线总体联系尺寸图。需要确定的尺寸有：

(1) 机床间距。

机床之间的距离应保证检查、调整和操作机床时工人出入方便，一般要求相邻两台机床运动部件的距离不小于 600mm。如采用步伐式传送装备，机床间距 L（mm）还应符合下列条件：

$$L=(n+1)t$$

式中，t 为传送带的步距（mm）；n 为两台机床间空工位数，一般情况下空工位数为 1～4。

(2) 传送步距 t 的确定。

传送带步距是指传送带上两个棘爪之间的距离。步距 t 可按下式确定：

$$t=A+l_4+l_3$$

式中，A 为工件在传送方向上的长度（mm）；l_4 为前备量（mm），$l_4=l-l_3$；l_3 为传送带棘爪的起程距离（后备量 mm）；l 为相邻两工件的前面与后面的距离（mm）。确定生产线步距时，既要保证机床之间的足够距离，又要尽量缩短生产线的长度。标准传送带的步距取350～1700mm。

(3) 装料高度的确定。

对于专业机床生产线，装料高度是指机床底面至固定夹具支承面的尺寸，一般取 850～1060mm；对于回转体加工生产线，则指机床底面至卡盘中心之间的距离。选择装料高度主要考虑生产人员操作、调整、维修设备和装卸料方便。对较大的工件及采用随行夹具下方返回时，装料高度取小值，对于较小的工件，装料高度取大值，同时应使其与车间现有装料高度一致。

(4) 转位台联系尺寸的确定。

转位台用来改变工件的加工表面，确定转位台中心有两种情况：

1) 当步距较大时，可取工件中心作转位台中心，转位台转位时，传送带应处于原位状态。

2) 当步距较小时，转位台中心不能取工件中心。

(5) 传送带驱动装置联系尺寸。

确定传送带驱动装置联系尺寸时，首先应选择传送滑台规格。传送滑台的工作行程 L_D 应等于传送步距 t 与后备 l_3 之和，即 $L_D=t+l_3$。依据滑台行程即可选择滑台规格。

(6) 生产线内各装备之间距离尺寸的确定。

相邻不需要接近的运动部件的间距，可小于 250mm 或大于 600mm，当取间距为 250～660mm 时，应设置防护罩；对于需要调整但不运动的相邻部件之间的距离，一般取 700mm，如其中一部件需运动，则该距离应加大，如电器柜门需开与关，推荐取800～1200mm；生产线装备与车间柱子间的距离，对于运动的部件取 500mm，不运动的部件取

300mm；两条生产线运动部件之间的最小距离一般取1000～1200mm。生产线内机床与随行夹具返回装置的距离应不小于800mm，随行夹具上方返回的生产线，最低点的高度应比装料基面高750～800mm。

4. 机械加工生产线其他装备的选择与配置

在确定机械加工生产线的结构方案时，还必须根据拟定的工艺流程，解决工序检查、切削处理、工件堆放、电气柜和油箱的位置等。

（1）传送带驱动装置的布置。

传送带驱动装置一般布置在每个工段零件传送方向的终端，使传送带始终处于受拉状态；在有攻螺纹机床的生产线中，传送带驱动装置最好布置在攻螺纹前的孔深检查工位下方，可防止攻螺纹后工件上的润滑油落到上面。

（2）小螺纹孔加工检查装置。

对于攻螺纹工序，特别是小螺纹孔（小于M8）的加工，攻螺纹前后均应设置检查装置，攻螺纹前检查孔深是否合适，以及孔底是否有切削和折断的钻头等；攻螺纹后则检查丝锥是否有折断在孔中的情况。检查装置安排在紧接钻孔和攻螺纹工位之后，以便及时发现问题。

（3）精加工工序的自动测量装置。

精加工工序应采用自动测量装置，以便在达到极限尺寸时发出信号，及时采取措施。处理方法有：将测量结果输到自动补偿装置进行自动调刀；自动停止工作循环，通知操作者调整机床和刀具；采用备用机床，当一台机床在调整时，由另一台机床工作，从而减少生产线的停产时间。

（4）装卸工位控制机构。

在生产线前端和末端的装卸工位上，要设有相应的控制机构，当装料台上无工件或卸料工位上工件未取走时，能发出互锁信号，命令生产线停止工作。装卸工位应有足够空间，以便存放工件。

（5）毛坯检查装置。

若工件是毛坯，应在生产线前端设置毛坯检查装置，检查毛坯某些重要尺寸。当不合格时，检查系统发出信号，并将不合格的毛坯卸下，以免损坏刀具和机床。

（6）液压站、电器柜及管路布置。

生产线的动作往往比较复杂，其控制需要较多的液压站、电器柜。确定配置方案时，液压站、电器柜应远离车间的取暖设备，其安放位置应使管路最短、拐弯最少、接近性好。

液压管路敷设要整齐美观，集中管路可设置管槽。电器走线最好采用空中走线，这样便于维护。若采用地下走线，应注意防止切削液及其他废物进入地沟。

（7）桥梯、操纵台和工具台的布置。

规模较大的、封闭布置的随行夹具水平返回式生产线，应在适当位置布置桥梯，以便操作者出入。桥梯应尽量布置在返回传送带上方，设置在主传送带的上方时，应力求不占用单独工位，同时一定要考虑扶手及防滑的措施，保证安全。

生产线进行集中控制，需设置中央操纵台，分工区的生产线要设置工区辅助操纵台，生产线的单机或经常要调整的设备应安装手动调整按钮台。

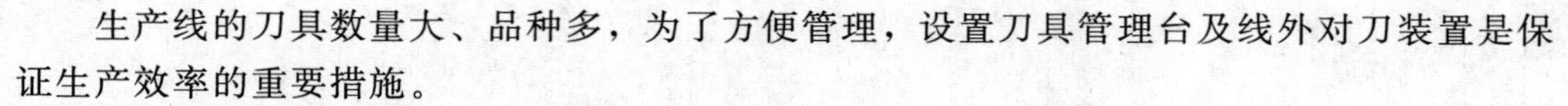

生产线的刀具数量大、品种多，为了方便管理，设置刀具管理台及线外对刀装置是保证生产效率的重要措施。

（8）清洗设备布置。

在综合生产线上，防锈处理、自动检测和装配工位之前，精加工之后需要设置清洗设备。清洗设备一般采用隧道式，按节拍进行单件清洗。通常与零件的传送采用统一的传送装备。也可采用单独工位进行机械清理，如毛刷清理、刮板清理等，以清洗定位面、测量表面和精加工面上的积屑和油污。

参考文献

[1] 机械设计手册编委会. 机械设计手册. 北京：机械工业出版社，2004.

[2] 张建民. 机电一体化系统设计（第 2 版）. 北京：北京工业大学出版社，2007.

[3] 于金. 机电一体化系统设计及实践. 北京：化学工业出版社，2008.

[4] 吕景全. 自动化生产线安装与调试（第 2 版）. 北京：中国铁道出版社，2008.

[5] 彭勇. 单片机技术. 北京：电子工业出版社，2009.

[6] [美] Devdas Shetty，Richard A. Kolk. 机电一体化系统设计. 北京：机械工业出版社，2006.

[7] [日] 山名宏治. 玩具机器人制作. 北京：清华大学出版社，2010.

[8] 陈继荣. 机器人制作入门. 北京：科学出版社，2007.

[9] 王建明. 自动线与工业机械手技术. 天津：天津大学出版社，2009.

[10] 高学山. 光机电一体化系统典型实例. 北京：机械工业出版社，2007.

[11] 张立勋，孟庆鑫，张今瑜. 机电一体化系统设计. 哈尔滨：哈尔滨工程大学出版社，1997.

[12] 魏天路，倪依纯. 机电一体化系统设计. 北京：机械工业出版社，2006.

[13] 冯辛安. 机械制造装备设计. 北京：机械工业出版社，2005.

[14] 尹志强. 机电一体化系统设计课程设计指导书. 北京：机械工业出版社，2007.

[15] 冯辛安. 机械制造装备设计. 北京：机械工业出版社，2005.

[16] 刘敏，钟苏丽. 可编程控制器技术项目化教程（第 2 版）. 北京：机械工业出版社，2011.

[17] 冯浩. 机电一体化系统设计. 武汉：华中科技大学出版社，2009.